仪表维修速查速算手册

黄文鑫 编

化学工业出版社
·北京·

内容简介

本书收集整理了仪表维修中常用的计算公式、仪表故障检查及处理图表、仪表维修的相关数据资料，并按测量仪表和控制仪表分类。全书共10章，内容包括：基础知识、电气及过程测量与控制仪表的图形符号、温度测量仪表、流量测量仪表、压力及差压测量仪表、液位测量仪表、调节阀和阀门定位器、过程控制系统、DCS与PLC、安全和防爆。

本着简明实用的原则，本书的计算公式及图解说明大多以表格形式编写，按仪表类型分类，可使读者一目了然，便于针对性地查找，以达到“速查速用”的效果。

本书可供仪表维修工使用，也可供相关专业的师生参考。

图书在版编目（CIP）数据

仪表维修速查速算手册／黄文鑫编．—北京：化学工业出版社，2024.1

ISBN 978-7-122-44515-5

Ⅰ.①仪… Ⅱ.①黄… Ⅲ.①仪表-维修-手册 Ⅳ.①TH707-62

中国国家版本馆CIP数据核字（2023）第229166号

责任编辑：宋　辉　　文字编辑：李亚楠　温潇潇
责任校对：杜杏然　　装帧设计：王晓宇

出版发行：化学工业出版社
（北京市东城区青年湖南街13号　邮政编码100011）
印　　装：三河市延风印装有限公司
787mm×1092mm　1/16　印张 $22\frac{1}{2}$　字数542千字
2024年4月北京第1版第1次印刷

购书咨询：010-64518888　　售后服务：010-64518899
网　　址：http://www.cip.com.cn
凡购买本书，如有缺损质量问题，本社销售中心负责调换。

定　　价：108.00元

前言
PREFACE

在仪表维修工作中常会遇到专业方面的计算和相关数据的查找，但由于仪表种类繁多，测量原理不同，因此所用到的计算公式、数据会有许多，而且资料较分散，维修中要费很多时间来查找，给维修工作带来很多不便。为了满足仪表维修时的快速查阅和计算，以提高维修效率，特把仪表维修中常用的计算公式、仪表故障检查及处理图表、仪表维修相关的数据资料汇编成本书。

本书以简明实用为目的，以常用仪表的基础知识为主，选取了在仪表维修工作中常用的内容，如计算公式和计算例题、故障检查判断和处理图表、仪表故障代码等。考虑到维修的实际情况，有的计算公式选用的是经验公式或简易算式，便于仪表维修工在实际工作中应用。书中的很多计算问题，借助相关计算软件就能很完美地解决，还不会出错，但手工计算就是一个学习的过程，通过实际计算可以深刻理解计算公式中各参数的含义，以及各参数变化对计算结果的影响，以此来加深对仪表测量和控制过程的理解。书中的故障检查判断和处理图表、故障代码等内容简洁明快，在检查和处理仪表故障时，可起到一定的启发和指导作用。

书中的计算公式、资料、图解说明大多以表格形式编写，并按仪表类型来分类，使读者一目了然，便于查找，以达到“速查速用”的效果。

特种仪表和在线分析仪表的使用和维修需要掌握新技术，并且该类型仪表种类繁多，原理结构、安装使用和维修都有很大的差别，想通过速查速算来解决维修中的问题并不现实，故本书不涉及该类型仪表的内容。

由于仪表维修涉及面广，内容繁多，而编者水平有限，书中难免有遗漏或不妥之处，恳请读者批评指正，编者不胜感激！

在此向我的家人和朋友表示衷心的感谢！感谢你们对我的鼓励和支持。

编者

目录
CONTENTS

第1章 基础知识

1.1 计量知识

1.1.1 国际单位制

国际单位制（SI）见表1-1～表1-5。常用计量单位换算表在本书相关仪表的章节中。

表1-1 国际单位制（SI）基本单位

物理量名称	单位名称	单位符号	物理量名称	单位名称	单位符号
长度	米	m	热力学温度	开[尔文]	K
质量	千克(公斤)	kg	物质的量	摩[尔]	mol
时间	秒	s	发光强度	坎[德拉]	cd
电流	安[培]	A			

注：1. 圆括号中的名称，是它前面的名称的同义词，下同。

2. 无方括号的名称为全称。方括号中的字，在不致引起混淆、误解的情况下，可以省略。去掉方括号中的字即为其名称的简称。下同。

表1-2 国际单位制（SI）的辅助单位

物理量名称	单位名称	单位符号
平面角	弧度	rad
立体角	球面度	sr

表1-3 国际单位制（SI）中具有专门名称的导出单位

物理量名称	单位名称	单位符号	其他表示形式	物理量名称	单位名称	单位符号	其他表示形式
频率	赫[兹]	Hz	s^{-1}	能量，功，热	焦[耳]	J	N·m
力，重力	牛[顿]	N	$kg·m/s^2$	功率，辐射通量	瓦[特]	W	J/s
压力，压强，应力	帕[斯卡]	Pa	N/m^2	电荷量	库[仑]	C	A·s

续表

物理量名称	单位名称	单位符号	其他表示形式	物理量名称	单位名称	单位符号	其他表示形式
电位,电压,电动势	伏[特]	V	W/A	摄氏温度	摄氏度	℃	
电容	法[拉]	F	C/V	光通量	流[明]	lm	cd•sr
电阻	欧[姆]	Ω	V/A	光照度	勒[克斯]	lx	lm/m^2
电导	西[门子]	S	A/V	放射性活度	贝可[勒尔]	Bg	s^{-1}
磁通量	韦[伯]	Wb	V•s	吸收剂量	戈[瑞]	Gy	J/kg
磁通量密度,磁感应强度	特[斯拉]	T	Wb/m^2	剂量当量	希[沃特]	Sv	J/kg
电感	亨[利]	H	Wb/A				

表 1-4 可与国际单位制(SI)单位并用的我国法定计量单位

名称	单位名称	符号	与 SI 关系	名称	单位名称	符号	与 SI 关系
时间	分 [小]时 日[天]	min h d	1min=60s 1h=60min=3600s 1d=24h=86400s	旋转速率	转每分	r/min	$1r/min=(1/60)s^{-1}$
				长度	海里	n mile	1n mile=1852m (只用于航程)
平面角	度 [角]分 [角]秒	° ′ ″	1°=(π/180)rad 1′=(1/60)°=(π/10800)rad 1″=(1/60)′=(π/648000)rad	速度	节	kn	1kn=1n mile/h= (1852/3600)m/s (只用于航程)
				能	电子伏	eV	$1eV\approx1.602177\times10^{-19}$ J
体积,容积	升	L(l)	$1L=1dm^3=10^{-3}\ m^3$	级差	分贝	dB	
质量	吨 原子质量单位	T u	$1t=10^3$ kg $1u\approx1.660566\times10^{-27}$ kg	线密度	特[克斯]	tex	$1tex=10^{-6}$ kg/m

表 1-5 国际单位制(SI)单位的数量级词冠(词头)

倍数	词冠名称	符号	值	倍数	词冠名称	符号	值
10^{-18}	阿	a(atto)		10	十	da(deca)	
10^{-15}	飞	f(femto)		10^2	百	h(hecto)	
10^{-12}	皮	p(pico)	万亿分之一	10^3	千	k(kilo)	一千
10^{-9}	纳	n(nano)	十亿分之一	10^6	兆	M(mega)	一百万
10^{-6}	微	μ(micro)	百万分之一	10^9	吉[咖]	G(giga)	十亿
10^{-3}	毫	m(milli)	千分之一	10^{12}	太[拉]	T(tera)	一万亿
10^{-2}	厘	c(centi)		10^{15}	拍[它]	P(peta)	
10^{-1}	分	d(deci)		10^{18}	艾[可萨]	E(exa)	

1.1.2 工程记数法及国际制单位的转换

（1）工程记数法

工程记数法是一种工程计算中经常使用的记数方法，是在科学记数法的基础上，将10的幂限制为3的倍数，并且倍数在1～1000之间（不含1000）。由于一般单位都是1000倍的关系，有了工程记数法，可以方便且快速地对单位进行换算。表1-6为部分正指数和负指数的幂（10的幂）。

表1-6 部分正指数和负指数的幂（10的幂）

$10^6=1000000$	$10^3=1000$	$10^{-1}=0.1$	$10^{-4}=0.0001$
$10^5=100000$	$10^2=100$	$10^{-2}=0.01$	$10^{-5}=0.00001$
$10^4=10000$	$10^1=10$	$10^{-3}=0.001$	$10^{-6}=0.000001$
	$10^0=1$		

计算实例1-1

用工程记数法表示15000、280000、2022000这三个数字。

解：在工程计数中，15000表示为15×10^3，280000表示为280×10^3，2022000表示为2.022×10^6。

（2）国际制单位的转换

仪表维修中常会遇到国际制单位词头之间的相互转换问题，如电流A转换为mA，电动势mV转换为μV等，国际制单位词头的转换是通过将数据中的小数点向左或向右移动一定位数来实现的，转换时按以下规则进行：

一个大的国际制单位向小的国际制单位转换时，小数点要向右移动。一个小的国际制单位向大的国际制单位转换时，小数点要向左移动。通过查找两个国际制单位对应的10的幂之差来确定小数点移动的位数。

如当mV向μV转换时，需要把小数点向右移动三位，因为这两个单位所对应的10的幂相差了3（mV是10^{-3}V，μV是10^{-6}V）。

计算实例1-2

进行以下国际制单位的转换计算。

① 把0.28mA的单位转换为μA。

② 把1200μV的单位转换为mV。

③ 把10000pF的单位转换为μF。

④ 把60kPa的单位转换为MPa。

解：① 把0.28小数点向右移动三位为280，即：

$$0.28\text{mA}=0.28\times10^{-3}\text{A}=280\times10^{-6}\text{A}=280\mu\text{A}$$

② 把 1200 小数点向左移动三位为 1.2，即：

$$1200\mu V=1200\times10^{-6}V=1.2\times10^{-3}V=1.2mV$$

③ 把 10000 小数点向左移动六位为 0.01，即：

$$10000pF=10000\times10^{-12}F=0.01\times10^{-6}V=0.01\mu F$$

④ 把 60 小数点向左移动三位为 0.06，即：

$$60kPa=60\times10^{3}Pa=0.06\times10^{6}Pa=0.06MPa$$

计算实例 1-3

求电动势 7.335mV 与 28μV 的和，并用 mV 来表示。

解：进行加或减法计算时，对不同的国际制单位词头，要先将其转换为相同的国际制单位词头，再进行计算。故应先把 28μV 转换为 0.028mV，再进行加法计算。即：

$$7.335mV+28\mu V=7.335\times10^{-3}V+28\times10^{-6}V$$
$$=7.335\times10^{-3}V+0.028\times10^{-3}V=7.335mV+0.028mV=7.363mV$$

从以上 2 个计算实例可看出，掌握了小数点的移位关系后只需口算即可。

1.1.3 仪表误差的相关知识

（1）仪表的测量范围与量程（表 1-7）

表 1-7 仪表的测量范围与量程的使用实例

实例	测量范围	下限值	上限值	量程
0～800	0～800	0	+800	800
50～200	50～200	+50	+200	150
−25～25	−25～+25	−25	+25	50
−100～0	−100～0	−100	0	100
−100～−20	−100～−20	−100	−20	80

（2）测量误差的计算公式（表 1-8）

表 1-8 测量误差的计算公式

名称	定义	公式	备注
绝对误差	绝对误差是指测量值与被测量真值之间的差值	$\Delta_x=\lvert x-x_0\rvert$	Δ_x—绝对误差 δ_0—实际相对误差 δ_x—示值相对误差 δ_m—引用相对误差 x—测量值 x_0—被测量的真值（实际应用中被测量的真值是无法得到的，而是用标准仪表的读数来替代） A_{max}—仪表量程的上限值 A_{min}—仪表量程的下限值
实际相对误差	用绝对误差 Δ_x 与被测量的实际值 x_0 的百分比来表示的相对误差	$\delta_0=\frac{\Delta_x}{x_0}\times100\%$	
示值相对误差	用绝对误差 Δ_x 与测量值 x 的百分比来表示的相对误差	$\delta_x=\frac{\Delta_x}{x}\times100\%$	
引用相对误差	用绝对误差 Δ_x 与仪表量程范围的百分比来表示的相对误差	$\delta_m=\frac{\Delta_x}{A_{max}-A_{min}}\times100\%$	

（3）测量误差与测量不确定度的区别（表1-9）

表1-9 测量误差与测量不确定度的区别

性能比较	测量误差	测量不确定度
定义	误差是测量结果与真值的偏离量，是一个确定的差值。数轴上表示一个点	测量不确定度是被测量值的分散程度，以分布区间的半宽度表示，它在数轴上表示一个区间
分类	分随机误差和系统误差，是无限多次测量的理想概念	不确定度根据评定方法分为A类和B类，它与随机误差和系统误差之间不存在简单对应关系
可操作性	真值未知，只能获得随机误差和系统误差的估计值	可根据实验、资料和经验等信息进行评定，可定量操作
数值符号	误差可正（测量结果大于真值）可负（测量结果小于真值）	不确定度用置信区间的半宽度表示，因此只能取正值
合成方法	误差是确定量值，各误差分量用代数相加方法合成	不确定度是区间的半宽度，当各不确定度分量的输入估计值互不相关时，必须用方和根法合成
修正	测量结果可用系统误差估计值进行修正。修正项大小与系统误差的大小相等，但符号相反	不能用不确定度对测量结果进行修正。对已修正的测量结果进行不确定度评定时，要考虑修正项不确定度分量的影响
结果说明	测量误差与测量结果和测量真值有关，与测量方法无关	测量结果的不确定度是在重复性或复现性条件下的被测量值的分散性。测量不确定度与测量方法有关，与具体的测得数值大小无关
实验标准差	来源于给定的测量结果，它不表示被测量估计值的随机误差	来源于合理赋予的被测量值，表示同一观测列中，任一估计值的标准不确定度
自由度	不存在	作为不确定度评定可靠程度的指标，是与评定得到的不确定度的相对标准不确定度有关的参数
置信概率	不存在	可根据置信概率和概率分布确定置信区间
结论	必须判定计量器具是否合格	不判定计量器具是否合格，必要时给出计量器具某一计量性能是否符合某种预期要求

（4）检定和校准的主要区别（表1-10）

表1-10 检定和校准的主要区别

性能比较	检定	校准
定义	查明和确认计量器具是否符合要求的程序，包括检查、加标记和/或出具检定证书	规定条件下，为确定仪器或测量系统所指示的量值，或者是实物量具或参考物质所代表的量值，与对应的由标准所复现的量值之间关系的一组操作
法制性	检定具有法制性，是法制计量管理范畴的执法行为	不具有法制性，是自愿行为
目的	判定计量器具是否符合计量要求、技术要求和法制管理要求。对应于量值传递	确定计量器具的示值误差，确保计量器具给出准确量值。对应于量值溯源
依据	检定必须依据检定规程	可依据校准规范，也可参照检定规范执行，或根据双方协商方法

1.1.4 仪表的质量指标及计算

仪表的质量指标定义及计算公式见表1-11。

表1-11 仪表的质量指标定义及计算公式

名称	定义	公式	备注
精确度	精确度是指仪表的示值与被测量真值的一致程度，精度就是取相对百分误差的分子值	$\delta_{max}=\dfrac{\Delta_{x max}}{A_{max}-A_{min}}\times100\%$	δ_{max}—仪表的允许误差 $\Delta_{x max}$—仪表允许的最大绝对误差 A_{max}—仪表量程的上限值 A_{min}—仪表量程的下限值
变差	仪表正向特性与反向特性不一致的程度，即仪表在规定的使用条件下，从上、下行程方向测量同一参数，两次测量值的差与仪表量程之比的百分数就是仪表的变差	$\Delta_b=\dfrac{\lvert\Delta_{max}\rvert}{A_{max}-A_{min}}\times100\%$	Δ_b—仪表的变差 Δ_{max}—正、反向特性之差的最大绝对值 A_{max}—仪表量程的上限值 A_{min}—仪表量程的下限值
灵敏度	仪表输出信号的变化与产生该变化的被测信号变化之比	$s=\dfrac{\Delta\alpha}{\Delta A}$	s—灵敏度 $\Delta\alpha$—输出信号的变化量 ΔA—引起$\Delta\alpha$变化的被测信号的变化量
不灵敏区	不灵敏区是指不能引起输出变化的被测信号的最大变化范围 不灵敏区的测试：在仪表的某一刻度上，逐渐增加或减小输入信号，并记下仪表输出开始反应时，增、减两个方向的输入信号值，计算出它们的差值。该差值即为仪表在该刻度的不灵敏区。各刻度中不灵敏区最大的值即为该仪表的不灵敏区		
稳定性	仪表示值不随时间和使用条件变化的性能		
反应时间	从测量工艺参数开始到仪表正确显示出被测量值的这一段时间		

计算实例 1-4

一台量程为0～800℃，准确度等级为0.5级的温度显示仪表，该仪表在规定使用条件下允许的最大绝对误差是多少？

解： 由仪表的精确度等级定义可得该仪表的允许误差应不大于0.5%，即：

$$\delta_{max}=\frac{\Delta_{x max}}{A_{max}-A_{min}}\times100\%\leqslant0.5\%$$

则：

$$\Delta_{x max}\leqslant0.5\times\frac{A_{max}-A_{min}}{100}=0.5\times\frac{800-0}{100}=4(℃)$$

因此，该仪表在规定使用条件下使用时，其允许的最大绝对误差为4℃。

计算实例 1-5

某温度表的显示稳定在120℃，当被测温度增加到120.1℃时，显示开始增加，当被测温度减小到119.8℃时，显示开始减小。求该温度表在120℃刻度的不灵敏区。

解： 该温度表在120℃刻度的不灵敏区为：120.1℃－119.8℃＝0.3℃。

计算实例 1-6

校准某台量程为 2000Pa 的差压仪表。差压上升至 1000Pa 时，显示为 995Pa；当从 2000Pa 下降至 1000Pa 时，显示为 1010Pa。仪表在该点的变差是多少？

解： 根据表 1-11 中的变差计算公式：

$$\Delta_b=\frac{|\Delta_{max}|}{A_{max}-A_{min}}\times 100\%=\frac{|995-1010|}{2000}\times 100\%=0.75\%$$

1.2 电工及电子技术基础

1.2.1 常用电路的定义及计算

（1）常用电路的计算（表 1-12、表 1-13）

表 1-12 直流、交流电路欧姆定律计算公式速查图

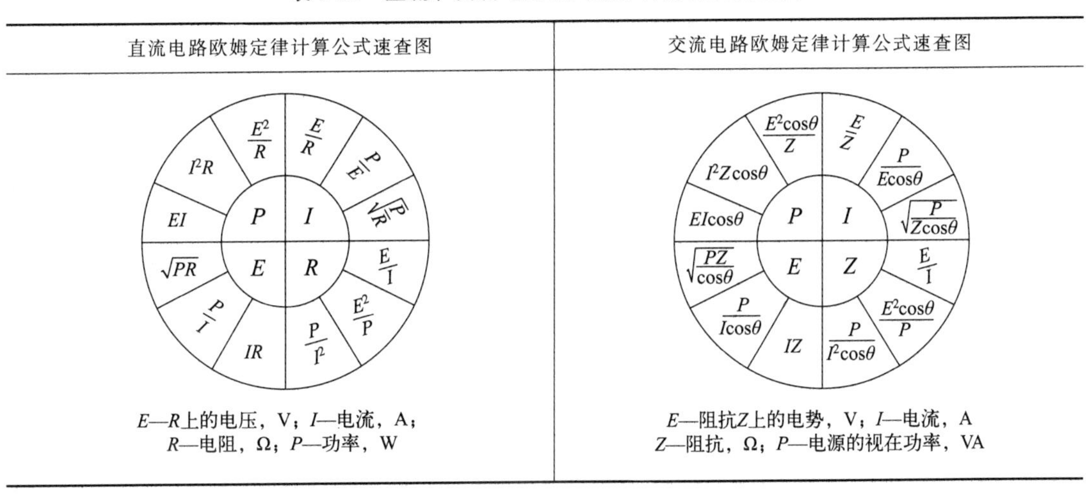

表 1-13 常用直流、交流电路的计算

名称	电路图	公式
电阻串联	R_1 R_2 R_n	$R=R_1+R_2+\cdots+R_n$
电阻并联	R_1 R_2 R_n	$\frac{1}{R}=\frac{1}{R_1}+\frac{1}{R_2}+\cdots+\frac{1}{R_n}$
电阻混联	R_1 R_2 R_3	$R=\frac{R_1R_2}{R_1+R_2}+R_3$
分压电路	V R_1 V_1 R_2 V_2	$V_1=V\frac{R_1}{R_1+R_2}$ $V_2=V\frac{R_2}{R_1+R_2}$

续表

名称	电路图	公式
分流电路		$I_1=I\dfrac{R_2}{R_1+R_2}$ $I_2=I\dfrac{R_1}{R_1+R_2}$
电容串联		$\dfrac{1}{C}=\dfrac{1}{C_1}+\dfrac{1}{C_2}+\dfrac{1}{C_3}$
电容并联		$C=C_1+C_2+C_3$
电阻、电容串联的阻抗		$Z=\sqrt{R^2+X_C^2}$
电阻、电感串联的阻抗		$Z=\sqrt{R^2+X_L^2}$
电阻、电感、电容串联的阻抗		$Z=\sqrt{R^2+(X_L-X_C)^2}=\sqrt{R^2+X^2}$
电阻、电感并联的阻抗		$\dfrac{1}{Z}=\sqrt{\left(\dfrac{1}{R}\right)^2+\left(\dfrac{1}{X_L}\right)^2}$
电阻、电容并联的阻抗		$\dfrac{1}{Z}=\sqrt{\left(\dfrac{1}{R}\right)^2+\left(\dfrac{1}{X_C}\right)^2}$
电阻、电感、电容并联的阻抗		$\dfrac{1}{Z}=\sqrt{\left(\dfrac{1}{R}\right)^2+\left(\dfrac{1}{X_L-X_C}\right)^2}=\sqrt{\left(\dfrac{1}{R}\right)^2+\left(\dfrac{1}{X}\right)^2}$

注：表中的 Z 表示阻抗，X 表示电抗，R 表示电阻，X_L 表示感抗，X_C 表示容抗，单位全部为 Ω。

计算实例 1-7

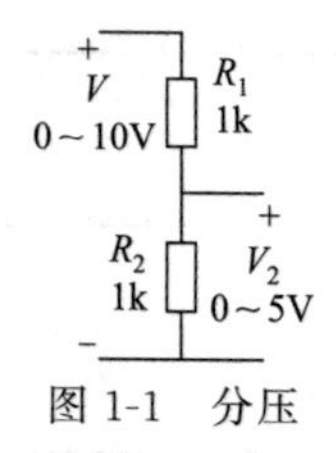

图 1-1 分压电路应用实例

某仪表的最大输入电压为 0～5V DC，但变频器送来的信号有 0～10V DC，应该怎样解决？

解：用分压电路来解决，如图 1-1 所示。

$$V_2=V\frac{R_2}{R_1+R_2}=10\times\frac{1000}{1000+1000}=5(\text{V})$$

（2）复杂电路的定义及计算（表 1-14）

表 1-14 复杂电路的定义及计算

名称	电路图	定义或计算式
有源支路的欧姆定律		在一段含电源的支路中，若电流 I、端电压 U 和电源电压 E 的标定方向如图所示，则支路中的电流为： $I=\dfrac{U+E}{r}$ 如果有一个电压（或电流）的标定方向与图相反，则上式中相应量的符号要相反

续表

名称	电路图	定义或计算式
直流电桥	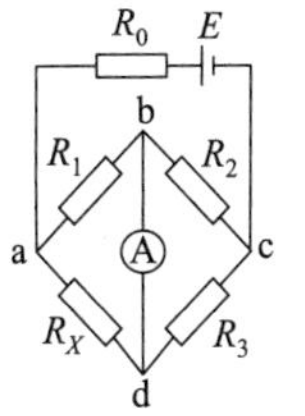 R_0 E b R_1 R_2 a A c R_X R_3 d	当$\dfrac{R_1}{R_X}=\dfrac{R_2}{R_3}$或者$R_1R_3=R_2R_X$时b、d两点的电位差为零，检流计A中无电流流过，这时电桥处于平衡状态，被测电阻R_X的电阻值为：$R_X=\dfrac{R_3}{R_2}R_1$ 比值R_3/R_2是比例系数
节点电流定律	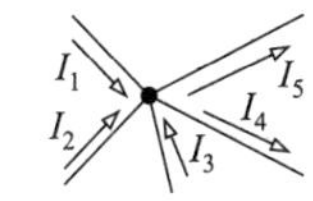 $I_1+I_2+I_3-I_4-I_5=0$	基尔霍夫电流定律(KCL)：流进一个节点的电流总和(流入总电流)等于流出该节点的电流总和(流出总电流)，即$\Sigma I_{入}=\Sigma I_{出}$ 或表述为：流出和流进节点的所有支路电流的代数和为零，即$\Sigma I=0$
回路电压定律	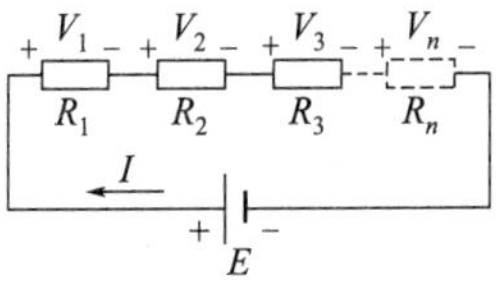 $E=V_1+V_2+V_3+V_n$	基尔霍夫电压定律(KVL)：沿一个回路所升高的电位等于沿此回路所降低的电位，即$\Sigma V_{升}=\Sigma V_{降}$ 或表述为：电路中任一回路内各段电压的代数和为零，即$\Sigma U=0$；沿一个回路电阻上电压的代数和等于电源电压的代数和，即$\Sigma IR=\Sigma E$
电压源	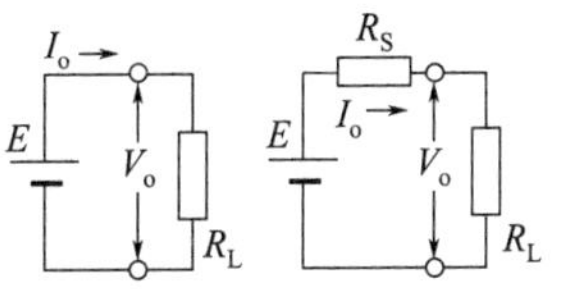 理想电压源 实际电压源	理想电压源：当负载电阻R_L改变时，输出电压V_o恒定不变，也就是输出电流I_o变化ΔI_o时，V_o不变，$\Delta V_o=0$，说明它的内阻等于零。对变化量(动态)而言，电压源可以看作短路 实际电压源：当负载电阻R_L改变时，输出电压V_o将变化，与电源内阻R_s相比，R_L越大，输出电压的变化越小 电池、稳压管端电压、运放输出电压可用电压源来近似
电流源	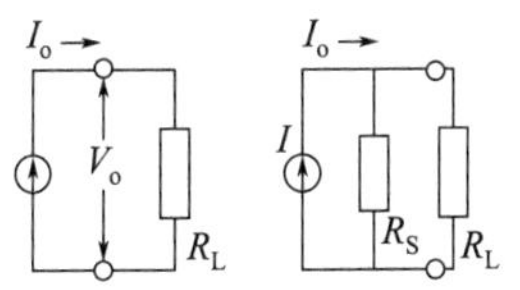 理想电流源 实际电流源	理想电流源：当负载改变时，其输出电流I_o恒定不变，这说明它的内阻为无穷大(当产生ΔV_o时，$\Delta I_o=0$)，对变化量(动态)而言，电流源可以看作开路 实际电流源：其内阻R_S与理想电流源并联，如果R_S远大于R_L，大部分电流流过R_L，则实际电流源接近理想电流源 晶体管集电极电流、电流信号发生器可用电流源来近似
等效电源定理	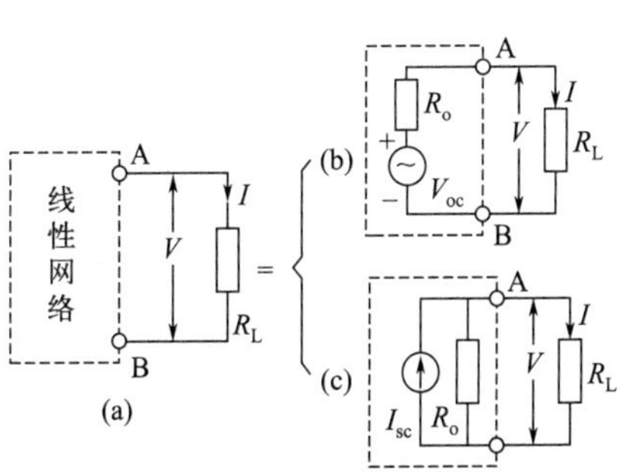 线性网络 (a) (b) (c)	任何一个线性两端网络[图(a)]，对于外电路(或者该网络的负载R_L)来讲，总可以表示为串联内阻的电压源[图(b)]，或表示为并联内阻的电流源[图(c)] 图(b)又称为戴维南等效电路，电压源的大小等于网络的开路电压V_{oc}，即A、B两端断开，$R_L=\infty$时的V值 图(c)又称为诺顿等效电路，电流源的大小等于网络的短路电流I_{sc}，即A、B两端短接，$R_L=0$时的I值 图中的内阻R_o，又称为输出电阻 对负载R_L而言，图(b)和图(c)是等效的，可以互换。如令图(b)的$R_L=0$，则得$I_{sc}=V_{oc}/R_o$；反之，如令图(c)的$R_L=\infty$，则得$V_{oc}=I_{sc}R_o$。所以$R_o=V_{oc}/I_{sc}$

计算实例 1-8

试列出图 1-2 中各电路的电流计算式。从计算式看是否有一定的规律?

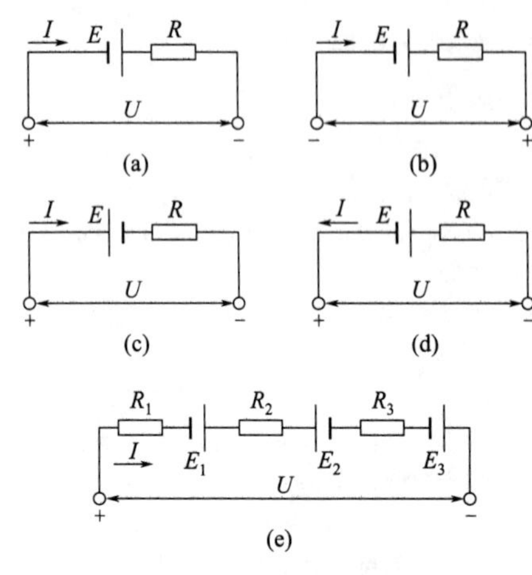

图 1-2 几种有源电路图

解: 按图 1-2 中所示的电压、电流的参考方向,再根据表 1-14 中有源支路的欧姆定律,可列出各电路的电流计算式如下:

(a) $I=\dfrac{U+E}{R}$ (b) $I=\dfrac{E-U}{R}$

(c) $I=\dfrac{U-E}{R}$ (d) $I=\dfrac{-U-E}{R}$

(e) $I=\dfrac{U+E_1-E_2+E_3}{R_1+R_2+R_3}$

从电流计算式可看出:当电压参考方向与电流参考方向相同时,电压 U 前用正号;反之,用负号。当电源电压的参考方向与电流参考方向相反时,电源电压 E 前用正号;反之,用负号。

计算实例 1-9

图 1-3 是一电桥电路,R_3 是个 300Ω 的可调电阻,当 R_3 的电阻值为 150Ω 时,电桥处于平衡状态,试求 R_X 的电阻值。

解: 该电桥的比例系数为:$\dfrac{R_1}{R_2}=\dfrac{500\Omega}{250\Omega}=2$

当 $R_3=150\Omega$,R_X 的电阻值为:$R_X=R_3\times\dfrac{R_1}{R_2}=150\times2=300(\Omega)$

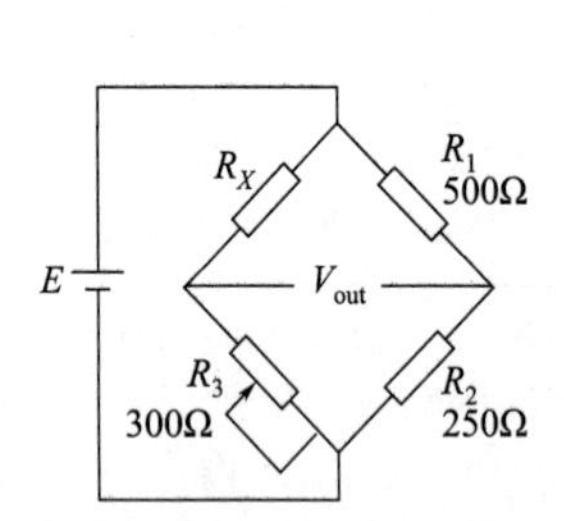

图 1-3 平衡电桥电路图

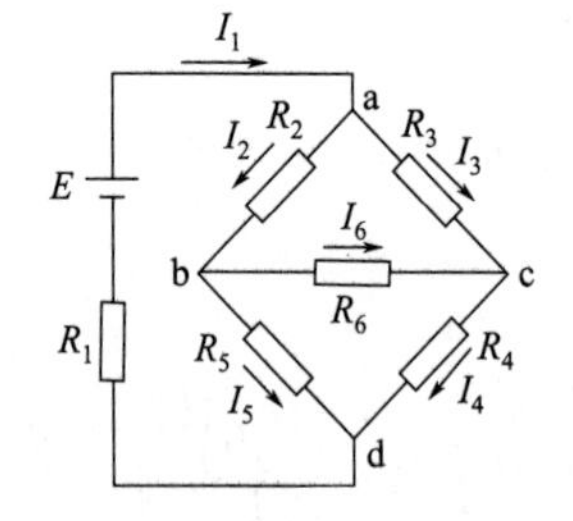

图 1-4 电桥电路图

计算实例 1-10

图 1 4 是一电桥电路,已知 $I_1=25\text{mA}$,$I_3=16\text{mA}$,$I_4=12\text{mA}$,试求 I_2、I_5、I_6 的电流各是多少。

解：先任意标定未知电流 I_2、I_5、I_6 的方向，如图1-4中所示。在节点a根据表1-14中的节点电流定律，列出电流计算式：$I_1=I_2+I_3$。可求出：$I_2=I_1-I_3=25-16=9(\text{mA})$。

同样，分别在节点b、c应用节点电流定律，列出电流计算式：

$$I_2=I_5+I_6$$

$$I_4=I_3+I_6$$

就可求出：$I_6=I_4-I_3=12-16=-4(\text{mA})$

$I_5=I_2-I_6=9-(-4)=13(\text{mA})$

其中 I_6 的值是负的，表示 I_6 的实际方向与标定方向相反。

计算实例 1-11

电路如图1-5所示，求电阻 R_4 的阻值。

解：先用欧姆定律求出各已知电阻的电压降：

$$V_1=IR_1=0.02\times10=0.2(\text{V})$$

$$V_2=IR_2=0.02\times80=1.6(\text{V})$$

$$V_3=IR_3=0.02\times50=1(\text{V})$$

然后用表1-14中的回路电压定律计算 V_4，即未知电阻 R_4 上的电压降：

$$24-V_1-V_2-V_3-V_4=0(\text{V}) \quad 即 \quad 24-0.2-1.6-1-V_4=0(\text{V})$$

因 $21.2-V_4=0(\text{V})$，则 $V_4=21.2(\text{V})$。知道 V_4 就可计算出 R_4 的电阻值：

$$R_4=\frac{V_4}{I}=\frac{21.2}{0.02}=1060(\Omega)$$

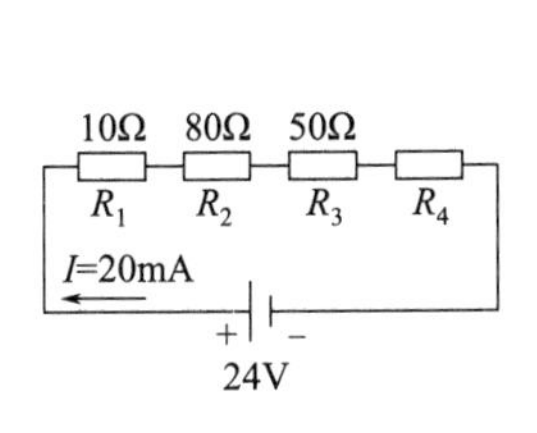

图1-5 串联供电电路

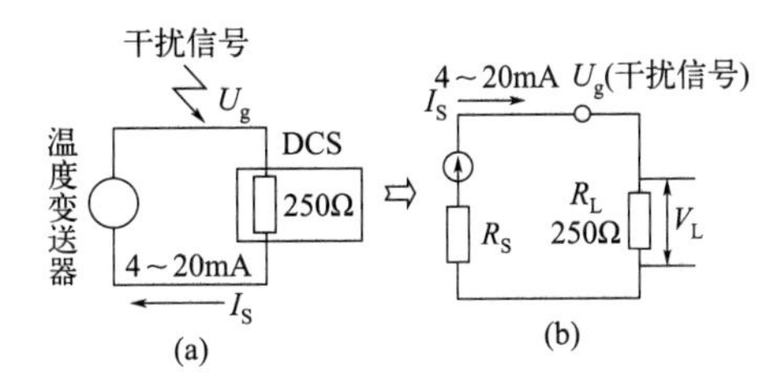

图1-6 温度变送器测量电路受外部干扰的示意图

计算实例 1-12

图1-6是一个温度变送器的测量电路，已知温度变送器的输出阻抗 $R_S\geqslant100\text{M}\Omega$，当有1000V的外部干扰信号 U_g 进入测量电路时，试计算DCS输入端的250Ω电阻上会有多大的干扰电压 V_L。

解：将图(a)等效为图(b)，则DCS输入端的干扰电压 V_L 为：

$$V_L=U_g\times\frac{R_L}{R_S+R_L}\leqslant1000\times\frac{250}{100\times10^6+250}\approx0.0025(\text{V})$$

从计算结果可看出，该干扰信号在电流测量回路上是很微小的，对输入量程为1～5V的信号而言是可以忽略的，这就是直流电流传送信号抗干扰能力较强的原因。

计算实例1-13

将图1-7(a)、(b)所示虚线框内的有源网络变换为一个等效的电流源。

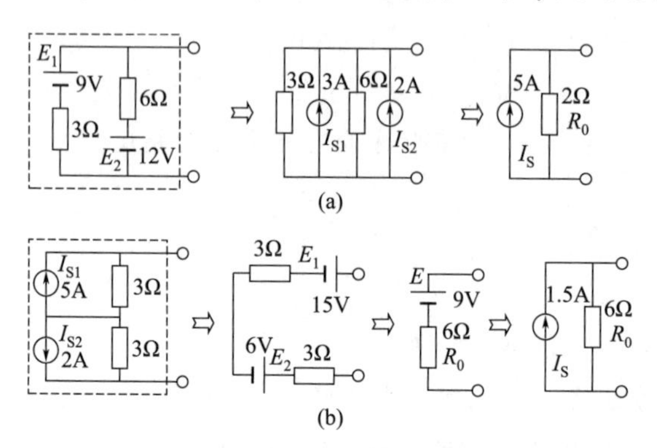

图1-7　有源网络变换为一个等效电流源的示意图

解：对图1-7(a)，先把两个电压源变为两个等效电流源：

$$I_{S1}=\frac{E_1}{3}=\frac{9}{3}=3(A)$$

$$I_{S2}=\frac{E_2}{6}=\frac{12}{6}=2(A)$$

然后合成为一个等效电流源，其参数为：

$$I_S=I_{S1}+I_{S2}=3+2=5(A)$$

$$R_0=\frac{3\times 6}{3+6}=2(\Omega)$$

对图1-7(b)，先把两个电流源变为两个等效电压源：

$$E_1=I_{S1}\times 3=5\times 3=15(V)$$

$$E_2=I_{S2}\times 3=2\times 3=6(V)$$

然后合成为一个等效电压源，其参数为：

$$E=E_1-E_2=15-6=9(V)$$

$$R_0=3+3=6(\Omega)$$

最后等效变换为一个电流源：

$$I_S=\frac{E}{R_0}=\frac{9}{6}=1.5(A)$$

$$R_0=6(\Omega)$$

1.2.2　最基本的运算放大器电路

(1) 运算放大器的基本特性

① 运算放大器（运放）两个输入端间的电压总是零，这是因为两个输入端之间的“虚

短”以及“输入阻抗非常大”，意味着运算放大器不需要输入电流，也可认为运算放大器的输入电流等于零。

② 运算放大器的同相端电位等于反相端电位，即运算放大器工作正常时，两输入端有相同的直流电位。前提是输出电压在直流电源的正电压和负电压之间，且输出电流小于运算放大器额定输出电流。

③ 运算放大器的电压增益等于无限大，即可用很小的输入电压获得非常大的输出电压。运算放大器通电后，只需在输入端两端加上毫伏级的电压，就可以很容易地使输出进入正的或负的饱和状态。

④ 运算放大器的输出阻抗 $Z=0$，即在电路设计和电源所允许的范围内，可以从运算放大器输出端拉出电流，且在输出端不会出现明显的电压降。

⑤ 运算放大器可把输出电压的波动范围限制在直流电源的正电压和负电压之间，即运算放大器具有电压限幅能力。其输出电压的波动幅度取决于运算放大器的正直流电源电压值和负直流电源电压值。

⑥ 标准运算放大器的输出电流通常限制在 10mA 以内，运算放大器能自动把输出电流限制在安全工作区。

（2）运算放大器的“虚断”和“虚短”特征

运算放大器的同相输入端和反相输入端阻抗非常高，输入或输出电流小到可以忽略不计，就像输入端和外接器件开路了一样，阻抗趋向于无穷大就是开路，然而它又不是真的开路，为了分析电路的方便，把它等效于开路，所以称为“虚断”，此时输入电流可忽略。

运算放大器的开环电压增益非常高，要使其处于正常可控的放大状态，必须加入负反馈，加入负反馈后，使得同相输入端和反相输入端的电压相等，看起来就像短路了一样，然而又不是真的短路，为了分析电路的方便，把它等效于短路，所以称为“虚短”，此时输入电压接近零。

利用运算放大器的“虚断”和“虚短”特征，分析和计算运算放大器就很方便，见表 1-15～表 1-19。

表 1-15　基本运算放大器电路的简要分析及计算

反相放大器电路分析及计算	同相放大器电路分析及计算
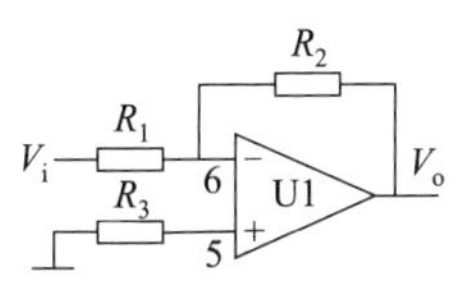 R_2 为负反馈电阻。因为虚断，R_3 无电流流过，故运算放大器 5 脚电压和地电压相等为 0；因为 6 脚和 5 脚虚短，所以 6 脚电压和 5 脚相同为 0；因为虚断，6 脚没有电流，故流过 R_1 的电流也是流过 R_2 的电流，故得出 $(V_i-0)/R_1=(0-V_o)/R_2$，化简后得 $V_o=-V_i\times R_2/R_1$，即输出电压与输入反相，增益是反馈电阻 R_2 与输入电阻 R_1 的比值	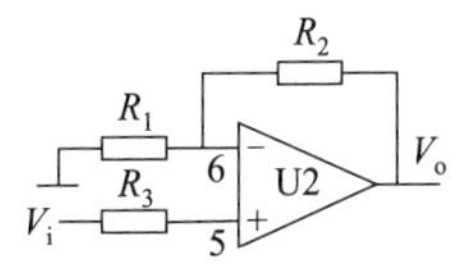 R_2 为负反馈电阻。因为虚断，5 脚和输入电压 V_i 相等；因为虚短，5 脚和 6 脚电压相等；又因为虚断，通过 R_1 和 R_2 的电流相同，据此得到 $V_i/R_1=V_o/(R_1+R_2)$，所以 $V_o=(1+R_2/R_1)V_i$，即输出电压与输入同相 当将 R_2 短接($R_2=0$)时，$V_o=V_i$，此时的电路被称为电压跟随器

表 1-16　常用运放电路的简要分析及计算之一

电流/电压变换电路分析及计算	电压/电流变换电路分析及计算
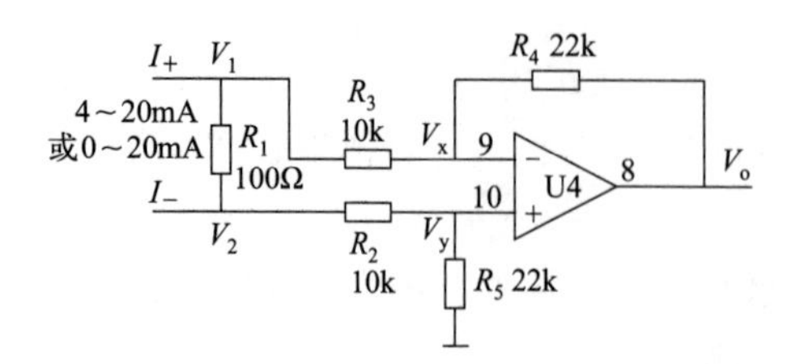 电流从取样电阻 R_1 流过，在电阻两端产生跟电阻值成正比的电压差。因为虚断，流过 R_2、R_5 的电流相同，流过 R_3、R_4 的电流相同；因为虚短，9 脚与 10 脚电压相等（$V_x=V_y$），所以：$V_y=V_2\times R_5/(R_5+R_2)$ 同理：$(V_1-V_x)/R_3=(V_x-V_o)/R_4$， 所以：$V_x=(V_1\times R_4+V_o\times R_3)/(R_3+R_4)$ 已知：$R_2=R_3=10\text{k}\Omega$，$R_4=R_5=22\text{k}\Omega$， 则：$V_o=-2.2(V_1-V_2)$ 当输入为 4～20mA 时，电阻 R_1 上产生 0.4～2V 电压，V_o 输出一个反相的 −0.8～−4.4V 电压，供后级模数转换器使用	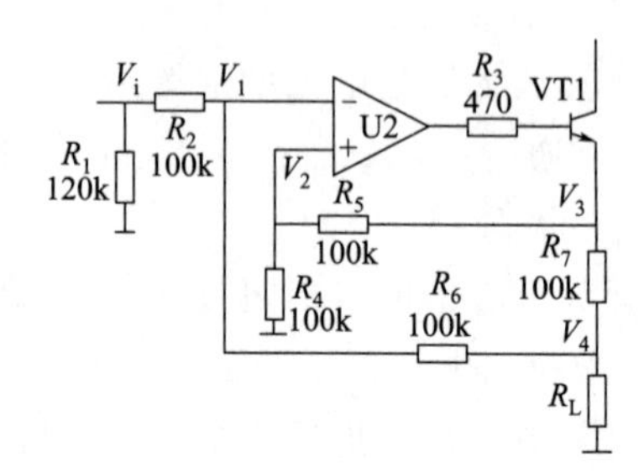 由虚断知，运放输入端没有电流流过，则：$(V_i-V_1)/R_2=(V_1-V_4)/R_6$ 同理：$(V_3-V_2)/R_5=V_2/R_4$ 由虚短知：$V_1=V_2$ 如果 $R_2=R_6$，$R_4=R_5$，则由以上三式可得出 $V_3-V_4=V_i$，说明 R_7 两端的电压和输入电压 V_i 相等，则通过 R_7 的电流 $I=V_i/R_7$，如果负载 $R_L\ll 100\text{k}\Omega$，则流过 R_1 和流过 R_7 的电流基本相同，即当负载在一定范围内，其电流是不会随负载变化的，而是受 V_i 所控制

表 1-17　常用运放电路的简要分析及计算之二

比较器电路分析	减法器电路分析及计算
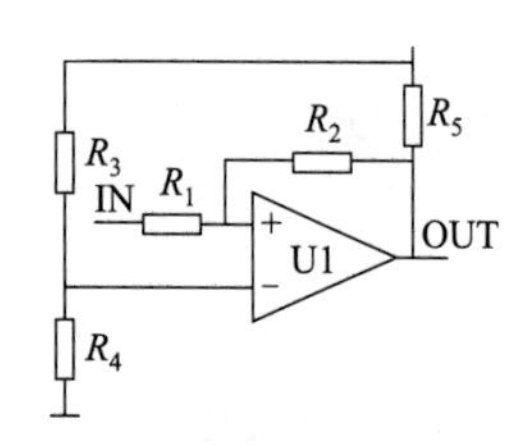 负反馈电阻 R_2 没有接到反相输入端，而是接到同相输入端，所以是正反馈，该放大器作比较器使用。R_3、R_4 串联分压后的电压加至比较器的反相输入端，输入电压经 R_1 加至同相输入端，两路电压进行比较：同相电压高于反相电压，则输出高，接近电源电压；反之输出低，接近 0V 或负电压（双电源时） R_2 可避免同相输入和反相输入电压值接近时引起电路的振荡	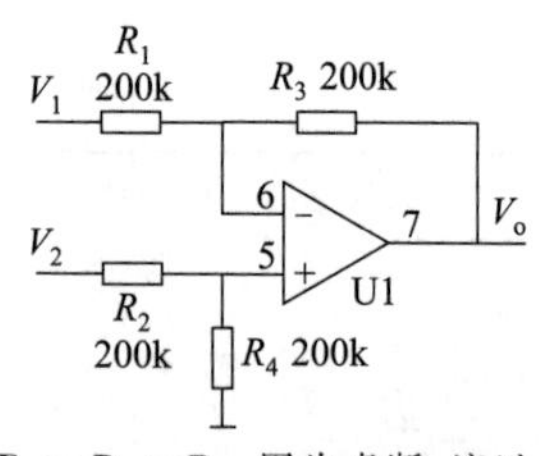 图中，$R_1=R_2=R_3=R_4$，因为虚断，流过 R_2 与流过 R_4 的电流相等，故运放 5 脚电压为 $V_2/2$，因为虚短，6 脚电压与 5 脚电压相等，又因为虚断，流过 R_1 和 R_3 的电流也相等，故： $$V_1-V_2/2=V_2/2-V_o$$ 得：$V_o=V_2-V_1$ 这就是所谓的减法器电路

表 1-18　常用运放电路的简要分析及计算之三

反相加法器电路分析及计算	同相加法器电路分析及计算
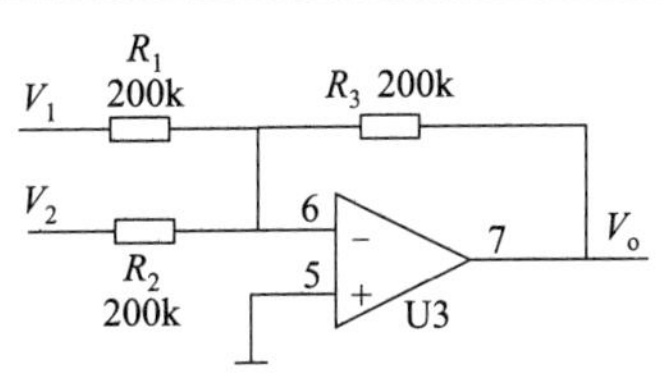 因为虚断，放大器 6 脚没有电流；因为虚短，放大器 6 脚与 5 脚电压相等为 0。根据基尔霍夫定律，通过 R_1 与 R_2 的电流之和等于通过 R_3 的电流，故： $V_1/R_1+V_2/R_2=(0-V_o)/R_3$ 当 $R_1=R_2=R_3$ 时，满足 $V_o=-(V_1+V_2)$，此电路称为反相加法器	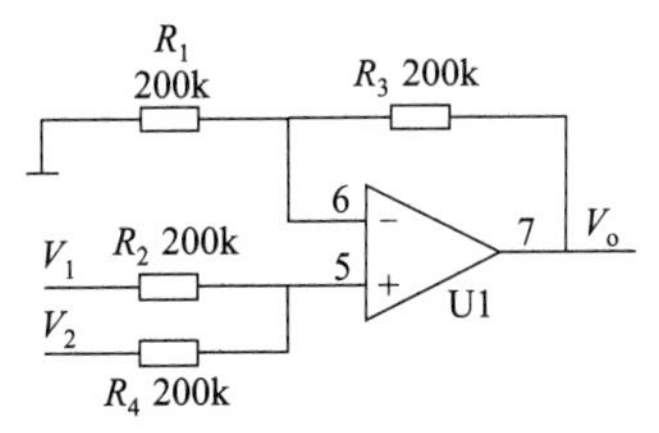 因为虚断，则通过 R_1 和 R_3 的电流相等，故 6 脚电压即为 R_1 与 R_3 之串联分压，为 $V_o/2$。同理，由于虚断，流过 R_2 的电流与流过 R_4 的电流也是一样的，故： $V_1-V_o/2=V_o/2-V_2$，即 $V_o=V_1+V_2$，此电路称为同相加法器

表 1-19　常用运放电路的简要分析及计算之四

差动放大电路分析及计算	
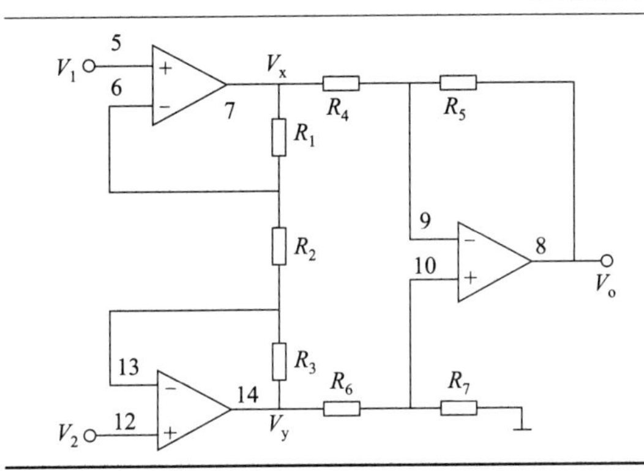 	由于每个运放都有负反馈电阻，所以虚短成立，故 5 脚和 6 脚电压相等，12 脚和 13 脚电压相等，所以，R_2 两端的电压就是 V_1 和 V_2 的差值。因为虚断，6 脚和 13 脚没有电流，所以流过 R_1、R_2、R_3 的电流相同，可将其视为串联电路，由分压比知： $(V_x-V_y)/(R_1+R_2+R_3)=(V_1-V_2)/R_2$ 因为虚断，R_4 与 R_5 电流相等，因为虚短，9 脚和 10 脚电压相等，又 $R_4=R_5=R_6=R_7$，故：$(V_x-V_0)/2=V_y/2$ 即 $V_0=V_x-V_y=(V_1-V_2)\times(R_1+R_2+R_3)/R_2$

1.2.3　仪表供电的相关计算（附仪表耗气量）

仪表直流供电线路的简易计算见表 1-20。仪表供电电缆最大敷设长度的计算公式见表 1-21。不同负载性质的电流计算公式见表 1-22。仪表常用铜导线的经验截流量见表 1-23。用气仪表或设备单台耗气量见表 1-24。

表 1-20　仪表直流供电线路的简易计算

项目	计算公式	备注
直流供电线路电阻	$R_t=4.28\times\dfrac{L}{S}\times10^{-2}$	R_t—线路工作电阻，Ω L—线路距离，m S—导线截面积，mm^2 R—允许线路电阻，Ω ΔU—允许线路压降，V U_o—直流电源输出电压，V U_W—用电仪表最低工作电压，V W_{max}—仪表最大功耗，W I_W—线路最大工作电流，A
允许线路电阻	$R_t\leqslant R=\dfrac{\Delta U}{I_W}$	
已知电缆的供电距离	$L\leqslant20\times\dfrac{(U_o-U_W)\times U_W\times S}{W_{max}}$	
已知距离需要的电缆尺寸	$S\geqslant0.05\times\dfrac{W_{max}\times L}{(U_o-U_W)U_W}$	

表 1-21 仪表供电电缆最大敷设长度的计算公式

电缆用途	计算公式	备注
24V DC 供电	$l_{max}=\frac{S}{2\rho}\times\frac{\Delta U}{I_{max}}$	l_{max}—电缆的最大长度，m S—电缆的截面积，mm^2 ρ—铜线的电阻系数，$\Omega\cdot mm^2/m$ U—电源电压，V ΔU—供电线路的压损（24V DC 供电，≤0.24V；220V AC 供电，≤2V） I_{max}—最大电流，mA P_{max}—最大功率，V·A
220V AC 供电	$l_{max}=\frac{S}{2\rho}\times\frac{\Delta U(U-\Delta U)}{P_{max}}$	

表1-22 不同负载性质的电流计算公式

负载性质	负载举例	计算公式	备注
单相纯电阻负载	电阻加热器	$I=\frac{P}{U}$	P—功率，W I—工作电流，A U—工作电压，V U_L—线电压，V $\cos\varphi$—功率因数
单相含电感负载	单相电机，风扇，空调	$I=\frac{P}{U\cos\varphi}$	
三相纯电阻负载	三相电阻加热器	$I=\frac{P}{\sqrt{3}U_L}$	
三相含电感负载	三相电动机，三相变压器	$I=\frac{P}{\sqrt{3}U_L\cos\varphi}$	

表 1-23 仪表常用铜导线的经验截流量

导线截面/mm^2	允许通过的电流/A	可负载的功率/W	
		单相/220V	三相/380V
1.0	12	2640	6318
1.5	15	3300	9477
2.5	25	5500	13163
4	32	7040	16849
6	45	9900	23694
10	60	13200	31591

表 1-24 用气仪表或设备单台耗气量

用气仪表或设备	用气量（标准状态下）	备注
气动调节阀	$1m^3/h$	
气动开关阀	$1.7m^3/h$	小于 10″的开关阀
	$3.4m^3/h$	大于等于 10″的开关阀
气相色谱仪	$1.2m^3/h$	
正压通风防爆仪表柜	$2\sim8m^3/h$	
反吹法测量仪表	$1\sim5m^3/h$	设备有特殊测量时耗气量会有差别
特殊仪表		根据其最大耗气量指标

注：1″=25.4mm。

1.3 仪表维修基础

1.3.1 仪表通用刻度换算公式及计算

仪表通用刻度换算公式见表1-25。

表1-25 仪表通用刻度换算公式

线性刻度换算公式	备注
公式一： $$Y=Y_L+(Y_H-Y_L)\left(\frac{X-X_L}{X_H-X_L}\right)$$ $任意信号值=信号下限+(信号上限-信号下限)\times\frac{任意测量值-量程下限}{量程上限-量程下限}$ 公式二： $$X=X_L+(X_H-X_L)\left(\frac{Y-Y_L}{Y_H-Y_L}\right)$$ $任意测量值=量程下限+(量程上限-量程下限)\times\frac{任意信号值-信号下限}{信号上限-信号下限}$	Y—仪表的任意信号值 Y_H—仪表的信号上限 Y_L—仪表的信号下限 X—仪表的任意测量值 X_H—仪表的量程上限 X_L—仪表的量程下限
方根刻度换算公式	
公式三： $$Y=Y_L+(Y_H-Y_L)\left(\frac{X-X_L}{X_H-X_L}\right)^2$$ $任意信号值=信号下限+(信号上限-信号下限)\times\left(\frac{任意测量值-量程下限}{量程上限-量程下限}\right)^2$ 公式四： $$X=X_L+(X_H-X_L)\sqrt{\frac{Y-Y_L}{Y_H-Y_L}}$$ $任意测量值=量程下限+(量程上限-量程下限)\times\sqrt{\frac{任意信号值-信号下限}{信号上限-信号下限}}$	

计算实例1-14

某电动压力变送器，输出信号为4～20mA，对应量程为0～25MPa。当输入压力为16MPa时，变送器的输出电流是多少？

解： 由表1-25中的公式一得：

$$Y=4+(20-4)\left(\frac{16-0}{25-0}\right)=14.24(\text{mA})$$

当输入压力为16MPa时，该压力变送器的输出电流为14.24mA。

计算实例1-15

某温度变送器的温度与电流成线性关系，其输出为4～20mA，对应的量程为0～200℃。

当输出电流为16mA时，温度是多少?

解1：由表1-25中的公式二得：

$$X=0+(200-0)\left(\frac{16-4}{20-4}\right)=150(℃)$$

该温度变送器，当输出电流为16mA时，温度是150℃。

解2：表1-25中的公式二略作变换：

$$X=\frac{X_H-0}{20-4}\times(I-4)$$

式中，I为任意的输出电流值。当$I=16$mA时，温度为：

$$X=\frac{200}{16}\times(I-4)=150(℃)$$

计算实例1-16

某压力显示仪表的输入信号为1～5V，对应量程为－25～＋25kPa。当输入电压为2V时，压力显示值应该是多少?

解：由表1-25中的公式二得：

$$X=-25+[25-(-25)]\left(\frac{2-1}{5-1}\right)=-12.5(kPa)$$

该压力显示仪，当输入电压为2V时，压力显示值应该是－12.5kPa。

计算实例1-17

某压力变送器的测量范围为－1～5bar，对应的输出电流为4～20mA。当输出电流为6.62mA时，压力应该是多少?

解：由表1-25中的公式二得：

$$X=-1+[5-(-1)]\left(\frac{6.62-4}{20-4}\right)=-0.0175(bar)$$

该压力变送器的输出电流为6.62mA时，输入压力是－0.0175bar。

计算实例1-18

某气动流量计，其变送器输出为20～100kPa（0.02～0.1MPa)，对应的量程为0～36t/h。当流量为18t/h时，变送器的输出信号是多少千帕?

解：由表1-25中的公式三得：

$$Y=20+(100-20)\left(\frac{18-0}{36-0}\right)^2=40(kPa)$$

当流量为18t/h时，该变送器的输出是40kPa。

计算实例 1-19

某电动差压变送器的最大差压为40kPa，差压对应的流量为0～160m³/h，输出信号为4～20mA。当变送器输出电流为8mA时，流量应该是多少？差压又是多少？

解：a. 先计算流量，由表1-25中的公式四得：

$$X=0+(160-0)\sqrt{\frac{8-4}{20-4}}=80(m^3/h)$$

该变送器输出为8mA时，流量是80m³/h。

b. 然后计算差压，已知变送器输出为8mA时，流量是80m³/h，则流量是满量程的50%，由表1-25中的公式三得：

$$Y=0+(40-0)\left(\frac{50}{100}\right)^2=10(kPa)$$

该变送器输出电流为8mA时，差压是10kPa。

计算实例 1-20

某电动差压变送器的输出信号为0～10mA DC，对应的流量为0～3600m³/h。当变送器输出为6mA时，流量应该是多少？

解：由表1-25中的公式四得：

$$X=0+(3600-0)\sqrt{\frac{6-0}{10-0}}=2788.5(m^3/h)$$

该变送器输出为6mA时，流量是2788.5m³/h。

1.3.2 仪表故障检查判断方法

仪表故障检查判断方法见表1-26。

表1-26 仪表故障检查判断方法

检查判断方法	操作说明
直观检查法	闻：用鼻子闻有无烧焦气味，找到气味来源，故障可能就在放出异味的部件 看：观察开关、端子有无松动，印制电路板上的元件有无虚焊、裂痕，电阻器有无烧焦变色，电解电容器有无胀起或变形爆裂等现象，机械部件有无卡住等问题 听：轻轻翻动仪表或部件，多次摇摆，听有无零件散落或螺钉脱落，调节阀运行时是否有碰击声。通电后用螺丝刀（螺钉旋具）轻轻敲打仪表，听其有无不正常的“嗞嗞”声或“啪啪”的打火声 摸：用手感觉变压器外壳、电解电容器外壳是否温度过高或发烫。若被摸元器件有过热或冰凉现象，那么问题可能就出现在这些部件。手不能触及接线端子、金属部件和元件引脚部位，以防触电
敲击及按压检查法	通过直观检查，怀疑仪表电路有虚焊、脱焊等接触不良现象时，可采用本法检查 仪表运行时好时坏，用螺丝刀手柄敲击印制电路板边沿，振动板上的元器件，常能找到故障部位，但高电压部位不能用敲击法 用螺丝刀或镊子对怀疑的元器件按压或摇动，观察故障现象有没有变化，如有变化，说明该元器件有问题。按压电路板的一些部位，常能快速找到故障部位。对怀疑的集成电路用橡胶压紧，开机看故障有无变化，如有变化，说明该集成电路存在虚焊

续表

检查判断方法	操作说明
信号注入法	用直流毫伏信号、电阻信号、直流电流信号、频率信号，对被查仪表输入相应的信号，使输入信号由小到大地逐渐变化，把万用表或标准表接在仪表的输入端或输出端，测量信号的变化情况来判断故障。当测量到某一回路输出不随输入信号的变化而变化时，应检查前一回路的输出或本回路的输入端，若仍无变化，则继续向前一回路检查；信号有变化，则故障在本回路或与输出回路相连的电路中。当故障范围已缩小到某一回路或某一单元，甚至到某一部件，再用其他检查方法进一步核实，就可确定故障点
电路参数测量法	用万用表或示波器测量仪表电路各点的电压、电流、电阻值和波形，与正常值比较来确定故障部位，是最常用和最有效的故障检查方法
分段检查法	控制系统失灵时，先检查控制器至执行器这一段，把控制器切换至手动状态，手动操作执行机构及控制阀能动作，说明控制器输出正常，故障部位在控制器或控制器之前那一段。再把控制器切换至自动状态，改变给定值，观察控制器的输出电流，输出没有变化则故障在控制器，如果有变化说明控制器正常，可再检查控制器的输入至变送器那一段
拔插检查法	诊断电脑死机及黑屏故障时，在电源正常的情况下，逐个拔下扩展槽中的控制卡与主板上的各个接插件，每拔下一块板卡或插件后，开机观察故障是否消失或改变。若故障现象消失，则被拔下的板卡有问题；故障现象未消失，表明拔下的板卡是好的
切断检查法	把怀疑电路从整机或单元电路中切除，逐步缩小故障查找范围。工作电流过大或有短路故障时，把一部分电路从整机中断开，看电流变化来判断这部分电路是否正常。常用来检查负载短路和负载过重故障，还可用来检查开路、接触不良故障 选择切断点应从常见故障部位入手，如供电电源、功放级，或结合电路图及实际回路逐步进行切断，按信号的传输顺序，由前到后或由后到前逐级加以切断。用切断法要谨慎，有的电路不能随便断开，否则故障没有排除，还会添加新的故障
短路检查法	用来检查信号回路中的自激、干扰故障。就是将电路中某两点暂时短路，或者使某一级的输入端对地短路，使这一级和这一级以前的部分失去作用。当短路到某一级时故障现象消失，说明故障在短路点之前，反之应在短路点之后查找 为避免直流电压被短路，一般采用交流短路。短路检查应根据故障现象来确定合适的短路点，常用方法有用电线短路和用电容器短路 用电线短路：用于被短路两点直流电位相同或接近的电路，如热电偶模块输入端的短路。检查振荡器是否振荡，可以把振荡电路或反馈网络短路，然后对比短路前后芯片相关引脚的电压，若电压有变化说明振荡器能振荡。还可用于快速判断小阻值退耦电阻、印制导线或连接线是否开路，检查时只要用电线短路怀疑的电阻或连线两端即可 用电容器短路：可用来检查判断电路中自激振荡噪声或干扰的来源。检查时，用电容器从电路后级向前级逐一短路各级的输入端，当短路到哪级时自激或干扰消失，则表明故障在该级电路中或在之前的电路中
替换检查法	用规格相同、性能良好的元器件或电路板，代换故障仪表上被怀疑而又不便测量的元器件或电路板，来判断是否故障。但操作比较麻烦，要根据仪表故障的具体情况，以及维修时所拥有的备件及可代换的难易程度来定。在代换过程中，连接、安装要正确可靠，以避免人为造成故障 其他检测方法运用后，对某个元器件有重大怀疑时才可采用本法。不能大量采用，否则有可能会进一步扩大故障范围 所替换的元部件要与原来的规格、性能相同，不能用低性能的替换高性能的，不能用小功率元件替换大功率元件，不允许用大电流熔丝或铜线替换小电流的熔丝 所要替换的元器件安装较隐蔽，拆卸操作不方便时，不建议用本法。要按先简单后复杂的顺序进行替换
参照检查法	本法要有参照物或修理资料，如仪表电路原理图、仪表机械结构图、电子元器件、集成电路应用手册等，要有同型号、同一个厂生产的仪表，通过对比、借鉴、参照等手段，查出具体的故障部位 用其他检查法做出初步判断，对具体的部位有怀疑或对故障无法确定时可采用本法。但操作要正确，若在正常的仪表上测量的数据不准确，就会造成误判

续表

检查判断方法	操作说明
电压升、降检查法	仪表或系统的故障较隐蔽，数小时甚至几天才会出现一次故障，或者没有规律地偶尔发生故障，可升高或降低仪表整机或部分电路的工作电压，使故障及早出现 检修开关电源时，为确保开关管、集成电路及负载输出管的安全，可通过调压变压器调低开关电源的供电，进行测试确认电路正常后，再恢复正常电压供电 电压的升压、降压幅度应限制在仪表整机元器件的最大额定值范围内，如果故障没有出现，可在短时间内略超额定值范围试试。有些元器件在过电压状态下极易损坏，不能让整机或元器件在超过极限条件下长时间工作
升温、降温检查法	本法用来检查元件热稳定性变差而引发的软故障非常有效。当仪表发生的故障与温度密切相关时，例如白天或天气热时出现故障或故障频繁，晚上或天气凉快时故障明显减少，可用本法来检查判断故障 升温可用电烙铁或电吹风对怀疑的部件进行加热，使故障现象及早出现，从而确定故障部件。降温可用酒精棉球对怀疑的部件进行降温，使故障现象发生变化或消失，从而确定故障部件 用本法检查，温度不能超过元器件允许的范围，否则适得其反会把故障范围扩大
单元流程图检查法	根据故障检修流程图，一步一步地将故障范围缩小，然后找出故障部位 按仪表电路原理方框图、控制系统原理方框图划分出电路大块或单元块，再画出相关流程图，根据流程图进行检查及维修 以流程图方式按各单元的作用分析控制系统故障可能出现在哪个单元，由信号输入至各单元最终到输出，逐步进行层层分解然后抓住主要问题，最终找出控制系统故障的具体原因
间接判断法	控制系统是由多个单元组成的，其测量和控制的对象也是多个工艺参数，而各个工艺参数的变化往往是相互联系的，如有时流量的变化会影响到液位的变化，压力的变化可能会影响到温度的变化，等等，都是间接判断的依据。当控制系统出现问题时，先要判断是工艺原因，还是仪表或系统的原因。如某个工艺记录曲线突然大幅度波动，按正常情况，一个工艺参数的大幅度变化总是会引起其他工艺参数的明显变化。如果其他工艺参数也跟着变化，可能是工艺的原因；如果其他工艺参数的变化不明显或根本没有变化，则说明这个曲线大幅度波动的原因是仪表或变送器有故障
自诊断检查及软件设置法	智能仪表具有自诊断检查功能，当自诊断检测出故障，手操器或指示表会显示错误代码来提示故障部位。智能变送器可用手操器来检查量程、迁移等参数的设置是否正确。确定设置没有问题后再从硬件入手进行故障的检查和处理 DCS监控画面中经常变化的数据长时间不变化、多个数据或所有数据都不变化、几个数据同时波动较大、趋势图画面中几条趋势呈直线不变化等，可根据系统报警功能，查找系统故障或进行处理。监控画面数据不刷新可能是操作站有故障，所有操作站的数据不变化可能是网络故障 智能显示仪出故障时，排除输入信号问题后，应检查量程、配用传感器类型、PID参数、报警参数等的设置是否正确
应急拆补法	仪表故障现象看似与虚焊很相似，但一时找又不到虚焊点，可对怀疑的焊点统统补焊一遍，常能取得意想不到的效果 仪表有些辅助电路的某个元器件损坏会影响局部性能，但不会影响整机的工作。可以拆下辅助电路的元器件更换已损坏的主要元器件，使仪表恢复工作来应急 仪表电路中有些元器件起到抑制干扰或电路调整等辅助作用，如滤波电容器、旁路电容器、保护二极管、补偿电阻等。这些元器件损坏后将起不到辅助作用，还会影响电路，使仪表不能正常工作。把损坏的元器件拆除，仪表可能马上就恢复正常工作

1.3.3 仪表维修的顺序与操作要点

仪表维修的顺序与操作要点见表1-27。

表 1-27　仪表维修的顺序与操作要点

维修顺序	操作要点
先问工艺后看仪表	向操作工了解仪表出故障前后的状态，来判断是工艺原因还是仪表问题。观察 DCS 的运行曲线，如出故障前曲线一直正常，之后记录曲线波动很大，连手动操作都难控制，有可能是工艺或设备的原因。如果压力波动大，可从工艺上找找原因，如负荷变化、加减物料、开关回流阀、操作不当都会引起工艺压力的变化
先到控制室后去现场	通过观察仪表，大致判断是哪儿的问题，用万用表测量机柜的接线端子，来判断测量元件至机柜端子间是否有开路、短路、接地故障。检查热电偶有无热电势输出，用尖嘴钳短接仪表的输入端，看仪表能否显示室温。用尖嘴钳短接热电阻测温仪表的输入端，看仪表是否指示零下，或者断开端子接线，看其是否指示最大或溢出。用 HRAT 手操器检查变送器有无输出电流。控制系统可检查手动、自动开关位置放置正确否，用手动操作观察控制阀动作是否正常，有没有阀位反馈信号
先查简单后查复杂	先观察是单台仪表不正常还是多台仪表不正常，再检查仪表的供电电源、保险丝是否正常；检查信号线是否有接触不良、断路、短路现象，开关位置是否正确。观察导压管及阀门有没有泄漏堵塞等
先查现场仪表后查 DCS 系统	先对现场仪表进行检查，保护套管及测温元件是否损坏，有无进水，热电偶、热电阻端子接线是否松动，执行器是否卡死或缺油 压力、差压变送器可先排污、冲洗导压管，检查三阀组及其他阀门有无堵塞、泄漏现象。流量变送器可关闭三阀组的高、低压阀门，打开平衡阀观察零位是否正常。在开表状态下，快速开关一下正压管排污阀，输出电流应向减小方向变化，快速开关一下负压管排污阀，输出电流应向增大方向变化。电流变化正常则变送器没有大的问题 液位变送器关闭三阀组的高、低压阀门，打开平衡阀观察输出电流，当差压为零时，负迁移的输出电流应为 20mA，正迁移的输出电流应小于 4mA。负迁移的变送器，在开表状态下，快速开关一下正压管排污阀，输出电流应向减小方向变化，快速开关一下负压管排污阀，输出电流应向增大方向变化，电流变化正常则变送器没有大的问题 温度显示值不可能突变，温度突然显示最大或最小，排除一次元件问题，就是显示的故障。温度控制系统波动大可能是 PID 参数没整定好，或者执行器有机械问题 压力显示没有波动，或者变化缓慢，排除导压管及阀门堵塞，就是显示仪有问题 通常流量参数的波动是比较大的，参数或多或少地变化应该在记录曲线上反映出来，流量曲线没有波动近似于直线，是仪表有故障。怀疑 DCS 或显示参数有问题时，观察现场其他仪表，看两者显示差别有多大来确定故障
先看外部后查仪表内部	在现场先检查仪表的外部，如仪表导压管有无泄漏，导压管或阀门有无堵塞。供电是否正常，导线连接及接线端有没有松动、接触不良等问题，可测量仪表盘后端子或仪表接线端子电压来判断。热电偶可短接接线端，热电阻可断开接线端，来判断故障部位
先看明处后查暗处	先检查仪表盘内的端子及接线，没有发现问题，再检查电缆桥架内、地沟内的导线。排污管是通入地沟的，可最后检查。怀疑热电偶、热电阻保护套管损坏，应在检查确定其他部位没有问题后再拆卸
先设定软件后检查硬件	智能仪表应先检查设置是否正确，如输入信号类型、量程、报警、PID 参数等设置
先机械后电气	仪表机械部件出现故障的概率大于电气部件，如机械缺油、磨损、卡死；机械故障比较直观，容易发现。先检查机械故障，再查电气故障。控制阀动作不正常，可切换至手动操作来观察，看阀门运转是否平稳，是否有迟滞、卡死现象，排除机械问题后，再检查放大器、电机、阀位反馈等电气元件
先思考后动手	处理仪表故障，先想好怎样做、从何处入手，再实际动手；先分析判断故障，再动手维修。对观察到的故障现象，可先查阅资料，了解有无相应的技术要求、使用特点，以便结合实际考虑怎样维修。分析判断故障，可根据自己掌握的知识、经验来判断，自己不太了解的，可向有经验的人咨询或寻求帮助，不要盲目动手，以避免适得其反

续表

维修顺序	操作要点
先清洁后维修	生产现场环境条件差，受有害气体、粉尘、潮湿空气的影响，仪表及接线端子都会受到腐蚀。检查仪表故障前，先对仪表及相关组件、端子、导线上的污物、锈蚀进行清除或清洗，再进行故障检查
先排除常见故障后检查特殊故障	先排除带有普遍性和规律性的常见故障，再去检查特殊故障，逐步缩小故障范围。仪表出现故障是有一定规律的，如元件老化、机械磨损、连接或焊接点问题引起的故障占多数，而特殊故障并不多

1.3.4 仪表自控常用英文缩略语

仪表自控常用英文缩略语见表1-28，与仪表自控相关的部分国外组织英文缩略语见表1-29。

表1-28 仪表自控常用英文缩略语

缩略语	英文	中文
A/D	Analog/Digital	模拟/数字
AAS	Advanced Alarm System	先进报警管理系统
AC	Alternating Current	交流电
AI	Analog Input	模拟量输入
AMADAS	Analyzer Management and Data Acquisition System	分析仪管理和数据采集系统
AO	Analog Output	模拟量输出
APC	Advanced Process Control	先进过程控制
API	Application Programming Interface	应用程序接口
B/S	Browser/Server	浏览器/服务器
BDS	BeiDou Navigation Satellite System	北斗卫星导航系统
BER	Bit Error Rate	误码率
BMS	Burner Management System	燃烧管理系统
BOM	Bill of Materials	供货清单
BPCS	Basic Process Control System	基本过程控制系统
BPS	Bulk Power Supply	主配电电源
BW	Butt Welding	对焊
C/S	Client/Server	客户端/服务器
CCCF	China Certification Center for Fire Products	中国消防产品合格评定中心
CCR	Central Control Room	中心控制室
CCTV	Closed Circuit Television	闭路电视
CEMS	Continuous Emission Monitoring System	烟气排放连续监测系统
CFF	Common File Format	通用文件格式
COD	Chemical Oxygen Demand	化学需氧量
CPMS	Control Performance Monitoring System	控制性能监控系统

续表

缩略语	英文	中文
CPS	Cyber Physical System	信息物理系统
CPU	Central Processing Unit	中央处理器
CSMA/CD	Carrier Sense Multiple Access with Collision Detection	载波侦听多路访问/冲突检测
D&R	Documentation & Rationalization	归档与合理化
D/A	Digital/Analog	数字/模拟
DC	Direct Current	直流电
DCS	Distributed Control System	分散控制系统
DD	Device Description	设备描述
DDF	Device Description File	设备描述文件
DDL	Device Description Language	设备描述语言
DEH	Digital Electro-Hydraulic Control System	数字电液控制系统
DI	Digital Input	数字量输入
DLP	Digital Light Processing	数字光处理
DMR	Double Modular Redundant	双重模件冗余
DO	Digital Output	数字量输出
DSSS	Direct Sequence Spread Spectrum	直接序列扩频
DTM	Device Type Manager	设备类型管理器
DV	Disturbance Variable	扰动变量
EBV	Emergency Block Valve	紧急隔离阀
EDDL	Electronic Device Description Language	电子设备描述语言
EMC	Electromagnetic Compatibility	电磁兼容性
ERP	Enterprise Resource Planning	企业资源计划
ESD	Emergency Shut Down system	紧急停车系统
EWS	Engineering Workstation	工程师站
FAR	Field Auxiliary Room	现场机柜室
FAS	Fire Alarm System	火灾报警系统
FB	Functional Block	功能块
FBD	Functional Block Diagram	功能块图
FCS	Fieldbus Control System	现场总线控制系统
FDDI	Fiber Distributed Data Interface	光纤分布式数据接口
FDI	Field Device Integration	现场设备集成
FDS	Functional Design Specification	功能设计规范
FDT	Field Device Tool	现场设备工具
FF	Foundation Fieldbus	基金会现场总线
FFPS	Foundation Fieldbus Power Supply	基金会现场总线电源调整器
FGS	Fire Alarm and Gas Detector System	火灾报警和气体检测系统
FHSS	Frequency Hopping Spread Spectrum	跳频扩频

续表

缩略语	英文	中文
FID	Flame Ionization Detector	火焰离子化检测器
FISCO	Fieldbus Intrinsically Safe Concept	现场总线本质安全概念
FJB	Fieldbus Junction Box	现场总线接线箱
FL	Failure Lock	故障保位
FLD	Functional Logic Diagram	功能逻辑图
FMEA	Failure Mode and Effects Analysis	失效模式与后果分析
FO	Failure Open	故障开
FS	Full Scale	满量程
FTA	Fault Tree Analysis	故障树分析
FTE	Fault Tolerant Ethernet	容错以太网
FTNIR	Fourier Transform Infrared Spectrometer	傅里叶变换红外光谱仪
FTP	File Transfer Protocol	文件传输协议
GDS	Gas Detection System	可燃和有毒气体检测系统
GPS	Global Positioning System	全球定位系统
HART	Highway Addressable Remote Transducer	数据总线可寻址远程变换器
HAZOP	Hazard and Operability Study	危险和可操作性研究
HIPPS	High Integrity Pressure Protective System	高完整性压力保护系统
HIST	Host Interoperability Support Testing	主控制系统互操作性测试
HMI	Human Machine Interface	人机接口
HPT	High Power Trunk	高功率主干
HSE	High Speed Ethernet	高速以太网
HSE	Health, Safety and Environment	健康、安全和环保
I/O	Input/Output	输入/输出
I/P	Current to Pneumatic	电/气
ID	Inside Diameter	内径
IDM	Intelligent Device Management	智能设备管理系统
IFAT	Integrated Factory Acceptance Test	工厂集成验收测试
IR	Infrared	红外线
IT	Information Technology	信息技术
ITCC	Integrated Turbine & Compressor Control System	透平和压缩机组综合控制系统
ITK	Interoperability Test Kit	互操作性测试工具
KPI	Key Performance Index	关键绩效指标
LAN	Local Area Network	局域网
LAS	Link Active Scheduler	链路活动调度
LCD	Liquid Crystal Display	液晶显示屏
LCR	Local Control Room	现场控制室
LDS	Large-screen Display System	大屏幕显示系统

续表

缩略语	英文	中文
LED	Light Emitting Diode	发光二极管
LEL	Low Explosion Level	最低爆炸下限
LIMS	Laboratory Information Management System	实验室信息管理系统
LM	Link Master	链路主设备
LOPA	Layer of Protection Analysis	保护层分析法
MAR	Marshalling Cabinet	过渡接线柜
MAS	Movement Automation System	储运自动化系统
MAT	Model Acceptance Test	模型验收测试
MCB	Main Circuit Breaker	主断路器
MCC	Motor Control Center	电机控制中心
MES	Manufacturing Execution System	生产执行系统
MMS	Machinery Monitoring System	机组监测系统
MOC	Management of Change	变更管理
MOS	Maintenance Override Switch	维护旁路开关
MOV	Motor Operated Valve	电动阀
MTTR	Mean Time to Repair	平均修复时间
MV	Manipulated Variable	控制变量
NIR	Near Infrared	近红外
NTP	Network Time Protocol	网络时间协议
OA	Office Automation	办公自动化
OD	Outside Diameter	外径
ODBC	Open Database Connectivity	开放数据库连接
ODMS	Operational Data Management System	操作数据管理系统
OEL	Occupational Exposure Limit	职业接触限值
OLE	Object Linking and Embedding	对象连接和嵌入
OOS	Operational Override Switch	操作旁路开关
OP	Output	输出值
OPC	OLE for Process Control	用于过程控制的 OLE
OSI/RM	Open System Interconnection Reference Model	开放系统互联参考模型
OTS	Operator Training Simulator	操作员培训仿真系统
P&ID	Piping & Instrument Diagram	管道及仪表流程图
P/P	Pneumatic to Pneumatic	气/气
PAS	Process Analysis System	在线分析仪系统
PC	Personal Computer	个人计算机
PCS	Process Control Station	过程控制站
PER	Packet Error Rate	丢包率
PES	Programmable Electronic System	可编程电子系统

续表

缩略语	英文	中文
PFD	Process Flow Diagram	工艺流程图
PFD_{avg}	Probability of Failure on Demand Average	低要求模式的平均失效概率
PGC	Process Gas Chromatograph	工业气相色谱仪
PHA	Preliminary Hazard Analysis	预危险分析
PI	Pulse Input	脉冲量输入
PID	Proportional Integral Derivative	比例-积分-微分
PIMS	Process Information Management System	生产信息管理系统
PIN	Plant Information Network	工厂信息网
PLC	Programmable Logic Controller	可编程序控制器
PST	Partial Stroke Test	部分行程测试
PSU	Power Supply Unit	电源单元
PV	Process Variable	过程变量
QMR	Quadruple Modular Redundant	四重模块冗余
RAID	Redundant Array of Independent Disks	独立磁盘冗余阵列
RAM	Random Access Memory	随机存取存储器
RCB	Residual Circuit Breaker	漏电断路器
ROM	Read Only Memory	只读存储器
RTD	Resistence Temperature Detector	热电阻
RTDB	Real Time Database	实时数据库
RTU	Remote Terminal Unit	远程终端单元
SAT	Site Acceptance Test	现场验收测试
SCADA	Supervisory Control and Data Acquisition	数据采集与监控系统
SCS	Station Control System	站场控制系统
SER	Sequence Event Recorder	事件顺序记录
SIF	Safety Instrument Function	安全仪表功能
SIL	Safety Integrity Level	安全完整性等级
SIS	Safety Instrumented System	安全仪表系统
SJB	Smart Junction Box	智能接线箱
SLC	Safety Life Cycle	安全生命周期
SM	System Management	系统管理
SOE	Sequence of Event	时序事件记录
SOP	Standard Operating Procedure	标准操作规程
SP	Set Point	设定值
SPD	Surge Protection Device	电涌保护器
SRS	Safety Requirement Specification	安全要求规格书
STP	Shielded Twisted Pair	屏蔽双绞线
STR	Spur Trip Rate	误跳车率
SW	Socket Welding	承插焊
TC	Thermocouple	热电偶

续表

缩略语	英文	中文
TCD	Thermal Conductivity Detector	热导式检测器
TCP/IP	Transmission Control Protocol/Internet Protocol	传输控制协议/网际协议
TDAS	Tank Data Acquisition System	罐区数据采集系统
TDLAS	Tunable Diode Laser Absorption Spectroscopy	可调谐半导体激光光谱仪
TMR	Triple Modular Redundant	三重模件冗余
TOC	Total Organic Carbon	总有机碳
UI	User Interface	用户接口
UPS	Uninterruptable Power Supply	不间断电源
UTP	Unshielded Twisted Pair	非屏蔽双绞线
VCR	Virtual Communication Relationship	虚拟通信关系
VLAN	Virtual Local Area Network	虚拟局域网
VOC	Volatile Organic Compounds	挥发性有机化合物
WIS	Wireless Instrument System	无线仪表系统
WLAN	Wireless Local Area Network	无线局域网

表 1-29　与仪表自控相关的部分国外组织英文缩略语

缩略语	英文	中文
ANSI	American National Standards Institute	美国国家标准学会
API	American Petroleum Institute	美国石油协会
ASME	American Society of Mechanical Engineers	美国机械工程师协会
ASTM	American Society for Testing and Material	美国材料试验协会
BS	British Standards	英国标准
CSA	Canadian Standards Association,Canada	加拿大标准协会
DIN	Dentsche Industric Norm,Gemany	德国工业标准
DMZ	Demilitarized Zone	非军事化区
EEMUA	Engineering Equipment and Materials Users'Association	工程设备和材料用户协会
EN	Europe Norm	欧洲标准
IEC	International Electrotechnical Commission	国际电工委员会
IEEE	Institute of Electrical and Electronic Engineers	电气和电子工程师学会
ISA	International Society of Automation	国际自动化协会
ISO	International Organization for Standardization	国际标准化组织
ITU	International Telecommunication Union	国际电信联盟
JIS	Japanese Industrial standards	日本工业标准
NEC	National Electrical Code	美国国家电气法规
NEMA	National Electrical Manufactures Association	美国电气制造商协会
NFPA	National Fire Protection Association	美国消防协会
TUV	Vereingung Der Technischen Überwachungs-Vereine	德国技术监督协会

参考文献

[1] 黄步余，范宗海，马睿．石油化工自动控制设计手册[M]．4版．北京：化学工业出版社，2020：1553.

[2] 周人，何衍庆．流量测量和控制实用手册［M］．北京：化学工业出版社，2013：232.

[3] 汪文忠．深度掌握工业电路板维修技术［M］．北京：化学工业出版社，2013：72.

[4] 黄文鑫．教你成为一流仪表维修工［M］．北京：化学工业出版社，2018：28.

[5] 邱立功，姚胜．新编维修电工速查手册［M］．济南：山东科学技术出版社，2011：20.

[6] 范文进．仪表信号电缆最大敷设长度计算与截面选择［J］．石油化工自动化，2014，50（5）：5.

第2章

电气及过程测量与控制仪表的图形符号

2.1 常用电气图形符号和文字代号

本书仅提供一些过程控制中常用的电气图形符号及文字代号，见表 2-1 和表 2-2。有详细需求的读者可查阅 GB/T 4728 等相关标准。

表 2-1 常用电气图形符号及文字代号

名称	图形符号	名称	图形符号	名称	图形符号
(1)限定符号和常用的其他符号					
直流		接地，一般符号(E)	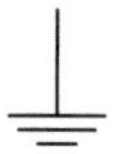	保护接地(PE)	
交流					
功能性接地		功能等电位联结	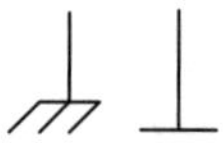	保护等电位联结	
(2)导线(W)和连接器件(X)					
连线，一般符号		导线组(示出导线数)	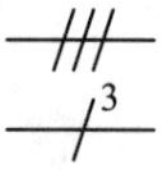 3	屏蔽导体	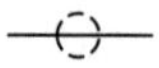
端子		T形连接	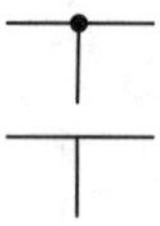	导线的双T形连接	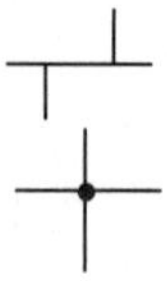
插头和插座(XP、XS)		接通的连接片(XB)	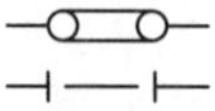	断开的连接片	

续表

名称	图形符号	名称	图形符号	名称	图形符号
(3)电阻器(R)及传感器					
电阻器，一般符号		可调电阻器		压敏电阻器	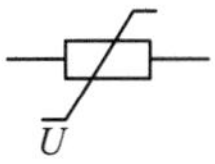 U
带滑动触点的电阻器	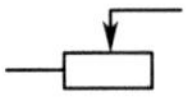	带固定抽头的电阻器	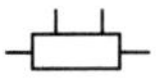	带分流和分压端子的电阻器	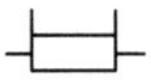
带滑动触点的电位器	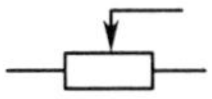	加热元件	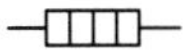	具有四根引出线的霍尔发生器	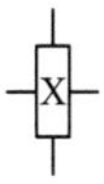 X
(4)电容器(C)					
电容器，一般符号		极性电容器	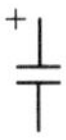 +	可调电容器	
(5)电感器(L)					
线圈；绕组，一般符号		带磁芯（铁芯）的电感器		带固定抽头的电感器	
可变电感器					
(6)晶体管(V)及电流变换器					
半导体二极管，一般符号(VD)		发光二极管，一般符号		变容二极管	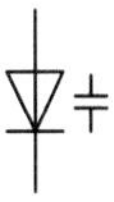
隧道二极管		单向击穿二极管(VS)		三极闸流晶体管（未规定类型）	
反向阻断三极闸流晶体管，P（阴极侧受控）		可关断三极闸流晶体管，P（阴极侧受控）	 +	具有 P 型双基极的单结晶体管	
具有 N 型双基极的单结晶体管		可关断三极闸流晶体管，未指定栅极	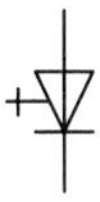 +	可关断三极闸流晶体管（阳极侧受控）	 +
双向三极闸流晶体管	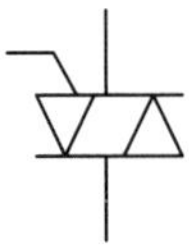	双向二极管	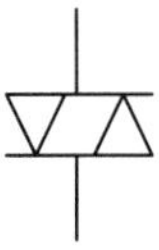	双向击穿二极管	
NPN 型晶体管	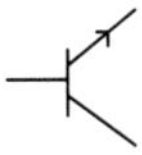	PNP 型晶体管	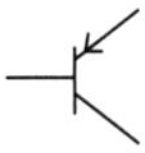	逆变器	
整流器(U)		桥式全波整流器		整流器/逆变器	

续表

名称	图形符号	名称	图形符号	名称	图形符号
(7)光电子、光敏器件					
光敏电阻(LDR);光敏电阻器		光电二极管		光生伏打电池	
光电晶体管		光耦合器	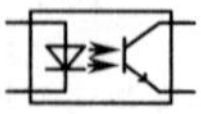		
(8)电机(M)、变压器(T)					
直流串励电动机(M)	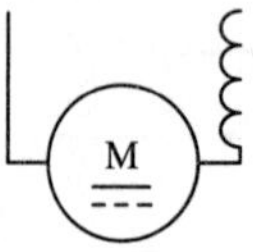	直流并励电动机(M)	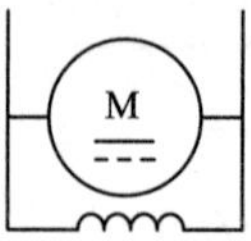	单相笼型感应电动机(M)	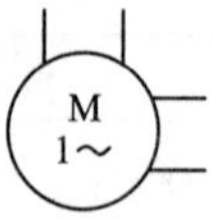
三相笼型感应电动机(M)	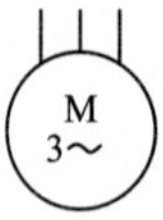	三相绕线式转子感应电动机(M)	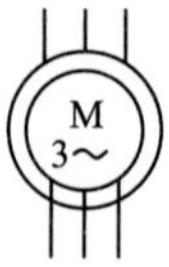	双绕组变压器,一般符号(TC)	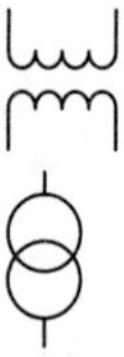
三绕组变压器,一般符号(TM)	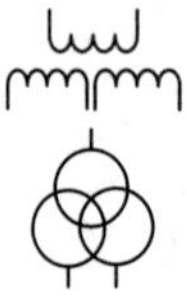	自耦变压器,一般符号(TC)		电流互感器,一般符号(TA)	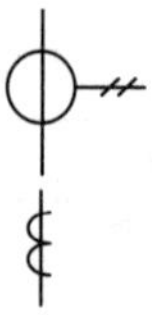
电抗器,一般符号(L)		原电池或蓄电池(G)	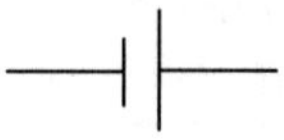	原电池组或蓄电池组(G)	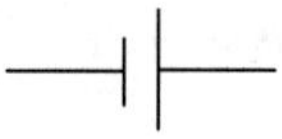
(9)开关(SA)控制和保护装置					
动合(常开ON)触点(SQ)		动断(常闭NC)触点(SQ)		先断后合的转换触点(CO)(SQ)	
中间断开的转换触点		延时闭合的动合触点(ADO)(KT)		延时断开的动合触点(RDO)(KT)	
延时断开的动断触点(ADC)(KT)		延时闭合的动断触点(KT)		延时动合触点(KT)	
手动操作开关,一般符号(SB)	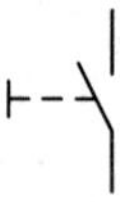	自动复位的手动按钮开关		自动复位的手动拉拔开关	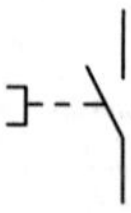

续表

名称	图形符号	名称	图形符号	名称	图形符号
(9)开关(SA)控制和保护装置					
无自动复位的手动旋转开关	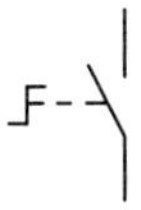	带动合触点的位置开关(SQ)		带动断触点的位置开关(SQ)	
带动断触点的热敏自动开关		多位开关，最多四位	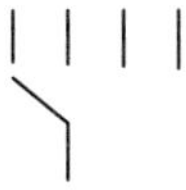	断路器(CB)	
负荷开关；负荷隔离开关(QS)		隔离开关；隔离器(IS)		避雷器	
电动机启动器，一般符号		带自耦变压器的启动器		星-三角启动器	
驱动器件，一般符号；继电器线圈，一般符号(KA)	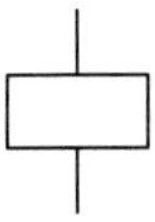	缓慢释放继电器线圈(KT)	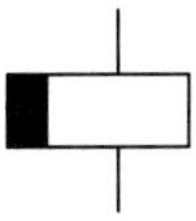	缓慢吸合继电器线圈(KT)	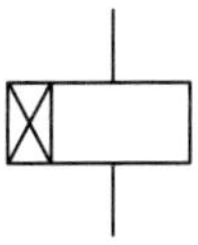
延时继电器线圈(KT)	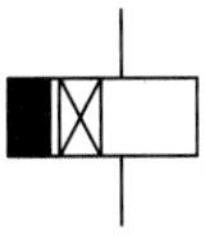	快速继电器线圈	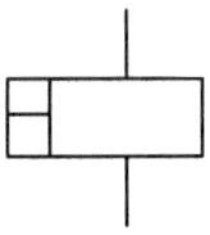	静态继电器(KA)	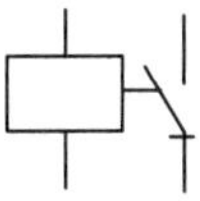
常开故障检出开关(EDO)	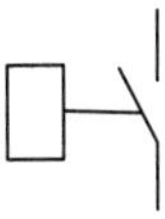	常闭故障检出开关(EDC)		接近开关	
磁控接近开关		接近传感器		热继电器驱动器件(FR)	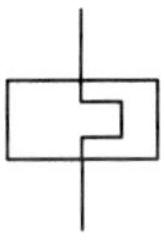
熔断器，一般符号(FU)	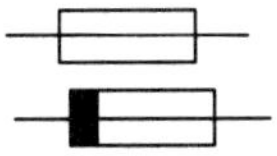	熔断器式隔离开关，熔断器式隔离器		独立报警熔断器	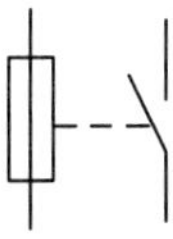
(10)测量仪表(P)					
指示仪表，一般符号	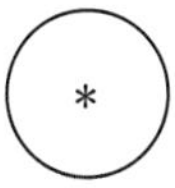 * 星号必须用字母代替，如： V—电压表 Hz—频率表	检流计		示波器	

续表

名称	图形符号	名称	图形符号	名称	图形符号
(11)灯(HL)和信号器件					
指示灯在控制盘上(HL)		闪光型信号灯(HL)	RD—红色 YE—黄色 GN—绿色 BU—蓝色 WH—白色	音响信号(HH)	
				蜂鸣器(HB)	
报警灯在控制盘上				报警器(A)	
(12)其他及操作器件					
直通接线盒(多线表示)(XD)		直通接线盒(单线表示)	3 3	接线盒(多线表示)	
接线盒(单线表示)	3 3 3	操作件(电动机操作)(YB)	M	操作件(手轮操作)	
中性线		保护线		保护线和中性线共用线	

表 2-2　电气技术常用辅助文字符号（引自 GB/T 7159—1987）

中文名称	文字符号	中文名称	文字符号	中文名称	文字符号
电流	A	快速	F	记录	R
模拟	A	反馈	FB	记录	R
交流	AC	正,向前	FW	右	R
自动	A,AUT	绿	GN	反	R
加速	ACC	高	H	红	RD
附加	ADD	输入	IN	复位	R,RST
可调	ADJ	增	INC	备用	RES
辅助	AUX	感应	IND	运转	RUN
异步	ASY	左	L	信号	S
异步	ASY	限制	L	启动	ST
制动	B,BRK	低	L	置位,定位	S,SET
黑	BK	闭锁	LA	饱和	SAT
蓝	BL	主	M	步进	STE
向后	BW	中	M	停止	STP
控制	C	中间线	M	同步	SYN
顺时针	CW	手动	M,MAN	温度	T
逆时针	CCW	中性线	N	时间	T

续表

中文名称	文字符号	中文名称	文字符号	中文名称	文字符号
延时(延迟)	D	断开	OFF	无噪声(防干扰)接地	TE
差动		闭合	ON	真空	V
数字		输出	OUT	速度	
降		压力	P	电压	
直流	DC	保护		白	WH
减	DEC	保护接地	PE	黄	YE
接地	E	保护接地与中性线共用	PEN		
紧急	EM	不接地保护	PU		

注：GB/T 7159—1987 已于 2005 年废止。由于该标准规定的文字符号在现用图纸、图书、技术论文中还有使用，且涉及面广，因此本书仅引用本表，供仪表维修时参考使用。

2.2　常用过程测量与控制仪表的图形符号及文字代号

本书依据国家标准 GB/T 2625—1981《过程检测和控制流程图用图形符号和文字代号》、化工行业标准 HG/T 20505—2014《过程测量与控制仪表的功能标志及图形符号》和 HG/T20637.2—2017《化工装置自控专业工程设计文件的编制规范 自控专业工程设计用图形符号和文字代号》三个标准，对仪表维修常用的部分图形符号及文字代号进行引用，有详细需求的读者可查阅相关标准原文。

2.2.1　仪表回路号及仪表位号

(1) 仪表回路号

仪表回路号由回路的标志字母和数字编号两部分组成。根据需要可选用前缀、后缀和间隔符。标志字母由两部分组成，第一部分为被测变量或引发变量，第二部分为读出功能或输出功能。根据需要，这两部分都可有修饰字母跟随。表 2-3 是仪表功能标志字母。

表 2-3　仪表功能标志字母

字母	首位字母①		后继字母⑮		
	第 1 列	第 2 列	第 3 列	第 4 列	第 5 列
	被测变量或引发变量⑩	修饰词⑩	读出功能	输出功能	修饰词
A	分析②③④		报警		
B	烧嘴、火焰②		供选用⑤	供选用⑤	供选用⑤
C	电导率			控制㉓a,㉓e	关位㉗b
D	密度	差⑪a,⑫a			偏差(误差)㉘
E	电压(电动势)②		检测元件，一次元件		
F	流量	比率⑫b			
G	可燃气体和有毒气体		视镜、观察⑯		

续表

字母	首位字母[①]		后继字母[⑮]		
	第1列	第2列	第3列	第4列	第5列
	被测变量或引发变量[⑩]	修饰词[⑩]	读出功能	输出功能	修饰词
H	手动[②]				高[㉗a,㉘㉙]
I	电流		指示[⑰]		
J	功率	扫描[⑱]			
K	时间、时间程序[②]	变化速率[⑫c,⑬]		操作器[㉔]	
L	物位[②]		灯[⑲]		低[㉗b,㉘㉙]
M	水分或湿度				中、中间[㉗c,㉘㉙]
N	供选用[⑤]		供选用[⑤]	供选用[⑤]	供选用[⑤]
O	供选用[⑤]		孔板、限制		开位[㉗]
P	压力[②]		连接或测试点		
Q	数量[②]	积算、累计[⑪b]	积算、累计		
R	核辐射[②]		记录[⑳]		运行
S	速度、频率[②]	安全[⑭]		开关[㉓b]	停止
T	温度[②]			传送(变送)	
U	多变量[②⑥]		多功能[㉑]	多功能[㉑]	
V	振动、机械监视[②④⑦]			阀、风门、百叶窗[㉓c,㉓e]	
W	重量、力[②]		套管,取样器		
X	未分类[⑧]	x轴[⑪c]	附属设备[㉒],未分类[⑧]	未分类[⑧]	未分类[⑧]
Y	事件、状态[②⑨]	y轴[⑪c]		辅助设备[㉓d,㉕㉖]	
Z	位置、尺寸[②]	z轴[⑪㉚(SIS)]		驱动器、执行元件,未分类的最终控制元件	

关于表2-3的说明如下。

①“首位字母”可以仅为一个被测变量/引发变量字母，也可以是一个被测变量/引发变量字母附带修饰字母。

② 被测变量/引发变量列中的“A”“B”“C”“D”“E”“F”“G”“H”“I”“J”“K”“L”“M”“P”“Q”“R”“S”“T”“U”“V”“W”“Y”“Z”，不应改变已指定的含义。

③ 被测变量/引发变量中的“A”用于所有本表中未予规定分析项目的过程流体组分和物理特性分析。分析仪类型和具体需要分析的介质内容，应在表示仪表位号的图形符号外注明。

④ 被测变量/引发变量中的“A”不应用于机器或机械上振动等类型变量的分析。

⑤“供选用”指此字母在本表的相应栏目中未规定其含义，使用者可根据需要确定其含义。“供选用”字母可能在被测变量/引发变量中表示一种含义，在“后继字母”中表示另外一种含义，但分别只能具有一种含义。例如，“N”作为被测变量/引发变量表示“弹性系数”，作为“读出功能”表示“示波器”。

⑥ 被测变量/引发变量中“多变量（U）”定义了需要多点输入来产生一点或多点输出的仪表或回路，例如一台PLC，接收多个压力和温度信号后，去控制多个切断阀的开关。

⑦ 被测变量/引发变量中的“V”仅用于机器或机械上振动等类型变量的分析。

⑧“未分类（X）”表示作为首位字母或后继字母均未规定其含义，它在不同的地点作为首位字母或后继字母均可有任何含义，适用于一个设计中仅一次或有限次数使用。在使用“X”时，应在表示仪表位号的图形符号外注明“X”的含义，或在文件中备注“X”的含义。例如“XR-2”可以是应力记录，“XX-4”可以是应力示波器。

⑨ 被测变量/引发变量中“事件、状态（Y）”表示由事件驱动的控制或监视响应（不同于时间或时间程序驱动），亦可表示存在或状态。

⑩ 被测变量/引发变量字母和修饰字母的组合应根据测量介质特性如何变化来选择。

⑪ 直接测量变量，应认为是回路编号中的被测变量/引发变量，包括但不仅限于：

⑪a 差（D）、压差（PD）或温差（TD）；

⑪b 累计（Q）、流量累计器（FQ），例如当直接使用容积式流量计测量时；

⑪c x轴（X）、y轴（Y）、z轴（Z），振动（VX）、（VY）、（VZ），应力（WX）、（WY）、（WZ），或位置（ZX）、（ZY）、（ZZ）。

⑫ 从其他直接测量的变量推导或计算出的变量，不应被认为是回路编号中的被测变量/引发变量，包括但不仅限于：

⑫a 差（D）、温差（TD）或重量差（WD）；

⑫b 比率（F）、流量比率（FF）、压力比率（PF）或温度比率（TF）；

⑫c 变化速率（K）、压力变化速率（PK）、温度变化速率（TK）或重量变化速率（WK）。

⑬ 变化速率“K”在与被测变量/引发变量字母组合时，表示测量或引发变量的变化速率。例如，“WK”表示重量变化速率。

⑭ 修饰字母“安全（S）”不用于直接测量的变量，而用于自驱动紧急保护一次元件和最终控制元件，只应与“流量（F）”“压力（P）”“温度（T）”搭配。“FS”“PS”和“TS”应被认为是被测变量/引发变量：

（a）流量安全阀（FSV）的使用目的是防止出现紧急过流或流量紧急损失。压力安全阀（PSV）和温度安全阀（TSV）的使用目的是防止出现压力和温度的紧急情况。安全阀、减压阀或安全减压阀编号原则应贯穿阀门制造至阀门使用的整个过程。

（b）自驱动压力阀门如果是通过从流体系统中释放出流体来阻止流体系统中产生高于需要的压力，则被称为“背压调节阀（PCV）”，如果是防止出现紧急情况来对人员和/或设备进行保护，则应被认为是“压力安全阀（PSV）”。

（c）压力爆破片（PSE）和温度熔丝（TSE）用来防止出现压力和温度的紧急情况。

（d）“S”不能用于安全仪表系统和组件的编号，参见注㉚。

⑮ 后继字母的含义可以在需要时更改，例如，“指示（I）”可以被认为是“指示仪”或“指示”，“变送（T）”可以被认为是“变送器”或“变送”。

⑯ 读出功能字母“G”用于对工艺过程进行观察的就地仪表，如，就地液位计、压力表、就地温度计和流量视镜等。

⑰ 读出功能“指示（I）”用于离散仪表或DCS系统的显示单元中实际测量或输入的模拟量/数字量信号的指示。在手操器中，“I”用于生成的输出信号的指示，例如“HIC”或

“HIK”。

⑱ 读出功能“扫描（J）”用于指示非连续的定期读数，或者多个相同或不同的被测变量/引发变量，例如多点测温或压力记录仪。

⑲ 读出功能“灯（L）”用于指示正常操作状况的设备或功能，例如电机的启停或执行器位置，不用于报警指示。

⑳ 读出功能“记录（R）”用于信息在任何永久或半永久的电子或纸质数据存储媒介上的记录功能，或者用于以容易检索的方式记录的数据。

㉑ 读出功能和输出功能“多功能（U）”用于：

（a）具有多个指示/记录和控制功能的控制回路；

（b）为了在图纸上节省空间而不用相切圆形式的图形符号显示每个功能的仪表位号；

（c）如果需要对多功能进行阐述说明，则应在图纸上提供各个功能的注释。

㉒ 读出功能“附属设备（X）”用于定义仪器仪表正常使用过程中不可缺少的硬件或设备，不参与测量和控制。

㉓ 在输出功能“控制（C）”“开关（S）”“阀、风门、百叶窗（V）”和“辅助设备（Y）”的选择过程中，应注意：

㉓a“控制（C）”用于自动设备或功能接收被测变量/引发变量产生的输入信号，根据预先设定好的设定值，为达到正常过程控制的目的，生成用于调节或切换“阀（V）”或“辅助设备（Y）”的输出信号；

㉓b“开关（S）”是指连接、断开或传输一路或多路气动、电子、电动、液动或电流信号的设备或功能；

㉓c“阀、风门、百叶窗（V）”是指接收“控制（C）”“开关（S）”和“辅助设备（Y）”产生的输出信号后，对过程流体进行调整、切换或通断动作的设备；

㉓d“辅助设备（Y）”是指由“控制（C）”“变送（T）”和“开关（S）”信号驱动的设备或功能，用于连接、断开、传输、计算和/或转换气动、电子、电动、液动或电流信号；

㉓e 后继字母“CV”仅用于自力式调节阀。

㉔ 输出功能“操作器（K）”用于：

（a）带自动控制器的操作器，操作器上不能带有可操作的自动/手动控制模式切换开关；

（b）分体式或现场总线控制设备，这些设备的控制器功能是在操作站远程运行的。

㉕ 输出功能“辅助设备（Y）”包括但不仅限于电磁阀、继动器、计算器（功能）和转换器（功能）。

㉖ 输出功能“辅助设备（Y）”用于信号的计算或转换等功能时，应在图纸中的仪表图形符号外标注其具体功能，在文字性文件中进行文字描述。

㉗ 修饰词“高（H）”“低（L）”“中（M）”用于阀门或其他开关设备位置指示时，应注意：

㉗a“高（H）”，阀门已经或接近全开位置，也可用“开到位（O）”替换；

㉗b“低（L）”，阀门已经或接近全关位置，也可用“关到位（C）”替换；

㉗c“中（M）”，阀门的行程或位置处于全开和全关之间。

㉘ 修饰词“偏差（误差）（D）”与读出功能“报警（A）”或输出功能“开关（S）”组合使用时，代表一个测量变量与控制器或其他设定值的偏差（误差）超出了预期。如果涉及重要

参数，功能字母组合中应分别增加“高（H）”或“低（L）”，代表正向偏差或反向偏差。

㉙ 修饰词“高（H）”“低（L）”“中（M）”应与被测量值相对应，而并非与仪表输出的信号值相对应。在同一测量过程中指示多个位置时，需组合使用，例如“高（H）”和“高高（HH）”、“低（L）”和“低低（LL）”或“高低（HL）”。

㉚ 修饰词“Z”用于安全仪表系统时不表示直接测量变量，只用于标识安全仪表系统的组成部分。不能用于注⑭中涉及的安全设备。

（2）仪表位号

仪表回路可能会有许多仪表和功能模块，构成回路的每个仪表（包括检测元件、变送器、控制器、运算单元、执行器等）或功能模块，也需要一个标识，该标识称作仪表位号。例如，某压力测量控制仪表回路号为PICA-501，构成该仪表回路的仪表位号分别为：压力变送器PT-501、压力控制器PIC-501、压力报警PIA-501、电气阀门定位器PY-501和压力控制阀PV-501。从上可看出，仪表位号的被测变量/引发变量与仪表回路号相同，数字编号与仪表回路号相同，只是后续读出功能和输出功能字母不同。表2-4是仪表回路号和仪表位号示例，表2-5是国标GB 2625—1981的仪表位号（温度记录调节仪）示例。

表2-4　仪表回路号和仪表位号示例

压力测量仪表回路号:10-P-＊01A						温差测量仪表回路号:AB-TD-＊01A						
10	-	P	-	＊01	A	AB	-	T	D	-	＊01	A
仪表回路号前缀	间隔符	被测变量/引发变量字母	间隔符	仪表回路号的数字编号	仪表回路号后缀	仪表回路号前缀	间隔符	被测变量/引发变量字母	变量修饰字母	间隔符	仪表回路号的数字编号	仪表回路号后缀
温差低报警仪表位号:10-TDAL-＊01A-1A1												
10	-	T	D	A	L	-	＊01	A	-	1	A1	
仪表回路号前缀	间隔符	仪表功能标志字母				间隔符	仪表回路号的数字编号	仪表回路号后缀	间隔符	第一仪表位号后缀	附加仪表位号后缀	
		被测变量/引发变量字母	变量修饰字母	后缀字母								
				功能字母	功能修饰字母							

注：＊号为0～9的数字或多位数字的组合。

表2-5　国标GB 2625—1981的仪表位号（温度记录调节仪）示例

T	RC	-	3	02	A或-2
第一位字母（被测变量或初始变量）	后继字母（功能）	间隔符	区域编号	回路编号	尾缀（通常不需要）
字母代号			数字编号		
仪表位号					

注：区域编号可表示车间、工段、装置、系统、设备，甚至可兼容表示其中二者。

2.2.2　被测变量/引发变量及仪表功能标志字母组合的识读

在HG/T 20505—2014《过程测量与控制仪表的功能标志及图形符号》标准的第4章

中，对典型的回路标志字母组合与数字编号方式，对后续字母中读出功能字母及输出功能字母的允许组合形式，都有详细的示例。考虑到在仪表维修中能够识读就可满足工作需要，所以没有将全文引入本书，仅对组合识读方法进行介绍。

被测变量/引发变量及仪表功能标志字母的组合是有规律可循的，如下所述。

① 安全仪表系统（SIS）回路标志字母，是在变量字母后增加变量修饰字母 Z，而成为 SIS 被测变量/引发变量的首位字母，如表 2-6、表 2-7 中的 FZ 流量（SIS）、TZ 温度（SIS）、AZ 分析（SIS）、LZ 物位（SIS）。

② 后续字母的读出功能在表 2-3 中的第 3 列，输出功能在表 2-3 中的第 4 列，修饰词在表 2-3 中的第 5 列。对列从上往下看，有文字内容时，再从本行往左边看对应的首位字母，如：读出功能对应的有报警 A，……，未分类 X 等字母；输出功能对应的有供选用 B，……，驱动器、执行元件 Z 等字母。这些字母就是后继字母。将首位字母与后继字母组合起来，就是仪表读出/输出功能代号，根据这一组合规律就可方便地进行识读和应用。部分组合示例见表 2-6 和表 2-7。

③ 后续字母中的读出功能/输出功能若有多个要求时，HG/T 20505—2014 标准没有规定标注顺序。行业惯例大多是按 I（指示）、R（记录）、C（控制）、T（传送）、Q（积算）、S（开关）、A（报警）的顺序标注的。

表 2-6　部分后续字母中读出功能字母的允许组合形式识读示例

首位字母 被测变量/引发变量 带和不带修饰词		A			B	E	G	I	L
		绝对报警	功能修饰词	偏差报警	供选用	一次元件	视镜、观察	指示	灯
		A	[*]	AD					
F	流量	FA[*]	见备注	FAD[*]		FE	FG	FI	FL
FQ	累积流量	FQA[*]		FQAD[*]		FQE	—	FQI	—
FZ	流量(SIS)	FZA[*]		—		FZE	—	FZI	FZL
⋮									
T	温度	TA[*]		TAD[*]		TE	TG	TI	TL
TD	温差	TDA[*]		TDAD[*]		TDE	TDG	TDI	TDL
TZ	温度(SIS)	TZA[*]		—		TZE	—	TZI	TZL

首位字母 被测变量/引发变量 带和不带修饰词		N	O	P	Q	R	W	X
		供选用	孔板、限制	连接或测试点	积算、累计	记录	套管、取样器	未分类
F	流量		FO	FP	FQ	FR	—	FX
FQ	累积流量		—	—	—	FQR	—	FQX
FZ	流量(SIS)		—	FZP	—	FZR	—	—
⋮								⋮
T	温度		—	TP	—	TR	—	—
TD	温差		—	—	—	TDR	—	—
TZ	温度(SIS)		—	TZP	—	TZR	TZW	—

注：A 栏的功能修饰词可以有：无；高高 HH，高 H，中间 M，低 L，低低 LL；开到位 O，关到位 C；运行 R，停止 S；未分类 X。

表 2-7　部分后续字母中输出功能字母的允许组合形式识读示例

首位字母 被测变量/引发变量 带和不带修饰词		B	C				K	S	
		供选用	控制	指示控制	记录控制	控制阀	操作器	开关	功能修饰词
			C	IC	RC	CV		S	[*]
A	分析		AC	AIC	ARC	—	AK	AS[*]	见备注
AZ	分析(SIS)		AZC	AZIC	AZRC	—		AZS[*]	
⋮									
L	物位		LC	LIC	LRC	LCV	LK	LS[*]	
LZ	物位(SIS)		LZC	LZIC	LZRC	—	—	LZS[*]	

首位字母 被测变量/引发变量 带和不带修饰词		T			U	V	X	Y	Z
		传送 （变送）	指示 传送/变送	记录 传送/变送	多功能	阀、风门、 百叶窗	未分类	辅助 设备	驱动器、 执行元件
		T	IT	RT					
A	分析	AT	AIT	ART	AU	AV	AX	AY	AZ
AZ	分析(SIS)	AZT	—	—	AZU	AZV	—	AZY	AZZ
⋮									⋮
L	物位	LT	LIT	LRT	LU	LV	LX	LY	LZ
LZ	物位(SIS)	LZT	—	—	LZU	LZV	LZX	LZY	LZZ

注：S 栏的功能修饰词可以有：无；高高 HH，高 H，中间 M，低 L，低低 LL；开到位 O，关到位 C；运行 R，停止 S；未分类 X。

2.2.3　仪表常用英文缩略语及应用示例

仪表功能标志以外的常用英文缩略语见表 2-8，仪表英文缩略语字母应用示例见表 2-9。

表 2-8　仪表常用英文缩略语

缩略语	英文	中文
A	Analog Signal	模拟信号
ACS	Analyzer Control System	分析仪控制系统
A/D	Analog/Digital	模拟/数字
A/M	Automatic/Manual	自动/手动
AND	AND Gate	“与”门
AVG	Average	平均
CCS	Computer Control System	计算机控制系统
	Compressor Control System	压缩机控制系统
D	Derivative Control Mode	微分控制方式
	Digital Signal	数字信号
DC	Direct Current	直流电
DIFF	Subtract	减
DIR	Direct-acting	正作用

续表

缩略语	英文	中文
E	Voltage Signal	电压信号
	Electric Signal	电信号
FFC	Feedforward Control Mode	前馈控制方式
FFU	Feedforward Unit	前馈单元
GC	Gas Chromatograph	气相色谱仪
H	Hydraulic Signal	液压信号
	High	高
HH	High-High	高高
I	Electric Current Signal	电流信号
	Interlock	联锁
	Integrate	积分
IA	Instrument Air	仪表空气
IFO	Internal Orifice Plate	内藏孔板
IN	Input	输入
	Inlet	入口
IP	Instrument Panel	仪表盘
L	Low	低
L-COMP	Lag Compensation	滞后补偿
LB	Local Board	就地盘
LL	Low-Low	低低
M	Motor Operated Actuator	电动执行机构
	Middle	中
MAX	Maximum	最大
MIN	Minimum	最小
NOR	Normal	正常
	NOR Gate	“或非”门
NOT	NOT Gate	“非”门
ON-OFF	Connect-disconnect(automatically)	通断(自动地)
OPT	Optimizing Control Mode	优化控制方式
OR	OR Gate	“或”门
OUT	Output	输出
	Outlet	出口
P	Pneumatic Signal	气动信号
	Proportional Control Mode	比例控制方式
	Instrument Panel	仪表盘
	Purge Flushing Device	吹气或冲洗装置
PCD	Process Control Diagram	工艺控制图

续表

缩略语	英文	中文
P&ID(PID)	Piping and Instrument Diagram	管道仪表流程图
P. T-COMP	Pressure Temperature Compensation	压力温度补偿
R	Reset of Fail-locked Device	(能源)故障保位复位装置
	Resistance(signal)	电阻(信号)
REV	Revers-acting	作用(反向)
S	Solenoid Actuator	电磁执行机构
SQRT	Square Root	平方根
XR	X-ray	X 射线

表 2-9　仪表英文缩略语字母应用示例

信号报警(高、低)	信号报警(高高、高、低、低低)
FICA 521 H L	TICA 322 HH H L LL
压力温度补偿单元	气相色谱仪
FY 502 P.T-COMP	AT 123 GC

2.2.4　仪表设计常用文字代号

本节内容引自化工行业标准 HG/T 20637.2—2017《化工装置自控专业工程设计文件的编制规范　自控专业工程设计用图形符号和文字代号》标准。

(1) 仪表辅助设备的文字代号和缩略语（表 2-10）

表 2-10　仪表辅助设备的文字代号和英文

文字代号	名称	
	中文	英文
AC	辅助柜	Auxiliary Cabinet
AD	空气分配器	Air Distributor
BC	安全栅柜	Safety Barrier Cabinet
CD	操作台(独立)	Console Desk(independent)
FCB	总线接线箱	Fieldbus Connector Box
GP	半模拟盘	Semi-graphic Panel
IB	仪表箱	Instrument Box
IC	仪表柜	Instrument Cabinet
IP	仪表盘	Instrument Panel
IPA	仪表盘附件	Instrument Panel Accessory

续表

文字代号	名称	
	中文	英文
IR	仪表盘后框架	Instrument Rack
IX	本安信号接线端子	Terminal Block for Intrinsic-safety Signal
JB$#*①	接线箱(盒)	Juncton Box
LP	就地盘	Local Panel
MC	编组端子柜	Marshalling Terminal Cabinet
PAC	交流供电柜	Alternating-current Power Supply Cabinet
PB	保护箱	Protect Box
PX	电源接线端子板	Terminal Block for Power Supply
RC	继电器柜	Relay Cabinet
RB	继电器箱	Relay Box
RX	继电器接线端子板	Terminal Block for Relay
SB	供电箱	Power Supply Box
SC	系统机柜	System Cabinet
SX	信号接线端子	Terminal Block for Signal
TC	端子柜	Terminal Cabiniet
UPS	不间断电源	Uninterrupt Able Power Supplies
WB	保温箱	Winterizing Box

① $为连接系统标识，通常：D—DCS；Z—SIS；P—PLC；G—GDS等。#为仪表防爆类别，通常：i—Exi；d—Exd；e—Exe；不标注时，为非防爆。*为仪表信号类型，通常：S—4～20mA DC；C—触点信号；R—热电阻；T—热电偶；P—脉冲；E—电源。

(2)电缆、电线的文字代号和缩略语(表2-11)

表2-11　电缆、电线的文字代号和英文

文字代号	名称	
	中文	英文
BC	总线电缆	Bus Cable
CC	接点信号电缆(电线)	Contact Signal Cable(wire)
CiC	接点信号本安电缆	Contact Signal Intrinsic-safetycable
EC	电源电缆(电线)	Electric Supply Cable(wire)
FOC	光纤	Fiberoptic Cable
GC	接地电缆(电线)	Ground Cable(wire)
MC	MODBUS通信电缆	Modbus Cable
PC	脉冲信号电缆(电线)	Pulse Signal Cable(wire)
PiC	脉冲信号本安电缆	Pulse Signal Intrinsic-safety Cable
RC	热电阻信号电缆(电线)	Rtd Signal Cable(wire)
RiC	热电阻信号本安电缆	Rtd Signal Intrinsic-safety Cable

续表

文字代号	名称	
	中文	英文
SC	标准信号电缆(电线)	Signal Cable(wire)
SiC	标准信号本安电缆	Signal Intrinsic-safety Cable
TC	热电偶补偿电缆(导线)	T/C Compensating Cable(conductor)
TiC	热电偶补偿本安电缆	T/C Compensating Intrinsic-safety Cable

(3) 管路的文字代号和缩略语(表 2-12)

表 2-12　管路的文字代号和缩略语

文字代号	名称	
	中文	英文
AP	空气源管路	Air Supply Pipeline
HP	液压管路	Hydra Pipeline
MP	测量管路	Pules Pipeline
NP	氮气源管路	Nirogen Supply Pipeline

(4) 部分系统的文字代号和缩略语(表 2-13)

表 2-13　部分系统的文字代号和缩略语

文字代号	名称	
	中文	英文
ADP	报警盘	Alarm Data Panel
AMS	设备管理系统	Asset Management System
CCS	压缩机控制系统	Compressor Control System
CCTV	电视监控系统	Closed Circuit Television System
EPMS	供电管理系统	Electrical Power Management System
FACP	火气报警控制盘	Fire and Gas Alarm Control Panel
HVAC	采暖通风与空调	Heat Ventilation and Air Condition
ICSS	一体化控制安全系统	Integrated Control and Safety System
OWS	操作站	Operator Work Station
OLE	对象连接与嵌入	Object Linking and Embedding
PVC	过程控制网络	Process Control Network
PDP	电源配电盘	Power Distribution Panel
PMS	电源控制系统	Power Management System
TGS	罐表系统	Tank Gauging System
VMS	振动监控系统	Vibration Monitring System

注:原表中很多文字代号和缩略语与本书表 1-28 重复,故不再列出,查阅表 1-28 即可。

2.2.5 仪表设备与功能的图形符号及应用示例

仪表设备与功能的图形符号及应用示例见表 2-14 和表 2-15。

表 2-14 仪表设备与功能的图形符号

共享显示、共享控制		计算机系统及软件	单台（单台仪表设备或功能）	安装位置
首选或基本过程控制系统	备选或安全仪表系统			
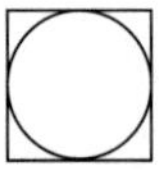		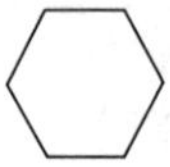	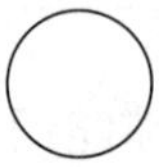	安装于现场
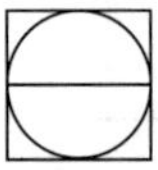	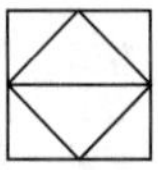	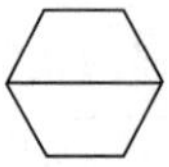	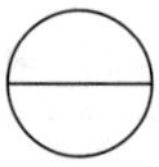	安装于控制室的控制盘/台正面
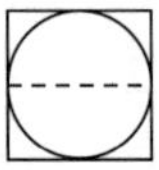	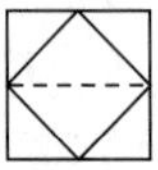	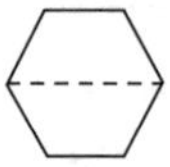	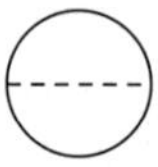	安装于控制室的控制盘背面或机柜内
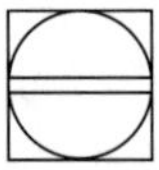	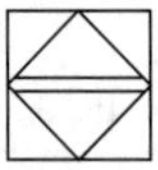	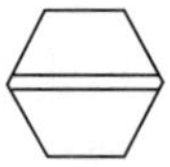	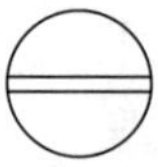	安装于现场控制盘/台正面
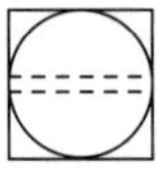	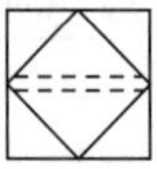	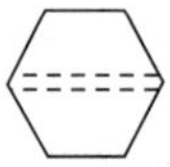	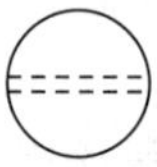	安装于现场控制盘/台背面或机柜内

注：共享显示、共享控制系统包括基本过程控制系统、安全仪表系统和其他具有共享显示、共享控制功能的系统和仪表设备。

表 2-15 带仪表位号的图形符号应用示例

6 个或更多的字符，可对仪表图形符号进行加大或断线处理	变送器带控制功能的图形符号示例
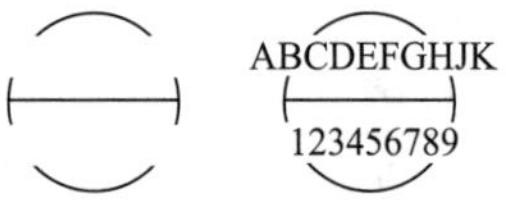 ABCDEFGHJK 123456789	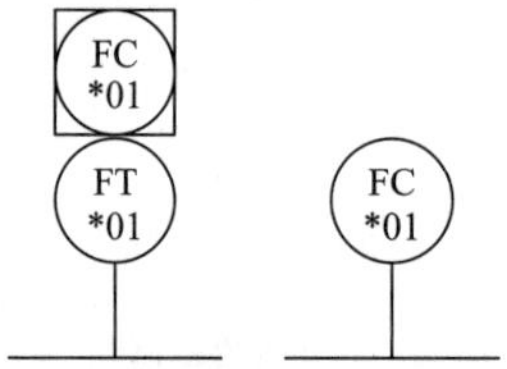 FC *01 FT *01 FC *01
调节阀带控制功能的图形符号示例	集变送器、控制器和调节阀于一体的仪表设备的图形符号
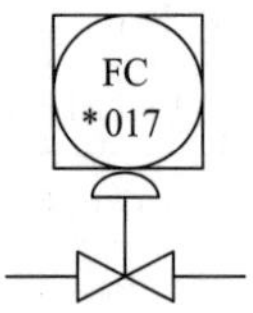 FC *017	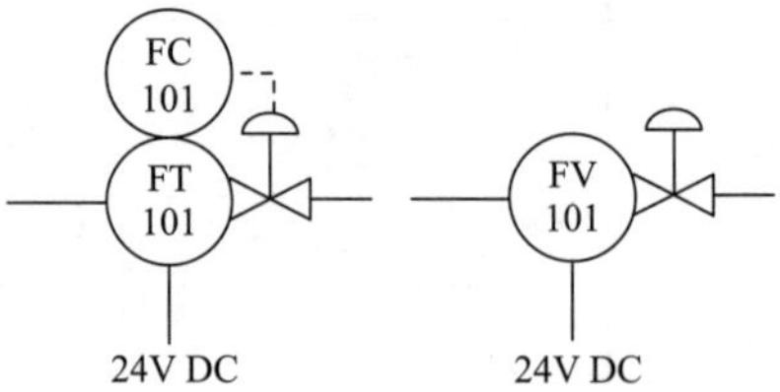 FC 101 FT 101 24V DC FV 101 24V DC

2.2.6 仪表一次测量元件与变送器通用图形符号

仪表一次测量元件与变送器通用图形符号见表 2-16。

表 2-16　仪表一次测量元件与变送器通用图形符号

符号	描述
□E ①a,②a,②b (*)	通用型一次元件(用细实线圆圈表示) 应从本书表 2-17 中选取测量注释代替(*)来标识元件类型 连接工艺过程或其他仪表的相关连接线图形符号应符合本书表 2-22 或表 2-24 的规定
□T ①a,②a,②b,③ (*)	一体化变送器(用细实线圆圈表示) 应从本书表 2-17 中选取测量注释代替(*)来标识元件类型 连接工艺过程或其他仪表的相关连接线图形符号应符合本书表 2-22 或表 2-24 的规定
□T ①a,②a,②b,③ □E (*)	变送器与一次元件的分体安装形式(用细实线圆圈表示) 应从本书表 2-17 中选取测量注释代替(*)来标识元件类型 连接工艺过程或其他仪表的相关连接线图形符号应符合本书表 2-22 或表 2-24 的规定
□T ①b,③ #	一体化变送器,其一次元件直接安装在工艺过程管线或设备上(用细实线圆圈和一次元件图例符号表示) #:一次元件图例符号,应符合本书表 2-18 的规定 连接其他仪表的相关连接线图形符号应符合本书表 2-24 的规定
□T ①b,③ #	变送器与一次元件的分体安装形式(用细实线圆圈和一次元件图例符号表示) #:一次元件图例符号,应符合本书表 2-18 的符号规定 连接其他仪表的相关连接线图形符号应符合本书表 2-24 的符号规定

① 测量符号通过：(a) 细实线圆圈表示；(b) 细实线圆圈和一次元件图例符号表示。

② 如果出现以下两种情况，这些图形符号应用于过程、设备测量的表示：(a) 一次元件图例符号不存在；(b) 不使用一次元件图例符号。

③ 表中以变送器 (T) 为例，也可以是控制器 (C)、指示仪 (I)、记录仪 (R) 或开关 (S)。

2.2.7　测量注释符号及含义

测量注释符号及含义见表 2-17。

表 2-17　测量注释符号及含义

项目	注释符号及含义			
分析	CO　一氧化碳 CO_2　二氧化碳 COL　颜色 COMB 易燃 COND 电导 DEN　密度 GC　气相色谱 H_2O　水	H_2S　硫化氢 HUM 湿度 IR　红外 LC　液相色谱仪 MOIST 湿度 MS　质谱仪 NIR　近红外 O_2　氧气	OP　浊度 OPR　还原氢 pH　氢离子 REF　折射计 RI　折射率 TC　导热性 TDL　可调二极管激光器 UV　紫外线	VIS　可见光 VISC　黏度

续表

项目	注释符号及含义			
流量	CFR 恒定流量调节器 CONE 锥体 COR 科里奥利 DOP 多普勒 DSON 声学多普勒 FLN 流量喷嘴 FLT 流量测量管 LAM 层流 MAG 电磁	OP 孔板 OP-CT 角接取压 OP-CQ 四分之一圆 OP-E 偏心 OP-FT 法兰取压 OP-MH 多孔 OP-P 管道取压 OP-VC 理论取压 PD 容积	PT 皮托管 PV 文丘里皮托管 SNR 声纳 SON 声波 TAR 靶式 THER 热式 TTS 声时传播 TUR 涡轮 US 超声波	VENT 文丘里管 VOR 旋涡 WDG 楔形
物位	CAP 电容 d/p 差压 DI 介电常数 DP 差压	GWR 导波雷达 LSR 激光 MAG 磁性的 MS 磁致伸缩	NUC 核 RAD 雷达 RES 电阻 SON 声波	US 超声波
压力	ABS 绝对 AVG 平均 DRF 风压计	MAN 压力计 P-V 压力-真空 SG 变形测量器	VAC 真空	
温度	BM 双金属 IR 红外 RAD 辐射 RP 辐射高温计	RTD 热电阻 TC 热电偶 TCE E 型热电偶 TCJ J 型热电偶	TCK K 型热电偶 TCT T 型热电偶 THRM 热敏电阻 TMP 温差电堆	TRAN 晶体管
其他	燃烧	位	数量	辐射
	FR 火柱 IGN 点火器 IR 红外 TV 电视 UV 紫外线	CAP 电容 EC 涡流 IND 感应 LAS 激光 MAG 电磁 MECH 机械 OPT 光学 RAD 雷达	PE 光电 TOG 切换	α α射线 β β射线 γ γ射线 n 核辐射
	速度	重量,力		
	ACC 加速度 EC 涡流 PROX 接近 VEL 速度	LC 负载传感器 SG 应变仪 WS 称重仪		

2.2.8 一次测量元件图形符号及应用示例

一次测量元件图形符号及应用示例见表 2-18 和表 2-19。

表 2-18 一次测量元件图形符号

符号	描述	符号	描述
	电导、湿度等 单传感探头		pH、ORP 等 双传感探头
	光纤传感探头		紫外光火焰检测器，火焰电视监视器

续表

符号	描述	符号	描述
	流量孔板 限流孔板		快速更换装置中的孔板
	同心圆孔板 限流孔板		偏心圆孔板
	1/4 圆孔板		多孔孔板
(*)	文丘里管，流量喷嘴，或者流量测量管 若不止一种类型的元件使用该符号，则应从本书表 2-17 中选取测量注释代替（*）来标识元件类型		文丘里管
	流量喷嘴		流量测量管
	一体化孔板		标准皮托管
	均速管		涡轮流量计， 旋翼式流量计
	旋涡流量计		靶式流量计
(a) M (b)	电磁流量计	(a) ΔT (b)	热式质量流量计
	容积式流量计		锥形元件， 环形节流元件
	楔形元件		科里奥利质量流量计
	声波流量计， 超声波流量计		可变面积式流量计
	明渠堰		明渠水槽
	内浮筒液位计		安装在容器内的浮球 也可能在设备顶部安装
	单点核辐射液位计，声波液位计		多点或连续核辐射液位计
	汲取管或其他一次元件以及液位计导管 可在设备侧面安装 可无液位计导管安装		带导向丝的浮子液位计 应标注指示表头位置：在地面、设备顶部或从梯子可接近的位置 导向丝可取消

续表

符号	描述	符号	描述
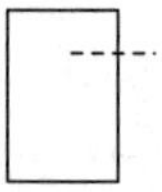	插入式探头 也可能在设备顶部安装	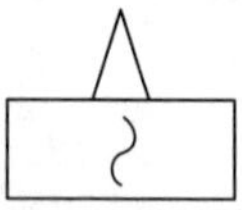	雷达
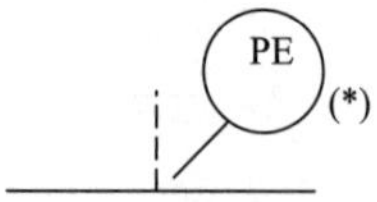 PE (*)	应变仪或其他电子传感器 应从本书表 2-17 中选取测量注释代替(*)来标识元件类型 若需要表示具体的连接方式，则应选用本书表 2-22 中序号 6、7、8、9 的连接线图形符号 若与另一个仪表相连，细实线圆圈可省略	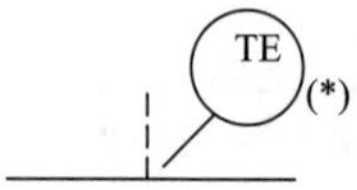 TE (*)	无外保护套管的温度元件 应从本书表 2-17 中选取测量注释代替(*)来标识元件类型 若需要表示具体的连接方式，则应选用本书表 2-22 中序号 6、7、8、9 的连接线图形符号 若与另一个仪表相连，细实线圆圈可省略

表 2-19　一次测量元件图形符号应用示例

流量孔板	均速管
法兰取压 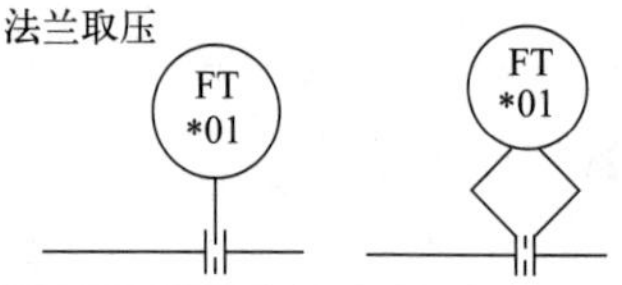 FT *01　FT *01	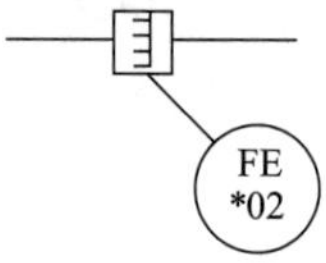 FE *02
	容积式流量计
角接取压 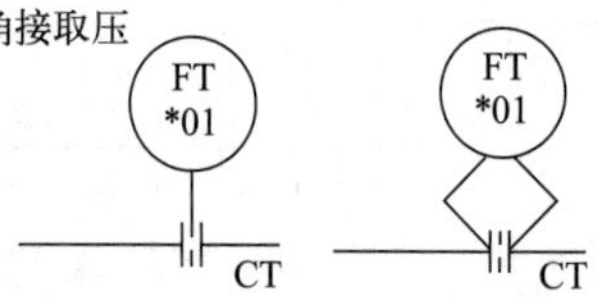 FT *01 CT　FT *01 CT	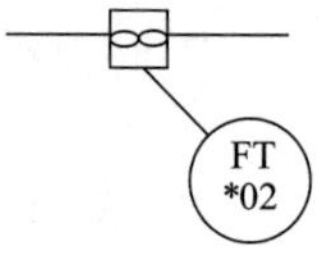 FT *02
	分析仪表
管道取压/理论取压 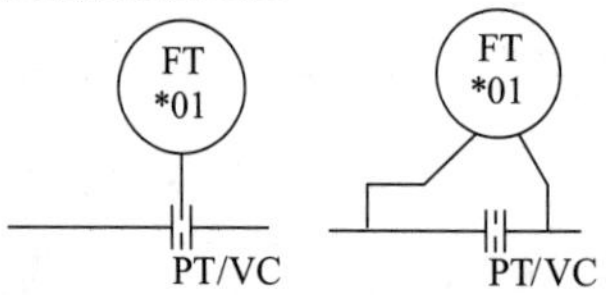 FT *01 PT/VC　FT *01 PT/VC	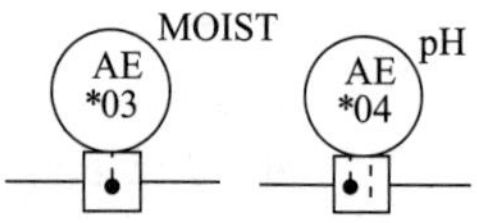 AE *03 MOIST　AE *04 pH

2.2.9 就地仪表的图形符号

就地仪表的图形符号见表 2-20。

表 2-20　就地仪表的图形符号

符号	描述	符号	描述
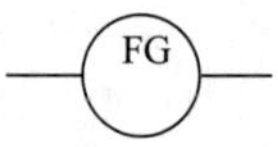 FG	视镜(流量观察)	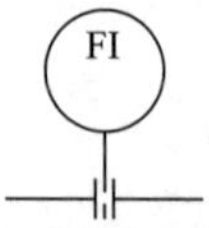 FI	差压式流量指示计

续表

符号	描述	符号	描述
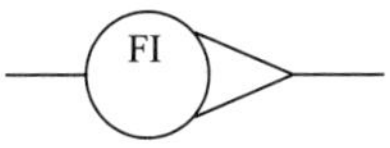 FI	转子流量计	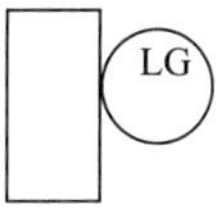 LG	整体安装在设备上的液位计 视镜(液位观察)
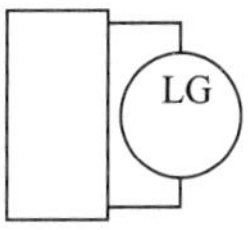 LG	安装在设备外或旁通管上的液位计 当需要多个液位计进行测量时，可以用一个细实线圆圈来表示 若需表示具体的连接方式，则应选用本书表 2-22 中序号 6、7、8、9 的连接线图形符号	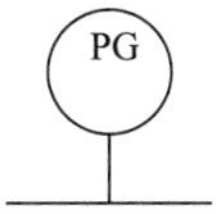 PG	压力表 若需要表示具体的连接方式，则应选用本书表 2-22 中序号 6、7、8、9 的连接线图形符号
		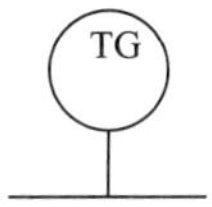 TG	温度计 若需要表示具体的连接方式，则应选用本书表 2-22 中序号 6、7、8、9 的连接线图形符号

2.2.10　辅助仪表设备和附属仪表设备的图形符号

辅助仪表设备和附属仪表设备的图形符号见表 2-21。

表 2-21　辅助仪表设备和附属仪表设备的图形符号

符号	描述	符号	描述
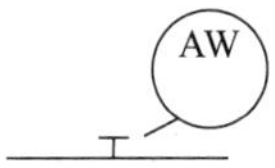 AW	法兰连接插入式取样探头 法兰连接式取样短管 若不采用法兰连接，则应选用本书表 2-22 中序号 7、8、9 的连接线图形符号	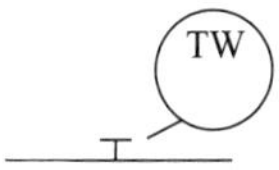 TW	法兰连接式温度计保护套管 法兰连接式测试保护套管 若连接到其他仪表，细实线圆圈可省略 若不采用法兰连接，则应选用本书表 2-22 中序号 7、8、9 的连接线图形符号
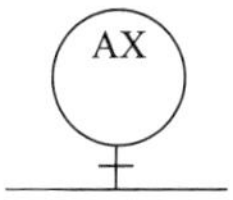 AX	法兰连接式样品处理单元或者其他分析仪附件 代表单个或多个设备 若不采用法兰连接，则应选用本书表 2-22 中序号 7、8、9 的连接线图形符号	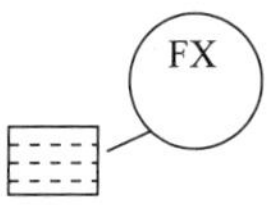 FX	流量整流器
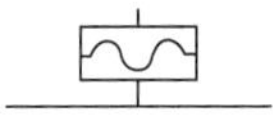	隔膜密封，法兰、螺纹、承插焊或者焊接式连接 若需表示具体的连接方式，则应选用本书表 2-22 中序号 6、7、8、9 的连接线图形符号	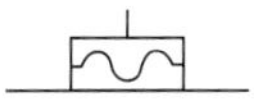	隔膜密封，焊接式连接
 P	仪表吹扫或流体冲洗 仪表吹扫或设备冲洗 须在图例符号图纸中显示组件装配细节		

2.2.11 仪表与工艺过程的连接线图形符号

仪表与工艺过程的连接线图形符号见表 2-22。

表 2-22 仪表与工艺过程的连接线图形符号

序号	符号	应用	序号	符号	应用
1		仪表与工艺过程的连接测量管线	6		仪表与工艺过程管线(或设备)的连接方式为法兰连接
2	----(ST)-----	伴热(伴冷)的测量管线 伴热(伴冷)类型:电(ET)、蒸汽(ST)、冷水(CW)等	7		仪表与工艺过程管线(或设备)的连接方式为螺纹连接
3		仪表与工艺过程管线(或设备)连接的通用形式	8		仪表与工艺过程管线(或设备)的连接方式为承插焊连接
4		伴热(伴冷)仪表测量管线的通用形式 工艺过程管线或设备可能不伴热(伴冷)	9		仪表与工艺过程管线(或设备)的连接方式为焊接连接
5		伴热(伴冷)的仪表 仪表测量管线可能不伴热(伴冷)			

2.2.12 仪表与仪表的连接线图形符号

仪表能源文字符号及其含义见表 2-23，仪表与仪表的连接线图形符号见表 2-24。

表 2-23 仪表能源文字符号及其含义

缩略语	英文	含义	缩略语	英文	含义
AS	Air Supply	空气源	IA	Instrument Air	仪表空气源
ES	Electric Supply	电源	NS	Nitrogen Supply	氮气源
GS	Gas Supply	气体源	SS	Steam Supply	蒸汽源
HS	Hydraulic Supply	液压源	WS	Water Supply	水源

表 2-24 仪表与仪表的连接线图形符号

符号	应用	符号	应用
IA——— ①	IA 也可换成 PA(装置空气)、NS(氮气)或 GS(任何气体) 根据要求注明供气压力，如：PA-70kPa(G)、NS-300kPa(G)等	ES——— ①	仪表电源 根据要求注明电压等级和类型，如：ES-220V AC ES 也可直接用 24V DC、120V AC 等代替
HS——— ①	仪表液压动力源 根据要求注明压力，如：HS-70kPa(G)	②	未定义的信号 用于工艺流程图(PFD) 用于信号类型无关紧要的场合

续表

符号	应用	符号	应用
②	气动信号	②	连续变量信号功能图 示意梯形图电信号及动力轨
②	电子或电气连续变量或二进制信号		
②	液压信号	② #	导压毛细管
②	有导向的电磁信号 有导向的声波信号 光缆	③ (a) (b)	无导向的电磁信号、光、辐射、广播、声音、无线信号等 无线仪表信号 无线通信连接
④	共享显示、共享控制系统的设备和功能之间的通信连接和系统总线 DCS、PLC 或 PC 的通信连接和系统总线(系统内部)	⑤	连接两个及以上以独立的微处理器或计算机为基础的系统的通信连接或总线 DCS-DCS、DCS-PLC、DCS-PC、DCS-现场总线等的连接(系统之间)
⑥	现场总线系统设备和功能之间的通信连接和系统总线 与高智能设备的连接(来自或去)	⑦	一个设备与一个远程调校设备或系统之间的通信连接 与智能设备的连接(来自或去)
(a) (#) (##)　(#) (##) (b) (#) (##)　(#) (##)	图与图之间的信号连接,信号流向:从左到右 (#):发送或接收信号的仪表位号 (##):发送或接收信号的图号或页码	(*)	内部功能,逻辑或者梯形图的信号连接 信号源去一个或多个信号接收器 (*):连接标识符,如:A、B、C 等
	信号线的交叉为断线	(*)	内部功能,逻辑或者梯形图的信号连接 一个或多个信号接收器接收来自一个信号源的信号 (*):连接标识符,如:A、B、C 等
	信号线相接不打点		
(*)	至逻辑图的信号输入 (*):输入描述,来源或者仪表位号	(*)	来自逻辑图的信号输出 (*):输出描述,终点或者仪表位号
	机械连接或链接		

① 以下情况仪表能源连接线图形符号应在图中标识出来:

(a) 与通常使用的仪表能源不同时(如通常使用 24V DC,则当使用 120V DC 时,需要标识出来);

(b) 仪表设备需要独立的仪表能源时;

(c) 控制器或开关的动作会影响仪表能源时。

② 如果需要表明信息的流向,应在信号线上加箭头。

③ 在工程的相关文件,如设计规定、设计说明中应说明哪些图形符号被选用。

④ 用于表示专用系统内部设备和功能之间的通信连接。专用系统,如:DCS、PLC、个人计算机系统等。

⑤ 用于表示两个及以上以独立的微处理器或计算机为基础的系统之间的通信连接。

⑥ 用于高智能仪表设备之间和高智能仪表设备与总线系统之间的连接。高智能仪表设备,如:以微处理器为基础,具有控制功能的变送器、阀门定位器等。

⑦ 用于智能仪表设备与仪表系统的输入信号端之间的连接。智能仪表设备，如：智能变送器。输出的信号叠加有数字信号，可用于仪表的诊断和校准。

2.2.13 执行机构与阀体（最终控制元件）的图形符号

过程控制阀、电磁阀、安全阀的执行机构与阀体图形符号见表 2-25～表 2-27。控制阀能源中断时阀位的图形符号见表 2-28。

表 2-25 过程控制阀的执行机构与阀体图形符号

执行机构图形符号	描述	阀体图形符号	应用
	通用型执行机构 弹簧-薄膜执行机构		通用型两通阀 直通截止阀 闸阀
	带定位器的弹簧-薄膜执行机构		通用型两通角阀 角式截止阀 安全角阀
	压力平衡式薄膜执行机构		通用型三通阀 三通截止阀 箭头表示故障或未经激励时的流路
	直行程活塞执行机构 单作用(弹簧复位) 双作用		通用型四通阀 四通旋塞阀或球阀 箭头表示故障或未经激励时的流路
	带定位器的直行程活塞执行机构		蝶阀
	角行程活塞执行机构 可以是单作用(弹簧复位)或双作用		球阀
	带定位器的角行程活塞执行机构		旋塞阀
	波纹管弹簧复位执行机构		偏心旋转阀
M	电机(回旋马达)操作执行机构 电动、气动或液动 直行程或角行程动作	(a) (b)	隔膜阀
S	可调节的电磁执行机构 用于工艺过程的开关阀的电磁执行机构		夹管阀
	带侧装手轮的执行机构		波纹管密封阀
	带顶装手轮的执行机构		通用型风门 通用型百叶窗

续表

执行机构图形符号	描述	阀体图形符号	应用
	手动执行机构		平行叶片风门 平行叶片百叶窗
E/H	电液直行程或角行程执行机构		对称叶片风门 对称叶片百叶窗
	带手动部分行程测试设备的执行机构		永久磁铁可调速耦合器
S	带远程部分行程测试设备的执行机构		

注：本表中的执行机构与阀体相互组合，用来表示过程控制阀。

表 2-26　电磁阀的执行机构与阀体图形符号

执行机构图形符号	描述	阀体图形符号	应用
S	自动复位开关型电磁执行机构		两通开关型电磁阀
S R	手动或远程复位开关型电磁执行机构		角式开关型电磁阀
R S R	手动和远程复位开关型电磁执行机构		三通开关型电磁阀 箭头表示失电时的流路
			四通开关型电磁阀 箭头表示失电时的流路
			四通五端口开关型电磁阀 箭头表示失电时的流路

注：本表中的执行机构与阀体相互组合，用来表示电磁阀。

表 2-27　安全阀的执行机构与阀体图形符号

执行机构图形符号	描述	阀体图形符号	应用
	弹簧或重力泄压或安全阀执行机构		通用型两通角阀 角式截止阀 安全角阀
P	先导操作泄压式安全阀调节器 若传感元件在内部，取消先导压力传感的连接线		

注：本表中的执行机构与阀体相互组合，用来表示安全阀。

表 2-28 控制阀能源中断时阀位的图形符号

方法 A	方法 B	定义
 FO		能源中断时，阀开
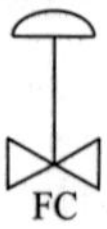 FC		能源中断时，阀关
 FL		能源中断时，阀保位
 FL/DO		能源中断时，阀保位，趋于开
 FL/DC		能源中断时，阀保位，趋于关

2.2.14 信号处理功能图形符号

信号处理功能图形符号及应用示例见表 2-29 和表 2-30。

表 2-29 信号处理功能图形符号

功能	符号	定义
和	Σ	输出等于输入的代数和
平均值	Σ/n	输出等于输入的代数和除以输入的数量
差	△	输出等于两个输入的代数差
乘	×	输出等于两个输入的乘积
除	÷	输出等于两个输入的商
指数	$\times^n$	输出等于输入的 n 次方
方根	$\sqrt[n]{\ }$	输出等于输入的 n 次方根 若 n 省略，默认为平方根
正比	K (a)　P (b)	输出与输入成正比 对于容积放大器，K 或 P 替换成 1∶1 对于整数增益，K 或 P 替换成 2∶1、3∶1 等

续表

功能	符号	定义
反比	-K (a)　-P (b)	输出与输入成反比 对于容积放大器，—K 或—P 替换成—1∶1 对于整数增益，—K 或—P 替换成—2∶1、—3∶1 等
积分	∫ (a)　I (b)	输出随着输入的幅度及持续时间而变化 输出与输入的时间积分成比例 T_I=积分时间常数
微分	d/dt (a)　D (b)	输出与输入的变化率成比例 T_D=微分时间常数
未定义函数	$f(X)$	输出为输入的某种非线性或未定义函数 函数在注释或其他文本中定义
转换	I/P	输出信号的类型不同于输入信号的类型 输入信号在左边，输出信号在右边 以下任何信号类型均可代替“I”和“P”： A—模拟；B—二进制；D—数字；E—电压；F—频率； H—液压；I—电流；O—电磁；P—气压；R—电阻
时间函数	$f(t)$	输出等于某种非线性或未定义时间函数乘输入 输出是某种非线性或是未定义时间函数 函数在注释或其他文本中定义
信号高选	>	输出等于两个或多个输入中的最大值
信号中选	M	输出等于三个或多个输入中的中间值
信号低选	<	输出等于两个或多个输入中的最小值
高限	≯	输出等于输入（$X \leqslant H$ 时）或输出等于上限值（$X \geqslant H$ 时）
低限	≮	输出等于输入（$X \geqslant L$ 时）或输出等于下限值（$X \leqslant L$ 时）
正偏置	+	输出等于输入加上某一任意值
负偏置	-	输出等于输入减去某一任意值
速度限制器	V̸ (a)　V≯ (b)	在输入的变化率不超过限值时（限值确定了输出的变化率直至输出再次等于输入），输出等于输入
高信号监视器	H	输出状态依赖于输入值 当输入等于或高于某一任意高限值时，输出状态发生改变
低信号监视器	L	输出状态依赖于输入值 当输入等于或低于某一任意低限值时，输出状态发生改变
高/低信号监视器	HL	输出状态依赖于输入值 当输入等于或低于某一任意低限值或输入等于或高于某一任意高限值时，输出状态发生改变
模拟信号发生器	A	输出等于一个可变的模拟信号，该模拟信号由下面两种方式产生： ① 自动并且操作员不可调； ② 手动并且操作员可调

续表

功能	符号	定义
二进制信号发生器	B	输出等于一个开关二进制信号，该信号由下面两种方式产生： ① 自动并且操作员不可调； ② 手动并且操作员可调
信号传输	T	输出等于传输器选择的输入 传输由外部信号动作

表 2-30　信号处理功能图形符号应用示例

名称	常规仪表		DCS	
运算器	FY 102 +	PY 213 −	TY 105 ×	PY 213 ÷
选择器	TY 105 >	TY 205 <	PY 213 <	PY 413 >
转换器	PY 4 I/P	LY 207 P/I	FY 302 A/D	LY 251 D/A
函数发生器			FY 103 F(X)	TY 251 f(t)

2.2.15　二进制逻辑图形符号

二进制逻辑图形符号见表 2-31。

表 2-31　二进制逻辑图形符号

功能	符号	真值表						定义
		序号	A	B	C	X	O	
与门	A、B、C、X → AND → O	1	0	0	0	0	0	只有当所有的逻辑输入为真，逻辑输出才为真
		2	1	0	0	0	0	
		3	0	1	0	0	0	
		4	0	0	1	0	0	
		5	0	0	0	1	0	
		6	1	1	0	0	0	
		7	1	0	1	0	0	
		8	1	0	0	1	0	
		9	0	1	1	0	0	
		10	0	1	0	1	0	
		11	0	0	1	1	0	
		12	1	1	1	0	0	
		13	1	1	0	1	0	
		14	1	0	1	1	0	
		15	0	1	1	1	0	
		16	1	1	1	1	1	

续表

功能	符号	序号	A	B	C	X	O	定义
或门	A、B、C…X → OR → O	1	0	0	0	0	0	任何一个逻辑输入为真，逻辑输出为真
		2	1	0	0	0	1	
		3	0	1	0	0	1	
		4	0	0	1	0	1	
		5	0	0	0	1	1	
		6	1	1	0	0	1	
		7	1	0	1	0	1	
		8	1	0	0	1	1	
		9	0	1	1	0	1	
		10	0	1	0	1	1	
		11	0	0	1	1	1	
		12	1	1	1	0	1	
		13	1	1	0	1	1	
		14	1	0	1	1	1	
		15	0	1	1	1	1	
		16	1	1	1	1	1	
或非门	A、B、C…X → NOR → O	1	0	0	0	0	1	只有当所有的逻辑输入为假，逻辑输出才为真；任何一个逻辑输入为真，逻辑输出为假
		2	1	0	0	0	0	
		3	0	1	0	0	0	
		4	0	0	1	0	0	
		5	0	0	0	1	0	
		6	1	1	0	0	0	
		7	1	0	1	0	0	
		8	1	0	0	1	0	
		9	0	1	1	0	0	
		10	0	1	0	1	0	
		11	0	0	1	1	0	
		12	1	1	1	0	0	
		13	1	1	0	1	0	
		14	1	0	1	1	0	
		15	0	1	1	1	0	
		16	1	1	1	1	0	
与非门	A、B、C…X → NAND → O	1	0	0	0	0	1	任何一个逻辑输入为假，逻辑输出为真；只有当所有的逻辑输入为真，逻辑输出才为假
		2	1	0	0	0	1	
		3	0	1	0	0	1	
		4	0	0	1	0	1	
		5	0	0	0	1	1	
		6	1	1	0	0	1	
		7	1	0	1	0	1	
		8	1	0	0	1	1	
		9	0	1	1	0	1	
		10	0	1	0	1	1	
		11	0	0	1	1	1	
		12	1	1	1	0	1	
		13	1	1	0	1	1	
		14	1	0	1	1	1	
		15	0	1	1	1	1	
		16	1	1	1	1	0	

续表

<table>
<tr><th>功能</th><th>符号</th><th>真值表</th><th>定义</th></tr>
<tr><td>有限制的或门，满足条件的输入数量大于等于“n”</td><td>A、B、C、X → ≥n → O</td><td>
<table>
<tr><th>序号</th><th>A</th><th>B</th><th>C</th><th>X</th><th>O</th></tr>
<tr><td>1</td><td>0</td><td>0</td><td>0</td><td>0</td><td>0</td></tr>
<tr><td>2</td><td>1</td><td>0</td><td>0</td><td>0</td><td>0</td></tr>
<tr><td>3</td><td>0</td><td>1</td><td>0</td><td>0</td><td>0</td></tr>
<tr><td>4</td><td>0</td><td>0</td><td>1</td><td>0</td><td>0</td></tr>
<tr><td>5</td><td>0</td><td>0</td><td>0</td><td>1</td><td>0</td></tr>
<tr><td>6</td><td>1</td><td>1</td><td>0</td><td>0</td><td>1</td></tr>
<tr><td>7</td><td>1</td><td>0</td><td>1</td><td>0</td><td>1</td></tr>
<tr><td>8</td><td>1</td><td>0</td><td>0</td><td>1</td><td>1</td></tr>
<tr><td>9</td><td>0</td><td>1</td><td>1</td><td>0</td><td>1</td></tr>
<tr><td>10</td><td>0</td><td>1</td><td>0</td><td>1</td><td>1</td></tr>
<tr><td>11</td><td>0</td><td>0</td><td>1</td><td>1</td><td>1</td></tr>
<tr><td>12</td><td>1</td><td>1</td><td>1</td><td>0</td><td>1</td></tr>
<tr><td>13</td><td>1</td><td>1</td><td>0</td><td>1</td><td>1</td></tr>
<tr><td>14</td><td>1</td><td>0</td><td>1</td><td>1</td><td>1</td></tr>
<tr><td>15</td><td>0</td><td>1</td><td>1</td><td>1</td><td>1</td></tr>
<tr><td>16</td><td>1</td><td>1</td><td>1</td><td>1</td><td>1</td></tr>
</table>
</td><td>若为真值的逻辑输入的数量大于等于“n”，逻辑输出为真
真值表和图形中的“n”＝2</td></tr>
<tr><td>有限制的或门，满足条件的输入数量大于“n”</td><td>A、B、C、X → >n → O</td><td>
<table>
<tr><th>序号</th><th>A</th><th>B</th><th>C</th><th>X</th><th>O</th></tr>
<tr><td>1</td><td>0</td><td>0</td><td>0</td><td>0</td><td>0</td></tr>
<tr><td>2</td><td>1</td><td>0</td><td>0</td><td>0</td><td>0</td></tr>
<tr><td>3</td><td>0</td><td>1</td><td>0</td><td>0</td><td>0</td></tr>
<tr><td>4</td><td>0</td><td>0</td><td>1</td><td>0</td><td>0</td></tr>
<tr><td>5</td><td>0</td><td>0</td><td>0</td><td>1</td><td>0</td></tr>
<tr><td>6</td><td>1</td><td>1</td><td>0</td><td>0</td><td>0</td></tr>
<tr><td>7</td><td>1</td><td>0</td><td>1</td><td>0</td><td>0</td></tr>
<tr><td>8</td><td>1</td><td>0</td><td>0</td><td>1</td><td>0</td></tr>
<tr><td>9</td><td>0</td><td>1</td><td>1</td><td>0</td><td>0</td></tr>
<tr><td>10</td><td>0</td><td>1</td><td>0</td><td>1</td><td>0</td></tr>
<tr><td>11</td><td>0</td><td>0</td><td>1</td><td>1</td><td>0</td></tr>
<tr><td>12</td><td>1</td><td>1</td><td>1</td><td>0</td><td>1</td></tr>
<tr><td>13</td><td>1</td><td>1</td><td>0</td><td>1</td><td>1</td></tr>
<tr><td>14</td><td>1</td><td>0</td><td>1</td><td>1</td><td>1</td></tr>
<tr><td>15</td><td>0</td><td>1</td><td>1</td><td>1</td><td>1</td></tr>
<tr><td>16</td><td>1</td><td>1</td><td>1</td><td>1</td><td>1</td></tr>
</table>
</td><td>若为真值的逻辑输入的数量大于“n”，逻辑输出为真
真值表和图形中的“n”＝2</td></tr>
<tr><td>有限制的或门，满足条件的输入数量小于等于“n”</td><td>A、B、C、X → ≤n → O</td><td>
<table>
<tr><th>序号</th><th>A</th><th>B</th><th>C</th><th>X</th><th>O</th></tr>
<tr><td>1</td><td>0</td><td>0</td><td>0</td><td>0</td><td>1</td></tr>
<tr><td>2</td><td>1</td><td>0</td><td>0</td><td>0</td><td>1</td></tr>
<tr><td>3</td><td>0</td><td>1</td><td>0</td><td>0</td><td>1</td></tr>
<tr><td>4</td><td>0</td><td>0</td><td>1</td><td>0</td><td>1</td></tr>
<tr><td>5</td><td>0</td><td>0</td><td>0</td><td>1</td><td>1</td></tr>
<tr><td>6</td><td>1</td><td>1</td><td>0</td><td>0</td><td>1</td></tr>
<tr><td>7</td><td>1</td><td>0</td><td>1</td><td>0</td><td>1</td></tr>
<tr><td>8</td><td>1</td><td>0</td><td>0</td><td>1</td><td>1</td></tr>
<tr><td>9</td><td>0</td><td>1</td><td>1</td><td>0</td><td>1</td></tr>
<tr><td>10</td><td>0</td><td>1</td><td>0</td><td>1</td><td>1</td></tr>
<tr><td>11</td><td>0</td><td>0</td><td>1</td><td>1</td><td>1</td></tr>
<tr><td>12</td><td>1</td><td>1</td><td>1</td><td>0</td><td>0</td></tr>
<tr><td>13</td><td>1</td><td>1</td><td>0</td><td>1</td><td>0</td></tr>
<tr><td>14</td><td>1</td><td>0</td><td>1</td><td>1</td><td>0</td></tr>
<tr><td>15</td><td>0</td><td>1</td><td>1</td><td>1</td><td>0</td></tr>
<tr><td>16</td><td>1</td><td>1</td><td>1</td><td>1</td><td>0</td></tr>
</table>
</td><td>若为真值的逻辑输入的数量小于等于“n”，逻辑输出为真
真值表和图形中的“n”＝2</td></tr>
</table>

续表

功能	符号	序号	A	B	C	X	O	定义
有限制的或门，满足条件的输入数量小于“n”	A B C X <n O	1	0	0	0	0	1	若为真值的逻辑输入的数量小于“n”，逻辑输出为真 真值表和图形中的“n”＝2
		2	1	0	0	0	1	
		3	0	1	0	0	1	
		4	0	0	1	0	1	
		5	0	0	0	1	1	
		6	1	1	0	0	0	
		7	1	0	1	0	0	
		8	1	0	0	1	0	
		9	0	1	1	0	0	
		10	0	1	0	1	0	
		11	0	0	1	1	0	
		12	1	1	1	0	0	
		13	1	1	0	1	0	
		14	1	0	1	1	0	
		15	0	1	1	1	0	
		16	1	1	1	1	0	
有限制的或门，满足条件的输入数量等于“n”	A B C X =n O	1	0	0	0	0	0	若为真值的逻辑输入的数量等于“n”，逻辑输出为真 真值表和图形中的“n”＝2
		2	1	0	0	0	0	
		3	0	1	0	0	0	
		4	0	0	1	0	0	
		5	0	0	0	1	0	
		6	1	1	0	0	1	
		7	1	0	1	0	1	
		8	1	0	0	1	1	
		9	0	1	1	0	1	
		10	0	1	0	1	1	
		11	0	0	1	1	1	
		12	1	1	1	0	0	
		13	1	1	0	1	0	
		14	1	0	1	1	0	
		15	0	1	1	1	0	
		16	1	1	1	1	0	
有限制的或门，满足条件的输入数量不等于“n”	A B C X ≠n O	1	0	0	0	0	1	若为真值的逻辑输入的数量不等于“n”，逻辑输出为真 真值表和图形中的“n”＝2
		2	1	0	0	0	1	
		3	0	1	0	0	1	
		4	0	0	1	0	1	
		5	0	0	0	1	1	
		6	1	1	0	0	0	
		7	1	0	1	0	0	
		8	1	0	0	1	0	
		9	0	1	1	0	0	
		10	0	1	0	1	0	
		11	0	0	1	1	0	
		12	1	1	1	0	1	
		13	1	1	0	1	1	
		14	1	0	1	1	1	
		15	0	1	1	1	1	
		16	1	1	1	1	1	

续表

<table>
<tr><th>功能</th><th>符号</th><th>真值表</th><th>定义</th></tr>
<tr><td>非门</td><td>A---NOT---O</td><td><table><tr><th>A</th><th>O</th></tr><tr><td>1</td><td>0</td></tr><tr><td>0</td><td>1</td></tr></table></td><td>若逻辑输入真,逻辑输出为假;
若逻辑输入假,逻辑输出为真</td></tr>
<tr><td>基本的记忆装置</td><td>A→ S →C
B→ R →D</td><td><table><tr><th>序号</th><th>A</th><th>B</th><th>C</th><th>D</th></tr><tr><td>1</td><td>0</td><td>0</td><td>0</td><td>1</td></tr><tr><td>2</td><td>1</td><td>0</td><td>1</td><td>0</td></tr><tr><td>3</td><td>0</td><td>0</td><td>1</td><td>0</td></tr><tr><td>4</td><td>0</td><td>1</td><td>0</td><td>1</td></tr><tr><td>5</td><td>0</td><td>0</td><td>0</td><td>1</td></tr><tr><td>6</td><td>1</td><td>1</td><td>1</td><td>0</td></tr><tr><td>7</td><td>0</td><td>0</td><td>1</td><td>0</td></tr><tr><td>8</td><td>1</td><td>1</td><td>0</td><td>1</td></tr></table></td><td>逻辑输出[C]和[D]的值总是相反的
如[A]=1,那么[C]=1,[D]=0
如[A]变成0,那么在[B]=1之前,[C]保持1,[D]保持0
如[B]=1,那么[C]=0,[D]=1
如[B]变成0,那么在[A]=1之前,[C]保持0,[D]保持1
如[A]和[B]同时为1,那么[C]和[D]改变状态</td></tr>
<tr><td>置位优先的记忆装置</td><td>A→ S_G →C
B→ R →D</td><td><table><tr><th>序号</th><th>A</th><th>B</th><th>C</th><th>D</th></tr><tr><td>1</td><td>0</td><td>0</td><td>0</td><td>1</td></tr><tr><td>2</td><td>1</td><td>0</td><td>1</td><td>0</td></tr><tr><td>3</td><td>0</td><td>0</td><td>1</td><td>0</td></tr><tr><td>4</td><td>0</td><td>1</td><td>0</td><td>1</td></tr><tr><td>5</td><td>0</td><td>0</td><td>0</td><td>1</td></tr><tr><td>6</td><td>1</td><td>1</td><td>1</td><td>0</td></tr><tr><td>7</td><td>0</td><td>0</td><td>1</td><td>0</td></tr><tr><td>8</td><td>1</td><td>1</td><td>1</td><td>0</td></tr></table></td><td>逻辑输出[C]和[D]的值总是相反的
如[A]=1,那么[C]=1,[D]=0
如[A]变成0,那么在[B]=1之前,[C]保持1,[D]保持0
如[B]=1,那么[C]=0,[D]=1
如[B]变成0,那么在[A]=1之前,[C]保持0,[D]保持1
如[A]和[B]同时为1,那么[C]=1,[D]=0</td></tr>
<tr><td>复位优先的记忆装置</td><td>A→ S →C
B→ R_0 →D</td><td><table><tr><th>序号</th><th>A</th><th>B</th><th>C</th><th>D</th></tr><tr><td>1</td><td>0</td><td>0</td><td>0</td><td>1</td></tr><tr><td>2</td><td>1</td><td>0</td><td>1</td><td>0</td></tr><tr><td>3</td><td>0</td><td>0</td><td>1</td><td>0</td></tr><tr><td>4</td><td>0</td><td>1</td><td>0</td><td>1</td></tr><tr><td>5</td><td>0</td><td>0</td><td>0</td><td>1</td></tr><tr><td>6</td><td>1</td><td>1</td><td>0</td><td>1</td></tr><tr><td>7</td><td>0</td><td>0</td><td>0</td><td>1</td></tr><tr><td>8</td><td>1</td><td>1</td><td>0</td><td>1</td></tr></table></td><td>逻辑输出[C]和[D]的值总是相反的
如[A]=1,那么[C]=1,[D]=0
如[A]变成0,那么在[B]=1之前,[C]保持1,[D]保持0
如[B]=1,那么[C]=0,[D]=1
如[B]变成0,那么在[A]=1之前,[C]保持0,[D]保持1
如[A]和[B]同时为1,那么[C]=0,[D]=1</td></tr>
<tr><td>脉冲持续时间-固定的</td><td>I→ t PD →O</td><td>无</td><td>当逻辑输入[I]从0变成1,逻辑输出[O]从0变成1并在规定时间t内保持为1</td></tr>
<tr><td>延时关</td><td>I→ t DT →O</td><td>无</td><td>当逻辑输入[I]从0变成1,逻辑输出[O]从0变成1
当逻辑输入[I]从1变成0并且持续时间t后,逻辑输出[O]从1变成0</td></tr>
<tr><td>延时开</td><td>I→ t GT →O
R</td><td>无</td><td>当逻辑输入[I]从0变成1并且持续时间t后,逻辑输出[O]从0变成1
逻辑输出[O]保持1直至逻辑输入[I]变为0或可选的复位[R]变为1</td></tr>
<tr><td>脉冲持续时间-可变的</td><td>I→ t LT →O
R</td><td>无</td><td>当逻辑输入[I]从0变成1,逻辑输出[O]从0变成1
当逻辑输入[I]=1持续时间t后或逻辑输入[I]从1变成0或可选的复位[R]变为1时,逻辑输出[O]从1变成0</td></tr>
</table>

2.3 仪表图形符号应用示例

图形符号在测量系统和控制系统中的应用示例分别见表 2-32 和表 2-33。

表 2-32　图形符号在测量系统中的应用示例

简化示例	详细示例	说明
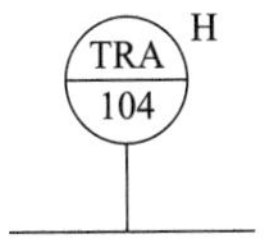 TRA 104 H	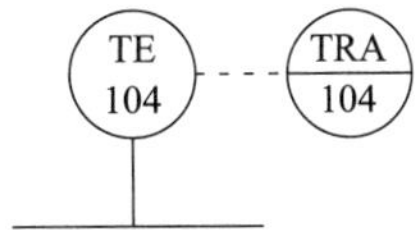 TE 104　TRA 104	被测变量为温度，现场仪表为热电偶（TE-104），控制室使用常规仪表，仪表具有记录功能，并且还有温度高限报警功能。仪表位号为 TRA-104，其工序号为 1，顺序号为 04
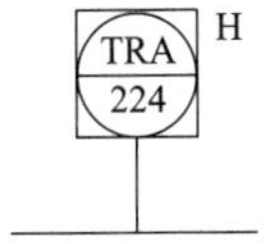 TRA 224 H	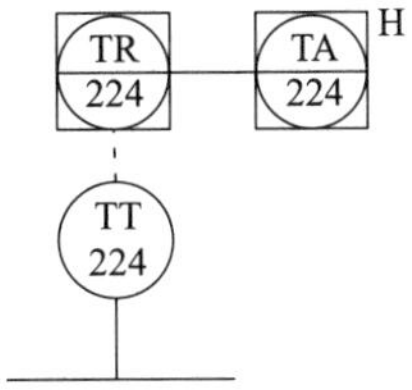 TR 224　TA 224 H　TT 224	被测变量为温度，现场仪表为一体化温度变送器（TT-224），信号输入至控制室的 DCS，有趋势记录功能及温度高限报警功能。仪表位号为 TRA-224，其工序号为 2，顺序号为 24
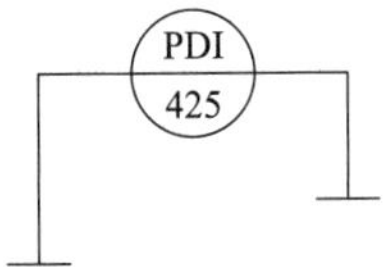 PDI 425	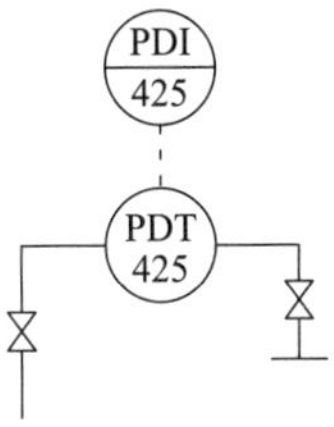 PDI 425　PDT 425	被测变量为差压，现场仪表为差压变送器（PDI-425），控制室使用常规仪表，仪表具有指示功能。仪表位号为 PDI-425，其工序号为 4，顺序号为 25
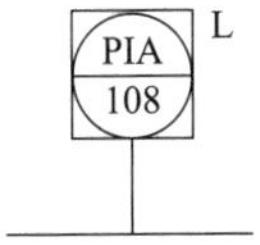 PIA 108 L	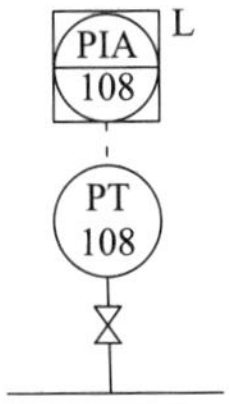 PIA 108 L　PT 108	被测变量为压力，现场仪表为压力变送器（PT-108），信号输入至控制室的 DCS，有记录功能及压力低限报警功能。仪表位号为 PIA-108，其工序号为 1，顺序号为 08
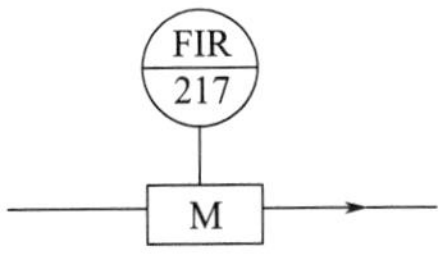 FIR 217　M	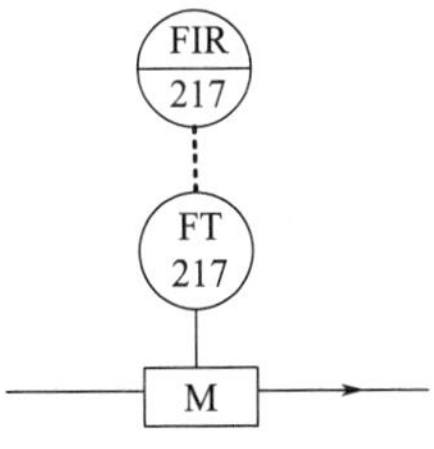 FIR 217　FT 217　M	被测变量为流量，现场仪表为电磁流量计（FT-217），信号输入至控制室的常规仪表，有指示记录功能。仪表位号为 FIR-217，其工序号为 2，顺序号为 17
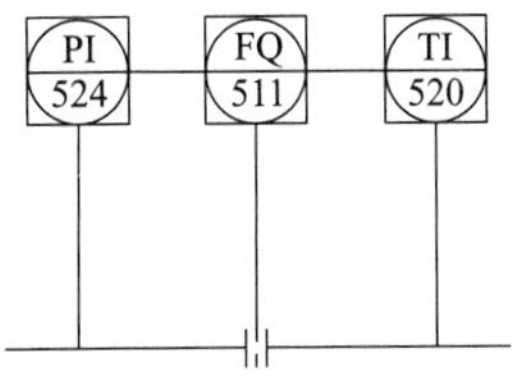 PI 524　FQ 511　TI 520	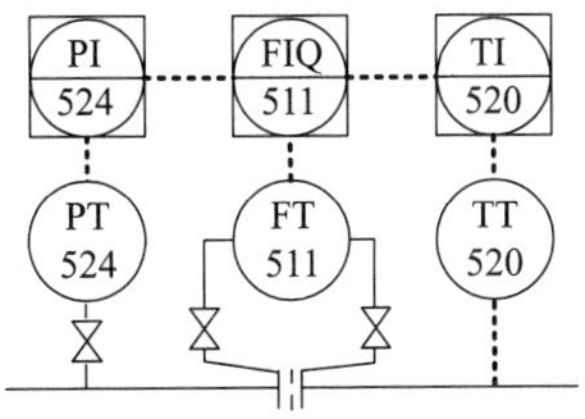 PI 524　FIQ 511　TI 520　PT 524　FT 511　TT 520	具有温度、压力补偿的流量测量系统，现场仪表为孔板及差压变送器（FT-511）、压力变送器（PT-524）、测温元件及温度变送器（TT-520）。信号输入至控制室的 DCS。流量仪表位号为 FIQ-511，有指示累计功能。压力仪表位号为 PI-524，有指示功能。温度仪表位号为 TI-520 有指示功能

续表

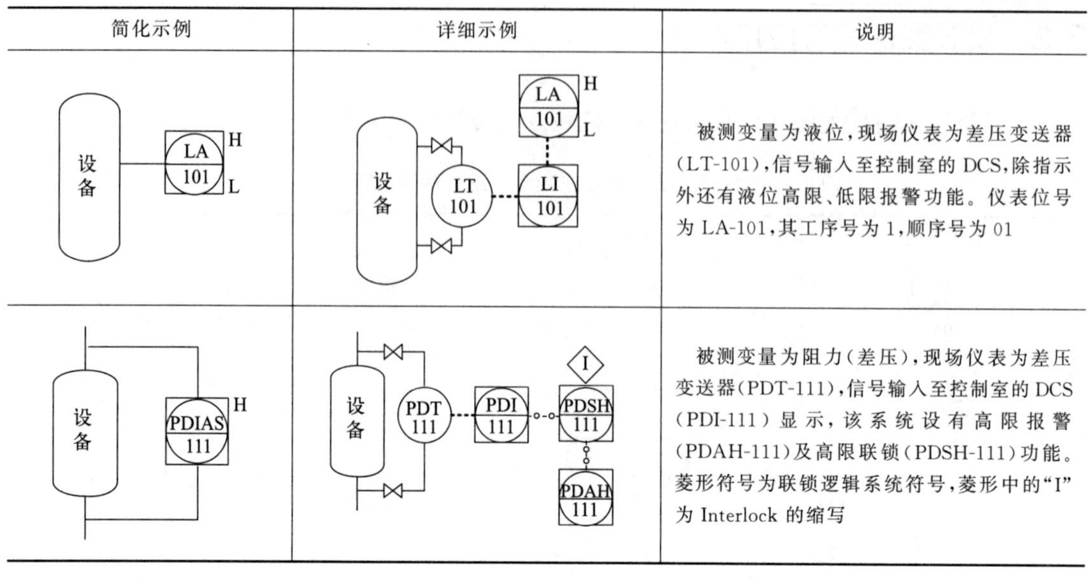

简化示例	详细示例	说明
设备 LA 101 H L	LA 101 H L；设备 LT 101 LI 101	被测变量为液位，现场仪表为差压变送器(LT-101)，信号输入至控制室的DCS，除指示外还有液位高限、低限报警功能。仪表位号为LA-101，其工序号为1，顺序号为01
设备 PDIAS 111 H	设备 PDT 111 PDI 111 I PDSH 111 PDAH 111	被测变量为阻力(差压)，现场仪表为差压变送器(PDT-111)，信号输入至控制室的DCS(PDI-111)显示，该系统设有高限报警(PDAH-111)及高限联锁(PDSH-111)功能。菱形符号为联锁逻辑系统符号，菱形中的"I"为Interlock的缩写

表 2-33　图形符号在控制系统中的应用示例

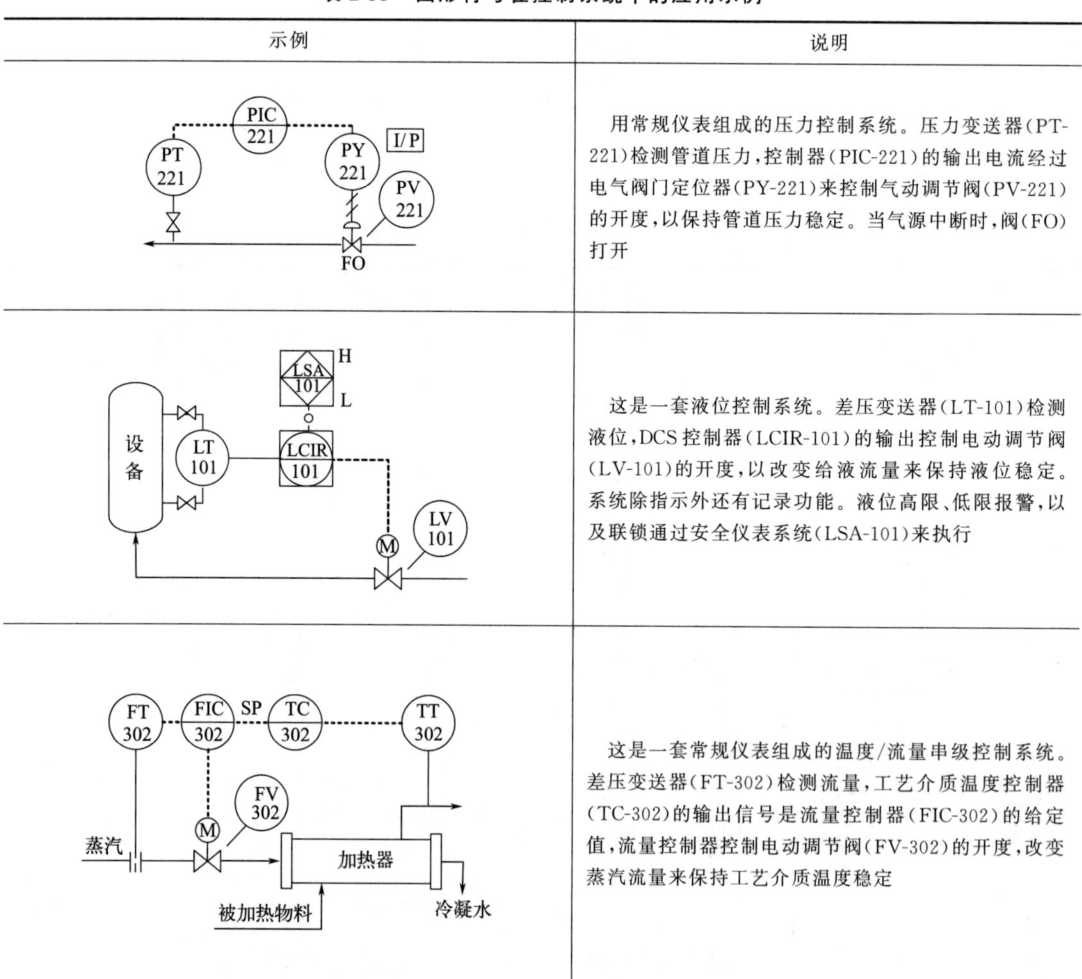

示例	说明
PIC 221　PT 221　PY 221　I/P　PV 221　FO	用常规仪表组成的压力控制系统。压力变送器(PT-221)检测管道压力，控制器(PIC-221)的输出电流经过电气阀门定位器(PY-221)来控制气动调节阀(PV-221)的开度，以保持管道压力稳定。当气源中断时，阀(FO)打开
LSA 101 H L　设备　LT 101　LCIR 101　M　LV 101	这是一套液位控制系统。差压变送器(LT-101)检测液位，DCS控制器(LCIR-101)的输出控制电动调节阀(LV-101)的开度，以改变给液流量来保持液位稳定。系统除指示外还有记录功能。液位高限、低限报警，以及联锁通过安全仪表系统(LSA-101)来执行
FT 302　FIC 302　SP　TC 302　TT 302　FV 302　M　蒸汽　加热器　被加热物料　冷凝水	这是一套常规仪表组成的温度/流量串级控制系统。差压变送器(FT-302)检测流量，工艺介质温度控制器(TC-302)的输出信号是流量控制器(FIC-302)的给定值，流量控制器控制电动调节阀(FV-302)的开度，改变蒸汽流量来保持工艺介质温度稳定

续表

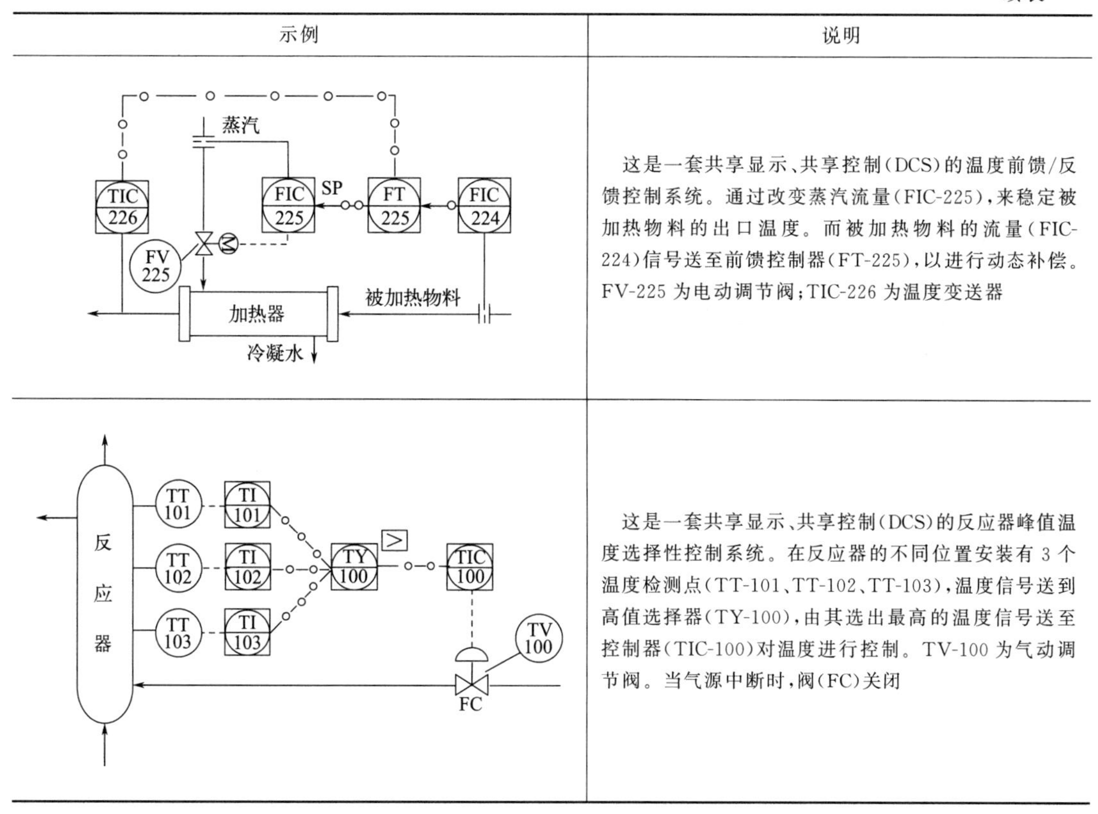

示例	说明
	这是一套共享显示、共享控制(DCS)的温度前馈/反馈控制系统。通过改变蒸汽流量(FIC-225),来稳定被加热物料的出口温度。而被加热物料的流量(FIC-224)信号送至前馈控制器(FT-225),以进行动态补偿。FV-225 为电动调节阀;TIC-226 为温度变送器
	这是一套共享显示、共享控制(DCS)的反应器峰值温度选择性控制系统。在反应器的不同位置安装有 3 个温度检测点(TT-101、TT-102、TT-103),温度信号送到高值选择器(TY-100),由其选出最高的温度信号送至控制器(TIC-100)对温度进行控制。TV-100 为气动调节阀。当气源中断时,阀(FC)关闭

参考文献

[1] 黄海燕，余昭旭，何衍庆. 集散控制系统原理及应用 [M]. 4 版. 北京：化学工业出版社，2021：179.

[2] HG/T 20637.2—2017. 化工装置自控专业工程设计文件的编制规范　自控专业工程设计用图形符号和文字代号.

[3] HG/T 20505—2014. 过程测量与控制仪表的功能标志及图形符号.

[4] GB/T 2625—1981. 过程检测和控制流程图用图形符号和文字代号.

第3章 温度测量仪表

3.1 温标的换算

温标的换算公式见表 3-1。

表 3-1 温度换算公式

摄氏度(℃)	华氏度(℉)	兰金[1]度(°R)	开尔文(K)
℃	$\frac{9}{5}$℃+32	$\frac{9}{5}$℃+491.67	℃+273.15[2]
$\frac{5}{9}$(℉−32)	℉	℉+459.67	$\frac{9}{5}$(℉+459.67)
$\frac{5}{9}$(°R−491.67)	°R−459.67	°R	$\frac{5}{9}$°R
K−273.15[2]	$\frac{9}{5}$K−459.67	$\frac{9}{5}$K	K

① 英文是 Rankine。

② 摄氏温度的标定是以水的冰点为参照点作为 0℃，相当于开尔文温度的 273.15K。开尔文温度的标定是以水的三相点为参照点作为 273.16K，相当于 0.01℃，即水的三相点高于水的冰点 0.01℃。

3.2 热电偶

3.2.1 常用热电偶的基本特性

常用热电偶的基本特性见表 3-2～表 3-5。

表 3-2 常用热电偶的允许偏差

热电偶名称(分度号)	测温范围/℃	允许偏差		
		允差级别	温度范围/℃	允差值/℃
铂铑 30-铂铑 6(B)	0～1600	Ⅱ	600～1700	±0.0025|t|
		Ⅲ	600～800	±4
			800～1700	±0.005|t|

续表

热电偶名称（分度号）	测温范围/℃	允许偏差		
		允差级别	温度范围/℃	允差值/℃
铂铑 10-铂（S） 铂铑 13-铂（R）	0～1300	Ⅰ	0～1100	±1
			1100～1600	±[1+0.003(t−1100)]
		Ⅱ	0～600	±1.5
			600～1600	±0.0025|t|
镍铬-镍硅（K） 镍铬硅-镍硅（N）	0～1200	Ⅰ	−40～375	±1.5
			375～1000	±0.004|t|
		Ⅱ	−40～333	±2.5
			333～1200	±0.0075|t|
		Ⅲ	−167～40	±2.5
			−200～−167	±0.015|t|
镍铬-铜镍（康铜）（E）	0～750	Ⅰ	−40～375	±1.5
			375～800	±0.004|t|
		Ⅱ	−40～333	±2.5
			333～900	±0.0075|t|
		Ⅲ	−167～40	±2.5
			−200～−167	±0.015|t|
铁-铜镍（J）	0～600	Ⅰ	−40～375	±1.5
			375～750	±0.004|t|
		Ⅱ	−40～333	±2.5
			333～750	±0.0075|t|
铜-铜镍（T）	−200～350	Ⅰ	−40～125	±0.5
			125～350	±0.004|t|
		Ⅱ	−40～133	±1
			133～350	±0.0075|t|
		Ⅲ	−67～40	±1
			−200～−67	±0.015|t|

注：t 表示测量端温度。

表 3-3　常用热电偶的电极材料、线径及使用温度

热电偶名称（分度号）	电极材料	颜色	识别	100℃时热电势/mV	线径/mm	测温上限/℃	
						长期	短期
铂铑 30-铂铑 6（B）	+铂铑 30	白	较硬	0.033	0.5±0.015	1600	1800
	−铂铑 6	白	稍软				
铂铑 13-铂（R）	+铂铑 13	白	较硬	0.647	0.5±0.020	1300	1600
	−纯铂	白	柔软				
铂铑 10-铂（S）	+铂铑 10	白	较硬	0.646	0.5±0.020	1300	1600
	−纯铂	白	柔软				

续表

热电偶名称（分度号）	电极材料	颜色	识别	100℃时热电势/mV	线径/mm	测温上限/℃	
						长期	短期
镍铬-镍硅（K）	+镍铬 10	黑褐	不亲磁	4.096	0.3 0.5 0.8,1.0 1.2,1.6 2.0,2.5 3.2	700 800 900 1000 1100 1200	800 900 1000 1100 1200 1300
	−镍硅	绿黑	稍亲磁				
镍铬硅-镍硅（N）	+镍铬硅 10	黑褐	不亲磁	2.774			
	−镍硅镁	绿黑	稍亲磁				
镍铬-铜镍（E）	+镍铬 10	黑褐	暗绿	6.319	0.3,0.5 0.8,1.0,1.2 1.6,2.0 2.5 3.2	350 450 550 650 750	450 550 650 750 900
	−铜镍	稍白	亮黄				
铁-铜镍（J）	+纯铁	褐	亲磁	5.329	0.3,0.5 0.8,1.0,1.2 1.6,2.0 2.5,3.2	300 400 500 600	400 500 600 750
	−铜镍	稍白	不亲磁				
铜-铜镍（T）	+纯铜	红褐		4.279	0.2 0.3,0.5 1.0 1.6	150 200 250 350	200 250 300 400
	−铜镍	银白					

表 3-4　铠装热电偶的响应时间

铠装热电偶的外径/mm			1.0	1.5	2.0	3.0	4.0	5.0	6.0
测量端形式	露端型	时间常数/s	0.01	0.02	0.03	0.05	0.07	0.08	0.1
	接壳型		0.1	0.2	0.3	0.5	1.0	2.0	2.5
	绝缘型		0.2	0.3	0.5	1.5	3.0	5.0	8.0

表 3-5　热电偶的响应时间

外径/mm	结构形式	时间常数/s		普通型热电偶的响应曲线
		$\tau_{63.2}$	τ_{90}	
ϕ4.8	铠装式	1.6	3.4	
	装配式	12.8	30.3	
ϕ6.4	铠装式	3.6	7.2	
	装配式	17.3	43.0	
ϕ8	铠装式	4.6	9.2	
	装配式	24.9	57.3	
ϕ12	装配式	56	151	
ϕ15	装配式	88	195	
ϕ22	装配式	200	600	

注：时间常数（$\tau_{63.2}$ 和 τ_{90}）的定义为达到瞬间温度变化的 63.2%和 90%所需的时间，其单位为秒（s）。

3.2.2　热电偶参比端温度的补偿及补偿导线

（1）热电偶参比端温度的补偿

由于各种热电偶的分度表均对应参比端温度为 0℃的情况，但实际使用中热电偶的参比端温度往往不是 0℃，而且可能不稳定，因此需要对热电偶参比端温度进行补偿，最常用的方法就是补偿导线法。热电偶和补偿导线的测量原理及热电势计算公式见表 3-6。

表 3-6　热电偶和补偿导线的测量原理及热电势计算公式

项目	测量原理图	总热电势
热电偶	A　T_n　A T 测量端温度　参比端温度　T_0 环境温度 B　T_n　B	$E_{ABBA}(T,T_n,T_0)=E_{AB}(T,T_n)+E_{AB}(T_n,T_0)$
代替导线	在参比端 T_n 后用另外的导线来代替 A、B，如果 A′与 A、B′与 B 的热电性质相同，且能满足 $E_{AB}(T_n,T_0)=E_{A'B'}(T_n,T_0)$，就可起到补偿热电势的作用	$E_{ABBA}(T,T_n,T_0)=E_{ABB'A'}(T,T_n,T_0)$
补偿导线	A　T_n　A' T 测量端温度　参比端温度　T_0 环境温度 B　T_n　B'	$E_{ABB'A'}(T,T_n,T_0)=E_{AB}(T,T_n)+E_{A'B'}(T_n,T_0)$
结果	采用补偿导线后测得的热电偶的总热电势，只受测量端温度 T 和环境温度 T_0 的影响，而与参比端的温度 T_n 变化无关。实际应用中补偿导线用的就是这一原理	

（2）现场温度测量

① 两次查表法。首先测量热电偶的热电势 U_X，然后根据参比端的温度或室温查热电偶分度表，得到该温度所对应的热电势 U_0，然后把 U_X 和 U_0 相加，得到总的热电势，再查热电偶分度表就得到被测的真正温度。

计算实例 3-1

某 S 分度的铂铑 10-铂热电偶，所测得的热电偶的输出热电势 U_X 为 12.94mV，热电偶接线盒附近温度 $T_0=28$℃，求 T 的真正温度。

解： 室温 28℃经查表得 $U_0=0.161$mV，则总热电势为：

$$U_T=U_X+U_0=12.94+0.161=13.101(\text{mV})$$

经查热电偶分度表得 $T=1295.2$℃。

② 估算法。本方法是根据热电偶整百摄氏度时的热电势，来估算测得热电势对应的温度，此法只能用来判断热电偶测温回路是否正常，不能判断温度值的正确性。

计算实例 3-2

在现场测得某 K 分度热电偶的热电势为 16.1mV，热电偶接线盒附近温度为 30℃，计算对应的温度大致是多少？

解：已知参比端的温度为30℃，查表得$U_0=1.203\text{mV}$；K型热电偶4.1mV对应100℃温度。

总热电势$U_T=U_X+U_0=16.1+1.203=17.303(\text{mV})$。

用比例式求得温度（设为x）：

$$\frac{4.1}{100}=\frac{17.303}{x}$$

$$x=\frac{17.303\times100}{4.1}\approx422(℃)$$

（3）常用补偿导线的特性（表3-7~表3-9）

表3-7 常用补偿导线的型号、线芯材料、绝缘层着色及配用热电偶

型号	补偿导线线芯材料		绝缘层着色		配用热电偶
	正极	负极	正极	负极	
SC或RC	铜	铜镍0.6	红	绿	S或R
KCA	铁	铜镍22	红	蓝	K
KCB	铜	铜镍40	红	蓝	
KX	镍铬10	镍硅3	红	黑	
NC	铁	铜镍18	红	灰	N
NX	铜镍14硅	镍硅4	红	灰	
EX	镍铬10	铜镍45	红	棕	E
JX	铁	铜镍45	红	紫	J
TX	铜	铜镍45	红	白	T

注：热电偶分度号后附加有字母“X”的为延长型补偿导线，如“KX”，其合金丝的名义化学成分及热电动势标称值与配用热电偶偶丝相同。热电偶分度号后附加有字母“C”的为补偿型补偿导线，如“NC”，其合金丝的名义化学成分与配用热电偶偶丝不同，但其热电动势值在0～100℃或0～200℃时与配用热电偶的热电动势标称值相同。不同合金丝可应用于同种分度号的热电偶，此时用附加字母予以区别，如KCA和KCB。

表3-8 补偿导线在20℃时的往复电阻值 单位：Ω/m

补偿导线型号	规格/mm^2				
	0.2	0.5	1.0	1.5	2.5
SC或RC	0.25	0.10	0.05	0.03	0.02
KCA	3.50	1.40	0.70	0.47	0.28
KCB	2.60	1.04	0.52	0.35	0.21
KX	5.50	2.20	1.10	0.73	0.44
NC	3.75	1.50	0.75	0.50	0.30
NX	7.15	2.86	1.43	0.95	0.57
EX	6.25	2.50	1.25	0.83	0.50
JX	3.25	1.30	0.65	0.43	0.26
TX	2.60	1.04	0.52	0.35	0.21

注：1. 本表数据来源：GB/T 4989—2013。

2. 表中电阻值是在20℃时分别测量1m长补偿导线的正极和负极的电阻值后，正、负极的电阻值相加之和为补偿导线的往复电阻。

表 3-9　热电偶补偿导线截面积与敷设长度的关系　　单位：m

本安回路类型	补偿导线型号	补偿导线线芯截面积/mm²			
		0.5	1.0	1.5	2.5
非防爆、隔爆及隔离安全栅构成的本安回路，线路阻抗≤1kΩ（TC 输入卡、温度变送器、隔离安全栅）	KCA	714	1428	2127	3571
	KCB/TX	961	1923	4347	4762
	KX	454	909	1369	2723
	NC	666	1333	2000	3333
	NX	349	699	1052	1754
	EX	400	800	1204	2000
	JX	769	1538	2325	3846

3.2.3　校准热电偶的误差计算公式及计算实例

常用热电偶整百摄氏度点微分热电势值见表 3-10，校准热电偶的误差计算公式见表 3-11。

表 3-10　常用热电偶整百摄氏度点微分热电势值

测量端温度/℃	微分热电势/(μV/℃)						
	分度号						
	B	R	S	K	N	E	J
0		5.29	5.40	39.45	26.16	58.67	50.38
100			7.34	41.37	29.64	67.52	54.36
200			8.46	39.97	32.99	74.03	55.51
300		9.74	9.13	41.45	35.42	77.91	55.35
400		10.37	9.57	42.24	37.13	80.06	55.15
500		10.89	9.90	42.63	38.27	80.93	55.99
600	5.96	11.36	10.21	42.51	38.96	80.66	58.49
700	6.81	11.83	10.53	41.90	39.26	79.65	62.15
800	7.64	12.31	10.87	41.00	39.26	78.43	64.63
900	8.41	12.79	11.21	40.00	39.04	76.83	
1000	9.12	13.23	11.54	38.98	38.61		
1100	9.77	13.63	11.84	37.85	37.98		
1200	10.36	13.92	12.03	36.49	37.19		
1300	10.87	14.08	12.13	34.93	36.01		
1400	11.28	14.13	12.13				
1500	11.56	14.06	12.04				
1600	11.69	13.88	11.85				
1700	11.67						
1800	11.48						

表 3-11　校准热电偶的误差计算公式

公式	备注
被校热电偶热电动势计算公式： $e_{被}(t)=\bar{e}_{被}+S_{被}\times\Delta t_{校}+e_{补}$ 其中：$\Delta t_{校}=t_{校}-t_{实}$	$e_{被}(t)$—被校热电偶在某校准温度点的热电动势值，mV $\bar{e}_{被}$—被校热电偶在某校准温度点附近测得的热电动势算术平均值，mV $\Delta t_{被}$—校准温度点与实际温度的差值，℃ $t_{校}$—校准温度点，℃ $t_{实}$—测量标准测得的实际温度（实际温度＝测量标准读数平均值＋修正值），℃ $e_{标证}$—标准热电偶检定证书上某校准温度点的热电动势值，mV $\bar{e}_{标}$—标准热电偶在某校准温度点附近测得的热电动势算术平均值，mV $e_{补}$—补偿导线修正值，mV $S_{标}$、$S_{被}$—标准热电偶、被校热电偶在某校准温度点的微分热电动势，mV/℃ t_n—校准温度点 W_t—温度 t 时的电阻比 W_{tn}，$\left(\frac{dW_t}{dt}\right)_{tn}$—由标准铂电阻温度计分度表给出的温度 t_n 对应的电阻比和电阻比随温度的变化率，℃$^{-1}$ $\bar{R}_t$—标准铂电阻温度计在温度 t 时测得电阻的算术平均值，Ω R_{tp}—标准铂电阻温度计在水三相点的电阻值，Ω $e_{分}$—被校热电偶分度表上查得的某校准温度点的热电动势值，mV $\Delta e_{被}$—被校热电偶热电动势偏差
标准热电偶作测量标准校准时，被校热电偶热电动势计算公式： $e_{被}(t)=\bar{e}_{被}+\frac{e_{标证}-\bar{e}_{标}}{S_{标}}\times S_{被}+e_{补}$	
标准铂电阻温度计作测量标准校准时，被校热电偶热电动势计算公式： $e_{被}(t)=\bar{e}_{被}+\frac{W_{tn}-W_t}{\left(\frac{dW_t}{dt}\right)_{tn}}\times S_{被}+e_{补}$ 其中：$W_t=\frac{\bar{R}_t}{R_{tp}}$	
被校热电偶热电动势偏差 $\Delta e_{被}$ 计算公式： $\Delta e_{被}=e_{被}(t)-e_{分}$	
被校热电偶温度示值偏差 $\Delta t_{被}$ 计算公式： $\Delta t_{被}=\frac{\Delta e_{被}}{S_{被}}$	

计算实例 3-3

用标准热电偶校准Ⅰ级 K 型热电偶时的示值偏差计算。

已知：被校热电偶在 800℃ 校准温度点附近（被校热电偶未接补偿导线，$e_{补}=0.0$mV）。测得：标准铂铑 10-铂热电偶热电动势算术平均值 $\bar{e}_{标}$ 为 7.339mV；被校热电偶热电动势算术平均值 $\bar{e}_{被}$ 为 33.364mV；从标准热电偶检定证书中查得 800℃ 时热电动势（$e_{标证}$）为 7.347mV，微分热电动势 $S_{标}$ 为 0.011mV/℃；从分度表中查得被校热电偶的热电动势（$e_{分}$）为 33.275mV，微分热电动势 $S_{被}$ 为 0.041mV/℃。

试计算被校热电偶在 800℃ 的温度示值偏差，并判断有无超差。

解： ① 在 800℃ 时，被校热电偶的热电动势 $e_{被}(t)$ 为：

$$e_{被}(t)=\bar{e}_{被}+\frac{e_{标证}-\bar{e}_{标}}{S_{标}}\times S_{被}+e_{补}$$

$$=33.364+\frac{7.347-7.339}{0.011}\times 0.041+0.0=33.3938(\text{mV})$$

② 热电动势偏差 $\Delta e_{被}$ 为：

$$\Delta e_{被}=e_{被}(t)-e_{分}=33.3938-33.275=0.1188(\mathrm{mV})$$

③ 温度示值偏差 $\Delta t_{被}$ 为：

$$\Delta t_{被}=\frac{\Delta e_{被}}{S_{被}}=\frac{0.1188}{0.041}=2.9(℃)$$

根据本书表 3-2 知，Ⅰ级 K 型热电偶在 375～1000℃温度范围内，允差为 $\pm 0.004|t|$，则被校热电偶在 800℃的允许偏差为±3.2℃，故被校热电偶没有超差。

计算实例 3-4

用标准铂电阻温度计校准Ⅰ级 E 型热电偶时的示值偏差计算。

已知：被校热电偶在 400℃校准温度点附近（被校热电偶未接补偿导线，$e_{补}=0.0\mathrm{mV}$）。测得：标准铂电阻温度计铂电阻的算术平均值 $\bar{R}_t$ 为 248.9020Ω，被校 E 型热电偶热电动势的算术平均值 $\bar{e}_{被}$ 为 29.106mV；从标准铂电阻温度计检定证书中查得 400℃水三相点的电阻值 R_{tp} 为 99.4352Ω；分度表中给出 W_{tn} 为 2.50009296，电阻比的变化率 $\left(\frac{\mathrm{d}W_t}{\mathrm{d}t}\right)_{tn}$ 为 $0.00357502℃^{-1}$；从分度表中查得被校热电偶的热电动势 $e_{分}$ 为 28.946mV，微分热电动势 $S_{被}$ 为 0.080mV/℃。

试计算被校热电偶在 400℃的温度示值偏差，并判断有无超差。

解： ① 在 400℃时，被校热电偶的热电动势 $e_{被}(t)$ 为：

$$e_{被}(t)=\bar{e}_{被}+\frac{W_{tn}-W_t}{\left(\frac{\mathrm{d}W_t}{\mathrm{d}t}\right)_{tn}}\times S_{被}+e_{补}$$

$$=29.106+\frac{2.50009296-248.9020\div 99.4352}{0.00357502}\times 0.080+0.0=29.037(\mathrm{mV})$$

② 热电动势偏差 $\Delta e_{被}$ 为：

$$\Delta e_{被}=e_{被}(t)-e_{分}=29.037-28.946=0.091(\mathrm{mV})$$

③ 温度示值偏差 $\Delta t_{被}$ 为：

$$\Delta t_{被}=\frac{\Delta e_{被}}{S_{被}}=\frac{0.091}{0.080}=1.14(℃)$$

根据本书表 3-2 知，Ⅰ级 E 型热电偶在 375～800℃温度范围内，允差为 $\pm 0.004|t|$，则被校热电偶在 400℃的允许偏差为±1.6℃，故被校热电偶没有超差。

计算实例 3-5

用标准水银温度计校准Ⅰ级 E 型热电偶时的示值偏差计算。

已知：被校热电偶在 200℃校准温度点附近（被校热电偶未接补偿导线，$e_{补}=$

0.0mV)，参考端为0.0℃。测得：被校热电偶热电动势的算术平均值$\bar{e}_{被}$为13.440mV；分度表给出在200℃时被校热电偶的热电动势$e_{分}$为13.421mV，微分热电动势$S_{被}$为0.074mV/℃；标准水银温度计测得温场的实际温度为200.05℃。

试计算被校热电偶在200℃的温度示值偏差，并判断有无超差。

解：① 在200℃时，被校热电偶的热电动势$e_{被}(t)$为：

$$e_{被}(t)=\bar{e}_{被}+S_{被}\times\Delta t_{校}+e_{补}$$
$$=13.440+0.074\times(200-200.05)+0.0=13.436(\text{mV})$$

② 热电动势偏差$\Delta e_{被}$为：

$$\Delta e_{被}=e_{被}(t)-e_{分}=13.436-13.421=0.015(\text{mV})$$

③ 温度示值偏差$\Delta t_{被}$为：

$$\Delta t_{被}=\frac{\Delta e_{被}}{S_{被}}=\frac{0.015}{0.074}=0.20(℃)$$

根据本书表3-2知，Ⅰ级E型热电偶在−40～375℃温度范围内，允差为±1.5℃，该被校热电偶没有超差。

3.2.4 热电偶常见故障及处理

① 温度显示偏低（热电势比实际值偏低）的检查及处理步骤如图3-1所示。

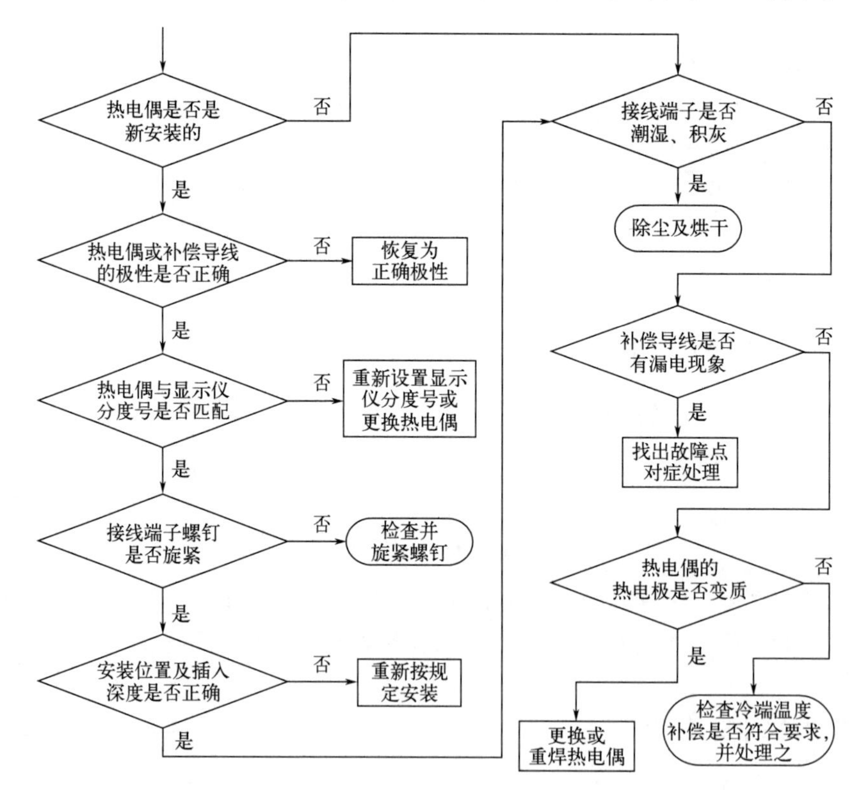

图3-1 热电偶热电势比实际值偏低的检查及处理步骤

② 温度显示波动（热电势输出不稳定）的检查及处理步骤如图3-2所示。

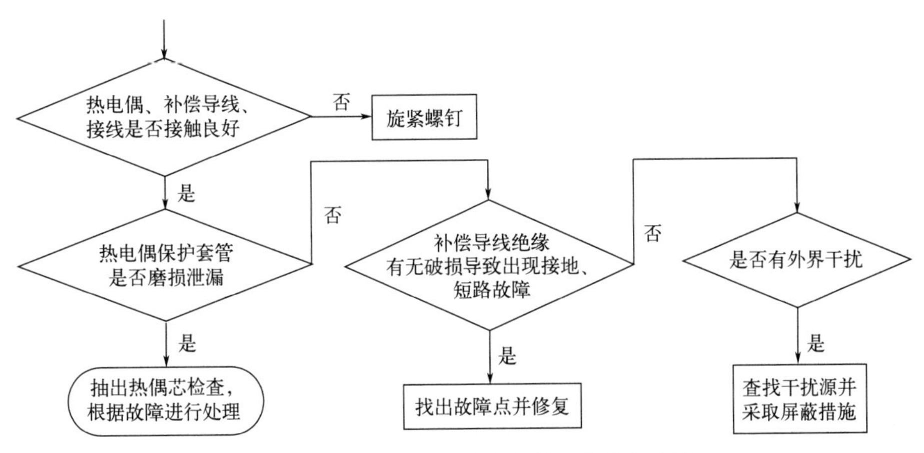

图 3-2 热电势输出不稳定的检查及处理步骤

③ 热电偶常见故障原因及处理方法见表 3-12。

表 3-12 热电偶常见故障原因及处理方法

故障现象	可能原因	处理方法
温度显示偏低（热电势比实际值偏低）	热电偶的电极或补偿导线漏电	检查漏电原因，如受潮则进行烘干，导线绝缘老化则进行包扎或更换
	热电偶接线盒内的接线柱有水或积尘造成漏电	烘干受潮的接线柱，清除灰尘
	热电偶电极变质	更换热电偶，或对换冷热端重新焊接
	补偿导线与热电偶不匹配	换用与热电偶匹配的补偿导线
	补偿导线与热电偶极性接反	对调补偿导线正负极接线
	热电偶插入深度不够	按测量的实际长度进行处理
	组态设置的热电偶分度号有误	重新进行设置
温度显示偏高（热电势值比实际值偏高）	补偿导线与热电偶不匹配	换用与热电偶匹配的补偿导线
	组态设置的热电偶分度号有误	重新进行设置
	有干扰	检查并排除干扰
	工艺原因	检查确定仪表是正常的，联系工艺解决
温度显示波动（热电势值不稳定）	热电偶接线盒内的接线柱螺钉松动，或仪表盘内端子接触不良	拧紧螺钉
	热电偶测量线路绝缘老化或破损，引起断续短路或接地	检查出故障部位，对症处理
	热电偶保护套管损坏泄漏	更换保护套管
	有电磁干扰	检查出干扰源，采取屏蔽措施
温度显示误差很大，或者温度反应迟缓	热电偶的安装位置不当	联系工艺后更改安装位置
	热电偶保护套管表面积灰过多	清除积灰，或更换保护套管
	热电偶电极变质	更换热电偶

3.3 热电阻

3.3.1 常用热电阻的特性

常用热电阻的特性见表 3-13～表 3-16。

表 3-13 常用热电阻的基本特性

热电阻类型		分度号	R_0/Ω		R_{100}/R_0		温度范围/℃	基本误差/℃
			公称值	允许误差	名义值	允许误差		
铂热电阻	A 级	Pt10	10	±0.006	1.385	±0.001	−200～650	±(0.15+0.002t)
		Pt100	100					
	B 级	Pt10	10	±0.012				±(0.30+0.005t)
		Pt100	100					
铜热电阻		Cu50	50	±0.05	1.428	±0.002	−50～150	±(0.30+0.006t)
		Cu100	100	±0.1				

注：表中 t 为被测温度，单位为℃。

表 3-14 JJG 229—2010 规程制定的热电阻允差等级和允差值

热电阻类型	允差等级	有效温度范围/℃		允差值/℃
		线绕元件	膜式元件	
铂热电阻(PRT)	AA	−50～+250	0～+150	±(0.100+0.0017|t|)
	A	−100～+450	−30～+300	±(0.150+0.002|t|)
	B	−196～+600	−50～+500	±(0.30+0.005|t|)
	C	−196～+600	−50～+600	±(0.6+0.010|t|)
铜热电阻(CRT)	—	−50～+150	—	±(0.30+0.006|t|)

注：\|t\| 为温度的绝对值，单位为℃。

表 3-15 铠装铂热电阻技术性能

热电阻类别	分度号	测温范围/℃	允差等级	允差值/℃
铠装铂热电阻	Pt100	−200～650	A 级	−100～450±(0.25+0.002t)
			B 级	−196～660±(0.30+0.005t)

注：t 为感温元件实测温度值。

表 3-16 铠装铂热电阻的响应时间

外径/mm	响应时间/s	金属套管壁厚/mm	内引线直径/mm	内引线电阻值/Ω
ϕ3	2	0.45	ϕ0.4	0.75
ϕ4	2.5	0.60	ϕ0.4	0.75
ϕ5	3	0.75	ϕ0.4	0.75
ϕ6	5	0.90	ϕ0.5	0.50
ϕ7	10	1.00	ϕ0.5	0.50

3.3.2　热电阻的电阻-温度关系

（1）热电阻的电阻-温度关系公式（表3-17）

表3-17　热电阻的电阻-温度关系公式

类型	公式	备注
铂热电阻	−200～0℃的温度范围内为： $R_t=R_0[1+At+Bt^2+C(t-100)t^3]$ 0～850℃的温度范围内为： $R_t=R_0(1+At+Bt^2)$	R_t—铂热电阻在t℃时的电阻值 R_0—铂热电阻在0℃时的电阻值 常数：$A=3.9083\times10^{-3}$ $B=-5.775\times10^{-7}$ $C=-4.183\times10^{-12}$
铜热电阻	−50～150℃的温度范围内为： $R_t=R_0(1+At+Bt^2+Ct^3)$ 也可近似地表示为： $R_t=R_0(1+\alpha t)$	R_t—铜热电阻在t℃时的电阻值 R_0—铜热电阻在0℃时的电阻值 常数：$A=4.28899\times10^{-3}$ $B=-2.133\times10^{-7}$ $C=1.233\times10^{-9}$ α—0.004280（铜热电阻的电阻温度系数）

（2）热电阻的电阻值与温度对应关系的估算

在现场通过测量热电阻的阻值可判断温度显示是否基本正常，用测得的电阻值，按表3-18中温度变化1℃时的电阻变化值，来线性估算所测的温度值。用估算法时，铜热电阻误差较小，铂热电阻误差较大，温度越高误差越大，因此，只能用于判断测温系统是否正常，不能判断温度值的正确性。

表3-18　常用热电阻温度变化1℃时的电阻变化值及电阻温度估算式

热电阻分度号	Pt100	Pt10	Cu50	Cu100
0℃时的电阻值/Ω	100	10	50	100
温度变化1℃其阻值变化/Ω	0.385	0.0385	0.214	0.428
估算电阻值	$R_t=0.385t+100$		$R_t=0.214t+50$	
估算温度值	$t=\dfrac{R_t-100}{0.385}$		$t=\dfrac{R_t-50}{0.214}$	

计算实例3-6

在热电阻接线盒处测得某支Cu50热电阻两端的电阻$R_t=75.62\Omega$，估算所测温度大致是多少？

解：根据表3-18估算，所测温度大致为：

$$t=\frac{75.62-50}{0.214}\approx119.7(℃)$$

3.3.3　热电阻的引线方式、测量电路及连接电缆敷设参数

热电阻的引线方式见表3-19，测量电路见表3-20。

表 3-19　热电阻的引线方式

线制	引线示意图	说明
二线制	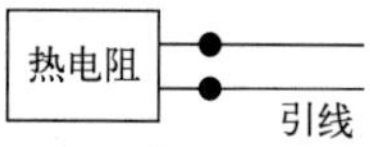 热电阻 引线	热电阻感温元件两端各有一根引线，这种引线方式由导线电阻与测温元件电阻变化共同构成传感器的输出值，导线电阻带来的附加误差使实际温度偏高，故只适用于测量精度较低的场合，且导线的长度不宜过长
三线制	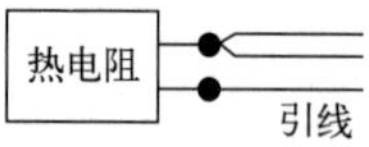 热电阻 引线	热电阻感温元件的一端有两根引线，另一端有一根引线，这种方式通常与电桥配套使用，可以较好地消除导线电阻的影响，但要求三根导线截面积和长度均相同，是过程控制中最常用的方式
四线制	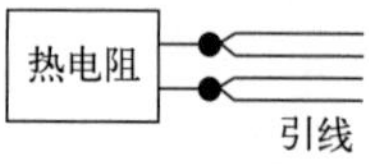 热电阻 引线	热电阻感温元件的两端各有两根引线，两端各用一根引线为热电阻提供恒定电流，把电阻值转换成电压信号，余下两根引线把电压信号引至显示仪表。四线制可完全消除引线电阻的影响，用于高精度的温度测量

表 3-20　热电阻的测量电路

测量方法	测量电路原理图	说明及计算公式
电阻法	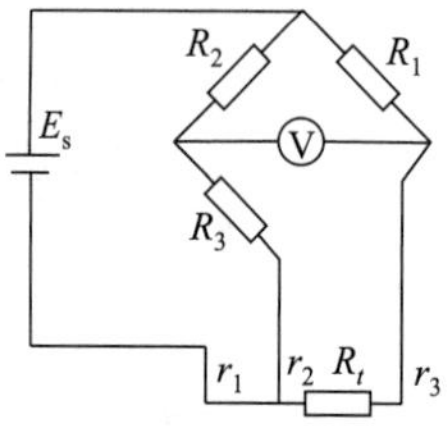 测温用不平衡电桥	三线制要求导线电阻 $r=r_1=r_2=r_3$ 假设全等臂电桥平衡时： $$R_t=\frac{R_1R_3}{R_2}+\frac{R_1r}{R_2}-r$$ 如 $R_1=R_2$，就消除了导线电阻带来的测量误差 如将热电阻的变化转换为电压的变化，当$\frac{R_t}{R_1}=\frac{R_3}{R_2}$时，可得： $$V=\frac{E_sR_1(R_{tx}-R_t)}{(R_1+R_{tx})(R_1+R_t)}$$或 $$V=E_s\times\left[\left(\frac{R_{tx}}{R_1+R_{tx}}\right)-\left(\frac{R_3}{R_2+R_3}\right)\right]$$ 其中： R_t—温度为 0℃的热电阻阻值 R_{tx}—被测温度时的热电阻阻值 热电阻在桥臂中，其阻值的变化与电桥的输出电压成非线性特性，使电桥输出电压 V 出现非线性误差，热电阻的阻值变化越大，误差也越大
电位法	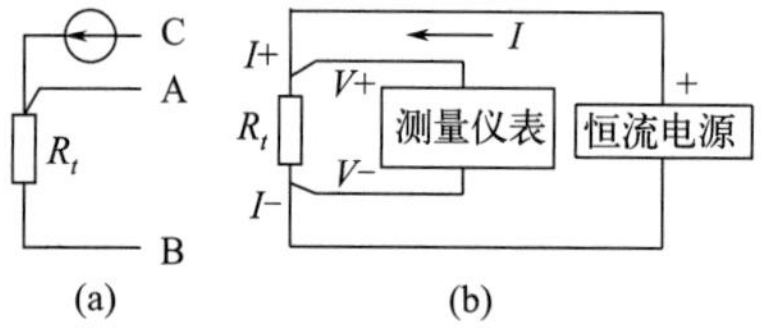 (a)　(b)	(a)C 端提供恒定的电流，通过 A、B 端测量热电阻 R_t 两端的电压（电位）间接得到热电阻的阻值，以此得到温度值 (b)四个接线端子的 $I+$、$I-$ 端给热电阻提供恒定电流，$V+$、$V-$ 端测量热电阻上的电压变化，以此得到温度值
恒压分压法	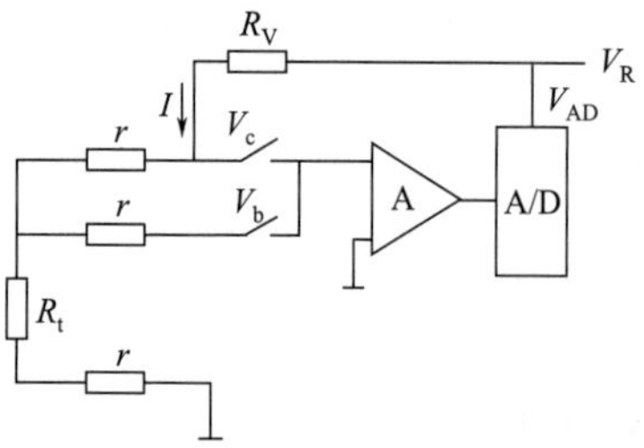	V_R 为基准电压，V_{AD} 是 A/D 转换器的参考电压，A 为运算放大器 由于 $I=\frac{V_R}{R_V+2r+R_t}$，所以： $$V_b=I(r+R_t)；V_c=I(2r+R_t)$$ 在已知 R_V 和 V_R 的情况下，测出电压 V_c 和 V_b 就可计算出热电阻的阻值： $$R_t=\frac{R_V(2V_b-V_c)}{V_R-V_c}$$ 从上式可见：测量精度只取决于 R_V 的精度与 V_c、V_b 的测量精度，与导线电阻 r 没有关系

Pt100 热电阻电缆线芯截面积与敷设长度的关系见表 3-21。

表 3-21 Pt100 热电阻电缆线芯截面积与敷设长度的关系 单位：m

线路阻抗/Ω	0.50	0.75	1.00	1.50	2.50
≤5	128	192	256	375	626
≤10(如 E+H 温度变送器 TMT181)	256	384	512	750	1252
≤15(如 Honeywell TPS/PKS 卡)	384	576	769	1127	1879
≤40(如 CS3000、E+H 温度变送器)	1025	1538	2051	3007	5012
≤50(如 ABB 温度变送器、MTL P+F 隔离安全栅)	1282	1923	2564	3759	6265

注：0.50、0.75、1.00、1.50、2.50 为电缆线芯截面积，单位为 mm^2。

3.3.4 校准热电阻的误差计算公式及计算实例

校准热电阻的误差计算公式及 R_0 和 R_{100} 范围的允差要求见表 3-22、表 3-23。

表 3-22 校准热电阻的误差计算公式

R_0 的计算公式	备注
① 冰点槽偏离 0℃的值 Δt_i^* 由标准铂热电阻测量得到。用下式计算：$\Delta t_i^*=\left(\dfrac{R_i^*}{R_{tp}^*}-W_0^s\right)/(\mathrm{d}W_t^s/\mathrm{d}t)_{t=0}$	R_i^*，R_{tp}^*—标准铂热电阻在冰点槽和水三相点测得的电阻值，Ω，$W_i^s=\dfrac{R_i^*}{R_{tp}^*}$ W_0^s，$(\mathrm{d}W_t^s/\mathrm{d}t)_{t=0}$—标准铂热电阻 0℃时的电阻比值和电阻比值对温度的变化率
② 测量被校热电阻在冰点槽的电阻 R_i，计算热电阻的 R_0'。用下式计算：$R_0'=R_i-\Delta t_i^*\times(\mathrm{d}R/\mathrm{d}t)_{t=0}$	$(\mathrm{d}R/\mathrm{d}t)_{t=0}$—被校热电阻在 0℃时，电阻值对温度的变化率，Ω/℃ 其中：Pt100 的 $(\mathrm{d}R/\mathrm{d}t)_{t=0}=0.39083\Omega/℃$ Cu100 的 $(\mathrm{d}R/\mathrm{d}t)_{t=0}=0.42893\Omega/℃$
③ 计算被校热电阻 0℃的温度偏差 Δt_0 $\Delta t_0=\dfrac{R_0'-R_0}{(\mathrm{d}R/\mathrm{d}t)_{t=0}}$ $\Delta t_0=\Delta t_i-\Delta t_i^*$	R_0—0℃时铂热电阻的标称电阻值 Δt_i—由被校热电阻在冰点槽中测得的偏离 0℃的差，℃ Δt_i^*—标准铂热电阻在冰点槽中测得的偏离 0℃的差，℃
R_{100} 的计算公式	备注
④ 恒温槽偏离 100℃的温度 Δt_h^* 由标准铂电阻测量得到。用下式计算：$\Delta t_h^*=\left(\dfrac{R_h^*}{R_{tp}^*}-W_{100}^s\right)/(\mathrm{d}W_t^s/\mathrm{d}t)_{t=100}$	R_h^*—标准铂热电阻在约 100℃的恒温槽中测得的电阻值，Ω，$W_h^s=\dfrac{R_h^*}{R_{tp}^*}$ W_{100}^s，$(\mathrm{d}W_t^s/\mathrm{d}t)_{t=100}$—标准铂热电阻 100℃的电阻比值和电阻比值随温度的变化率
⑤ 测量被校热电阻在 100℃恒温槽中的电阻值 R_h，计算热电阻的 R_{100}'。用下式计算：$R_{100}'=R_h-\Delta t_h^*\times(\mathrm{d}R/\mathrm{d}t)_{t=100}$	R_h—被校热电阻在约 100℃的恒温槽中测得的电阻值，Ω $(\mathrm{d}R/\mathrm{d}t)_{t=100}$—被校热电阻在 100℃时，电阻对温度的变化率，Ω/℃ 其中：Pt100 的 $(\mathrm{d}R/\mathrm{d}t)_{t=100}=0.37928\Omega/℃$ Cu100 的 $(\mathrm{d}R/\mathrm{d}t)_{t=100}=0.42830\Omega/℃$
⑥ 计算被校热电阻 100℃的温度偏差 Δt_{100} $\Delta t_{100}=\dfrac{R_{100}'-R_{100}}{(\mathrm{d}R/\mathrm{d}t)_{t=100}}$ $\Delta t_{100}=\Delta t_h-\Delta t_h^*$	R_{100}—100℃时铂热电阻的标称电阻值 Δt_h—由被校热电阻在 100℃恒温槽中测得的偏离 100℃的差，℃ Δt_h^*—标准铂热电阻在 100℃恒温槽中测得的偏离 100℃的差，℃

续表

实际电阻温度系数的允差计算公式	备注
$\alpha=\frac{R'_{100}-R'_0}{R'_0\times100}℃^{-1}=(W^t_{100}-1)\times10^{-2}℃^{-1}$ $\Delta\alpha=\alpha-\alpha_{标称}$	α—热电阻的电阻温度系数

表 3-23 Pt100 和 Cu100 符合允差要求的 R_0 和 R_{100} 范围

校准点	Pt100 标称值及允差/Ω				Cu100 标称值及允差/Ω
	AA	A	B	C	
R_0	100.000 ±0.039	100.000 ±0.059	100.000 ±0.117	100.000 ±0.231	100.000 ±0.129
R_{100}	138.506 ±0.102	138.506 ±0.133	138.506 ±0.303	138.506 ±0.607	142.800 ±0.385

注：1. 0℃和 100℃的允差是否合格，可根据表 3-22 中的公式②和公式⑤计算得到的电阻值，通过查表来判断电阻值是否在允差范围内。

2. 标称电阻值不为 100Ω 的其他热电阻和感温元件，符合允差要求的 R_0 和 R_{100} 范围只要将上述表格中的数值乘以 $\frac{R_0}{100\Omega}$即可。

计算实例 3-7

用二等标准铂热电阻温度计校准一支工业用 B 级铂热电阻温度计，计算被校热电阻的 R_0、R_{100} 和实际电阻温度系数 α 的误差。

解：① R_0 的计算。

a. 计算恒温槽实际温度与设定温度的偏差。

0℃时，由标准铂热电阻温度计检定证书提供的数据知：$W^s_0=0.99996013$，$(dW^s_t/dt)_{t=0}=0.00398690$，$R^*_{tp}=25.5887\Omega$。用标准铂热电阻测得的冰点槽实际温度的平均值 $R^*_i=25.58760\Omega$。则：

$$\Delta t^*_i=\left(\frac{R^*_i}{R^*_{tp}}-W^s_0\right)/(dW^s_t/dt)_{t=0}$$

$$=\left(\frac{25.58760}{25.5887}-0.99996013\right)/0.00398690=-0.782(\mathrm{mK})$$

b. 计算被校热电阻的 R'_0。

被校热电阻在冰点槽测得的电阻 $R_i=99.915\Omega$；被校热电阻在 0℃时，电阻值对温度的变化率 $(dR/dt)_{t=0}=0.39083\Omega/℃$。则：

$$R'_0=R_i-\Delta t^*_i\times(dR/dt)_{t=0}$$

$$=99.915-(-0.000782)\times0.39083=99.915(\Omega)$$

c. 计算被校热电阻 0℃的温度偏差 Δt_0。

$$\Delta t_0=\frac{R'_0-R_0}{(dR/dt)_{t=0}}$$

$$=\frac{99.915-100}{0.39083}=-0.217(℃)$$

B级铂热电阻在0℃的允差为±0.3℃，所以在Δt_0时该铂热电阻在允差范围内。

② R_{100}的计算。

a. 计算恒温槽100℃的实际温度与设定温度的偏差。

100℃时，由标准铂热电阻检定证书提供的数据知：$W^s_{100}=1.39260795$，$(\mathrm{d}W^s_t/\mathrm{d}t)_{t=100}=0.00386651$，$R^*_{tp}=25.5887\Omega$。用铂热电阻测得的恒温槽实际温度的平均值$R^*_h=34.6005\Omega$。则：

$$\Delta t^*_h=\left(\frac{R^*_h}{R^*_{tp}}-W^s_{100}\right)/(\mathrm{d}W^s_t/\mathrm{d}t)_{t=100}$$

$$=\left(\frac{34.6005}{25.5887}-1.39260795\right)/0.00386651=-10.46(\mathrm{mK})$$

b. 计算被校铂热电阻的R'_{100}。

被校铂热电阻在100℃恒温槽中测得的电阻$R_h=138.4563\Omega$；被校铂热电阻在100℃时，电阻值对温度的变化率$(\mathrm{d}R/\mathrm{d}t)_{t=100}=0.37928\Omega/℃$；用标准铂热电阻在100℃的恒温槽中测得的电阻值$R^*_h=138.5582\Omega$。则：

$$R'_{100}=R_h-\Delta t^*_h\times(\mathrm{d}R/\mathrm{d}t)_{t=100}$$

$$=138.4563-(-0.01046)\times0.37928=138.4602(\Omega)$$

c. 计算被校热电阻100℃的温度偏差Δt_{100}。

$$\Delta t_{100}=\frac{R'_{100}-R_{100}}{(\mathrm{d}R/\mathrm{d}t)_{t=100}}$$

$$=\frac{138.4602-138.506}{0.37928}=-0.12(℃)$$

B级铂热电阻在100℃的允差为±0.8℃，所以在100℃时该铂热电阻在允差范围内。

从计算可知：R'_0和R'_{100}符合允差要求，然后检查α的符合性。

③ 实际电阻温度系数α的计算。

被检热电阻的实际电阻温度系数α，可以用R'_0和R'_{100}按α的定义计算获得。即：

$$\alpha=\frac{R'_{100}-R'_0}{R'_0\times100}℃^{-1}=(W^t_{100}-1)\times10^{-2}℃^{-1}$$

$$=\left(\frac{138.4602}{99.915}-1\right)\times10^{-2}℃^{-1}=0.003858$$

$$\Delta\alpha=\alpha-\alpha_{标称}=0.003858-0.003851=0.000007$$

B级铂热电阻$\Delta\alpha$的允许范围为$-0.0000094\sim+0.0000186$，因此，该铂热电阻符合B级要求。

计算实例中温度偏差单位mK的说明：1K(开尔文)=1000mK，温度变化1mK等同于变化0.001℃。通常用mK表示温度的变化量，不用来表示具体的温度值。

3.3.5 热电阻常见故障及处理

热电阻常见故障及处理方法见表3-24。

表 3-24 热电阻常见故障及处理方法

故障现象	可能原因	处理方法
温度显示最大	热电阻或连接导线断路	更换热电阻或处理断线处
	热电阻与显示仪表分度号不匹配	更换为分度号符合的热电阻
	组态或设置的参数有误	找出错误并更正
温度显示最小	显示仪表与热电阻接线有错	更正错误的接线
	热电阻或导线有短路现象	找出短路点并处理之
	把热电偶当成了热电阻使用	更换为分度号相符的热电阻
	三线制接线的 C 线断路	重新进行接线
温度显示值波动	接线柱有灰尘,保护管内有水,热电阻受潮	烘干热电阻,清除水及灰尘
	端子接触不良	找出接触不良点,上紧螺钉
温度显示偏低	C 线的接触电阻增大	清除氧化层或紧固螺钉
	测量回路的绝缘电阻降低	重新包扎绝缘或烘干受潮件
	热电阻的插入深度不够	按测量的实际长度进行处理
温度显示偏高	A 线或 B 线的接触电阻增大	清除氧化层或紧固螺钉
	有电磁干扰	找出干扰源对症进行处理

3.4 温度传感器保护管及插入深度的估算

温度传感器保护管及插入深度的估算见表 3-25、表 3-26。

表 3-25 保护管材质及适用场合

材质	最高使用温度/℃	性质或适用场合	备注
1Crl8Ni9Ti 不锈钢	800	耐高温、耐腐蚀、蒸汽、耐压	321(美)
GH3030(GH30)高温合金	1100	耐高温	
GH3039(GH39)高温合金	1150	耐高温	
316SS 不锈钢	525	一般腐蚀性介质	
15 铬钢及 12CrMoV 不锈钢	550	蒸汽	
Cr25Ti 不锈钢	1000	高温场合或温度小于 90℃的硝酸介质	
Inconel600 合金钢	1100	高温富氧场合	GH600(中)
10 钢、20 钢	450	中性及轻微腐蚀性介质	
1Cr18Ni12Mo2Ti 不锈钢	700	一般腐蚀性介质及低温场合	320S17(英)
00Cr17Ni14Mo2 不锈钢	800	无机酸、有机酸、碱、盐、尿素等	316L(美)
2Cr13 不锈钢	450	蒸汽	420(美)
C28Cr 高铬铸铁	1100	耐腐蚀和耐机械磨损,用于硫铁矿熔化炉	
耐高温工业陶瓷及氧化铝	1400～1800	耐高温,但气密性差、不耐压	
莫来石刚玉及纯刚玉	1600	耐高温、气密性及耐温度骤变性好,并有一定的防腐性,用于炉膛及高温场合	

续表

材质	最高使用温度/℃	性质或适用场合	备注
蒙乃尔合金	200	氢氟酸	
Ni镍	200	浓碱(纯碱、烧碱)	
Ti钛	150	湿氯气、浓硝酸	
铌锆合金 钽(Ta)、钼(Mo)	2200	用于真空及惰性气体中	

表3-26 保护管的插入深度估算表

插入管道方式	估算公式	连接方式	规格尺寸	连接头高度
直插(垂直90°)	$L=D/2+H+\iota$	固定螺纹连接	M16×2	$H=120$mm
	$L=D/2+H$	无固定装置连接	M27×2	$H=80$mm
斜插(夹角45°)	$L=2D/3+H+\iota$	固定螺纹连接	M16×2	$H=120$mm
	$L=2D/3+H$	无固定装置连接	M27×2	$H=90$mm
法兰连接	$L=D/2+H+\iota$	固定法兰	根据需要确定	$H=150$mm
	$L=D/2+H$	活动法兰		
肘管插入或扩大管插入	$L=D/2+H+\iota$	固定螺纹连接		$H=150$mm
	$L=D/2\iota+H$	无固定装置连接		$H=80$mm

注:公式中L表示测量元件的总长度;D表示所测工艺管道的内径;H表示固定测量元件的直型连接头长度;ι表示固定螺纹到接线盒的长度,一般为150mm。

3.5 温度变送器

3.5.1 校准温度变送器测量误差的计算公式

校准温度变送器测量误差的计算公式见表3-27。

表3-27 校准温度变送器测量误差的计算公式

项目	误差计算公式及备注
不带传感器的温度变送器校准	$$\Delta A_t=A_d-\left[\frac{A_m}{t_m}\left(t_s+\frac{e}{S_i}-t_0\right)+A_0\right]$$ 式中 ΔA_t—变送器各被校点的测量误差(以输出的量表示),mA或V A_d—变送器被校点实际输出值,取多次测量的平均值,mA或V A_m—变送器的输出量程,mA或V t_m—变送器的输入量程,℃ A_0—变送器输出的理论下限值,mA或V t_s—变送器的输入温度值,即模拟热电阻(或热电偶)对应的温度值,℃ t_0—变送器输入范围的下限值,℃ e—补偿导线修正值,mV S_i—热电偶的塞贝克系数,为常数,mV/℃

续表

项目	误差计算公式及备注
带传感器的温度变送器校准	$$\Delta A_t=\overline{A_d}-\left[\frac{A_m}{t_m}(\bar{t}-t_0)+A_0\right]$$ 式中　ΔA_t—变送器各被校点的测量误差(以输出的量表示),mA 或 V $\overline{A_d}$—变送器被校点实际输出的平均值,mA 或 V A_m—变送器的输出量程,mA 或 V t_m—变送器的输入量程,℃ A_0—变送器输出的理论下限值,mA 或 V $\bar{t}$—标准温度计测得的平均温度值,℃ t_0—变送器输入范围的下限值,℃
现场例行检查校准时测量误差的简化计算	基本误差 ΔA_t 的计算公式: $$\Delta A_t=\frac{I_{正(反)}-I}{A_m}\times 100\%$$ 回差$\|\Delta\|$的计算公式: $$\|\Delta\|=\frac{\|I_{正}-I_{反}\|}{A_m}\times 100\%$$ 式中　ΔA_t—变送器各被校点的测量误差(以输出的量表示),mA 或 V A_m—变送器的输出电流量程,mA $I_{正(反)}$—变送器被校点正、反行程的实际输出值,mA I—各校验点所对应的变送器输出值的标称值,mA
测量结果的处理	$$\Delta A_t=\frac{A_m}{t_m}\times\Delta t$$ 式中　Δt—以输入的温度所表示的误差,℃;其余同上
热电偶冷端补偿功能计算	调校中如果参考端温度不稳定,为保证变送器有正确的冷端补偿功能,模拟毫伏输入信号值可用下式计算: $$E(t,t_1)=E(t,t_0)-E(t_1,t_0)$$ 式中　$E(t,t_1)$—热端温度为 t,冷端温度为 t_1 时,模拟输入毫伏电势值 $E(t,t_0)$—热端温度为 t,从热电偶分度表上查出的毫伏电势值 $E(t_1,t_0)$—冷端温度为 t_1,从热电偶分度表上查出的毫伏电势值

3.5.2 温度变送器的接线

部分温度变送器的接线图见表 3-28～表 3-32。

表 3-28　部分温度变送器端子接线图

传感器	罗斯蒙特 644 轨道安装和现场总线型	横河 YTA610、YTA710 型	罗斯蒙特 148、248 型
二线制 RTD 和 Ω	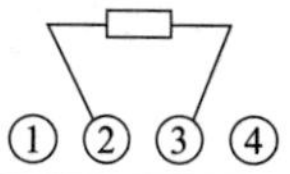 ① ② ③ ④	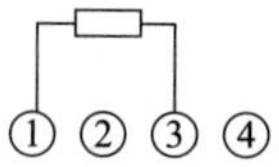 ① ② ③ ④	
三线制 RTD 和 Ω	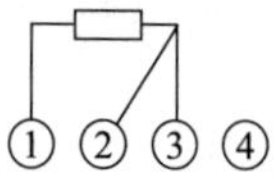 ① ② ③ ④		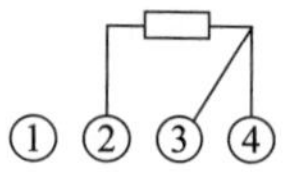 ① ② ③ ④
四线制 RTD 和 Ω	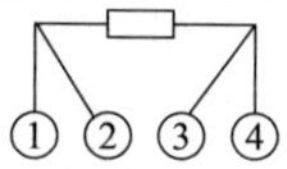 ① ② ③ ④		
TC 和 mV	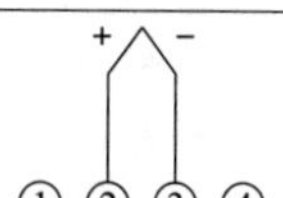 + − ① ② ③ ④		

表 3-29　644 温度变送器端子接线图

传感器	HART 头部安装型	HART 现场安装型
二线制 RTD 和 Ω	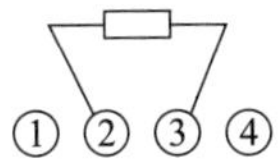 ① ② ③ ④	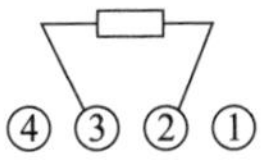 ④ ③ ② ①
三线制 RTD 和 Ω	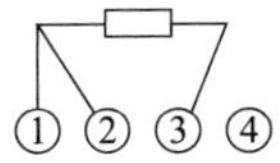 ① ② ③ ④	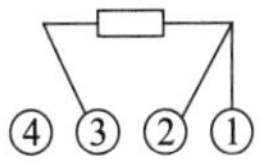 ④ ③ ② ①
四线制 RTD 和 Ω	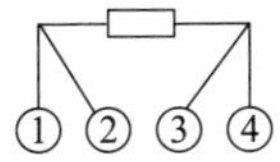 ① ② ③ ④	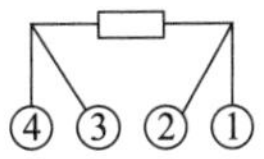 ④ ③ ② ①
TC 和 mV	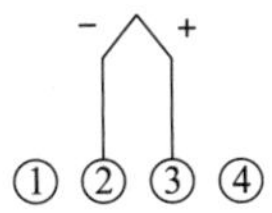 - + ① ② ③ ④	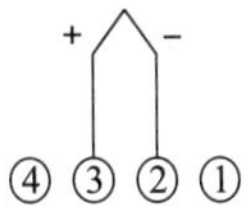 + - ④ ③ ② ①
双二线制 RTD 和 Ω	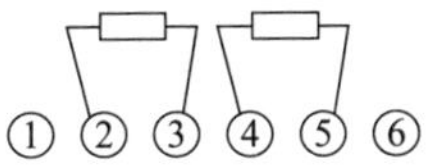 ① ② ③ ④ ⑤ ⑥	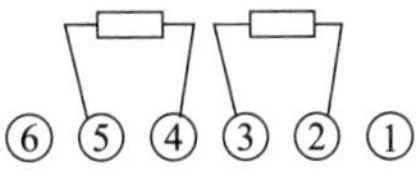 ⑥ ⑤ ④ ③ ② ①
双三线制 RTD 和 Ω	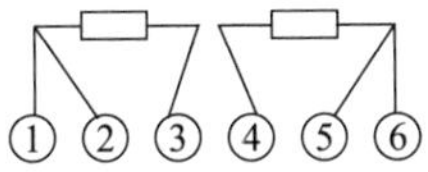 ① ② ③ ④ ⑤ ⑥	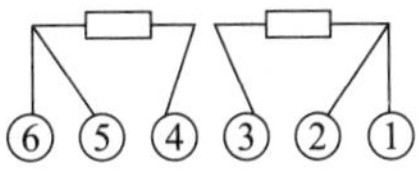 ⑥ ⑤ ④ ③ ② ①
双 TC 和 mV	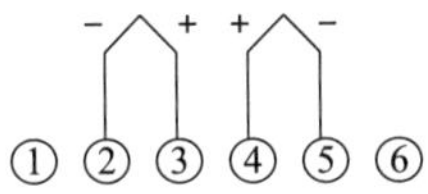 - + + - ① ② ③ ④ ⑤ ⑥	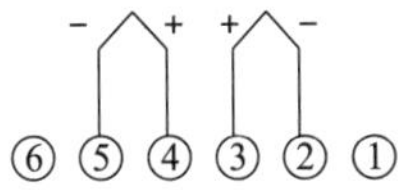 - + + - ⑥ ⑤ ④ ③ ② ①

表 3-30　部分双输入温度变送器端子接线图

传感器	罗斯蒙特 3144P 型	横河 YTA610、YTA710 型
双二线制 RTD	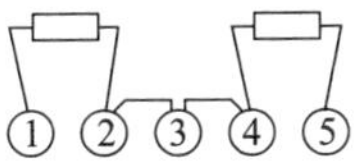 ① ② ③ ④ ⑤ 带有补偿回路	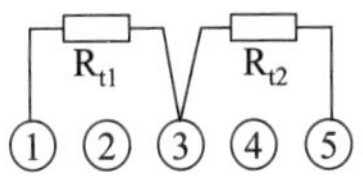 R_{t1} R_{t2} ① ② ③ ④ ⑤
双 TC	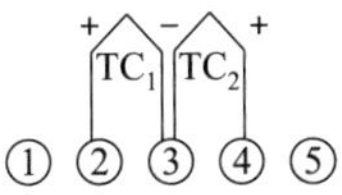 + - + TC_1 TC_2 ① ② ③ ④ ⑤	
双三线制 RTD	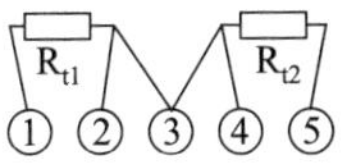 R_{t1} R_{t2} ① ② ③ ④ ⑤	
TC 和三线制 RTD	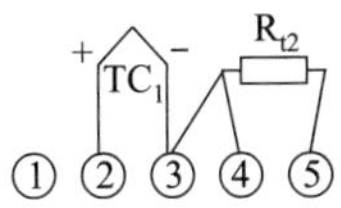 + TC_1 - R_{t2} ① ② ③ ④ ⑤	
三线制 RTD 和 TC	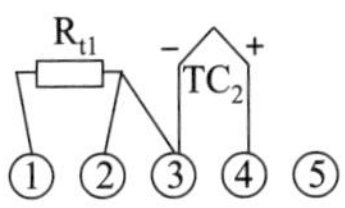 R_{t1} - TC_2 + ① ② ③ ④ ⑤	

表 3-31　3144P 温度变送器单输入端子接线图

二线制 RTD 和 Ω	三线制 RTD 和 Ω	四线制 RTD 和 Ω	TC 和 mV	带补偿回路 RTD
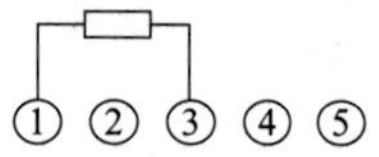 ① ② ③ ④ ⑤	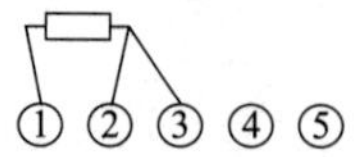 ① ② ③ ④ ⑤	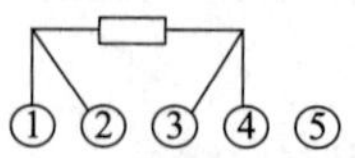 ① ② ③ ④ ⑤	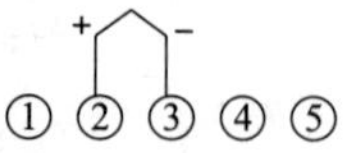 + − ① ② ③ ④ ⑤	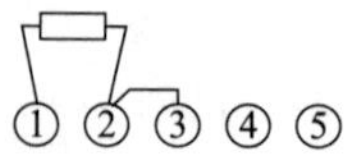 ① ② ③ ④ ⑤

注：为了识别带有补偿回路的 RTD，变送器必须按三线制 RTD 进行组态。

表 3-32　西门子 TH 系列温度变送器端子接线图

传感器	TH200、TH300 TH100 仅配 Pt100	TH320 TH420 为双输入	TR320 TR420 为双输入
二线制 RTD 和 Ω	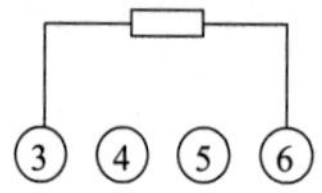 ③ ④ ⑤ ⑥	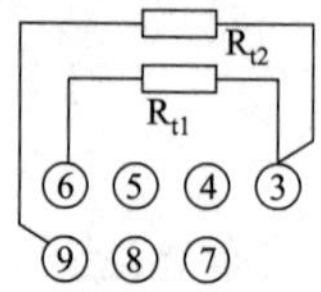 R_{t2} R_{t1} ⑥ ⑤ ④ ③ ⑨ ⑧ ⑦	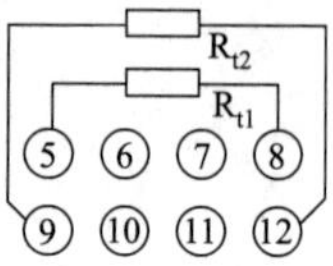 R_{t2} R_{t1} ⑤ ⑥ ⑦ ⑧ ⑨ ⑩ ⑪ ⑫
三线制 RTD 和 Ω	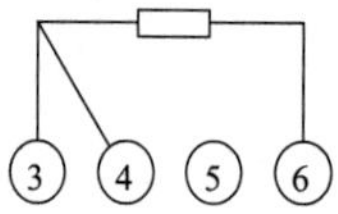 ③ ④ ⑤ ⑥	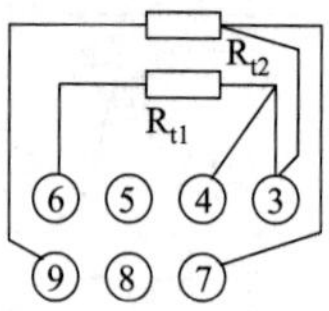 R_{t2} R_{t1} ⑥ ⑤ ④ ③ ⑨ ⑧ ⑦	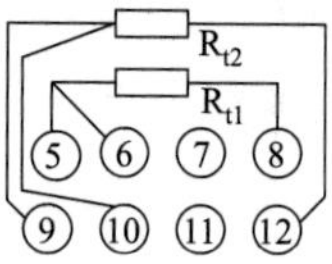 R_{t2} R_{t1} ⑤ ⑥ ⑦ ⑧ ⑨ ⑩ ⑪ ⑫
四线制 RTD 和 Ω	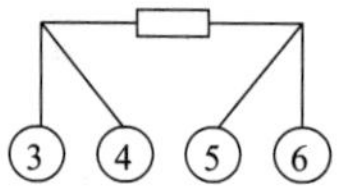 ③ ④ ⑤ ⑥	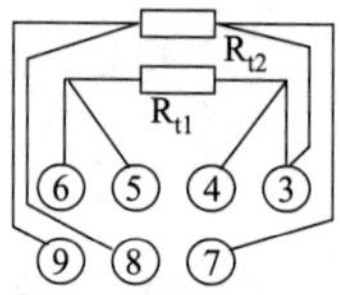 R_{t2} R_{t1} ⑥ ⑤ ④ ③ ⑨ ⑧ ⑦	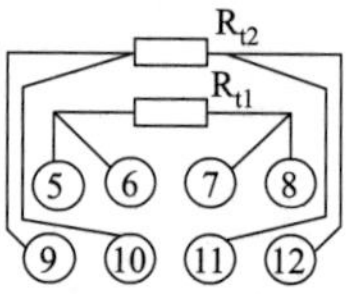 R_{t2} R_{t1} ⑤ ⑥ ⑦ ⑧ ⑨ ⑩ ⑪ ⑫
TC 内冷端补偿/固定值	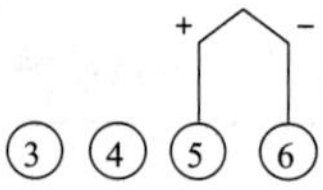 + − ③ ④ ⑤ ⑥	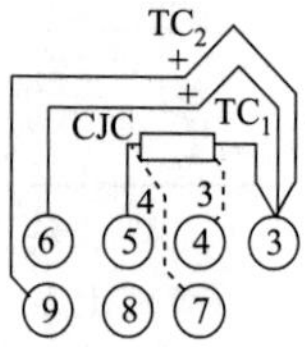 TC_2 + + TC_1 CJC 4 3 ⑥ ⑤ ④ ③ ⑨ ⑧ ⑦ 双TC内或外部二线制、三线制、四线制CJC补偿	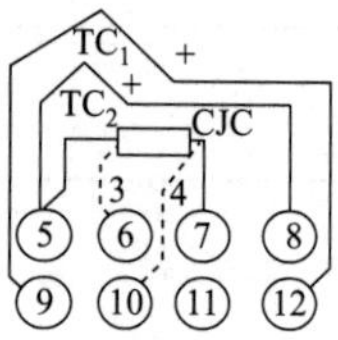 TC_1 + + TC_2 CJC 3 4 ⑤ ⑥ ⑦ ⑧ ⑨ ⑩ ⑪ ⑫ 双TC内或外部二线制、三线制、四线制CJC补偿
TC 冷端补偿带二线制外置 Pt100	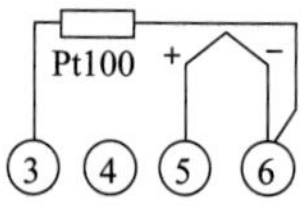 Pt100 + − ③ ④ ⑤ ⑥	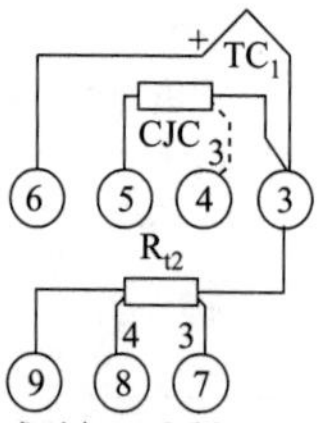 + TC_1 CJC 3 ⑥ ⑤ ④ ③ R_{t2} 4 3 ⑨ ⑧ ⑦ TC内或外部二线制、三线制CJC补偿 二线制、三线制、四线制RTD	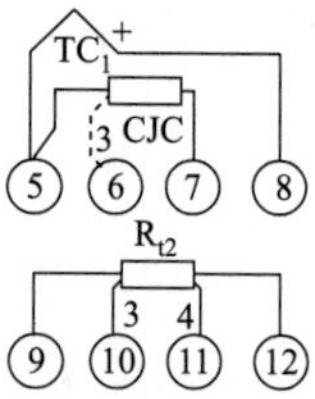 TC_1 + 3 CJC ⑤ ⑥ ⑦ ⑧ R_{t2} 3 4 ⑨ ⑩ ⑪ ⑫ TC内或外部二线制、三线制CJC补偿 二线制、三线制、四线制RTD
TC 冷端补偿带三线制外置 Pt100	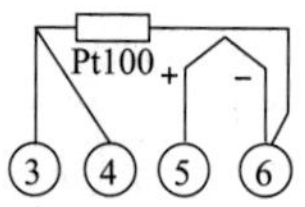 Pt100 + − ③ ④ ⑤ ⑥		
TC 带内冷端补偿，生成平均值/差值	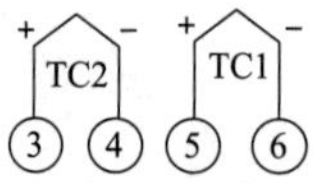 + − TC2 + − TC1 ③ ④ ⑤ ⑥	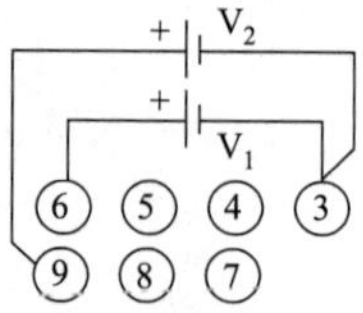 + V_2 + V_1 ⑥ ⑤ ④ ③ ⑨ ⑧ ⑦ 电压源毫伏输入	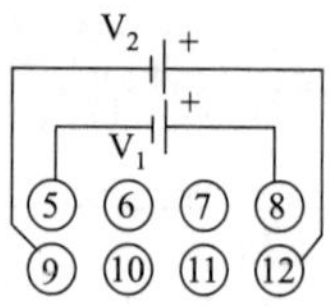 V_2 + + V_1 ⑤ ⑥ ⑦ ⑧ ⑨ ⑩ ⑪ ⑫ 电压输入
二线制 RTD 和 Ω 生成平均值/差值	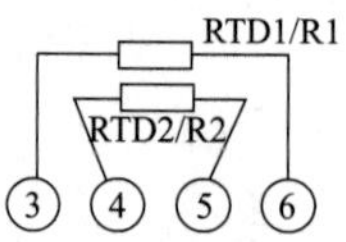 RTD1/R1 RTD2/R2 ③ ④ ⑤ ⑥		

3.5.3 温度变送器的维护及故障处理

温度变送器的维护及故障处理方法见表 3-33～表 3-36。

表 3-33　智能一体化温度变送器的输入选项和精度参数例

项目内容	644 型		248 型	
	配 Pt100RTD	配 K 型 TC	配 Pt100RTD	配 K 型 TC
输入范围/℃	−200～850	−180～1372	−200～850	−180～1372
传感器精度/℃	±0.15	±0.5	0.2	0.5
变送器 D/A 转换模块精度	±0.03%量程	±0.03%量程	±0.1%量程	±0.1%量程
环境温度对传感器精度的影响/℃	0.0030	0.0061	0.006	0.02
环境温度每变化 1℃对变送器 D/A 转换模块的影响	0.001%量程	0.001%量程	0.004%量程	0.004%量程

注：环境温度变化以变送器的校验温度为基准（工厂典型温度为 20℃）。

表 3-34　环境温度变化对 644 智能一体化温度变送器精度的影响 3 例

传感器类型	温度测量范围/℃	误差类型（可能的）	出厂标定温度 20℃	温度变送器所在环境温度/℃						
				−25	5	40	60	80	100	150
Pt100RTD	0～200	最大误差	±0.210	±0.015	±0.135	±0.310	±0.410	±0.510	±0.610	±0.860
		综合误差	±0.162	±0.229	±0.170	±0.175	±0.216	±0.270	±0.331	±0.496
Pt100RTD	0～350	最大误差	±0.255	±0.037	±0.157	±0.385	±0.515	±0.645	±0.775	±1.100
		综合误差	±0.180	±0.276	±0.196	±0.205	±0.260	±0.332	±0.412	±0.627
K 型 T/C	0～800	最大误差	±0.740	±0.106	±0.529	±1.022	±1.304	±1.586	±1.868	±2.573
		综合误差	±0.555	±0.716	±0.575	±0.590	±0.685	±0.820	±0.997	±1.420

表 3-35　644 温度变送器故障报警信息含义表

显示信息	含义	显示信息	含义	显示信息	含义
ALARM	报警	DRIFT	漂移	LOOP	回路
ALERT	警报	ERROR	错误	SNSR	传感器
CONFIG	组态	FAIL	故障	STA	饱和
DEVICE	设备	FIXED	固定	TERM	期限
DEGRA	老化	HOTBU	热备份	WARN	警告

表 3-36　温度变送器常见故障及处理方法

故障现象	故障原因	处理方法
无输出	温度变送器无电源	检查电源有无电压，检查电流输出回路是否断线，安全栅是否正常
	电源极性接反	检查并更正错误接线
	电缆与接线端子接触不良	检查电缆连接，必要时重新进行接线
	电子部件有故障	更换部件或变送器

续表

故障现象	故障原因	处理方法
输出≤4mA	温度变送器供电不正常	检查供电电压,电源电压要大于等于12V DC
	实际温度小于温度变送器量程	联系工艺,确定工艺指标是否有变,必要时重新设置变送器量程
	热电阻三线制接线错误或C线断路	用万用表测量C线与A、B线间的电压。若有电压,说明C线已断路;测不出电压,说明C线没有断路
输出≥20mA	热电阻三线制接线错误或A、B线断路	用万用表测量A线与B线间的电阻来确定故障
	实际温度超过温度变送器量程	联系工艺,确定工艺指标是否有变,必要时重新设置量程或更换测温元件
	热电偶(或热电阻)断线	确定是断线故障,更换断线测温元件
	变送器故障报警	输出电流一直为21.75mA,则为变送器的故障报警输出电流。要更换变送器
	热电阻接线松动	检查并紧固连接螺钉
	变送器量程选择有误,或量程组态有误	重新进行量程选择或组态
测量值错误或不准确	热电偶(或热电阻)本体或连接导线有接地现象	检查并找出接地点,对症进行处理
	热电偶类型设置错误	按热电偶分度号进行设置
	热电偶参比点设置错误	正确设置参比测量点
	未进行一体化调试	重新进行带传感器的变送器校准工作
	设置错误	检查设置进行更正
	测温元件安装有误	检查并进行更正
	测温元件或连接导线引入了电磁干扰	检查干扰来源,检查接地,检查屏蔽是否良好,对症进行处理
DCS或显示仪的显示温度偏高	DCS或温度显示仪与温度变送器量程或分度号不一致	重新进行量程或分度号的设置工作
	热电偶(或热电阻)本体或连接导线有接地现象	检查并找出接地点,对症进行处理
	热电阻的A线或B线接触电阻增大	检查接线端子,是否接触不良,或有氧化锈蚀层,对症进行处理
DCS或显示仪的显示温度偏低	热电阻的C线接触电阻增大	检查接线端子,是否接触不良,或有氧化锈蚀层,对症进行处理
	热电偶(或热电阻)本体或连接导线的绝缘电阻降低	用兆欧表检查和判断;受潮引起的绝缘电阻下降,可进行干燥处理
	热电偶(或热电阻)插入深度不够	检查并测量保护套管的长度来判断是否合乎要求,必要时进行更换
输出电流波动	热电偶(或热电阻)或连接导线接触不良	检查接线端子,是否接触不良,或有氧化锈蚀层,对症进行处理
	测温元件的保护套管进入水汽或有泄漏现象	抽出测温元件检查,确定是进水汽还是保护套管泄漏。进水汽则进行烘干处理,如果是保护套管泄漏则进行更换
无HART通信	通信电阻缺失或安装错误	正确安装250Ω的通信电阻

参考文献

[1] 王魁汉. 温度测量实用技术 [M]. 北京: 机械工业出版社, 2007: 47.

[2] 黄步余, 范宗海, 马睿. 石油化工自动控制设计手册 [M]. 4版. 北京: 化学工业出版社, 2020: 1557.

[3] 封书伟, 尹连文. 仪表设备施工技术手册 [M]. 北京: 中国建筑工业出版社, 2010: 22.

[4] 黄文鑫. 仪表工上岗必读 [M]. 北京: 化学工业出版社, 2014: 87.

[5] 张红梅. 仪表信号电缆敷设长度计算的探讨 [J]. 石油化工自动化, 2017, 53 (4): 6.

[6] 宋燕. 环境温度对智能型一体化温度变送器的影响分析 [J]. 石油化工自动化, 2014, 50 (2): 3.

[7] 甘英俊, 周宏平. 基于三线制的高精度热电阻测量电路设计 [J]. 电子设计工程, 2010, 18 (12): 4.

[8] JJF 1183—2007. 温度变送器校准规范.

[9] JJF 1637—2017. 廉金属热电偶校准规范.

[10] JJG 229—2010. 工业铂、铜热电阻检定规程.

第4章

流量测量仪表

4.1 流量测量常用单位换算表

流量测量常用单位换算见表4-1～表4-11。

表4-1 体积和容积单位换算

立方米 (m^3)	升或分米 (L或dm^3)	英加仑 (UK gal)	美加仑 (US gal)	立方英尺 (ft^3)	立方英寸 (in^3)
1	10^3	220	264.2	35.315	61024
10^{-3}	1	0.22	0.2642	0.0353	61.02
0.0045	4.546	1	1.201	0.1605	277.4
3.785×10^{-3}	3.785	0.8327	1	0.1337	231
0.0283	28.317	6.2288	7.4805	1	1728
1.64×10^{-5}	0.0164	3.605×10^{-3}	4.329×10^{-3}	5.787×10^{-4}	1

表4-2 重量和质量单位换算

吨(t)	千克(公斤)(kg)	克(g)	英吨(ton)	美吨(sh ton)	磅(lb)
1	10^3	10^6	0.9842	1.1023	2204.6
10^{-3}	1	10^3	9.842×10^{-4}	1.1023×10^{-3}	2.2046
10^{-6}	10^{-3}	1	9.842×10^{-7}	1.1023×10^{-6}	2.2046×10^{-3}
1.0161	1016.1	1.0161×10^6	1	1.12	2240
0.9072	907.2	9.072×10^5	0.8929	1	2000
0.4536×10^{-3}	0.4536	453.6	4.464×10^{-4}	5×10^{-4}	1

表 4-3 密度单位换算

克/厘米^3(g/cm^3)或吨/米^3(t/m^3)	千克/米^3(kg/m^3)或克/升(g/L)	磅/英寸^3(lb/in^3)	磅/英尺^3(lb/ft^3)	磅/英加仑(lb/UK gal)	磅/美加仑(lb/US gal)
1	10^3	3.613×10^{-2}	62.43	10.02	8.345
10^{-3}	1	3.613×10^{-5}	6.243×10^{-2}	1.002×10^{-2}	8.345×10^{-3}
27.68	2.768×10^4	1	1728	277.42	231
1.602×10^{-2}	16.02	5.787×10^{-4}	1	0.1605	0.1337
9.98×10^{-2}	99.8	3.605×10^{-3}	6.229	1	0.8327
0.1198	119.8	4.329×10^{-3}	7.48	1.201	1

表 4-4 长度单位换算

米(m)	厘米(cm)	英尺(ft)	英寸(in)	米(m)	厘米(cm)	英尺(ft)	英寸(in)
1	100	3.2808	39.37	0.3048	30.48	1	12
0.01	1	0.0328	0.3937	0.0254	2.54	0.0833	1

注：1 微米(μm)$=10^{-6}$米；1 丝=0.1 毫米；1 密耳(mil)$=10^{-3}$英寸；1 公里=2 市里；1 市里=150 市丈=1500 市尺；1 码=3 英尺=0.9144 米；1 米=3 市尺；1 英里=1609 米；1 浬(国际海里)(n mile)=1852 米。

表 4-5 面积单位换算

米^2(m^2)	厘米^2(cm^2)	英尺^2(ft^2)	英寸^2(in^2)	米^2(m^2)	厘米^2(cm^2)	英尺^2(ft^2)	英寸^2(in^2)
1	10^4	10.764	1550	0.0929	929	1	144
10^{-4}	1	1.0764×10^{-3}	0.155	6.4516×10^{-4}	6.4516	6.944×10^{-3}	1

注：1 公里^2(km^2)=100 公顷(ha)$=10^4$公亩(a)$=10^6$米^2；1 公顷(ha)=15 市亩；1 英亩(acre)=4047 米^2=43560 英尺^2。

表 4-6 功、能和热量单位换算

焦耳(J)	千克力·米(kgf·m)	米制马力·时(ps·h)	英制马力·时(hp·h)	千瓦·时(kW·h)	千卡(kcal)	英热单位(Btu)	英尺·磅(ft·lb)
1	0.102	3.777×10^{-7}	3.725×10^{-7}	2.778×10^{-7}	9.478×10^{-4}	9.478×10^{-4}	0.7376
9.807	1	3.704×10^{-7}	3.653×10^{-6}	2.724×10^{-6}	2.342×10^{-3}	9.295×10^{-3}	7.233
2.648×10^6	2.7×10^5	1	0.9863	0.7355	632.5	2510	1.953×10^6
2.685×10^6	2.738×10^5	1.014	1	0.7457	641.2	2544.4	1.98×10^6
3.6×10^6	3.671×10^6	1.36	1.341	1	859.8	3412	2.655×10^6
4187	426.9	1.581×10^{-3}	1.559×10^{-3}	1.163×10^{-3}	1	3.968	3.087×10^3
1055	107.6	3.985×10^{-4}	3.93×10^{-4}	2.93×10^{-4}	0.252	1	778.2
1.356	0.1383	5.121×10^{-7}	5.05×10^{-7}	3.768×10^{-7}	3.24×10^{-4}	1.285×10^{-3}	1

注：1 焦耳(J)=1 牛·米(N·m)=1 瓦·秒(W·s)$=10^7$尔格(erg)；1 尔格(erg)=1 达因·厘米(dyn·cm)$=10^{-7}$焦耳；1 英尺·磅达(ft·pdl)$=4.214\times10^{-2}$焦耳$=4.297\times10^{-3}$千克力·米；1 摄氏热单位(Chu)=1.8 英热单位(Btu)。

表 4-7 比热容（热容）单位换算

焦/(千克·开) [J/(kg·K)]	焦/ (克·摄氏度) [J/(g·℃)]	千卡/ (千克·摄氏度) [kcal/(kg·℃)]	英热单位/ (磅·华氏度) [Btu/(lb·℉)]	摄氏热单位/ (磅·摄氏度) [Chu/(lb·℃)]	(千克力·米)/ (千克·℃) [(kgf·m)/(kg·℃)]
1	10^{-3}	2.389×10^{-4}	2.389×10^{-4}	2.389×10^{-4}	1.02×10^{-4}
10^{3}	1	0.2389	0.2389	0.2389	1.02×10^{2}
4.187×10^{3}	4.187	1	1	1	4.269×10^{2}
9.807	9.807×10^{-3}	2.342×10^{-3}	2.342×10^{-3}	2.342×10^{-3}	1

表 4-8 体积流量单位换算

米³/时 (m^3/h)	米³/分 (m^3/min)	米³/秒 (m^3/s)	英尺³/时 (ft^3/h)	英尺³/秒 (ft^3/s)	英加仑/分(gpm) (UK gal/min)	美加仑/分(gpm) (US gal/min)
1	1.667×10^{-2}	2.788×10^{-4}	35.31	9.81×10^{-3}	3.667	4.403
60	1	1.667×10^{-2}	2.119×10^{3}	0.5886	2.1998×10^{2}	2.642×10^{2}
3.6×10^{3}	60	1	1.271×10^{5}	35.31	1.32×10^{4}	1.585×10^{4}
2.832×10^{-2}	4.72×10^{-4}	7.866×10^{-6}	1	2.778×10^{-4}	0.1038	0.1247
1.019×10^{2}	1.699	2.832×10^{-2}	3.6×10^{3}	1	3.737×10^{2}	4.488×10^{2}
0.2728	4.546×10^{-3}	7.577×10^{-5}	9.632	2.676×10^{-3}	1	1.201
0.2271	3.785×10^{-3}	6.309×10^{-5}	8.021	2.228×10^{-3}	0.8327	1

表 4-9 质量和重量流量单位换算

千克/秒 (kg/s)	千克/时 (kg/h)	磅/秒 (lb/s)	磅/时 (lb/h)	吨/日 (t/d)	吨/年(8000h) (t/a)
1	3.6×10^{3}	2.205	7.937×10^{3}	86.4	2.88×10^{4}
2.778×10^{-4}	1	6.124×10^{-4}	2.205	2.4×10^{-2}	8
0.4536	1.633×10^{3}	1	3.6×10^{3}	39.19	1.306×10^{4}
1.26×10^{-4}	0.4536	2.778×10^{-4}	1	1.089×10^{-2}	3.629
1.157×10^{-2}	41.67	0.02552	91.86	1	3.333×10^{2}
3.472×10^{-5}	0.125	7.656×10^{-5}	0.2756	3×10^{-3}	1

表 4-10 动力黏度单位换算

千克力·秒/米² ($kgf\cdot s/m^2$)	牛·秒/米²或帕·秒 ($N\cdot s/m^2$或 $Pa\cdot s$)	泊或克/厘米·秒 (P 或 g/cm·s)	厘泊 (cP)	磅·秒/英尺² ($lb\cdot s/ft^2$)
1	9.81	98.1	9.81×10^{3}	0.205
0.102	1	10	10^{3}	20.9×10^{-3}
1.02×10^{-2}	0.1	1	10^{2}	20.9×10^{-4}
1.02×10^{-4}	10^{-3}	10^{-2}	1	2.09×10^{-5}
4.88	47.88	478.8	4.788×10^{4}	1

注：1 达因·秒/厘米²($dyn\cdot s/cm^2$)＝1 泊；1 牛·秒/米²($N\cdot s/m^2$)＝1 千克/(米·秒)[kg/(m·s)]＝3600 千克/(米·时)；厘泊＝厘斯×密度。

表 4-11　运动黏度单位换算

厘米²/秒或斯 (cm^2/s 或 St)	米²/秒 (m^2/s)	米²/时 (m^2/h)	英尺²/秒 (ft^2/s)	英尺²/时 (ft^2/h)
1	10^{-4}	0.36	1.076×10^{-3}	3.875
10^4	1	3.6×10^3	10.76	3.875×10^4
2.778	2.778×10^{-4}	1	2.99×10^{-3}	10.76
929	9.29×10^{-2}	3.346×10^2	1	3.6×10^3
0.258	2.58×10^{-5}	9.29×10^{-2}	2.78×10^{-4}	1

注：斯是斯托克斯（stokes）习惯称呼；1 厘斯(cSt)$=10^{-2}$斯。

计算实例 4-1

动力黏度和运动黏度的换算。

已知：某流体的密度 $\rho=996\text{kg/m}^3$，其动力黏度 $\mu=790\times10^{-6}\text{Pa·s}$，则它的运动黏度为多少？

解：因为动力黏度 μ 和运动黏度 ν 的关系是 $\mu=\rho\nu$，

已知 $\mu=790\times10^{-6}\text{Pa·s}=790\times10^{-6}\text{kg/m·s}$，$\rho=996\text{kg/m}^3$，

所以运动黏度 $\nu=\mu/\rho=790\times10^{-6}/996=0.793\times10^{-6}(\text{m}^2/\text{s})=0.793(\text{cSt})$。

4.2　流量测量常用物性参数计算公式

4.2.1　流体密度计算式

流体密度计算公式见表 4-12～表 4-18。

表 4-12　液体密度计算式

项目	密度计算式	备注
当压力不变，温度变化时，液体的密度计算	$\rho_t=\rho_{20}[1-\alpha(t-20)]$	ρ_t—温度 t℃时液体的密度，kg/m^3 ρ_{20}—温度 20℃时液体的密度，kg/m^3 α—液体的温度膨胀系数，1/℃
当温度不变，压力变化时，液体的密度计算	$\rho_p=\rho_0[1-k(p_0-p)]$	ρ_p—压力为 p 时液体的密度，kg/m^3 ρ_0—压力为 p_0 时液体的密度，kg/m^3 k—液体的体积压缩系数，1/MPa
表压 P(MPa)下水的密度	$\rho_{p,t}=\rho_{0,t}[1+10^{-6}p(485.11-1.8292t+0.0192781t^2)]$	p—工作压力，MPa t—工作温度，℃ $\rho_{0,t}$—纯水在绝对压力为 101325Pa，t℃下的密度，kg/m^3
水密度计算简式	$\rho=1005.1-0.13437t-0.0027097t^2$	ρ—密度，kg/m^3 t—温度，℃

表 4-13　气体密度计算式

项目	密度计算式	备注
干气体密度计算	$\rho=\rho_n\frac{pT_nZ_n}{p_nTZ}$ 如按理想气体计算密度，则为： $\rho=\rho_n\frac{pT_n}{p_nT}$	ρ、ρ_n—工作状态和标准状态下干气体的密度，kg/m^3 p、p_n—工作状态和标准状态下（101.325kPa）的绝对压力，kPa T、T_n—工作状态和标准状态下（293.15K）的热力学温度，K Z、Z_n—工作状态和标准状态下气体压缩系数
湿气体密度计算（气体湿度计算）	$\rho=\rho_g+\rho_s$ $\rho_g=\rho_n\frac{p-\varphi p_{s\max}}{p_n}\cdot\frac{T_nZ_n}{TZ}$ $\rho_s=\varphi\rho_{s\max}$	ρ—湿气体密度，kg/m^3 ρ_g—湿气体干部分密度，kg/m^3 ρ_s—湿气体水蒸气密度，kg/m^3 ρ_n—标准状态下（20℃，101.325kPa）气体密度，kg/m^3 p，T，Z—工作状态下压力（Pa）、温度（K）、气体压缩系数 p_n，T_n，Z_n—标准状态下压力（Pa）、温度（K）、气体压缩系数 $p_{s\max}$—温度为 T 时，湿气体中水蒸气最大可能的压力，Pa $\rho_{s\max}$—压力为 p，温度为 T 时水蒸气最大可能的密度，kg/m^3 φ—相对湿度
干空气密度计算	$\rho=3485\frac{p}{273.15+t}$	ρ—密度，kg/m^3 t—温度，℃ p—绝对压力，MPa
湿空气密度计算	$\rho=3.48353\times10^{-3}\frac{p}{ZT}(1-0.3780x_v)$	ρ—湿空气密度，kg/m^3 p—压力，Pa Z—空气压缩系数 T—温度，K x_v—湿空气中水蒸气的摩尔分数
天然气密度计算	$\rho=\frac{M_aZ_nG_rp}{RZ_aZT}$	ρ—工作状态下天然气密度，kg/m^3 M_a—干空气的分子量 Z_n，Z_a—标准状态下天然气、干空气的压缩系数 G_r—标准状态下天然气的实际相对密度 R—通用气体常数，$R=8.3143J/(mol\cdot K)$ p—工作压力，Pa T—工作温度，K Z—工作状态下气体压缩系数

表 4-14　密度和温度、压力的关系

项目	计算式	备注
密度与温度的关系	$\rho_t=\rho_r[1+\alpha_V(t_r-t)]$	α_V—体积膨胀系数，℃$^{-1}$ t—工作温度，℃ t_r—参考温度，℃，一般为 0℃或 20℃ ρ_t—工作温度时的密度，kg/m^3 ρ_r—参考温度时的密度，kg/m^3
密度与压力的关系	$\rho_p=\rho_r[1+k(p-p_r)]$	ρ_p、ρ_r—压力分别为 p、p_r 时的密度，kg/m^3 k—割压缩系数又称割压缩率（永为正值）
气体密度的温度压力补偿	$k=\dfrac{p_v T_s Z_s}{P_s T_v Z_v}$ 差压式流量计，需要对本式的计算值进行开方	k—补偿系数 p—流体绝对压力，MPa T—热力学温度，K Z—压缩系数 式中，下标 v 表示工作状态下的参数，下标 s 表示设计状态下的参数

表 4-15　干饱和蒸汽密度计算式

绝对压力范围 /MPa	密度计算式 /(kg/m^3)	绝对压力范围 /MPa	密度计算式 /(kg/m^3)
0.10～0.32	$\rho_1=5.2353p+0.0816$	1.00～2.00	$\rho_4=4.9008p+0.2465$
0.32～0.70	$\rho_2=5.0221p+0.1517$	2.00～2.60	$\rho_5=4.9262p+0.1992$
0.70～1.00	$\rho_3=4.9283p+0.2173$		

注：表中 $\rho=Ap+B$。ρ—饱和蒸汽密度，kg/m^3；p—蒸汽绝对压力，MPa；A，B—系数和常数。

表 4-16　湿蒸汽密度计算式

密度 ρ 计算式/(kg/m^3)	备注
$\rho_{TP}=\dfrac{\rho_g}{x^{1.53}+(1-x^{1.53})\rho_g/\rho_1}$	ρ_{TP}—湿蒸汽密度，kg/m^3 ρ_g—蒸汽密度，kg/m^3 ρ_1—水密度，kg/m^3 x—蒸汽干度

表 4-17　饱和蒸汽密度计算经验公式

绝对压力范围 /MPa	密度计算式 /(kg/m^3)	绝对压力范围 /MPa	密度计算式 /(kg/m^3)
$0.1\leqslant p<0.3$	$\rho=5.2233p+0.0855$	$0.8\leqslant p<1.5$	$\rho=4.9038p+0.2419$
$0.3\leqslant p<0.5$	$\rho=5.0931p+0.1251$	$1.5\leqslant p<2.5$	$\rho=4.9172p+0.2152$
$0.5\leqslant p<0.8$	$\rho=4.9801p+0.1806$	$2.4\leqslant p<4.0$	$\rho=5.0218p+0.0229$

表 4-18　过热蒸汽密度计算式

适用范围	密度计算式	备注
$p=1\sim14.7\text{MPa},t=400\sim500℃$	$\rho=\dfrac{18.56p}{0.01t-0.05608p+1.66}$	ρ—蒸汽密度，kg/m^3 p—压力，MPa t—温度，℃
$p=0.6\sim2\text{MPa},t=250\sim400℃$	$\rho=\dfrac{19.44p}{0.01t-0.151p+2.1627}$	
$p=0.6\sim1.5\text{MPa},t=160\sim250℃$	$\rho=\dfrac{18.88p}{0.01t-0.22045p+2.10977}$	
莫里尔状态方程		
$\nu=0.004795\dfrac{T}{p}-\dfrac{1.45}{\left(\dfrac{T}{100}\right)^{3.1}}-5578\dfrac{p^2}{\left(\dfrac{T}{100}\right)^{13.5}}$		ν—比容，m^3/kg T—温度，K p—压力，0.1MPa(即 1bar)

4.2.2　流体黏度计算式

流体黏度计算式见表 4-19～表 4-21。

表 4-19　水的黏度计算式

项目	计算式	备注
水的动力黏度计算	$\mu=100(10^A)/\mu_{20}$ $A=[1.3272(20-t)-0.001053t^2]/(t-105)$ （公式适用范围：$20℃\leqslant t\leqslant100℃$）	μ—动力黏度，mPa·s μ_{20}—20℃时水的动力黏度，mPa·s t—温度，℃
水的运动黏度计算	$\nu=\dfrac{1.780\times10^{-6}}{1+0.0337t+0.00022t^2}$ （公式适用范围：$p=101.325\text{kPa},t=5\sim50℃$）	ν—运动黏度，m^2/s t—温度，℃
动力黏度与运动黏度的关系	$\mu=\rho\nu$ 或 $\nu=\dfrac{\mu}{\rho}$	μ—动力黏度，mPa·s ν—运动黏度，m^2/s ρ—流体密度，kg/m^3

表 4-20　液体（除水之外）黏度计算式

项目	计算式	备注
液体混合物黏度 μ_m 的计算	$\mu_m=\exp[\sum y_i\ln(\mu_i)]$	μ_i—在混合物温度下各组分的黏度，mPa·s y_i—各组分摩尔分数
液体黏度温度修正计算	$\mu=A_L\exp(B_L/1.8T)$ $B_L=\dfrac{1.8T_1T_2\ln(\mu_1/\mu_2)}{T_2-T_1}$ $A_L=\dfrac{\mu_1}{\exp(B_L/1.8T_1)}$	μ—动力黏度 T—热力学温度，K 用两个已知的黏度值求出 A_L、B_L，然后代入计算式，计算式可用于计算温度对黏度的影响
液体黏度压力修正计算	$F_1=\dfrac{\mu_p}{\mu_1}=10^{(p/1000)(0.0239+0.01638\mu_1\times0.278)}$	F_1—液体黏度压力修正系数 μ_1—一个大气压下的液体黏度 μ_p—压力 p 下的液体黏度 p—压力，psi(1psi=6894.76Pa)

表 4-21　气体黏度计算式

项目	计算式	备注
气体黏度与温度的关系(指数方程)	$\mu=\alpha T^n$ $\alpha=\dfrac{\mu_1}{T_1^n}\quad n=\dfrac{\ln(\mu_1/\mu_2)}{\ln(T_2/T_1)}$	μ—气体动力黏度,mPa·s T—热力学温度,K 由两个已知的气体黏度值确定系数 n 和 α
气体黏度与压力的关系	$\mu_p=F\mu_1$	μ_p—压力 p 下的气体黏度 μ_1——个大气压下的气体黏度 F—气体黏度的压力修正系数(查相关图表可得)
气体混合物黏度计算	$\mu_m=\dfrac{x_1\mu_1M_1^{0.5}+x_2\mu_2M_2^{0.5}+\cdots+x_n\mu_nM_n^{0.5}}{x_1M_1^{0.5}+x_2M_2^{0.5}+\cdots+x_nM_n^{0.5}}$	μ_m—气体混合物动力黏度,mPa·s $x_1,x_2,\cdots,x_n$—各组分的体积分数,% $M_1,M_2,\cdots,M_n$—各组分的分子量 $\mu_1,\mu_2,\cdots,\mu_n$—各组分的动力黏度,mPa·s

4.2.3　气体等熵指数计算式

气体等熵指数计算式见表 4-22。

表 4-22　气体等熵指数计算式

项目	计算式	备注
完全气体等熵指数 k_p	$k_p=\left(\dfrac{C_p}{C_V}\right)_p=\dfrac{(C_p)_p}{(C_p)_p-1.986}$	C_p—气体的定压比热容,kJ/(kg·℃) C_V—气体的定容比热容,kJ/(kg·℃) $(C_p)_p$—压力 101.325kPa，温度 15℃下的气体比热容 $(C_p)_i$—理想气体的比热容,为温度的函数 F_k—修正系数,$F_k=\dfrac{1}{1-[(\partial Z/Z)(\partial p/p)]_T}$ Z—气体压缩系数
理想气体等熵指数 k_i	$k_i=\dfrac{(C_p)_i}{(C_p)_i-1.986}$	
实际气体等熵指数 k	$k=F_k\dfrac{C_p}{C_V}$	

4.3　管道及管道流的相关计算

4.3.1　部分流体、节流件及管道常用材料的线胀系数

部分流体的体胀系数见表 4-23。节流件及管道常用材料的热胀系数见表 4-24。

表 4-23　部分流体的体胀系数

流体	纯水	煤油	乙醇	汽油	氢气	氧气	氨气	空气	二氧化碳	其他气体
$\alpha_v/\times10^{-3}$	0.208	0.90	1.10	1.24	3.66	3.67	3.80	3.676	3.741	3.663
流体	乙二醇	苯胺	甲苯	乙酸	正辛烷	甲醇	苯	四氯化碳	丙酮	乙醚
$\alpha_v/\times10^{-3}$	0.57	0.85	1.08	1.10	1.14	1.18	1.25	1.22	1.43	1.6

表 4-24 节流件及管道常用材料的热胀系数 单位：$\times 10^{6}$ mm/(mm·℃)

材料	温度范围 t/℃				
	－100～0	20～100	20～200	20～300	20～400
15 钢、Q235 钢	10.6	11.75	12.41	13.45	13.60
Q235F、B3 钢		11.5			
10 钢		11.60	12.60		13.00
20 钢		11.16	12.12	12.78	13.38
45 钢	10.6	11.59	12.32	13.09	13.71
1Cr13、2Cr13		10.50	11.00	11.50	12.00
Cr17	10.05	10.00	10.00	10.50	10.50
12Cr1MoV		9.80～10.63	11.30～12.35	12.30～13.35	13.00～13.60
10CrMo91O		12.50	13.60	13.60	14.00
Cr6SiMo		11.50	12.00		12.50
$X20CrMoWV_{121}$		10.80	11.20	11.60	11.90
$X20CrMoV_{121}$		10.80	11.20	11.60	11.90
1Cr18Ni9Ti	16.2	16.60	17.00	17.20	17.50
普通碳钢		10.60～12.20	11.30～13.00	12.10～13.50	12.90～13.90
工业用铜		16.60～17.10	17.10～17.20	17.60	18.00～18.10
红铜		17.20	17.50	17.90	
黄铜	16.0	17.80	18.80	20.90	
12Cr3MoVSiTiB		10.31	11.36	11.92	12.42
12CrMo		11.20	12.50	12.70	12.90

材料	温度范围 t/℃					
	20～500	20～600	20～700	20～800	20～900	20～1000
15 钢、Q235 钢	13.85	13.90				
Q235F、B3 钢						
10 钢		14.60				
20 钢	13.93	14.38	14.81	12.93	12.48	13.16
45 钢	14.18	14.67	15.08	12.50	13.56	14.40
1Cr13、2Cr13	12.00					
Cr17	11.00					
12Cr1MoV	12.84～14.15	13.80～14.60	14.20～14.86			
10CrMo91O	14.40	14.70				
Cr6SiMo		13.00		13.50		
$X20CrMoWV_{121}$	12.10	12.30				
$X20CrMoV_{121}$	12.10	12.30				
1Cr18Ni9Ti	17.90	18.20	18.60			
普通碳钢		11.50～14.30	14.70～15.00			
工业用铜		18.60				
红铜						
黄铜						
12Cr3MoVSiTiB	13.14	13.31	13.54			
12CrMo	13.20	13.50	13.80			

4.3.2　管道流体力学知识

流动基本方程见表 4-25。

表 4-25　流动基本方程

名称	定义	计算公式	备注
连续性方程	连续性方程是质量守恒定律应用于运动流体的一种数学表达式。对于可压缩流体非定常流动，其流体流动在任意两个断面 1 和 2 处的流量是相等的	$\rho_1 v_1 A_1=\rho_2 v_2 A_2=q_m$ 对于可压缩流体定常流动，其计算式为： $\rho_1 v_1 A_1=\rho_2 v_2 A_2=q_m=$常数 对于不可压缩流体定常流动，其计算式为： $v_1 A_1=v_2 A_2=q_V=$常数	ρ_1、ρ_2—断面 1、2 上的平均密度，kg/m^3 v_1、v_2—断面 1、2 上的平均流速，m/s A_1、A_2—分别为断面 1、2 的断面面积，m^2 q_m—质量流量，kg/s q_V—体积流量，m^3/s
伯努利方程	伯努利方程是理想流体做定常流动的动力学方程。利用功能关系来分析理想流体在重力场中做定常流动时压力和流速的关系	$p+\frac{1}{2}\rho v^2=$常数 此式表明： 流速大处压力小，流速小处压力大	p—静压，Pa ρ—流体密度，kg/m^3 v—流体平均流速，m/s

4.3.3　雷诺数、流速的相关表格及计算式

雷诺数、流速的相关表格及计算见表 4-26～表 4-29。

表 4-26　雷诺数计算式

计算式		备注
计算式一	$Re_D=\frac{4q_m}{\pi\mu D}$ $Re_D=\frac{4q_V\rho}{\pi\mu D}$	Re_D—管道雷诺数 q_m—质量流量，kg/s q_V—体积流量，m^3/s D—管道内径，m ρ—流体密度，kg/m^3 μ—流体动力黏度，Pa·s
计算式二	$Re_D=354\frac{q_m}{D\mu}$ $Re_D=354\frac{q_V\rho}{D\mu}$	Re_D—管道雷诺数 q_m—质量流量，kg/h q_V—体积流量，m^3/h D—管道内径，mm μ—流体动力黏度，mPa·s
计算式三	$Re_D=354\times10^{-3}\frac{q_m}{D\nu\rho}$ $Re_D=354\times10^{-3}\frac{q_V\rho}{D\nu}$	Re_D—管道雷诺数 q_m—质量流量，kg/h q_V—体积流量，m^3/h D—管道内径，mm ν—流体运动黏度，m^2/s

表 4-27 管道内流速常用值

流体种类	应用场合	管道种类	平均流速/(m/s)
水	一般给水	主压力管道	2～3
		低压管道	0.5～1
	泵进口		0.5～2.0
	泵出口		1.0～3.0
	工业用水	离心泵压力管	3～4
		离心泵压力管[DN(公称直径)<250]	1～2
		离心泵压力管(DN>250)	1.5～2.5
		往复泵压力管	1.5～2
		往复泵吸水管	<1
		给水总管	1.5～3
		排水管	0.5～1.0
	冷却	冷水管	1.5～2.5
		热水管	1～1.5
	凝结	凝结水泵吸水管	0.5～1
		凝结水泵出水管	1～2
		自流凝结水管	0.1～0.3
一般液体	低黏度		1.5～3.0
饱和蒸汽	锅炉、汽轮机	DN<100	15～30
		100≤DN≤200	25～35
		DN>200	30～40

流体种类	应用场合	管道种类	平均流速/(m/s)
高黏度液体	黏度50mPa·s	DN25	0.5～0.9
		DN50	0.7～1.0
		DN100	1.0～1.6
	黏度100mPa·s	DN25	0.3～0.6
		DN50	0.5～0.7
		DN100	0.7～1.0
		DN200	1.2～1.6
	黏度1000mPa·s	DN25	0.1～0.2
		DN50	0.16～0.25
		DN100	0.25～0.35
		DN200	0.35～0.55
压缩空气	压气机	压气机进气管	≈10
		压气机输气管	≈20
	一般情况	DN≤50	≤8
		DN≥70	≤15
气体	低压		10～20
	高压2～30MPa		8～15
	排气	烟道	2～7
过热蒸汽	锅炉、汽轮机	DN<100	20～40
		100≤DN≤200	30～50
		DN>200	40～60

表 4-28 不同公称通径下的流速与流量对照表

公称通径/mm	流速/(m/s)									
	0.01	0.10	0.30	0.50	1.00	2.00	3.00	4.00	5.00	10.00
	流量/(m^3/h)									
10	0.003	0.028	0.085	0.141	0.283	0.565	0.848	1.131	1.414	2.827
15	0.006	0.064	0.191	0.318	0.636	1.272	1.908	2.545	3.181	6.362
20	0.011	0.113	0.340	0.565	1.131	2.262	3.393	4.524	5.655	11.31
25	0.018	0.177	0.530	0.883	1.767	3.534	5.301	7.069	8.836	17.67
30	0.029	0.289	0.868	1.447	2.895	5.790	8.686	11.58	14.48	28.95
40	0.045	0.452	1.357	2.262	4.524	9.047	13.57	18.09	22.62	45.24
50	0.070	0.707	2.120	3.534	7.068	14.14	21.20	28.27	35.34	70.68
65	0.119	1.194	3.584	5.973	11.94	23.89	35.83	47.73	59.73	119.4

续表

公称通径/mm	流速/(m/s)									
	0.01	0.10	0.30	0.50	1.00	2.00	3.00	4.00	5.00	10.00
	流量/(m^3/h)									
80	0.181	1.809	5.429	9.048	18.09	36.19	54.28	72.38	90.48	190.9
100	0.283	2.827	8.480	14.14	28.27	56.55	84.80	113.1	141.4	282.7
125	0.442	4.418	13.25	22.09	44.18	88.36	132.5	176.7	220.9	441.8
150	0.636	6.362	19.08	31.81	63.62	127.2	190.8	254.4	318.1	636.2
200	1.131	11.31	33.93	56.55	113.1	226.2	339.3	452.4	565.5	1131
250	1.767	17.67	53.01	88.36	176.7	353.4	530.1	706.6	883.6	1767
300	2.545	25.45	76.34	127.2	254.5	508.9	763.4	1017	1272	2545

表 4-29 流量和流速关系的计算式

项目	计算式	备注
流量与管道截面积的关系	$q_V=Sv$	q_V—体积流量,m^3/s D—管道内径,m v—平均流速,m/s S—管道截面积,m^2 $S=\frac{\pi}{4}D^2$
流速与流量及管道截面积的关系	$v=q_V/\left(\frac{\pi}{4}D^2\right)$ $v=\frac{q_V}{S}$	

计算实例 4-2

计算饱和蒸汽在管道内的平均流速。

已知：饱和蒸汽的质量流量 $q_m=15000$kg/h，选用的管道内径 $D=150$mm。若蒸汽的密度 $\rho=6.974$kg/m^3，则蒸汽在管道内的平均流速 v 为多少？

解：质量流量 q_m 和体积流量 q_V 的关系为 $q_V=\frac{q_m}{\rho}$

所以 $$q_V=\frac{15000}{6.974}=2151(m^3/h)=0.5975(m^3/s)$$

管道截面积 $$S=\frac{\pi}{4}D^2=0.785\times0.15^2=0.0177(m^2)$$

因为 $$q_V=Sv$$

所以 蒸汽的平均流速 v 为 $$v=\frac{q_V}{S}=\frac{0.5975}{0.0177}=33.76(m/s)$$

4.4 流量仪表的特性及测量值的换算

流量仪表静态特性部分参数见表 4-30，流量测量值的换算见表 4-31。

表 4-30　流量仪表静态特性部分参数

名称	定义	公式	备注
仪表系数	仪表系数是指单位体积流体流过流量计时，流量计发出的信号脉冲数，或者脉冲频率。仪表系数的倒数，称为流量计系数	$K=\frac{N}{V}=\frac{f}{q_V}$	K—仪表系数，$1/m^3$ 或 1/L N—脉冲数，P(次) V—流体体积，m^3 f—脉冲频率，Hz q_V—体积流量，m^3/s
流出系数	实际流量与理论流量的比值	$C=\frac{q_m}{q_{mt}}$	C—流出系数 q_m—实际质量流量，kg/s q_{mt}—理论质量流量，kg/s
流量系数	流量系数是指流出系数与渐进速度系数的乘积。许多流量仪表的流量公式中用来表示流量与输出信号之间的一些不可知因素而引入的修正系数	$\alpha=CE$ $E=\frac{1}{\sqrt{1-\beta^4}}$	α—流量系数 E—渐进速度系数 β—节流件直径比，$\beta=d/D$ d—节流件孔径，m D—管道内径，m
流量范围、量程及量程比	流量范围：是由最小流量和最大流量所限定的范围，在该范围内，仪表在正常的使用条件下其示值误差不应超过最大允许误差 量程：最大流量与最小流量的代数差称为流量计的量程 量程比(范围度)：最大流量与最小流量的比值，一般表示成 $n:1$ 的形式		

表 4-31　流量测量值的换算

① 工作状态与标准状态体积流量换算公式	备注
$q_V=q_{Vn}\frac{p_n}{p}\times\frac{T}{T_n}\times\frac{Z}{Z_n}$ $q_{Vn}=q_V\frac{\rho}{\rho_n}$	q_V—流体工作状态下的体积流量，m^3/h q_{Vn}—流体标准状态下的体积流量，m^3/h(标准状态：101.325kPa，293.15K) p_n—标准状态压力，101.325kPa p—流体工作状态下绝对压力，kPa T_n—标准状态热力学温度，293.15K T—流体工作状态下的热力学温度，K Z_n—流体标准状态下的压缩系数 Z—流体工作状态下的压缩系数 q_m—流体的质量流量，kg/h ρ—流体工作状态下的密度，kg/m^3 ρ_n—流体标准状态下的密度，kg/m^3
② 体积流量与质量流量换算公式	
$q_V=\frac{q_m}{\rho}$ 或 $q_m=q_V\rho$ $q_{Vn}=\frac{q_m}{\rho_n}$	

计算实例 4-3

标准状态体积流量换算成工作状态体积流量。

已知：某流量计的最大流量为 $1500m^3/h$（标准状态），气体压力为 0.5MPa（500kPa），温度为 35℃，当地大气压为 810.8mbar（约等于 81kPa），把标准状态体积流量换算成工作状态体积流量。

解：根据表 4-31 中①换算公式，则：

$$q_V=q_{Vn}\frac{p_n}{p}\times\frac{T}{T_n}\times\frac{Z}{Z_n}=1500\times\frac{101.325}{81+500}\times\frac{273.15+35}{293.15}\times\frac{1}{1}=274.98(m^3/h)$$

计算实例 4-4

工作状态体积流量换算成标准状态体积流量。

已知：在工作压力 $p=24.5\text{MPa}$（绝对压力）和工作温度 $T=60℃$（333.15K）工况下，氮气体积流量 $q_V=4\text{m}^3/\text{h}$，求标准状态下的体积流量 q_{Vn}。标准状态下氮气的密度为 $1.2506\text{kg}/\text{m}^3$（0℃）或 $1.1646\text{kg}/\text{m}^3$（20℃）；压缩系数 $Z=1.15$；大气压 $p_n=0.10133\text{MPa}$。试把工作状态体积流量换算成标准状态体积流量。

解： 0℃或20℃工作状态下的氮气密度，可按本书表4-13中的干气体密度计算公式求解：

$$\rho=\rho_n \frac{pT_n}{p_nTZ}$$

则0℃时的密度为：$\rho=1.2506\times\dfrac{24.5\times273.15}{0.10133\times333.15\times1.15}=215.58(\text{kg}/\text{m}^3)$

20℃时的密度为：$\rho=1.1646\times\dfrac{24.5\times293.15}{0.10133\times333.15\times1.15}=215.46(\text{kg}/\text{m}^3)$

把工作状态下氮气的体积流量换算为标准状态下的体积流量，根据表4-31中①换算公式

$$q_{Vn}=q_V\frac{\rho}{\rho_n}$$

所以，用0℃定义标准状态时

$$q_{Vn}=4\times\frac{215.58}{1.2506}=689.52(\text{m}^3/\text{h})$$

用20℃定义标准状态时

$$q_{Vn}=4\times\frac{215.46}{1.1646}=740.03(\text{m}^3/\text{h})$$

计算实例 4-5

质量流量换算为体积流量。

已知：某饱和蒸汽流量计的最大流量为4000kg/h，饱和蒸汽压力为0.4MPa。查表知，工作状态下饱和蒸汽的密度值为 $2.6689\text{kg}/\text{m}^3$，试求工作状态下的最大体积流量 q_V。

解： 根据表4-31中②体积流量与质量流量换算公式，则：

$$q_V=\frac{q_m}{\rho}=\frac{4000}{2.6689}=1498.7(\text{m}^3/\text{h})$$

4.5 差压式流量计

4.5.1 差压式流量计部分参数

差压式流量计部分参数见表4-32。

表 4-32　差压式流量计部分参数

类型	标准孔板	标准喷嘴	经典文丘里管	A+K 平衡流量计
适用管径/mm	50～1000	50～500	50～1200	15～3000
节流件孔径 d/mm	≥12.5			
直径比 $\beta=d/D$	0.1～0.75	0.2～0.8	0.3～0.75	
公称压力/MPa	<32	<32	<2.5	<42
精确度/%	1	1.5	1	0.3～0.5
量程比	3∶1	3∶1	3∶1	10∶1
雷诺数/$\times10^4$	>3	>2	>7.5	>3
永久压损/%	50～80	20～80	4～14	15～25
直管段长度/D	10～30/2～8	10～30/4	5～10/4	1～5/1～2

类型	1/4 圆孔板	偏心孔板	V 锥流量计	弯管流量计	均速管
适用管径/mm	25～500	100～1000	15～3000	10～2000	>15
节流件孔径 d/mm	≥15	≥50			
直径比 $\beta=d/D$	0.245～0.6	0.46～0.84			
公称压力/MPa	<6.4	<6.4	<4.0	<10	<42
精确度/%	2～3	3	0.5～2.5	0.5～1.5	1～2
量程比	3∶1	3∶1	(10∶1)～(15∶1)	10∶1	10∶1
雷诺数/$\times10^4$	>0.025	>20	>0.8	>1	
永久压损/%	50～80	50～80	40～70		2～15
直管段长度/D	20/8	20/8	1～3/1	5/2	2/2

4.5.2　差压变送器、流量变送器的信号转换计算

差压变送器、流量变送器的信号转换计算见表 4-33。

表 4-33　差压变送器、流量变送器的信号转换计算

电动差压变送器 (4～20mA 输出)	电动流量变送器 (4～20mA 输出)	气动差压变送器 (20～100kPa 输出)
输出电流 I 与差压 Δp 成正比： $I=\frac{\Delta p}{\Delta p_{max}}\times16+4$ $\Delta p=\frac{I-4}{16}\Delta p_{max}$ 输出电流 I 与流量 q 的平方成正比： $I=\left(\frac{q}{q_{max}}\right)^2\times16+4$ $q=\sqrt{\frac{I-4}{16}}q_{max}$	输出电流 I 与差压的平方根成正比： $I=\sqrt{\frac{\Delta p}{\Delta p_{max}}}\times16+4$ 输出电流 I 与流量 q 成正比： $q=\frac{I-4}{16}q_{max}$	输出气压 p 与差压 Δp 成正比： $\Delta p=\frac{p-20}{80}\Delta p_{max}$ 输出气压 p 与流量 q 的平方成正比： $p=\left(\frac{q}{q_{max}}\right)^2\times80+20$ $q=\sqrt{\frac{p-20}{80}}q_{max}$

式中：Δp—差压，kPa；Δp_{max}—差压量程上限，kPa；q—流体流量，m^3/h 或 kg/h；q_{max}—流量量程上限，m^3/h 或 kg/h；I—变送器输出电流，mA；p—变送器输出气压，kPa

差压与流量关系的换算公式及对照图表见表 4-34、表 4-35。

表 4-34　差压与流量关系的换算公式

公式	备注
差压与流量的平方成正比： $\frac{\Delta p}{\Delta p_{max}}=\left(\frac{q}{q_{max}}\right)^2$ 流量刻度为百分数，差压的下限量程为 0 时，根据上式可得： $\Delta p=\left(\frac{n}{100}\right)^2\times\Delta p_{max}$	Δp—任意差压 Δp_{max}—差压上限 q—任意流量 q_{max}—流量上限 n—任意的流量百分数
流量与差压的平方根成正比： $\frac{q}{q_{max}}=\sqrt{\frac{\Delta p}{\Delta p_{max}}}$	

表 4-35　差压（%）与流量（%）关系对照图表

差压/%	0	1	2	3	4	5	6	7	8	9
0	**0**	**10.0**	14.1	17.5	**20.0**	22.3	24.5	26.5	28.3	**30.0**
10	31.6	33.1	34.6	36.1	37.4	38.7	**40.0**	41.2	42.1	43.6
20	44.7	45.8	46.9	48.0	49.0	**50.0**	51.0	52.0	53.0	53.9
30	54.8	55.7	56.6	57.4	58.3	59.2	**60.0**	61.0	61.6	62.5
40	63.2	64.0	64.8	65.6	66.3	67.1	67.8	68.6	69.3	**70.0**
50	70.7	71.4	72.1	72.8	73.5	74.2	74.8	75.5	76.2	76.8
60	77.5	78.1	78.7	79.4	**80.0**	80.6	81.2	81.9	82.5	83.1
70	83.7	84.3	84.9	85.4	86.0	86.6	87.2	87.8	88.3	88.9
80	89.4	**90.0**	90.6	91.1	91.7	92.1	92.7	93.3	93.8	94.3
90	94.9	95.4	95.9	96.4	97.0	97.5	98.0	98.5	99.0	99.5
100	**100**									

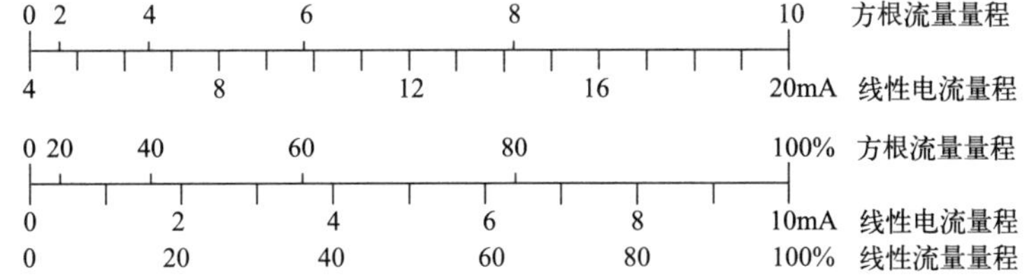

计算实例 4-6

某电动差压变送器的量程为 0～40kPa，对应的流量为 0～160m^3/h。当变送器的输入差压为 10kPa 时，流量应该是多少？变送器的输出电流是多少？

解：a. 先计算流量，根据表 4-34 中的公式 $\frac{\Delta p}{\Delta p_{max}}=\left(\frac{q}{q_{max}}\right)^2$ 得：

$$q=q_{max}\sqrt{\frac{\Delta p}{\Delta p_{max}}}=160\times\sqrt{\frac{10}{40}}=80(m^3/h)$$

该变送器输入差压为 10kPa 时，流量是 80m^3/h。

b. 然后计算输出电流，根据表 4-33 中的公式 $I=\left(\frac{q}{q_{\max}}\right)^2\times16+4$ 得：

$$I=\left(\frac{q}{q_{\max}}\right)^2\times16+4=\left(\frac{80}{160}\right)^2\times16+4=8(\text{mA})$$

该变送器输入差压为 10kPa 时，输出电流为 8mA。

计算实例 4-7

某电动差压变送器的输出信号为 0～10mA DC，对应的流量为 0～3600m^3/h。当变送器输出为 6mA 时，流量应该是多少？

解：根据表 4-33 中的公式 $q=\sqrt{\frac{I-4}{16}}q_{\max}$，把式中的 4 换为 0，16 换为 10，则：

$$q=\sqrt{\frac{6}{10}}\times3600=2788.5(\text{m}^3/\text{h})$$

该变送器输出为 6mA 时，流量是 2788.5m^3/h。

计算实例 4-8

某流量计差压上限为 40kPa，当仪表显示 70%的流量时，对应的差压是多少？

解：根据表 4-34 中的公式 $\Delta p=\left(\frac{n}{100}\right)^2\times\Delta p_{\max}=\left(\frac{70}{100}\right)^2\times40=19.6(\text{kPa})$

当仪表显示 70%的流量时，对应的差压是 19.6kPa。

计算实例 4-9

某气动流量计，其变送器输出为 20～100kPa（0.02～0.1MPa），对应的量程为 0～36t/h。当流量为 18t/h 时，变送器的输出信号是多少千帕？

解：根据表 4-33 中的公式得：

$$p=\left(\frac{q}{q_{\max}}\right)^2\times80+20=\frac{18^2}{36^2}\times80+20=40(\text{kPa})$$

当流量为 18t/h 时，该变送器的输出是 40kPa。

计算实例 4-10

标准孔板改量程的计算。

某孔板流量计，原设计差压量程为 0～60kPa，流量量程为 0～10000kg/h。生产规模扩大工艺流量已超过仪表的最大流量，拟把量程扩大为 0～12000kg/h。试计算变送器的最大差压应改为多少？

解：根据表 4-34 中的公式，对应的最大差压为：

$$\Delta p=\left(\frac{q}{q_{\max}}\right)^2\times\Delta p_{\max}=\left(\frac{12000}{10000}\right)^2\times60=86.4(\text{kPa})$$

4.5.3　差压式流量计的安装及技术要求

标准节流装置的管道条件见表 4-36、表 4-37。管道内壁粗糙度见表 4-38～表 4-43。差压式流量计安装技术要求等见表 4-44～表 4-46。常用垫片的适用条件见表 4-47。常用隔离液的性质及用途见表 4-48。

表 4-36　孔板上、下游侧最短直管段长度　　单位：倍管径

孔径比 β	节流件上游										节流件下游
	单个 90°弯头;任一平面上两个 90°弯头	同一平面上两个 90°弯头;S 形结构		互成垂直平面上两个 90°弯头;S 形结构		带或不带延伸部分的单个 90°三通	单个 45°弯头;同一平面上两个 45°弯头	同心渐缩管(在 1.5D～3D 长度内由 2D 变为 D)	同心渐扩管(在 D～2D 长度内由 0.5D 变为 D)	全孔球阀或闸阀全开	限流件(含左边所有栏目)
	$S>30D$	$10D<S\leqslant30D$	$S\leqslant10D$	$5D\leqslant S\leqslant30D$	$S<5D$		$S\geqslant2D$				
≤0.20	6(3)	10(—)	10(—)	19(18)	34(17)	3(—)	7(—)	5(—)	6(—)	12(6)	4(2)
0.40	16(3)	10(—)	10(—)	44(18)	50(25)	9(3)	30(9)	5(—)	12(8)	12(6)	6(3)
0.50	22(9)	18(10)	22(10)	44(18)	75(34)	19(9)	30(18)	8(5)	20(9)	12(6)	6(3)
0.60	42(13)	30(18)	42(18)	44(18)	65(25)	29(18)	30(18)	9(5)	26(11)	14(7)	7(3.5)
0.67	44(20)	44(18)	44(20)	44(20)	60(18)	36(18)	44(18)	12(6)	28(14)	18(9)	7(3.5)
0.75	44(20)	44(18)	44(22)	44(20)	75(18)	44(18)	44(18)	13(8)	36(18)	24(12)	8(4)

注：1. S 是上游弯头弯曲部分的下游端到下游弯头弯曲部分的上游端测得的两个弯头之间的间距。

2. 无括号的值为“零附加不确定度”的值。

3. 括号内的值为“0.5%附加不确定度”的值。

表 4-37　经典文丘里管上游侧最短直管段长度　　单位：倍管径

孔径比 β	单个 90°弯头	同一平面或不同平面上两个或更多 90°弯头	在 2.3D 长度范围内 1.33D 到 D 渐缩管	在 2.5D 长度范围内 0.67D 到 D 渐扩管	在 3.5D 长度范围内 3D 到 D 渐缩管	在 1D 长度范围内 0.75D 到 D 渐扩管	全孔球阀或闸阀全开
0.30	8(3)	8(3)	4(—)	4(—)	2.5(—)	2.5(—)	2.5(—)
0.40	8(3)	8(3)	4(—)	4(—)	2.5(—)	2.5(—)	2.5(—)
0.50	9(3)	10(3)	4(—)	5(4)	5.5(2.5)	2.5(—)	3.5(2.5)
0.60	10(3)	10(3)	4(—)	6(4)	8.5(2.5)	3.5(2.5)	4.5(2.5)
0.70	14(3)	18(3)	4(—)	7(5)	10.5(2.5)	5.5(3.5)	5.5(3.5)
0.75	16(8)	22(8)	4(—)	7(6)	11.5(3.5)	6.5(4.5)	5.5(3.5)

注：1. 无括号的值为“零附加不确定度”的值。

2. 括号内的值为“0.5%附加不确定度”的值。

表 4-38 管壁等效绝对粗糙度 *K* 值和 *Ra* 值

材料	条件	K/mm	Ra/mm
钢	新的，不锈钢管	<0.03	<0.01
	新的，冷拔无缝管		
	新的，热拉无缝管	0.05～0.10	0.015～0.03
	新的，轧制无缝管		
	新的，纵向焊接管		
	新的，螺旋焊接管	0.10	0.03
	轻微锈蚀	0.10～0.20	0.03～0.06
	锈蚀	0.20～0.30	0.06～0.10
	结皮	0.50～2	0.15～0.6
	严重结皮	>2	>0.6
	新的，涂覆沥青	0.03～0.05	0.01～0.015
	一般的，涂覆沥青	0.10～0.20	0.03～0.06
	镀锌的	0.13	0.04
铸铁	新的	0.25	0.08
	锈蚀	1.0～1.5	0.3～0.5
	结皮	>1.5	>0.5
	新的，涂覆	0.03～0.05	0.01～0.015
黄铜、紫铜、铝、塑料、玻璃	光滑、无沉积物	<0.03	0.01
石棉水泥	新的，有涂层的和无涂层的	<0.03	<0.01
	一般的，无涂层的	0.05	0.015

注：$Ra=K/\pi$。

表 4-39 孔板上游管道的相对粗糙度 *K/D* 上限值（$\times 10^{-4}$）

β	≤0.30	0.32	0.34	0.36	0.38	0.40	0.45	0.50	0.60	0.75
K/D	25.0	18.1	12.9	10.0	8.3	7.1	5.6	4.9	4.2	4.0

表 4-40 孔板上游管道的相对粗糙度 *Ra/D* 上限值（$\times 10^{4}$）

β	Re_D								
	$\leqslant 10^4$	3×10^4	10^5	3×10^5	10^6	3×10^6	10^7	3×10^7	10^8
≤0.20	15	15	15	15	15	15	15	15	15
0.30	15	15	15	15	15	15	15	14	13
0.40	15	15	10	7.2	5.2	4.1	3.5	3.1	2.7
0.50	11	7.7	4.9	3.3	2.2	1.6	1.3	1.1	0.9
0.60	5.6	4.0	2.5	1.6	1.0	0.7	0.6	0.5	0.4
≥0.65	4.2	3.0	1.9	1.2	0.8	0.6	0.4	0.3	0.3

表 4-41　孔板上游管道的相对粗糙度 Ra/D 下限值（$\times10^4$）

β	Re_D			
	$\leqslant3\times10^6$	10^7	3×10^7	10^8
$\leqslant$0.50	0.0	0.0	0.0	0.0
0.60	0.0	0.0	0.003	0.004
$\geqslant$0.65	0.0	0.013	0.016	0.012

注：表 4-40 和表 4-41 是 $D\leqslant150$mm，且孔板上游直管段至少 10D 的长度范围内的相对粗糙度上限值和下限值。当 $D\geqslant150$mm 时：$1\mu m\leqslant Ra\leqslant6\mu m$，$D\geqslant150$mm，$\beta<0.6$，$Re_D\leqslant5\times10^7$；$1.5\mu m\leqslant Ra\leqslant6\mu m$，$D\geqslant150$mm，$\beta>0.6$，$Re_D\leqslant1.5\times10^7$。

表 4-42　ISA 1932 喷嘴上游管道相对粗糙度上限值

β	$\leqslant$0.35	0.36	0.38	0.40	0.42	0.44	0.46	0.48	0.50	0.60	0.70	0.77	0.80
$10^4Ra/D$	8.0	5.9	4.3	3.4	2.8	2.4	2.1	1.9	1.8	1.4	1.3	1.2	1.2

表 4-43　文丘里喷嘴上游相对粗糙度上限值

β	$\leqslant$0.35	0.36	0.38	0.40	0.42	0.44	0.46	0.48	0.50	0.60	0.70	0.775
$10^4Ra/D$	8.0	5.9	4.3	3.4	2.8	2.4	2.1	1.9	1.8	1.4	1.3	1.2

表 4-44　差压式流量计取压口方位示意图

类型	液体	气体	蒸汽
水平管道	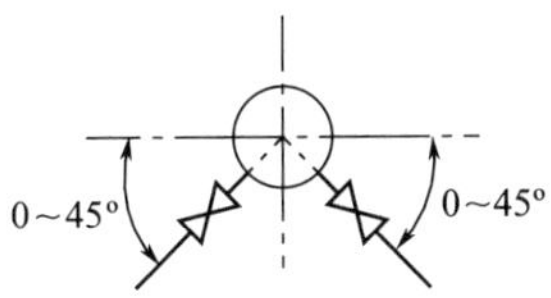 0~45°　0~45°	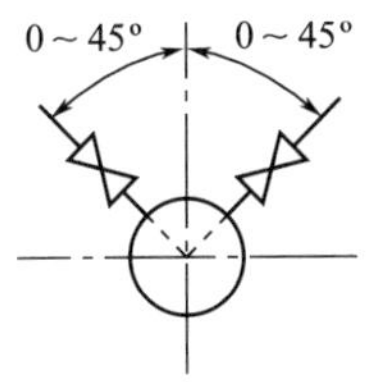 0~45°　0~45°	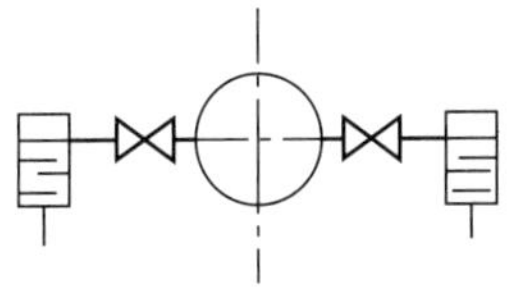
垂直管道	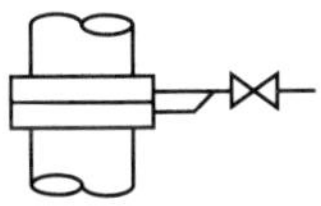		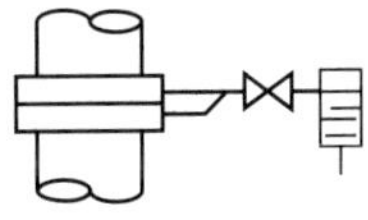

表 4-45　差压式流量计的安装示意图

被测流体	工艺管道在仪表上方	工艺管道在仪表下方	垂直管道
液体	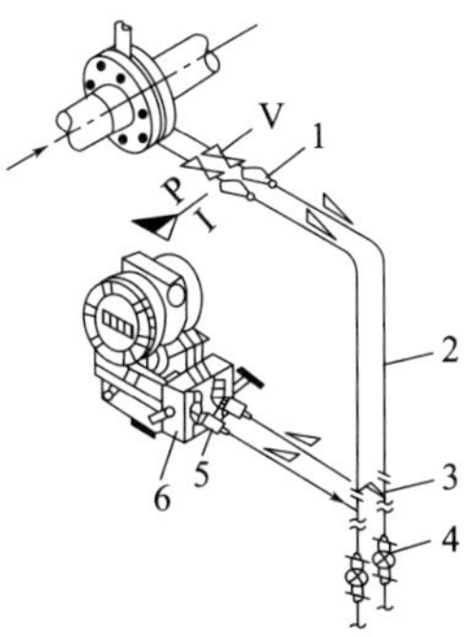 V 1 P I 2 3 4 5 6	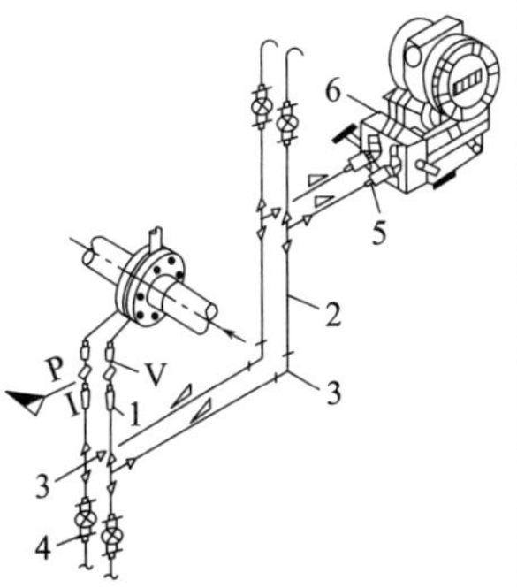 6 5 2 3 P I V 1 3 4	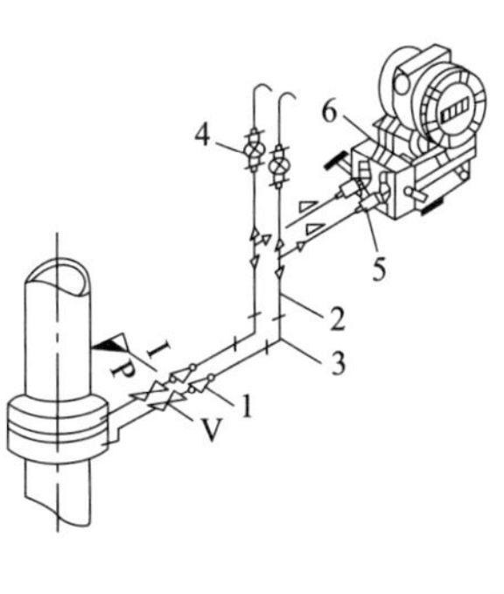 4 6 5 2 3 I P 1 V

续表

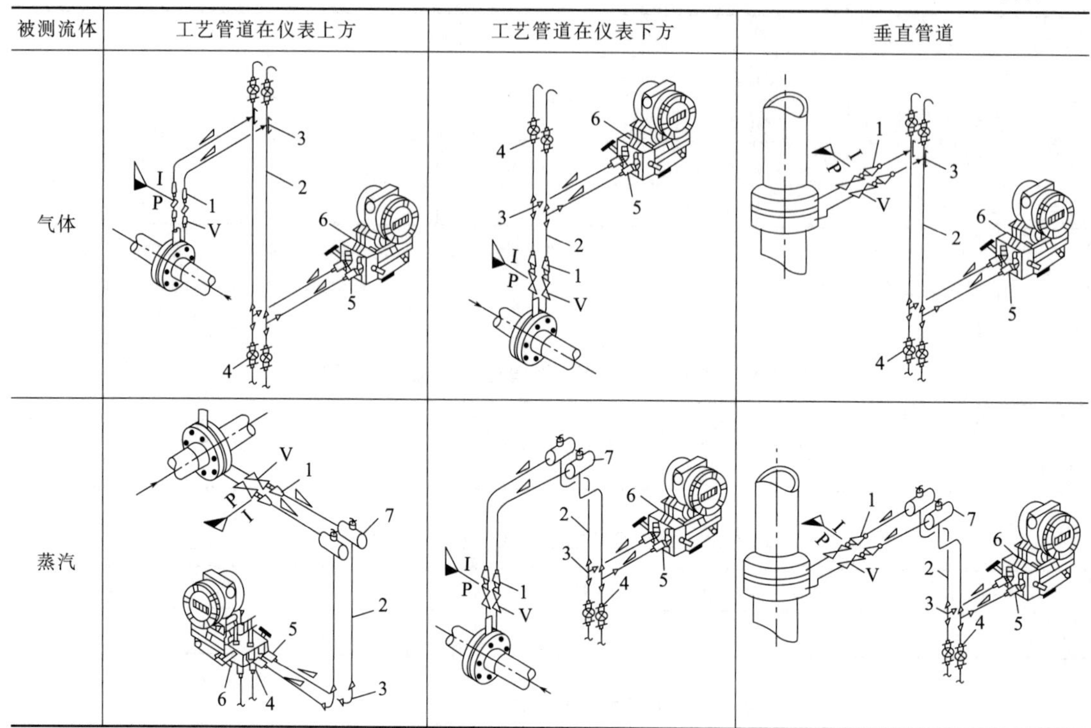

被测流体	工艺管道在仪表上方	工艺管道在仪表下方	垂直管道
气体			
蒸汽			

注：V—根部阀；1—终端接头；2—导压管；3—弯头或三通；4—排气或排污阀；5—终端接头；6—三阀组或五阀组；7—冷凝容器；P—由工艺专业安装；I—由自控专业安装。

表 4-46　测量各种流体时导压管长度与内径的选择值

被测流体	导压管长度和内径/mm		
	<16000	16000～45000	45000～90000
水、蒸汽、干气体	ϕ7～9	ϕ10	ϕ13
湿气体	ϕ13	ϕ13	ϕ13
低、中黏度的油品	ϕ13	ϕ19	ϕ25
脏的液体或气体	ϕ25	ϕ25	ϕ38

注：导压管长度最好在16000mm以内，其内径不小于6mm。导压管应垂直或倾斜敷设，其倾斜度不小于1∶12，黏度高的流体，其倾斜度应增大。导压管长度超过30000mm时，导压管应分段倾斜，并在各最高点与最低点装设集气器（或排气阀）和沉淀器（或排污阀）。

表 4-47　常用垫片的适用条件

垫片名称	代号或包覆、填充材料	公称压力/MPa	使用温度/℃
天然橡胶	NR	0.25～1.6	−50～90
氯丁橡胶	CR		−40～100
丁腈橡胶	NBR		−30～110
丁苯橡胶	SBR		−30～100
乙丙橡胶	EPDM		−40～130
氟橡胶	FKM		−50～200

续表

垫片名称	代号或包覆、填充材料	公称压力/MPa	使用温度/℃
石棉橡胶板	XB350,XB450	≤2.5	−40～300
耐油石棉橡胶板	NY400		
无机纤维的橡胶压制板	NAS	≤4.0	−40～290
有机纤维的橡胶压制板			−40～200
聚四氟乙烯板	PTFE	≤1.6	−50～100
膨胀聚四氟乙烯板或带	ePTFE	≤4.0	≤150
填充改性聚四氟乙烯板	RPTFE		−200～200
增强柔性石墨板	RSB	1.0～6.3	−240～650
高温云母复合板		1.0～6.3	−196～900
金属包覆垫	纯铝板 L3	2.5～10.0	200
	纯铜板 T3		300
	低碳钢		400
	不锈钢		500
金属缠绕垫	特种石棉纸或非石棉纸	1.6～16.0	500
	柔性石墨		650
	聚四氟乙烯		200
柔性石墨复合垫	低碳钢	1.0～6.3	450
	0Cr18Ni9		650

表 4-48　常用隔离液的性质及用途

名称	比密度 15℃/15℃	黏度/(mPa·s)		蒸汽压/Pa	沸点/℃	凝固点/℃	闪点/℃	性质与用途
		15℃	20℃	20℃				
水	1.00	1.125	1.01	2380	100.0	0		适用于不溶于水的油
甘油水溶液（密度比 50%）	1.1295	7.5	5.99	1400	106	−23		溶于水，适用于油类、蒸汽、氧气、水煤气、半水煤气及 C_1、C_2、C_3 等烃类
乙二醇	1.117	25.66	20.90	16.3	197.8	−12.95	118	有吸水性，能溶于水、醇及醚，适用于油类物质及液化气体、氨
乙二醇水溶液（密度比 50%）	1.068	4.36	3.76	1809	107	−35.6	不着火	溶于水、醇及醚，适用于油类物质及液化气体
乙醇溶于乙二醚中（密度比 36%）	1.00			5742	78	−51		溶于水，适用于丙烷、丁烷等介质
乙醇	0.704	1.3	1.2	5970	78.5	<−130	9	
磷苯二甲酸二丁酯	(20℃) 1.0484	20.3		(15℃) <1.36	330	−35	171	不溶于水，适用于盐类、酸类等水溶液及硫化氢、二氧化碳等气体介质

续表

名称	比密度 15℃/15℃	黏度/(mPa·s)		蒸汽压/Pa	沸点 /℃	凝固点 /℃	闪点 /℃	性质与用途
		15℃	20℃	20℃				
四氯化碳	1.61	1.0		11844	76.7	−23		不溶于水，与醚、醇、苯、油等可任意混合，有毒，适用于酸类介质
煤油	0.82	2.2	2.0	145000	14.9	−28.9	48.9	不溶于水，适用于腐蚀性无机液体
硫化煤油	0.82			—	—	−10		煤油经磺化处理，适用于乙炔、氢等介质
五氯乙烷	(25℃/4℃) 1.67			185	161～162	−29		不溶于水，能与醇、醚等有机物混合，有毒，适用于硝酸
氟油	1.91					<−35		适用于氯气
全氟三丁胺	(23℃) 1.856	(25℃) 2.74			170～180	−60		不燃烧，不溶于水或其他一般溶剂，对硝酸、硫酸、王水、盐酸、烧碱不起反应。适用于强酸、氯气
变压器油	0.9							适用于液氨、氨水、NaOH、硫化胺、硫酸、水煤气、半水煤气等
5%的碱溶液	1.06							适用于水煤气、半水煤气
40%$CaCl_2$ 水溶液	1.36							适用于丙酮、苯、石油气
苯	0.879	0.7	0.638	10159	80.0	5.56	11.1	微溶于水，与醚、醇、丙醇、四氯化碳、醋酸(乙酸)可任意混合，适用于液氨等介质
甲基硅油	(25℃/25℃) 0.93～0.94	(25℃) (10±1) mm^2/s		15	≥2.00/ 68Pa	−65	≥155	具有优良的电气绝缘性、憎水性和防潮性，黏度温度系数小，挥发性小，压缩率大，表面张力小，可在−50～200℃范围使用，适用于除湿氯气之外的气体、液体
	(25℃/25℃) 0.95～0.96	(25℃) (20±2) mm^2/s		15	≥200/ 68Pa	−60	≥260	

4.5.4 节流装置的计算及计算实例

(1) 节流装置的计算公式

节流装置流出系数C和可膨胀系数ε的计算公式，及节流装置计算需要用到的部分公式见表4-49～表4-52。

表 4-49 标准节流装置流出系数的计算公式

节流件	流出系数 C 的计算式
孔板	$C=0.5961+0.0261\beta^2-0.0216\beta^8+0.000521\left(\frac{10^6\beta}{Re_D}\right)^{0.7}+(0.0188+0.0063A)\beta^{3.5}\left(\frac{10^6}{Re_D}\right)^{0.3}$ $+(0.043+0.080e^{-10L_1}-0.123e^{-7L_1})(1-0.11A)\frac{\beta^4}{1-\beta^4}$ $-0.031(M'_2-0.8M'^{1.1}_2)\beta^{1.3}$ 在 $D<71.12$mm(2.8in)情况下，上述公式应加上下面一项： $+0.011(0.75-\beta)(2.8-D/25.4)$（$D$ 单位为 mm） 式中 $A=(19000\beta/Re_D)^{0.8}$ $M'_2=2L'_2/(1-\beta)$ L_1—孔板上游端面到上游取压口的距离除以管道直径得到的商，$L_1=l_1/D$ L'_2—孔板下游端面到下游取压口的距离除以管道直径得到的商，$L'_2=l'_2/D$ 各取压口的位置符合标准要求的条件下，L_1 和 L'_2 的值为 对于角接取压法，$L_1=L'_2=0$ 对于 D 和 $D/2$ 取压法，$L_1=1$，$L'_2=0.47$ 对于法兰取压法，$L_1=L'_2=25.4/D$（D 单位为 mm）
ISA1932 喷嘴	$C=0.9900-0.2262\beta^{4.1}-(0.00175\beta^2-0.0033\beta^{4.15})(10^6/Re_D)^{1.15}$
长径喷嘴	$C=0.9965-0.00653\beta^{0.5}\left(\frac{10^6}{Re_D}\right)^{0.5}$ $C=0.9965-0.00653\left(\frac{10^6}{Re_d}\right)^{0.5}$ （Re_D—与 D 有关的雷诺数；Re_d—与 d 有关的雷诺数）
文丘里喷嘴	$C=0.9858-0.196\beta^{4.5}$
经典文丘里管	具有粗铸收缩段，$C=0.984$ 具有机械加工收缩段，$C=0.995$ 具有粗焊铁板收缩段，$C=0.985$

表 4-50 其他节流装置流出系数的计算公式

节流件	流出系数 C 的计算式
1/4 圆孔板	$C=0.73823+0.3309\beta-1.1615\beta^2+1.5084\beta^3$
锥形入口孔板	$C=0.734(250\beta\leqslant Re_D\leqslant 5000\beta)$ $C=0.730(500\beta\leqslant Re_D\leqslant 200000\beta$
偏心孔板	角接取压：$C=0.9355-1.6889\beta+3.0428\beta^2-1.97893\beta^3$
圆缺孔板	$D=100$：$C=0.6929-0.4484\beta+1.113\beta^2-0.8532\beta^3$ $150\leqslant D\leqslant 350$：$C=0.6078+0.1221\beta-0.1776\beta^2+0.02412\beta^3$
双重孔板	$C=\sqrt{1-\beta^4}(0.6836+0.243\beta^{3.64})$
耐磨孔板	角接取压：$C=(1.000832+4.171152h/d)C_N$ 法兰取压：$C=(1.001781+3.971426h/d)C_N$（$C_N$ 是标准孔板的流出系数）
道尔管	$C=0.7547-0.1932\beta+0.4858\beta^2-0.5464\beta^3(Re_D>350000)$
罗洛斯管	$C=0.9637-0.2646\beta+0.2587\beta^2-0.3776\beta^3$

表 4-51　节流装置可膨胀系数 ε 的计算公式

节流件	可膨胀系数 ε 的计算式	备注
标准孔板	$\varepsilon=1-(0.351+0.256\beta^4+0.93\beta^8\left[1-\left(\frac{p_2}{p_1}\right)^{1/k}\right]$ 1993 年的计算式： $\varepsilon=1-(0.41+0.35\beta^4)\frac{p_1-p_2}{kp_1}$ 使用范围：$p_2/p_1\geqslant 0.75$	β—直径比，$\beta=d/D$ k—等熵指数 p_1—节流件上游侧流体静压力，Pa p_2—节流件下游侧流体静压力，Pa $\varepsilon_{孔}$—孔板可膨胀系数 $\varepsilon_{喷}$—喷嘴可膨胀系数
标准喷嘴、文丘里喷嘴、经典文丘里管、矩形文丘里管	$\varepsilon=\left[\left(\frac{k\tau^{2/k}}{k-1}\right)\left(\frac{1-\beta^4}{1-\beta^4\tau^{2/k}}\right)\left(\frac{1-\tau^{\frac{(k-1)}{k}}}{1-\tau}\right)\right]^{1/2}$ 式中　$\tau=p_2/p_1$（压力比）	
锥形入口孔板	$\varepsilon=\frac{1}{2}(\varepsilon_{孔}+\varepsilon_{喷})$	
1/4 圆孔板、偏心孔板、圆缺孔板、双重孔板、端头孔板	$\varepsilon=1-(0.41+0.35\beta^4)\frac{p_1-p_2}{kp_1}$	

表 4-52　节流装置计算需要用到的部分公式

项目	计算公式	备注
流量公式	① 可压缩流体流量的计算 $q_V=\frac{C\varepsilon}{\sqrt{1-\beta^4}}\times\frac{\pi}{4}d^2\sqrt{\frac{2\Delta p}{\rho_1}}$ $q_m=\frac{C\varepsilon}{\sqrt{1-\beta^4}}\times\frac{\pi}{4}d^2\sqrt{2\rho_1\Delta p}$ ② 不可压缩流体流量的计算公式同上，只是少了被测介质的可膨胀系数 ε 一项	q_m—流体的质量流量，kg/s q_V—流体的体积流量，m^3/s C—流出系数，无量纲 ε—被测介质的可膨胀系数，对于液体 $\varepsilon=1$，气体、蒸汽等可压缩流体 $\varepsilon<1$ d—节流件开孔直径，m ρ_1—被测流体密度，kg/m^3 Δp—差压值，Pa β—直径比，无量纲，$\beta=d/D$
节流件开孔直径的计算	$d=d_{20}[1+\lambda_d(t-20)]$ $d_{20}=\frac{d}{1+\lambda_d(t-20)}$	λ_d—节流件材料热胀系数 λ_D—管道材料热胀系数 t—工作温度，℃ d_{20}—20℃下节流件开孔直径，m D_{20}—20℃下管道内径，m d—工作状态下节流件开孔直径，m D—工作状态下管道内径，m
管道内径的计算	$D=D_{20}[1+\lambda_D(t-20)]$ $D_{20}=\frac{D}{1+\lambda_D(t-20)}$	
孔板的差压上限	$\Delta p_{max}=(2\sim2.5)\delta p$	δp—规定的压力损失，Pa δp 和 Δp 的单位一样
喷嘴的差压上限	$\Delta p_{max}=(3\sim3.5)\delta p$	
气体压缩系数估算	$Z=\frac{\rho_n pT_n}{\rho p_n T}$	Z—气体压缩系数 ρ_n，p_n，T_n—标准状态下气体密度、压力、温度 ρ，p，T—工作状态下气体密度、压力、温度

注：雷诺数的计算公式见本书表 4-26。可膨胀系数的计算式见本书表 4-51。

（2）节流装置的设计计算命题及用途（表 4-53）

表 4-53　节流装置的设计计算命题及用途

命题及用途	已知条件
现场核对流量测量值	管道内径 D，节流件开孔直径 d，被测流体参数 ρ_1、μ_1，根据测得的差压值 Δp 计算被测介质的流量 q_m 或 q_V
现场核对差压量程	管道内径 D，节流件开孔直径 d，被测流体参数 ρ_1、μ_1，管道布置条件，流量范围，计算差压测量上限 $\Delta p_{\max}$
确定现场管道尺寸	节流装置直径比 β，差压 Δp，流量 q_m、q_V，被测流体参数 ρ_1、μ_1，求管道内径 D 和节流件开孔直径 d
	根据 d、q_m、q_V、Δp、ρ_1、μ_1，求管道内径 D
新安装节流装置的设计计算	管道内径 D，被测流体参数 ρ_1、μ_1，管道布置条件，选择流量范围，差压测量上限 $\Delta p_{\max}$，节流装置形式，计算节流件开孔直径 d

（3）节流装置的计算步骤

节流装置的计算要采用迭代计算，人工计算很繁杂且易出错，因此都是采用计算软件进行。本书仅以仪表维修会遇到的现场核对流量测量值的手工计算为例，通过简单计算，使读者对节流装置的计算过程有所了解。

① 辅助计算：

a. 计算工作状态下的管道内径 D 和节流件孔径 d，计算公式见表 4-52。

b. 计算直径比 β，$\beta = d/D$。

c. 根据直径比 β、介质等熵指数 k、差压 Δp、静压 p，根据表 4-51 中的公式计算孔板可膨胀系数 ε。对于液体 $\varepsilon = 1$。

d. 根据管道种类、材料及内壁状况，根据表 4-38～表 4-43 确定管壁粗糙度 K，求 Ra/D 或 K/D 值，检查 Ra/D 或 K/D 是否符合标准的要求。

e. 求被测介质工作状态下密度 ρ_1（根据 4.2.1 节　流体密度计算式）和黏度 μ_1（根据 4.2.2 节　流体黏度计算式）。

② 计算：

a. 令 $Re_D = 10^6$，根据 Re_D、β、节流件形式和取压方式，计算 C_1 的近似值。

b. 根据 C_1、ε、d、ρ_1、Δp_{com} 值，求常用流量近似值 $q_{m\text{com1}}$（或 $q_{V\text{com1}}$）。

c. 根据 $q_{m\text{com1}}$（或 $q_{V\text{com1}}$）、D、μ，计算常用雷诺数近似值 $Re_{D\text{com1}}$。

d. 根据 $Re_{D\text{com1}}$、β，求 C_2。

e. 根据 C_2、ε、d、ρ_1、Δp_{com} 值，求实际常用流量值 $q_{m\text{com2}}$（或 $q_{V\text{com2}}$）。

（4）孔板计算实例

计算实例 4-11

现场核对流量测量值的计算。

已知条件：被测流体为水，工作压力 $p = 1.86\text{MPa}$，工作温度 $t = 104.5℃$，管道内径

$D_{20}=50\text{mm}$，管道材料为20钢，管道材料热胀系数$\lambda_D=12.12\times10^{-6}\text{mm/(mm·℃)}$，孔板开孔直径$d_{20}=26.08\text{mm}$，孔板材料1Cr18Ni9Ti，其热胀系数$\lambda_d=17.00\times10^{-6}\text{mm/(mm·℃)}$，工作状态下水的密度$\rho_1=955.681\text{kg/m}^3$，工作状态下水的黏度$\mu=0.2607\text{mPa·s}$，常用差压值$\Delta p_{com}=60\text{kPa}$，角接取压（环室）标准孔板。

解：① 辅助计算：

a. 计算工作状态下管道内径D和孔板开孔直径d。

$$D=D_{20}[1+\lambda_D(t-20)]=50\times[1+12.12\times10^{-6}(104.5-20)]=50.0512(\text{mm})$$

$$d=d_{20}[1+\lambda_d(t-20)]=26.08[1+17.00\times10^{-6}(104.5-20)]=26.1175(\text{mm})$$

b. 计算直径比。

$$\beta=\frac{d}{D}=\frac{26.1175}{50.0512}=0.5218$$

c. 计算管道粗糙度。

$$K=0.03，Ra=\frac{K}{\pi}=\frac{0.03}{\pi}=0.00955$$

d. 计算粗糙度与管径之比。

$$Ra/D=0.00955\div50=0.000191$$

管道粗糙度符合要求。

② 计算：

a. 令$Re_D=\infty$，根据Re_D、β和节流装置形式计算C_1值。

$$C_1=0.5961+0.0261\beta^2-0.216\beta^8=0.602$$

b. 求常用流量值$q_{m\text{com}1}$（近似值）。

$$\begin{aligned}q_{m\text{com}1}&=\frac{C_1}{\sqrt{1-\beta^4}}\times\frac{\pi}{4}d^2\sqrt{2\Delta p_{\text{com}}\rho_1}\\&=\frac{0.602}{\sqrt{1-0.5218^4}}\times\frac{\pi}{4}(0.0261175)^2\sqrt{2\times60\times10^3\times955.681}\\&=3.587(\text{kg/s})=12.913(\text{t/h})\end{aligned}$$

c. 根据表4-26的公式，求常用雷诺数$Re_{D\text{com}1}$。

$$Re_{D\text{com}1}=\frac{4q_{m\text{com}1}}{\pi\mu D}=\frac{4\times3.587}{\pi\times0.05\times0.2607\times10^{-3}}=3.5055\times10^5$$

d. 根据表4-49所示孔板的流出系数C的计算公式求C_2。

$$C_2=0.5961+0.0261\beta^2-0.216\beta^8+0.000521\left(\frac{10^6\beta}{Re_D}\right)^{0.7}+(0.0188+0.0063A)\beta^{3.5}\left(\frac{10^6}{Re_D}\right)^{0.3}$$

其中，$A=\left(\frac{19000\beta}{Re_{D\text{com}1}}\right)^{0.8}$。求得$C_2=0.605$。

e. 求常用流量值$q_{m\text{com}}$。

$$\begin{aligned}q_{m\text{com}}&=\frac{C_2}{\sqrt{1-\beta^4}}\times\frac{\pi}{4}d^2\sqrt{2\Delta p_{\text{com}}\rho_1}\\&=\frac{0.605}{\sqrt{1-0.5218^4}}\times\frac{\pi}{4}(0.0261175)^2\sqrt{2\times60\times10^3\times955.681}\\&=3.605(\text{kg/s})=12.978(\text{t/h})\end{aligned}$$

计算实例 4-12

流出系数 C 和流量系数 α 的换算。

已知条件：实例 4-11 中的流出系数 $C=0.60466789$，直径比 $\beta=0.5218$。该孔板的流量系数 α 是多少？

解：根据表 4-52 中的流量公式：

$$q_m=\frac{C\varepsilon}{\sqrt{1-\beta^4}}\times\frac{\pi}{4}d^2\sqrt{2\Delta p\rho_1}$$

式中的 $\alpha=\dfrac{C}{\sqrt{1-\beta^4}}$ 就是流量系数 α，所以流量系数 α 为：

$$\alpha=\frac{0.60466789}{\sqrt{1-0.07413381}}=0.62840957$$

4.5.5 节流装置压力损失及能耗的计算

检测件压力损失见表 4-54，能耗及耗能费（年）计算式见表 4-55。

表 4-54　检测件压力损失

检测件	压力损失计算式	备注
孔板	$\delta p=(1-0.24\beta-0.52\beta^2-0.16\beta^3)\Delta p$	Δp—差压上限，Pa δp—压力损失，Pa ρ—流体密度，kg/m^3 U—流体平均流速，m/s C_D—阻力系数
喷嘴	$\delta p=(1+0.014\beta-2.06\beta^2+1.18\beta^3)\Delta p$	
罗洛斯管	$\delta p=(0.151-0.304\beta+0.182\beta^2)\Delta p$	
经典文丘里管(出口锥角 15°)	$\delta p=(0.436-0.86\beta+0.59\beta^2)\Delta p$	
经典文丘里管(出口锥角 7°)	$\delta p=(0.218-0.42\beta+0.38\beta^2)\Delta p$	
涡街	$\delta p=\frac{1}{2}C_D\rho U^2$	

表 4-55　能耗及耗能费（年）计算式

能耗计算式	耗能费(年)计算式
$W=\dfrac{\delta p q_V}{\eta}$　W—能耗，W； δp—压力损失，Pa； q_V—体积流量，m^3/s； η—电机和泵的效率	耗能费(年)$=\left(\dfrac{W}{1000}\right)\left(\dfrac{运行时数}{运行年数}\right)\times$电价 其中，电价单位为元/(kW·h)

计算实例 4-13

计算孔板流量计的年耗能费。

已知：被测流体为水，管道内径为 200mm，最大流量 $q_V=300m^3/h$，差压上限值 40kPa；孔板直径比 $\beta=0.65$，电价为 0.3 元/(kW·h)，泵和电动机的效率为 80%。求孔板流量计的年耗能费。

解：① 计算孔板流量计的压力损失 δp：

$$\begin{aligned}\delta p &= (1-0.24\beta-0.52\beta^2-0.16\beta^3)\Delta p\\ &= (1-0.24\times0.65-0.52\times0.65^2-0.16\times0.65^3)\times40\\ &= 0.58036\times40=23.2144(\text{kPa})\end{aligned}$$

② 计算能耗：

$$W=\frac{\delta p q_V}{\eta}=\frac{23.2144\times10^3\times\dfrac{300}{3600}}{0.8}=2418.17(\text{W})$$

③ 计算耗能费：

$$耗能费=\left(\frac{2418.17}{1000}\right)\times(365\times24)\times(0.3)=6354.95(元)$$

4.5.6 差压式流量计显示值的修正计算

当实际使用条件偏离设计条件时，差压式流量计测得的流量将产生误差，在维修中可通过有条件的计算来判断显示误差，进行修正或补偿。

（1）差压式流量计示值修正公式（表 4-56）

表 4-56 差压式流量计示值修正公式

流量示值	流体密度（组分）变化	气体组分不变	
		气体温度变化	气体压力变化
工作状态下被测气体的流量	$q'_V=q_V\sqrt{\frac{\rho}{\rho'}}$ $q'_m=q_m\sqrt{\frac{\rho'}{\rho}}$	$q'_V=q_V\sqrt{\frac{T'Z'}{TZ}}$ $q'_m=q_m\sqrt{\frac{TZ}{T'Z'}}$	$q'_V=q_V\frac{\varepsilon'}{\varepsilon}\sqrt{\frac{pZ'}{p'Z}}$ $q'_m=q_m\frac{\varepsilon'}{\varepsilon}\sqrt{\frac{p'Z}{pZ'}}$
干气体在标准状态(20℃、101.325kPa)的流量	$q'_{VN}=q_{VN}\sqrt{\frac{\rho N}{\rho' N}}$	$q'_{VN}=q_{VN}\sqrt{\frac{TZ}{T'Z'}}$	$q'_{VN}=q_{VN}\frac{\varepsilon'}{\varepsilon}\sqrt{\frac{p'Z}{pZ'}}$
湿气体干部分在标准状态(20℃、101.325kPa)的流量	$q'_{VN}=q_{VN}\sqrt{\frac{\rho}{\rho'}}$	$q'_{VN}=q_{VN}\frac{p-\varphi' p'_{s\max}}{p-\varphi p_{s\max}}\times\frac{TZ}{T'Z'}\sqrt{\frac{\rho}{\rho'}}$	$q'_{VN}=q_{VN}\frac{p'-\varphi' p_{s\max}}{p-\varphi p_{s\max}}\times\frac{\varepsilon' Z}{\varepsilon Z'}\sqrt{\frac{\rho}{\rho'}}$

流量示值	气体组分不变	
	气体温度和压力变化	气体温度变化
工作状态下被测气体的流量	$q'_V=q_V\frac{\varepsilon'}{\varepsilon}\sqrt{\frac{p'TZ}{pT'Z'}}$ $q'_{VN}=q_{VN}\frac{\varepsilon'}{\varepsilon}\sqrt{\frac{p'TZ}{pT'Z'}}$	
干气体在标准状态(20℃、101.325kPa)的流量	$q'_{VN}=q_{VN}\frac{\varepsilon'}{\varepsilon}\sqrt{\frac{p'TZ}{pT'Z'}}$	
湿气体干部分在标准状态(20℃、101.325kPa)的流量	$q'_{VN}=q_{VN}\frac{p'-\varphi' p'_{s\max}}{p-\varphi p_{s\max}}\times\frac{\varepsilon' TZ}{\varepsilon T'Z'}\sqrt{\frac{\rho}{\rho'}}$	$q'_{VN}=q_{VN}\frac{p-\varphi' p_{s\max}}{p-\varphi p_{s\max}}\times\sqrt{\frac{\rho}{\rho'}}$

注：1. 被测气体的状态和参数改变时，其各量的符号与改变前相同，只是在符号的右上角加“′”。

2. 表中所列各式仅适用于不致引起流出系数 C 改变的情况，如果由于有关参数变化较大而引起流出系数 C 改变，应相应地乘以 C'/C 数值。

（2）差压式流量计示值修正的计算公式（表4-57）及计算实例

表4-57　差压式流量计示值修正的计算公式

修正项目	修正公式	备注
实际使用条件偏离设计条件时，气体流量的修正计算	$q_{Vn}=\sqrt{\frac{p_{实}T_{设}}{p_{设}T_{实}Z_{实}}}q_{Vn设}$	q_{Vn}、$q_{Vn设}$—标准状态和设计状态体积流量，m^3/h $p_{实}$、$p_{设}$—实际压力和设计压力（绝对压力），MPa $T_{实}$、$T_{设}$—实际热力学温度和设计热力学温度，K $Z_{实}$—实际压缩系数
流体密度ρ偏离设计条件时的修正计算	$q_{m实}=q_{m设}\sqrt{\frac{\rho_{实}}{\rho_{设}}}$	$q_{m实}$—实际的质量流量，kg/h $q_{m设}$—设计的质量流量，kg/h $\rho_{实}$、$\rho_{设}$—使用状态和设计状态的流体密度，kg/m^3
可膨胀系数ε偏离设计条件时的修正计算	$q_{m\max实}=q_{m\max设}\times\frac{\varepsilon_{实}}{\varepsilon_{设}}$	$q_{m\max实}$—实际最大流量，kg/h $q_{m\max设}$—设计最大流量，kg/h $\varepsilon_{实}$、$\varepsilon_{设}$—使用状态和设计状态对应的可膨胀系数
气体仅压力、温度偏离设计条件时的修正计算	$q_{n实}=\sqrt{\frac{p_{实}T_{设}}{p_{设}T_{实}}}q_{n指}$	$p_{实}$、$p_{设}$—实际压力和设计压力（绝对压力），MPa $T_{实}$、$T_{设}$—实际热力学温度和设计热力学温度，K $q_{n实}$、$q_{n指}$—实际值和指示值，m^3/h
蒸汽压力、温度偏离设计条件时的修正计算（水的温度偏离设计值时也可用此式修正）	$q_{m实}=q_{m指}\sqrt{\frac{\rho_{实}}{\rho_{设}}}$ $q_{n实}=q_{n指}\sqrt{\frac{\rho_{设}}{\rho_{实}}}$	$q_{m实}$—实际质量流量值，kg/h $q_{m指}$—从蒸汽流量计上读得的指示数，kg/h $q_{n实}$—实际体积流量值，m^3/h $q_{n指}$—从蒸汽流量计上读得的指示数，m^3/h $\rho_{实}$—被测蒸汽实际密度，kg/m^3 $\rho_{设}$—节流装置设计时的蒸汽密度，kg/m^3
气体密度偏离设计条件时的修正计算	$q_{Vn}=C\times\sqrt{\Delta p_{实}}\times\frac{\sqrt{p_{实}}}{\sqrt{T_{实}}}$ 式中 $C=\frac{q_{Vn\max}\sqrt{T_{设}}}{\sqrt{\Delta p_{\max}p_{设}}}$	q_{Vn}—标准状态下的体积流量（已修正的），m^3/h $p_{实}$、$p_{设}$—实际压力和设计压力（绝对压力），MPa $T_{实}$、$T_{设}$—实际热力学温度和设计热力学温度，K $q_{Vn\max}$—最大流量，m^3/h $\Delta p_{\max}$—最大差压，kPa C—修正（补偿）系数

计算实例4-14

可膨胀系数偏离设计条件时的修正计算。

已知：有一差压装置，其压差上限对应的刻度流量设计值$q_{m\max设}=25000$kg/h，相应的可膨胀系数$\varepsilon_{设}=0.992$（按常用流量下的压差求得），若按满量程压差求可膨胀系数，则$\varepsilon_{实}=0.9858$。假定被测参数不变化，试求满量程时的实际流量$q_{m\max实}$。

解：因为设计的最大流量$q_{m\max设}=25000$kg/h，所以差压计满量程时的流量示值即为25000kg/h。

根据表4-57中的可膨胀系数ε偏离设计条件时的修正计算公式：

$$q_{m\max实}=q_{m\max设}\times\frac{\varepsilon_{实}}{\varepsilon_{设}}=25000\times\frac{0.9858}{0.992}=24843(\text{kg/h})$$

计算实例 4-15

天然气流量压力、温度偏离设计条件时的修正计算。

已知：用孔板测量天然气流量，假定孔板的设计条件是 $p_{设}=0.8\text{MPa}$（绝对压力），$t_{设}=20℃$。而实际使用的工作条件是 $p_{实}=0.648\text{MPa}$（绝对压力），$t_{实}=20℃$。流量计的指示值为 $3000\text{m}^3/\text{h}$ 时，假定气体组分和孔板设计的其他条件均未变化，求实际流量是多少？

解：仅考虑压力、温度偏离设计条件时的影响，则可用表 4-57 中的修正公式：

$$q_{n实}=\sqrt{\frac{p_{实}T_{设}}{p_{设}T_{实}}}q_{n指}=3000\times\sqrt{\frac{0.648\times293.15}{0.8\times293.15}}$$

$$=3000\times0.9=2700(\text{m}^3/\text{h})$$

计算实例 4-16

流体密度偏离设计条件时的修正计算。

已知：某流量计设计介质的密度 $\rho_{设}=520\text{kg/m}^3$，而在实际使用时，介质的密度 $\rho_{实}=480\text{kg/m}^3$。变送器输出 100kPa，对应的流量 $q_{m设}=50\text{t/h}$，试计算实际流量 $q_{m实}$ 是多少？

解：可用表 4-57 中的流体密度 ρ 偏离设计条件时的修正公式：

$$q_{m实}=q_{m设}\sqrt{\frac{\rho_{实}}{\rho_{设}}}=50\times\sqrt{\frac{480}{520}}=48.04(\text{t/h})$$

计算实例 4-17

蒸汽压力偏离设计条件时的修正计算。

已知：某蒸汽流量计设计蒸汽压力 $p_{设}=2.94\text{MPa}$，温度 $t_{设}=400℃$。实际使用中，蒸汽压力 $p_{实}=2.84\text{MPa}$（温度不变）。当流量计指示值 $q_{m指}=102\text{t/h}$ 时，实际流量 $q_{m实}$ 是多少？

解：从蒸汽密度表中查得，压力 $p_{设}=2.94\text{MPa}$，温度为 400℃ 时，蒸汽密度 $\rho_{设}=9.8668\text{kg/m}^3$；压力 $p_{实}=2.84\text{MPa}$，温度为 400℃时，蒸汽密度 $\rho_{实}=9.5238\text{kg/m}^3$。则根据表 4-57 中的蒸汽压力、温度偏离设计条件时的修正公式：

$$q_{m实}=q_{m设}\sqrt{\frac{\rho_{实}}{\rho_{设}}}=102\times\sqrt{\frac{9.5238}{9.8668}}=102\times0.98246=100.2(\text{t/h})$$

4.6 浮子（转子）流量计

液体浮子流量计的流量刻度值大多是在标准状态（20℃，101.325kPa）下用水进行标定的，而气体浮子流量计的流量刻度值大多是在标准状态下用压缩空气标定的。实际使用时，如果被测介质不是出厂标定所用介质，或工作状态不是在标准状态下，就必须对浮子流量计的流量指示值进行修正。

4.6.1　浮子流量计的刻度、量程换算及计算实例

（1）浮子流量计的刻度换算（表 4-58～表 4-64）及计算实例

表 4-58　测量液体时的刻度换算公式

项目	换算公式	备注
① 工作状态下流过流量计的体积流量	$q_V=q_{Vn}\sqrt{\dfrac{(\rho_f-\rho)\rho_n}{(\rho_f-\rho_n)\rho}}$ 测量干气体也可使用本式来计算	q_V—工作状态下被测液体的体积流量，m^3/h q_{Vn}—流量计的示值（体积流量），或输出信号对应的体积流量，m^3/h q_{Vln}—工作状态下流过流量计的标准体积流量，m^3/h q_m—工作状态下流过流量计的质量流量，kg/h ρ_f—浮子的密度，kg/m^3 ρ—工作状态下被测液体的密度，kg/m^3 ρ_n—标定用水的密度，998.2kg/m^3 ρ_{ln}—工作状态下液体在标准状态下的密度，kg/m^3 α—工作状态下流量计的流量系数 α_n—标定时流量计的流量系数 k_α—黏度修正系数，通常用实际标定求得，或由制造厂提供
② 工作状态下的流量换算成标准状态下的流量	$q_{Vln}=q_V\dfrac{\rho}{\rho_{ln}}$ $q_{Vln}=q_{Vn}\sqrt{\dfrac{(\rho_f-\rho)\rho_n\rho}{(\rho_f-\rho_n)\rho_{ln}^2}}$	
③ 体积流量换算成质量流量	$q_m=q_V\rho$ $q_m=q_{Vln}\rho_{ln}$ $q_m=q_{Vn}\sqrt{\dfrac{(\rho_f-\rho)\rho_n\rho}{(\rho_f-\rho_n)}}$	
④ 黏度修正	$q_V=q_{Vn}\dfrac{\alpha}{\alpha_n}$或$k_\alpha=\dfrac{\alpha}{\alpha_n}$	
⑤ 综合修正	$q_V=q_{Vn}\dfrac{\alpha}{\alpha_n}\sqrt{\dfrac{(\rho_f-\rho)\rho_n}{(\rho_f-\rho_n)\rho}}$	

浮子流量计测量液体时，如被测液体的密度 $\rho>\rho_n$ 时，即实际使用的液体密度大于水的密度时，$q_V<q_{Vn}$，也就是说实际流量小于流量计的读数；如果 $\rho<\rho_n$，则 $q_V>q_{Vn}$，即实际流量大于流量计的读数。表 4-59 供液体流量刻度换算时查用。

表 4-59　常用液体密度值（20℃）

液体名称	水	水银	硫酸	硝酸	盐酸	甲醇	乙醇
$\rho/(kg/m^3)$	998.2	13545.7	1834	1512	1149.3	791.3	789.2
液体名称	丙酮	甘油	甲酸	乙酸	丙酸	二氯甲烷	四氯化碳
$\rho/(kg/m^3)$	791	1261.3	1220	1049	993	1325.5	1594

计算实例 4-18

用 20℃水标定的浮子流量计测量硫酸的刻度换算。

已知：流量计的浮子密度 $\rho_f=7800kg/m^3$，硫酸的密度 $\rho=1834kg/m^3$。当仪表显示 $20m^3/h$ 时，实际流量是多少？

解：根据表 4-58 中项目①的公式：

$$q_V = q_{Vn}\sqrt{\frac{(\rho_f-\rho)\rho_n}{(\rho_f-\rho_n)\rho}} = 20\times\sqrt{\frac{7800-1834}{7800-998.2}\times\frac{998.2}{1834}} = 13.819(m^3/h)$$

从计算结果可见，用水标定的浮子流量计测量硫酸时，浮子显示 $20m^3/h$ 时，实际硫酸流量仅为 $13.819m^3/h$。

表 4-60 测量干气体时的刻度换算公式

项目	换算公式	备注
① 测量干燥空气的体积流量	$q_V = q_{Vn}\sqrt{\frac{p_nT}{pT_n}\times\frac{Z}{Z_n}}$ $q_V = q_{Vn}\sqrt{\frac{\rho_n}{\rho}}$	q_V—被测气体在工作状态下的体积流量，m^3/h q_{Vn}—流量计的示值（体积流量），或输出信号对应的体积流量，m^3/h q_{Vln}—被测气体在工作状态下的体积流量换算到标准状态下的流量，m^3/h ρ—被测气体在工作状态下的密度，kg/m^3 ρ_{ln}—被测气体在标准状态下的密度，kg/m^3 ρ_n—标定用空气在标准状态下的密度，kg/m^3 T_n—标准状态热力学温度，273.15K T—被测气体工作状态下的热力学温度，K Z_n—空气标准状态下的压缩系数 Z—被测气体工作状态下的压缩系数 p—被测气体在工作状态下的压力，MPa p_n—被测气体在标准状态下的压力，MPa K_ρ—气体密度修正系数，见表 4-61 K_p—气体压力修正系数，见表 4-62 K_T—气体温度修正系数，见表 4-63 K_Z—气体压缩系数修正系数 换算公式中： $K_\rho=\sqrt{\frac{\rho_n}{\rho_{ln}}}$（见表 4-61），$K_p=\sqrt{\frac{p}{p_n}}$（见表 4-62）， $K_T=\sqrt{\frac{T_n}{T}}$（见表 4-63），$K_Z=\sqrt{\frac{Z_n}{Z}}$
② 工作状态下流过流量计的体积流量	$q_V = q_{Vn}\sqrt{\frac{\rho_n}{\rho_{ln}}}\sqrt{\frac{p_nTZ}{pT_nZ_n}}$ $q_V = \frac{K_\rho}{K_pK_TK_Z}q_{Vn}$	
③ 工作状态下的体积流量换算成标准状态下的体积流量	$q_{Vln} = q_{Vn}\sqrt{\frac{\rho_n}{\rho_{ln}}}\sqrt{\frac{pT_nZ_n}{p_nTZ}}$ $q_{Vln} = K_\rho K_p K_T K_Z q_{Vn}$	

表 4-61 常用气体密度修正系数 K_ρ（20℃，101.325kPa）

气体名称	分子式	密度 $\rho/(kg/m^3)$	K_ρ	气体名称	分子式	密度 $\rho/(kg/m^3)$	K_ρ
氢气	H_2	0.084	3.788	硫化氢	H_2S	1.434	0.917
氦气	He	0.116	2.694	氯化氢	HCl	1.527	0.888
甲烷	CH_4	0.668	1.343	氩气	Ar	1.662	0.851
氨气	NH_3	0.719	1.295	丙烷	C_3H_8	1.867	0.803
一氧化碳	CO	1.165	1.017	二氧化碳	CO_2	1.824	0.813
氮气	N_2	1.165	1.017	氯甲烷	CH_3Cl	2.147	0.749
乙烯	C_2H_4	1.174	1.013	丁烷	C_4H_{10}	2.416	0.706
空气		1.205	1.000	二氧化硫	SO_2	2.726	0.665
乙烷	C_2H_6	1.263	0.977	氯气	Cl_2	3.000	0.634
氧气	O_2	1.331	0.951				

表 4-62　浮子流量计气体压力修正系数 K_p

p/MPa	K_p	p/MPa	K_p	p/MPa	K_p	p/MPa	K_p
0.10	0.9934	0.25	1.5708	0.70	2.6284	1.70	4.0961
0.11	1.0419	0.28	1.6623	0.80	2.8809	1.80	4.2148
0.12	1.0883	0.30	1.7207	0.90	2.9803	1.90	4.3303
0.13	1.1327	0.32	1.771	1.0	3.1415	2.00	4.4428
0.14	1.1755	0.35	1.8586	1.10	3.2949	2.10	4.5525
0.15	1.2167	0.38	1.9366	1.20	3.4414	2.20	4.6596
0.16	1.2566	0.40	1.9869	1.30	3.5819	2.30	4.7644
0.18	1.3328	0.45	2.1074	1.40	3.7171	2.40	4.8868
0.20	1.4049	0.50	2.2214	1.50	3.8476	2.50	4.9672
0.22	1.4735	0.60	2.4334	1.60	3.9738	2.60	5.0656

表 4-63　浮子流量计气体温度修正系数 K_T

t/℃	K_T	t/℃	K_T	t/℃	K_T	t/℃	K_T
−25	1.0869	30	0.9834	80	0.9111	160	0.8227
−15	1.0656	35	0.9754	85	0.9047	170	0.8133
−10	1.0555	40	0.9675	90	0.8985	180	0.8043
−5	1.0456	45	0.9599	95	0.8923	190	0.7956
0	1.0360	50	0.9625	100	0.8863	200	0.7871
5	1.0266	55	0.9452	110	0.8747	210	0.7789
10	1.0175	60	0.9380	120	0.8635	220	0.7710
15	1.0086	65	0.9311	130	0.8527	230	0.7633
20	1.0000	70	0.9243	140	0.8423	240	0.7558
25	0.9916	75	0.9176	150	0.8323	250	0.7486

表 4-64　测量蒸汽的刻度换算公式

换算公式	备注
$q_V=29.56\dfrac{q_m}{\sqrt{\rho}}$　　(1)	q_V—用水校验的体积流量，L/h q_m—被测蒸汽的质量流量，kg/h ρ—被测蒸汽的密度，kg/m^3
测量饱和蒸汽时，若浮子是不锈钢，按下式换算修正： $M=33.82Q_0\sqrt{\rho}$	M—被测蒸汽的实际流量，kg/h Q_0—仪表读数，m^3/h ρ—被测饱和蒸汽的密度，kg/m^3

注：在金属管浮子流量计允许的温度、压力范围内测量蒸汽流量时，因 ρ_f 远大于 ρ，可按式(1) 进行刻度换算。

计算实例 4-19

金属浮子流量计测量饱和蒸汽的质量流量计算。

已知：工作压力为 0.3MPa，仪表读数为 16000L/h。求饱和蒸汽的质量流量是多少？

解： 根据表 4-64 中的公式（1），可得：

$$q_m=\frac{q_V}{29.56}\sqrt{\rho}$$

按本书的表 4-17 计算得饱和蒸汽的密度 $\rho=2.16234\text{kg/m}^3$，将其代入上式计算，则：

$$q_m=\frac{16000}{29.56}\times\sqrt{2.16234}\approx795.67\text{kg/h}$$

计算实例 4-20

某浮子流量计测量气体的计算（该表是用 $p_n=101325\text{Pa}$、$t_n=20℃$ 的空气标定）。

① 用于测量 $p=0.4\text{MPa}$、$t=40℃$ 的空气，显示 $6\text{m}^3/\text{h}$ 时，实际空气流量是多少？

② 若用来测量该状态下的氮气，显示 $6\text{m}^3/\text{h}$ 时，实际氮气流量是多少？换算到标准状态下的流量是多少？

解： 假设空气和氮气在使用状态下仍符合理想气体状态方程。

① 用表 4-60 中项目①的公式可求出空气的实际流量（理想状态下，标准状态和工作状态的压缩系数为 1）：

$$q_V=q_{Vn}\sqrt{\frac{p_nT}{pT_n}\frac{Z}{Z_n}}=6\sqrt{\frac{101325\times313.15}{400\times10^3\times293.15}}=3.12(\text{m}^3/\text{h})$$

② 用表 4-60 中项目②的公式可求出工作状态下氮气的实际流量：

从表 4-61、表 4-62、表 4-63 查得 $K_\rho=1.017$、$K_p=1.9869$、$K_T=0.9675$，所以：

$$q_V=\frac{K_\rho}{K_pK_T}q_{Vn}=\frac{1.017}{1.9869\times0.9675}\times6\approx3.174(\text{m}^3/\text{h})$$

用表 4-60 中项目③的公式可求出标准状态下氮气的流量：

$$q_{Vln}=K_\rho K_p K_T K_z q_{Vn}=1.017\times1.9869\times0.9675\times6=11.73(\text{m}^3/\text{h})$$

即氮气在工作状态下显示 $6\text{m}^3/\text{h}$ 时，换算到标准状态（101325Pa，20℃）下的流量是 $11.73\text{m}^3/\text{h}$。

（2）浮子流量计的量程换算

如果浮子的几何形状完全一致，则改变浮子的材料，即可改变浮子的密度，就可以改变浮子流量计的量程，见表 4-65。

表 4-65　浮子流量计的量程换算

改量程的流量估算值	浮子密度与量程的关系		备注
	$\rho_f>\rho_{f0}$	$\rho_f<\rho_{f0}$	
$q_V=q_{V0}\sqrt{\dfrac{\rho_f-\rho_0}{\rho_{f0}-\rho_0}}$	浮子密度增加，量程将扩大，即：$q_V>q_{V0}$	浮子密度减小，量程将缩小，即：$q_V<q_{V0}$	q_V—拟改的流量量程 q_{V0}—原始的流量量程 ρ_f—新的浮子密度 ρ_{f0}—原始浮子密度 ρ_0—标定流体介质的密度

4.6.2 浮子流量计常见故障及处理

浮子流量计常见故障及处理见表 4-66。

表 4-66 浮子流量计常见故障及处理

故障现象	可能原因	处理方法
实际流量与指示值不一致	因腐蚀,浮子重量、体积、最大直径变化,锥形管内径尺寸变化	换耐腐蚀材料。若浮子尺寸与调换前相同,可按新重量、密度换算或重新标定;若尺寸不相同必须重新标定。腐蚀严重的浮子只有换新
	浮子、锥形管附着水垢、污脏等异物层	清洗。清洗时不要损伤锥形管内表面和浮子最大直径圆柱面,保持原有光洁度
	流体物性变化	使用工况与设计的流体密度、黏度等物性不一致,按变化后物性参数修正或评定流量值
	气体、蒸汽压缩性流体温度压力变化	按新的条件做换算修正
	流体脉动,气体压力急剧变化,指示值波动	如有周期性振动,应在管道系统设置缓冲装置,或者改用有阻尼机构的仪表
	液体中混入气泡,气体中混入液滴	混入物会改变密度,对症排除之
流量变动但浮子或指针移动呆滞	浮子和导向轴间有微粒等异物,或导向轴弯曲等导致卡住	拆卸检查,清洗,去除异物或固作层,校直导向轴
	指示部件连杆或指针卡住	检查调整连杆机构有卡阻的部件,检查旋转轴与轴承间是否有异物,清除或更换
	工程塑料浮子和锥形管或塑料衬里溶胀或软膨胀而卡住	换耐腐蚀材料的新零件。高温流体改用金属材料的零件
	磁耦合的磁铁磁性下降	换新零件

4.7 电磁流量计

4.7.1 电磁流量计安装要点

① 安装地点不能有大的振动源，否则应采取加固措施来稳定仪表附近的管道，使其不振动。

② 不能安装在大型变压器、电动机、机泵等产生较大磁场的设备附近，以免受到电磁场的干扰。

③ 电磁流量计可以水平和垂直安装，但应保证传感器满管运行，不能出现非满管状态。还要避免沉积物和气泡对测量电极的影响，电极轴向保持水平为好。垂直安装时，流体应自下而上流动。传感器不能安装在管道的最高位置，以避免积聚气泡。

④ 电磁流量计要求有非常可靠的接地，应做好接地屏蔽，否则就会产生干扰电流。传感器外壳接地与就近接地网连接即可；信号电缆的屏蔽层应在系统处单端接地；传感器与管道连接的接地环需要接地，接地电阻应小于 10Ω，不能与电气接地共用。

⑤ 电磁流量计上游必须有足够的直管段长度，配管条件应符合表 4-67 的要求。

表 4-67 电磁流量计所要求的最短直管段

上游阻流件形式	上游直管段长度要求	下游直管段长度要求	上游阻流件形式	上游直管段长度要求	下游直管段长度要求
三通	5D		闸板阀全开	5D	2D
扩大管	10D		90°弯头	5D	
各种阀门	10D				

4.7.2 电磁流量计常见故障的检查及处理

(1) 电磁流量计常见故障的检查步骤（图 4-1~图 4-3）

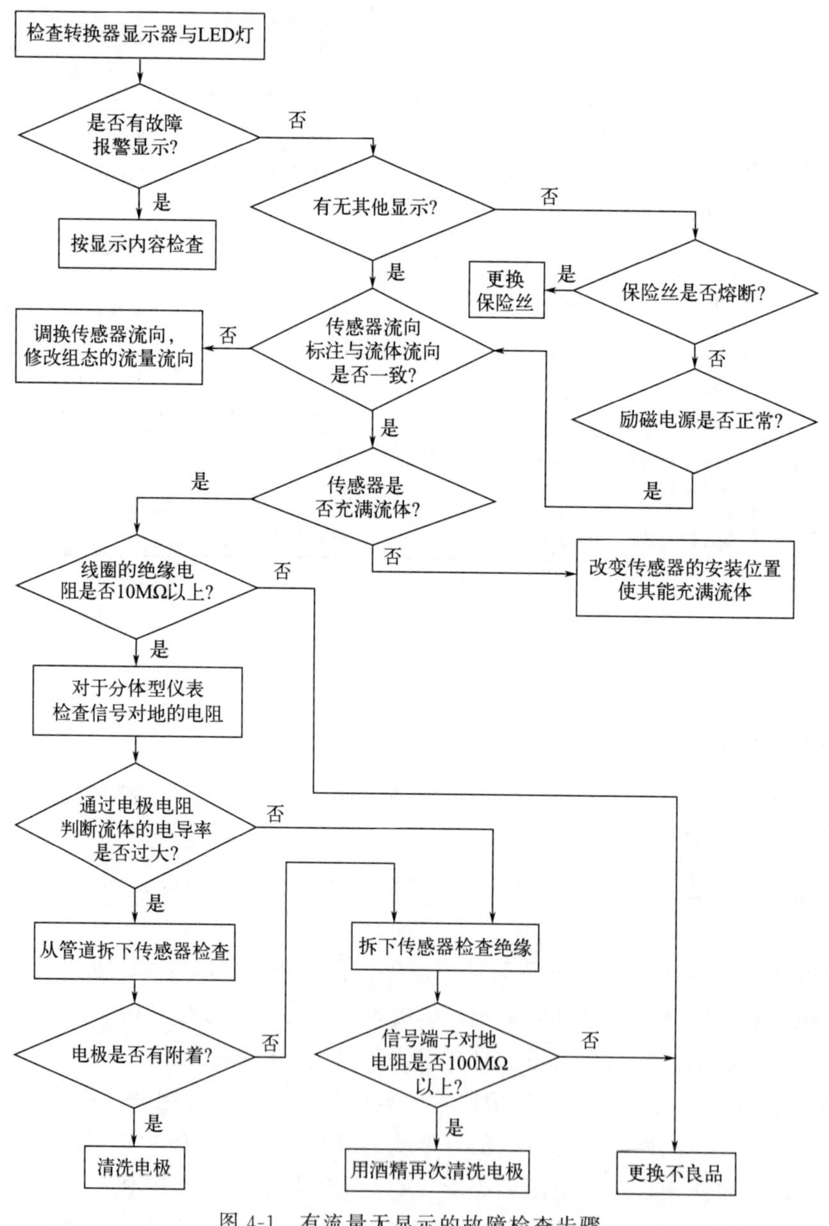

图 4-1 有流量无显示的故障检查步骤

动力源是否为往复泵或膜片泵?
是
采用缓冲或阻尼措施
否
下游调节阀是否谐振?
是
改善调节阀流量特性
否
是否有其他脉动源?
是
排除脉动源
否
检查测量管是否充满或液体夹带气体
传感器下游设置集气包和手动排气阀
液体是否充满?
否
检查安装位置，排除非满管安装
是
液体是否含气?
是
传感器上游加装气体分离器或排气阀
否
检查传感器接地，管道杂散电流，外界电磁干扰
至B处继续检查
B
传感器接地是否良好?
否
传感器与相邻管道接地电阻＜10Ω，传感器两端加接地环或接地短管
是
是否有杂散电流?
是
消除杂散电流干扰源；
加接新的接地点；
采用传感器与管道绝缘
否
是否有强电磁场?
是
远离强电磁场位置安装
否
是否有空间电磁波?
是
信号电缆屏蔽接地；
保护套管接地；
转换器靠近传感器；
选用一体式仪表
否
检查流体物性
进液颗粒多否?
是
提高励磁电流频率；
改用低噪声电极材料；
换用电容电极或双频励磁
是
电导率均匀否?
否
改变传感器安装位置；
加装管道混合器；
提高励磁频率和时间常数
是
电导率是否低?
是
用电容电极或大面积电极；
提高频率和时间常数；
电导率低限时降低流速
否
结束

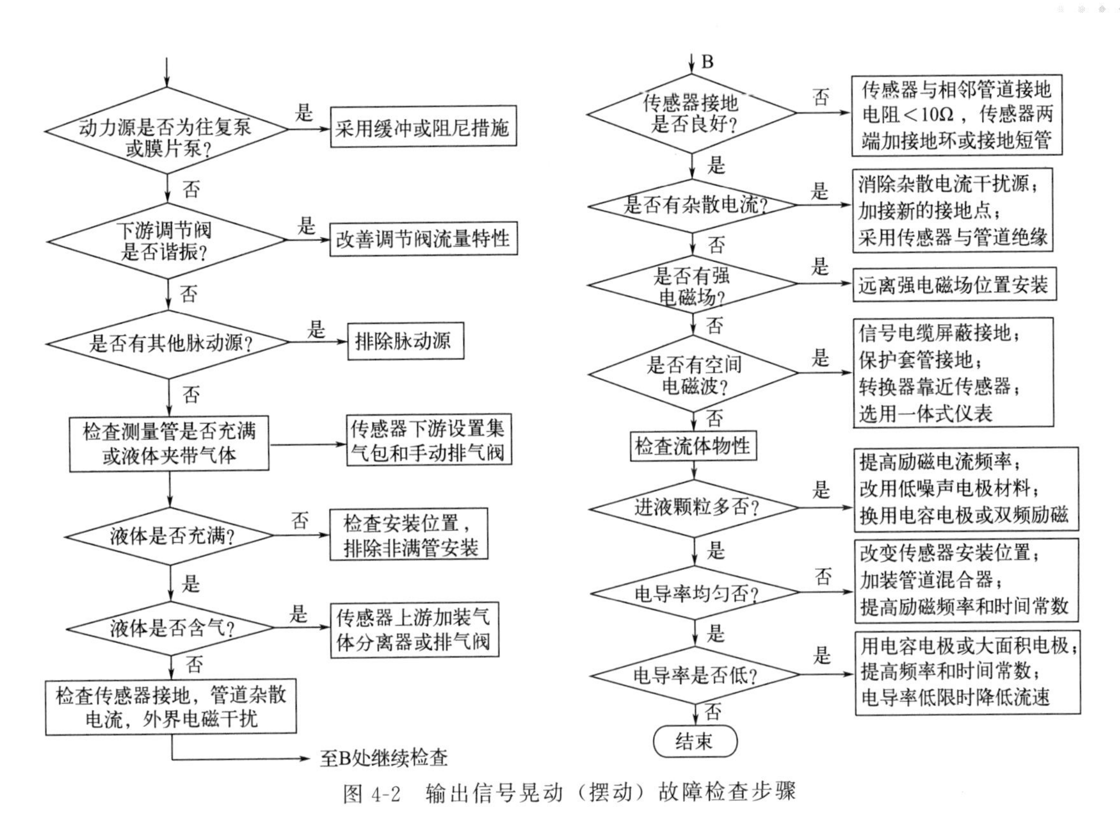

图 4-2　输出信号晃动（摆动）故障检查步骤

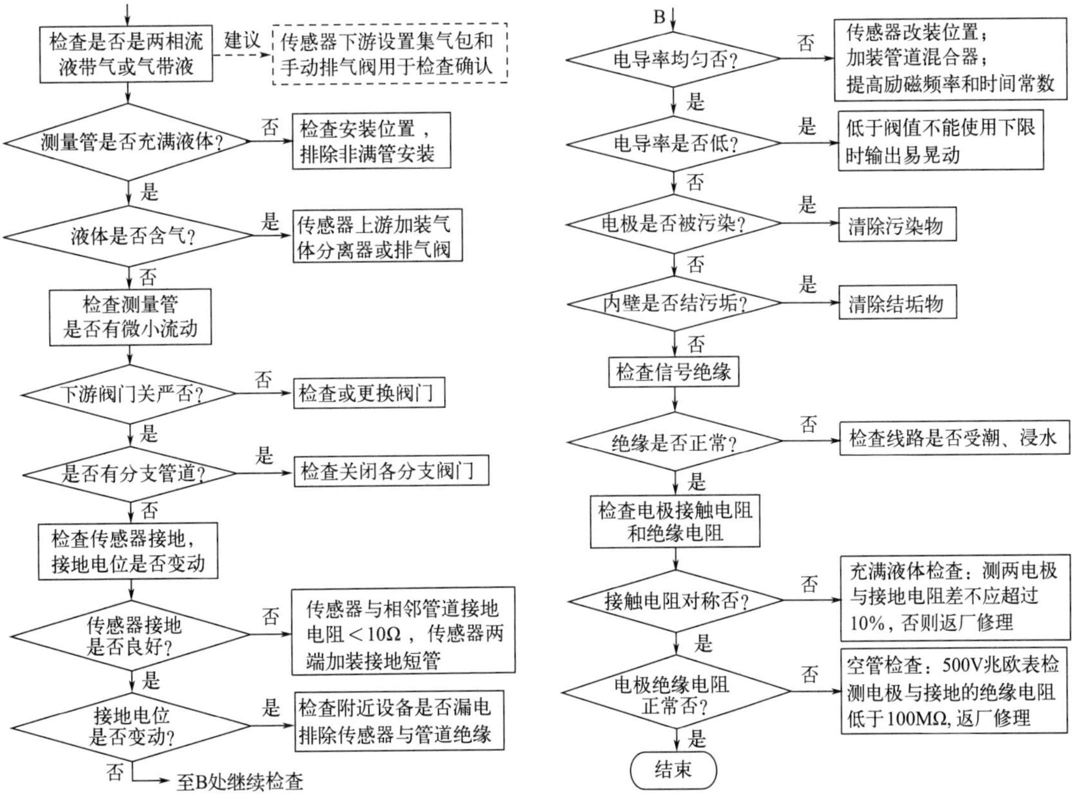

检查是否是两相流液带气或气带液
建议
传感器下游设置集气包和手动排气阀用于检查确认
测量管是否充满液体?
否
检查安装位置，排除非满管安装
是
液体是否含气?
是
传感器上游加装气体分离器或排气阀
否
检查测量管是否有微小流动
下游阀门关严否?
否
检查或更换阀门
是
是否有分支管道?
是
检查关闭各分支阀门
否
检查传感器接地，接地电位是否变动
传感器接地是否良好?
否
传感器与相邻管道接地电阻＜10Ω，传感器两端加装接地短管
是
接地电位是否变动?
是
检查附近设备是否漏电
排除传感器与管道绝缘
否
至B处继续检查
B
电导率均匀否?
否
传感器改装位置；
加装管道混合器；
提高励磁频率和时间常数
是
电导率是否低?
是
低于阀值不能使用下限时输出易晃动
否
电极是否被污染?
是
清除污染物
否
内壁是否结污垢?
是
清除结垢物
否
检查信号绝缘
绝缘是否正常?
否
检查线路是否受潮、浸水
是
检查电极接触电阻和绝缘电阻
接触电阻对称否?
否
充满液体检查：测两电极与接地电阻差不应超过10%，否则返厂修理
是
电极绝缘电阻正常否?
否
空管检查：500V兆欧表检测电极与接地的绝缘电阻低于100MΩ，返厂修理
是
结束

图 4-3　零位不稳定故障检查步骤

(2)电磁流量计常见故障的检查及处理(表4-68)

表4-68 电磁流量计常见故障的检查及处理

故障现象	故障原因	检查方法	处理方法
测量不准或输出波动	液体中含有气泡	切断磁场的励磁回路电流。如果仪表仍有显示且不稳定,用万用表测量电极电阻,会发现电极的回路电阻值比正常时高	更换传感器安装位置,或在传感器上游安装集气包和排气阀
	非满管现象	用万用表测量电极电阻,电极的回路电阻值如大于100kΩ则电极回路异常。排除电缆开路因素后,可判断为空管 观察传感器后端液体排放口,若排放出的液体明显不充满,可判断为非满管	在管道最低端安装传感器或将传感器安装在U形管道上
测量值明显偏小或信号逐渐减小而趋于零	电极结垢或电极短路	电极结垢异物层的电导率大于液体电导率,测得的流量值将比实际流量值低;若结垢异物层的电导率低于液体电导率,测得的流量值将低于实际流量值	选用不易附着的尖形或半球形突出电极、可更换式电极、刮刀式清垢电极等 提高流速来自清扫管壁,或采用易清洗的管道连接
测量值晃动	电极腐蚀	排除气泡影响的因素后,通过拆下传感器来确定电极是否腐蚀	更换新的电极
出现测量误差,直至不能稳定工作,或出现晃动现象	电导率过低	用万用表测量液体的接液电阻,再用万用表测量普通自来水的接液电阻,比较两者的测试结果 接液电阻和电导率成反比关系,可用测得的接液电阻大小进行判别。接液电阻的经验公式:$R=1/(\sigma d)$ 式中,σ表示液体电导率;d表示电极直径。任何接液电阻值>200kΩ的液体都可认为液体电导率过低,不适合使用常规的电磁流量计	唯一的解决办法是选用其他能满足要求的低电导率电磁流量计(如电容式电磁流量计)或者是其他原理的流量计
测量不准确或传感器损坏	衬里变形	在实际应用过程中发觉流量误差较大时,可将传感器从工艺管道上拆下后观察判断	在法兰和线圈盒间增加隔热措施,减小温差或热扩散,来改善衬里内外温差情况,从而降低渗透率和减少蒸汽在测量管壁内的凝聚
信号失真,输出信号为非线性或信号晃动	外部强电磁场干扰	当输出信号表现为非线性时,可用模拟信号来判断,如转换器的输出信号为线性,可判别为外界磁场干扰所致,反之可能是仪表本身的电路故障 对电场干扰,可在先不加励磁电流时用示波器测量两极间的电势,其值应为零。如测得有交流电势,则可判定为漏电流等电场干扰	传感器的安装位置应远离强磁场源,或采取增强屏蔽等措施。如仍无效,则可将传感器与连接管道绝缘
仪表运行一段时间后出现测量值变大或变小,或者不停地波动现象	电缆故障	若现场检查已排除管道不满管、介质含气等可能性,就应检查电缆是否有问题,尤其是电缆有中间接头的场合 信号线或励磁线圈对地绝缘下降,会引起信号衰减,使测量结果偏小;还会造成对地绝缘不稳定,使测量值出现波动 信号线或励磁回路电线连接处接触电阻变大,会使测量结果偏小;由于接触电阻不稳定,测量值会出现波动 信号线、励磁线两个连接头相靠较近,就会产生耦合作用,使实际运行结果增大数倍,且会使仪表的零点发生变化	信号回路故障,需要联系厂家协助解决 励磁回路电缆故障,可把现场的励磁回路电阻测量值与厂方提供的数据进行比较来判断 信号线、励磁线对地绝缘下降或怀疑有耦合时,可断开一根励磁线,观察仪表的显示或输出信号。正常时仪表应显示零流量;显示值偏高,可确定信号线、励磁线的绝缘不良或有耦合

4.8 质量流量计

4.8.1 质量流量计安装要点

质量流量计安装要点见表4-69、表4-70。

表4-69 测量管为直管及U形管的传感器安装方式

被测介质	水平安装	垂直安装(旗式)
洁净的液体	可以采用,U形管的传感器箱体在下	可以采用,流向为自下而上通过传感器
带有少量气体的液体		
气体	可以采用,U形管的传感器箱体在上	可以采用,流向为自上而下通过传感器
浆液(含有固体颗粒)		可以采用,流向为自下而上通过传感器

表4-70 测量管为其他形式的传感器安装方式

被测介质	水平安装	垂直安装(旗式)
洁净的液体	可以采用,传感器箱体在下	可以采用,流向为自下而上通过传感器
带有少量气体的液体	除S形测量管的传感器外,其余均可采用箱体在下的方式	除S形测量管的传感器外,不要采用此种方式
气体	除S形测量管的传感器外,其余均可采用箱体在上的方式	除S形测量管的传感器外,最好不要采用此种方式
浆液(含有固体颗粒)		建议不要采用,但S形测量管的传感器可以采用

4.8.2 热式质量流量计的相关计算

热式质量流量计的被测气体与检定（校准）气体不同时气体流量的计算如下：

① 用空气标定的流量计，测量另一种气体，换算公式为：

$$\text{实际被测气体的流量}=\text{输出显示值}\times\text{传感器转换系数}$$

② 已知单一组分被测气体，检定流量计时按该气体，转换为空气显示时的换算公式为：

$$\text{相当于空气的流量}=\frac{\text{实际使用气体的流量}}{\text{传感器转换系数}}$$

③ 用某种气体的质量流量计，测量另一种气体的流量时，换算公式为：

$$\text{实际使用气体的流量}=\text{输出显示值}\times\frac{\text{实际使用气体的传感器转换系数}}{\text{原气体的传感器转换系数}}$$

④ 混合气体的传感器转换系数换算公式为：

$$\frac{1}{\text{混合气体传感器转换系数}}=\frac{V_1}{F_1}+\frac{V_2}{F_2}+\cdots+\frac{V_n}{F_n}$$

式中，V_1、V_2、…、V_n 分别为气体1、气体2、…、气体 n 所占体积的百分比；F_1、F_2、…、F_n 分别为气体1、气体2、…、气体 n 传感器转换系数。

4.8.3 质量流量计常见故障及处理

当科氏质量流量计计量不准确时，检查及排除方法按图 4-4 的步骤进行。

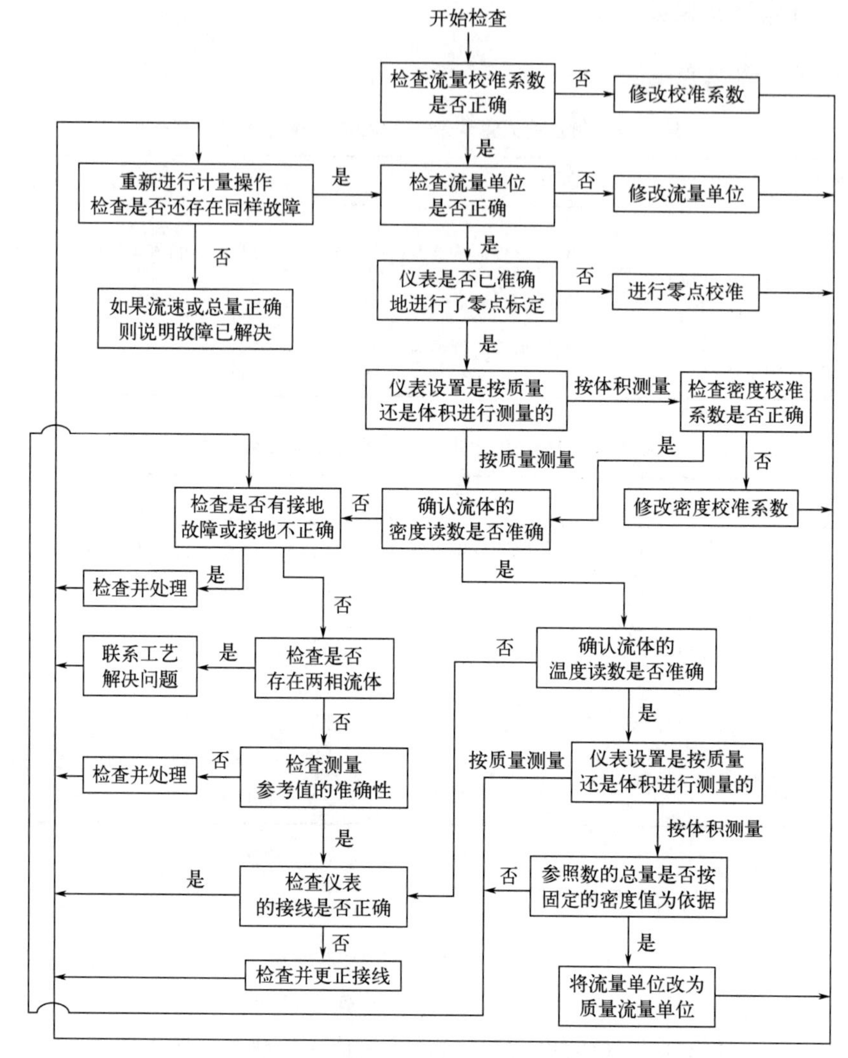

图 4-4 科氏质量流量计计量不准确的故障检查步骤

质量流量计的故障及处理方法见表 4-71～表 4-76。

表 4-71 科氏质量流量计常见零点漂移的不同现象、形成原因和对策

现象	原因	对策
零点慢慢移动，且各次飘移状况相同	停流后液中微小气泡积聚于测量管上部，或浆液中悬浮固体分离沉淀	停流后立即调零，使调零时流体分布状态与流动时相近。调零完成后出现的零漂可予忽略。若考虑零漂后的信号输出，则提高小信号切除值
零点大幅漂移，且各次漂移差别很大。驱动增益上升，严重时超过 13V 而饱和	停流时气泡滞留在测量管内，特别是在弯曲形测量管中容易发生	勿使进入气泡
		偶尔发生漂移可予忽视，不必每次调零
		提高管道静压，使气泡变小达到零点

续表

现象	原因	对策
零点漂移量大，很多情况下无法调零	测量管内壁附流体内沉积物	清洗或加热熔融清除之
因流体温度的零漂，同一口径 CMF 温度值越小，零漂越大	液体温度变化	以实际使用测量时温度调零
		停流时温度变化形成的零漂，不予处理
		测量温度相差 11℃时再调零
零点不稳定，但漂移量很小	管道有振动	很多情况下不产生测量误差，可不处理
温度变动形成应力变化；传感器前后机械原因形成应力变化	流量传感器所受的应力变化	出入口中任何一处换装柔性连接管
		若出入口设置橡胶软管，在传感器和软管之间设置 2 个以上支撑点
零点漂移	液体密度与原调零时密度有差别	密度相差 $\pm 0.1 g/cm^3$ 以内，影响测量值很小，超过此值即以最终实际液体调零
压力变化造成液体微量流动	停流时管道中滞留气体因压力变化而膨胀或收缩，使流体移动	手动截止阀装在邻近流量传感器之前，关阀时处于完全零流状态
		在管系适当场所设置排气口，消除气腔

表 4-72　流量测量故障的检查处理方法

故障现象	可能原因	检查处理方法
在无流量状况下，出现稳定的非零流量	传感器零点错误	重新调零，或者是恢复工厂零点或先前零点
	阀门打开或泄漏	检查或处理阀门泄漏问题
	管道偏心（如新安装的传感器）	重新调整或修正管道
在无流量状况下，出现不稳定的非零流量	阀门或封闭处泄漏	检查阀门或管道处理泄漏问题
	传感器安装方向错误	检查传感器安装方向并更正之
	接线问题	检查传感器与变送器之间的接线，电缆屏蔽层是否正确接地，检查接线盒中是否潮湿
	阻尼值太低	检查阻尼组态
	流量管堵塞或有挂壁	吹扫流量管
	管线振动频率和流量管频率接近	检查振动源，检查是否存在射频干扰
	团状流（两相流、含气）	检查是否存在团状流报警；管路是否存在气穴、闪蒸或泄漏；调整团状流上、下限和团状流持续时间的设置
在流量稳定时，出现不稳定的非零流量	团状流（两相流、含气）	检查被测流体是否含气、流量管是否结垢、闪蒸或流量管是否损坏
	阻尼值太低	检查阻尼组态
	流量管堵塞或有挂壁	吹扫流量管
	输出接线问题	检查传感器与变送器之间的接线，电缆屏蔽层是否正确接地，检查接线盒中是否潮湿
	接收设备问题	用另一台接收设备测试来确定故障
	接线问题	检查传感器线圈

续表

故障现象	可能原因	检查处理方法
流量或批量总量不精确	团状流(两相流、含气)	检查过程是否存在气穴、闪蒸或泄漏;监控正常过程条件下过程流体的密度
	测量单位不对	检查应用组态的测量单位是否正确
	流量标定系数错误	检查所有特征参数是否都与传感器铭牌上的数据匹配
	密度标定系数错误	
	仪表系数错误	
	接线问题	检查传感器与变送器之间的接线;检查传感器线圈电阻以及是否与外壳短接
	流量计接地不当	检查接地情况
	接收设备问题	更换核心处理器或变送器
	传感器零点错误	重新调零,或者是恢复工厂零点或先前零点

表 4-73 密度测量故障的检查处理方法

故障现象	可能原因	检查处理方法
密度读数不精确	过程流体问题	根据流量计报告的值检查工艺情况
	流量管堵塞或有挂壁	检查驱动增益和流量管频率;吹扫流量管
	团状流(两相流、含气)	检查是否存在团状流
	传感器方向错误	检查传感器安装方向并更正之
	接线问题	检查传感器与变送器之间的接线
	流量计接地不当	检查接地情况
	RTD 故障	检查报警状态和执行所指示报警的故障排除步骤
	传感器物理特性改变	检查磨损、腐蚀,或流量管是否已损坏
	密度标定系数错误	检查组态是否正确或更正之
密度读数异常高	流量管堵塞或有挂壁	检查流量管是否存在挂壁,吹扫流量管
	密度标定参数 K2 值错误	验证所有特征参数是否都与传感器铭牌上的数据匹配
	温度测量错误	RTD 可能与传感器接触不良
	RTD 问题	检查 RTD 的电阻值,检查是否与外壳短接
	在高频率仪表中,这可能表明存在磨损或腐蚀	检查流量管是否被腐蚀,尤其是在过程液体有腐蚀性时
	在低频率仪表中,这可能表明流量管结垢	吹扫流量管
密度读数异常低	团状流(两相流、含气)	检查是否存在团状流
	密度标定参数 K2 值错误	验证所有特征参数是否都与传感器铭牌上的数据匹配
	在低频率仪表中,这可能表明存在磨损或腐蚀	检查流量管是否被腐蚀,尤其是在过程液体有腐蚀性时

表 4-74　温度测量故障的检查处理方法

故障现象	可能原因	检查处理方法
温度读数和过程温度差别大	RTD 故障 接线问题	检查接线盒中是否有水汽或锈蚀 检查 RTD 是否正常，检查是否接地 确认温度标定系数与传感器铭牌上的值一致，观察状态报警(尤其是 RTD 故障报警) 禁用外部温度补偿；验证温度标定 检查传感器与变送器之间的接线
温度读数和过程温度有轻微差别	传感器温度尚未均衡 传感器泄漏热量	流体温度可能会迅速变化。等待足够的时间使传感器温度与过程流体中温度达到均衡 RTD 的允差为±1℃，如果误差在此范围内，则正常。如果温度测量结果超出传感器允差，则联系厂商 如有必要，隔离传感器 检查 RTD，或检查是否接地 RTD 可能与传感器接触不良，传感器可能需要更换

表 4-75　电流输出故障的检查处理方法

故障现象	可能原因	检查处理方法
无电流输出或回路测试失败	电源故障 接线问题 电路故障 未为所需的输出组态通道 内部/外部电源组态错误	检查电源和电源接线 检查电流输出接线 测量输出端子间的直流电压以验证输出有电源 检查故障动作设置
电流输出低于 4 mA	接线开路 输出回路故障 过程状态低于 LRV LRV 和 URV 设置错误 如果故障动作设定为内部零或低水平输出(1.0～3.6mA)，则会出现故障 电流接收设备故障	根据流量计报告的值检查工艺情况 检查接收设备，检查变送器与接收设备的接线 检查量程上限值 URV 和量程下限值 LRV 的参数设置是否有误 检查故障动作设置
电流输出恒定	为输出指定了错误的过程变量 存在故障状态 HART 默认地址不是 0 处于回路测试状态 零点标定失败	验证分配的输出变量 检查和解决现有的报警条件 检查 HART 回路电流模式是否为启用 检查是否正在进行回路测试(输出固定) 检查 HART 阵发模式是否已禁用 重启仪表电源，并重新尝试调零程序
电流测量始终不正确	回路问题 输出回路未正确调整 流量测量单位组态错误 过程变量组态错误 LRV 和 URV 设置错误	检查调整电流输出，要同时对 4mA 和 20mA 两点进行调整 检查应用组态的测量单位是否正确 检查电流输出的过程变量是否正确 检查量程下限 LRV 和量程上限 URV 的参数设置是否有误

续表

故障现象	可能原因	检查处理方法
电流输出始终超出范围	为输出指定了错误的过程变量或单位 如果故障操作设定为高水平输出(21～24mA)或低水平输出(1.0～3.6mA),则会出现故障 LRV 和 URV 设置错误	检查分配的输出变量 检查输出组态的测量单位是否正确 检查故障动作设置 检查量程下限 LRV 和量程上限 URV 的参数设置是否有误 检查电流输出调整,要同时对 4mA 和 20mA 两点进行调整
电流输出在低电流条件下正确,但在高电流条件下错误	电流回路电阻可能设置得过高	检查电流输出负载电阻是否低于最大支持负载 对于模拟电流输出回路,最大回路电阻为 820Ω 对于 HART 通信及单回路,最大回路电阻为 600Ω,最小回路电阻为 250Ω

表 4-76　频率输出故障的检查处理方法

故障现象	可能原因	检查处理方法
无频率输出	累加器停止 工艺流量低于小信号切除值 如果故障动作设定为内部零(0Hz)或低水平输出(0Hz),则会出现故障 团状流(两相流、含气) 沿着与组态流量方向参数相反的方向流动 频率接收设备故障 输出信号与接收设备不兼容 输出回路故障 内部/外部电源组态错误 脉冲宽度组态错误 输出没有电源 接线问题	检查累加器是否停止。累加器停止将会导致频率输出锁定 检查工艺参数是否低于流量小信号切除值,或重新组态流量小信号切除值 检查故障动作设置 检查是否存在团状流 检查传感器安装方向与工艺流量方向是否一致,检查组态流量方向是否正确 检查接收设备,检查变送器与接收设备之间的接线 检查通道是否已接线并组态为频率输出 检查频率输出的电源组态(内部与外部) 检查脉冲宽度,默认值对应 50%占空比 执行回路测试
频率测量始终不正确	输出水平错误 流量测量单位组态错误	检查输出脉冲和流量单位之间的关系,是否已正确组态 检查组态的测量单位是否正确
频率输出不稳定	来自环境的电磁射频干扰	降低干扰的方法有消除干扰源,使用屏蔽电缆,或移动变送器位置

4.9 涡街流量计

4.9.1 涡街流量计安装要点

涡街流量计的上、下游侧应有较长的直管段，要求见表 4-77。管道不能有振动，如有振动，应在流量计两侧加固定装置。测量气体流量时，若被测气体含有少量的液体，流量计应安装在管道的较高处；测量液体流量时，若被测液体中含有少量的气体，流量计应安装在管道的较低处。测压孔应设置在流量计下游 $2D$～$7D$ 的位置；测温孔应设置在离测压点下游 $1D$～$2D$ 的位置。流量计的密封垫片不允许突出到管道中。

表 4-77　涡街流量计对上、下游直管段的要求

上游阻流件形式	上游直管段长度要求	下游直管段长度要求
无阻流件	$15D$	$5D$
1 个 90°弯头	$20D$	
2 个 90°弯头	$25D$	
不同平面 2 个 90°弯头	$40D$	
调节阀半开阀门	$50D$	
同心收缩管或全开阀门	$15D$	
同心扩张管或全开阀门	$25D$	

4.9.2　涡街流量计的测量范围、相关计算及计算实例

某型号涡街流量计流量测量范围见表 4-78，相关计算公式见表 4-79。

表 4-78　某型号涡街流量计流量测量范围

公称直径 /mm	液体流量范围 /(m^3/h)	气体流量范围 /(m^3/h)	公称直径 /mm	液体流量范围 /(m^3/h)	气体流量范围 /(m^3/h)
$D20$	1～1.5	5～77	$D100$	15～270	100～1920
$D25$	1.6～18	8～120	$D150$	40～630	200～4000
$D40$	2～48	18～310	$D200$	80～1200	320～8000
$D50$	3～70	30～480	$D250$	120～1800	550～11000
$D80$	10～170	70～1230	$D300$	180～2500	800～18000

表 4-79　涡街流量计的相关计算公式

项目	计算公式	备注
最大流量对应的频率值	$f_{max}=\dfrac{Kq_{V\max}}{3.6}$	f_{max}—最大流量对应的频率值，Hz 或 P/s $q_{V\max}$—最大流量值，m^3/h K—仪表的流量系数，P/L 或 L^{-1} f_{mk}—满刻度流量对应的满刻度频率值 q_m—质量流量，kg/h q_V—体积流量，m^3/h ρ—被测流体的密度，kg/m^3 v—被测流体的平均流速，m/s Δp—压力损失，kPa D—管道通径，mm p—流量计下游壳体内压力，kPa p_V—工作温度下被测液体的绝对饱和蒸汽压，kPa
最大频率对应的体积流量	$q_{V\max}=\dfrac{f_{max}\times 3.6}{K}$	
满刻度对应的频率值	$f_{mk}=1.1f_{max}$	
测量质量流量的算式	$q_m=3.6\dfrac{f_{max}\rho}{K}$ 或　$q_m=\rho v\dfrac{\pi}{4}D^2$	
压力损失计算	$\Delta p=1.1\times 10^{-3}\rho v^2$ 或　$\Delta p=137.7\times\rho\dfrac{q_V^2}{D^4}$	
不发生气穴现象的最低工作压力计算	$p=(2.6\sim 2.7)\Delta p+1.3p_V$ 计算的是最大流量时流量计下游的最低压力	

注：工作状态与标准状态的体积流量换算公式，体积流量与质量流量的换算公式见本书表 4-31。

计算实例 4-21

某台涡街流量计用于测量饱和蒸汽，蒸汽压力 $p=0.5$MPa（绝对压力），仪表的流量系数 $K=1.1126$，其输出 4～20mA 对应流量为 0～3t/h，仪表检定报告注明 20mA 输出对应的频率 $f_{max}=356.67$Hz。计算满度对应的体积流量及设计的工况密度。

解：① 计算满度对应的体积流量 $q_{V\max}$。

根据表 4-79 的公式：$q_{V\max}=\frac{f_{\max}\times 3.6}{K}=\frac{356.67\times 3.6}{1.1126}=1154.06(\text{m}^3/\text{h})$

满度对应的体积流量为 1154.06m^3/h。

② 计算设计工况时的饱和蒸汽密度。

$$\rho_s=\frac{q_{m\max}}{q_{V\max}}=\frac{3000}{1154.06}=2.5995(\text{kg/m}^3)$$

设计工况时的饱和蒸汽密度为 2.5995kg/m^3。

4.9.3 涡街流量计的仪表系数修正计算

涡街流量计的仪表系数修正计算公式见表 4-80，雷诺数修正系数 E_R 参考见表 4-81。

表 4-80 涡街流量计的仪表系数修正计算公式

项目	计算公式	备注
实验室条件下的仪表系数 K_{V0}	$K_{V0}=\frac{f}{q_V}$	K_{V0},K_V—实验室条件和现场工作条件下的仪表系数 f—流量脉冲总数 q_V—体积流量
现场工作条件下的仪表系数 K_V	$K_V=E_tE_RE_DK_{V0}$	
温度修正系数 E_t	$E_t=\frac{1}{1+(2a_b+a_x)(t-t_0)}$	a_b,a_x—传感器表体和旋涡发生体的材料线胀系数,(℃·mm)$^{-1}$ t,t_0—工作温度和实验室标定温度，℃
管径修正系数 E_D	$E_D=\left(\frac{D_N}{D}\right)^2$	D_N—传感器表体实际内径,mm D—配管内径,mm
雷诺数修正系数 E_R	见本书表 4-81	如扩大测量范围使用时,超出规定的下限雷诺数时,应进行雷诺数修正

表 4-81 雷诺数修正系数 E_R 参考

雷诺数范围	E_R	雷诺数范围	E_R
$5\times10^3\leqslant Re\leqslant6\times10^3$	1.12	$9\times10^3<Re\leqslant10^4$	1.047
$6\times10^3<Re\leqslant7\times10^3$	1.08	$10^4<Re\leqslant1.2\times10^4$	1.036
$7\times10^3<Re\leqslant8\times10^3$	1.065	$1.2\times10^4<Re\leqslant1.5\times10^4$	1.023
$8\times10^3<Re\leqslant9\times10^3$	1.065	$1.5\times10^4<Re\leqslant4\times10^4$	1.011

4.9.4　涡街流量计的故障检查及处理

涡街流量计的故障检查及处理见表 4-82。

表 4-82　涡街流量计的故障检查及处理

故障现象	可能原因	检查处理方法
通电后无输出信号	电源或接线出现故障	检查供电电源，检查电源线是否接错
	信号未加到前置放大器输入端	检查检测元件与转换器的接线
	转换器出现故障	更换转换器
	工艺管道中无流量或流量太小	联系工艺。如果表选大了则需要重新选择
	管道堵塞或传感器被堵	检查清理管道，清洗传感器
输出信号不稳定	有电磁干扰	检查仪表附近是否有干扰源，对症处理
	仪表安装位置距离动力源太近	改变仪表的安装位置
	前置放大器的参数设置不当	检查前置放大器滤波参数，灵敏度和增益参数的设置或调整是否合适，若不合适则重新设置或调整
	检测元件松动或引线接触不良	检查并进行紧固
	传感器与管道不同心	这些故障都是安装不当造成的，只能返工重新安装，严格按用户手册的要求进行安装
	密封垫片凸入管内引起流体扰动	
	传感器上、下游直管段长度不足	
	已排除工艺原因的流体未充满管道	
	工艺管道振动	加固工艺管道，或加装传感器支撑
	工艺流量不稳定，流体含有块状、团状杂物；存在两相流或多相流；工作压力过低产生气穴现象	联系工艺解决，或者选择其他仪表
测量误差大	仪表流量系数 K 发生变化	仪表使用时间过长，送检重新进行标定
	参数设置有误	检查 K 值、管道内径、密度设置是否有误
	模拟转换电路的零点漂移或量程调整不当	检查仪表的模拟输出信号；重新校正零点或满量程
	传感器上、下游的直管段长度不足	这些故障都是安装不当造成的，只能返工重新安装，严格按用户手册的要求进行安装
	传感器与管道不同心	
	密封垫片凸入管内引起流体扰动	
	流量计装反	
	管道、阀门等有泄漏点	检查出泄漏处，对症进行处理
	检测元件受损，被沾污导致检测灵敏度下降	进行检查及清洗
	存在两相流或脉动流	联系工艺解决
	传感器内壁、发生体被腐蚀，或者表面有沉积物附着，导致仪表系数改变	清洗、更换相应的零部件后，重新进行检定

续表

故障现象	可能原因	检查处理方法
传感器发出异常啸叫声	流速过高,引起强烈颤动	调整流量或更换口径更大的仪表
	产生气穴现象	调整流量或增加液体压力
	发生体或检测元件松动	进行紧固处理
	起旋器未固定牢	重新进行固定
通电、通流后,流量计输出信号不随流量成正比变化	接地不良	检查信号线的屏蔽层接地,或重新进行接地
	有电磁干扰	检查、改善屏蔽与接地,以抑制或消除干扰
	检测元件与转换器的接线断路,信号线有接地现象	检查相关接线,对症进行处理
	前置放大器增益过高,产生自激使输出被锁定在某一频率	重新调整前置放大器的增益
	管道或环境有强烈的振动	固定管道,采取减振措施,在传感器的上、下游增加防振座、防振垫。适当降低前置放大器的增益和触发灵敏度
	脉动流的影响	当流量计上游有活塞式、柱塞式液体泵,或者有活塞式、罗茨式风机时,为避免产生脉动流,可在流量计上游加装节流孔板和气体扩大器或液体储能器、阀门弯管来抑制脉动影响
通电后,无流量时有输出信号	传感器输出信号线屏蔽层接地不良	检查接线情况,重新进行接线或接地
	检测元件输出线断路或接地	
	仪表距离强电设备太近	改变仪表安装位置
	转换器的放大器灵敏度过高	调整放大器的灵敏度
	安装管道有较强的振动	消除管道振动,或改变安装位置
	仪表供电的开关电源纹波过大	仪表采用单独的供电电源
	仪表与强电设备共用同一电源	

4.10 涡轮流量计

4.10.1 涡轮流量计对上、下游直管段的要求

涡轮流量计对上、下游直管段的要求见表 4-83。

表 4-83 涡轮流量计对上、下游直管段的要求

阻流件类型	单个 90°弯头	在同一平面上的两个 90°弯头	在不同平面上的两个 90°弯头	同心渐缩管	全开阀门	半开阀门
上游侧直管段长度	20D	25D	40D	15D	20D	50D
下游侧直管段长度	5D					

4.10.2 涡轮流量计的相关计算及计算实例

涡轮流量计的相关计算公式及修正公式见表 4-84 和表 4-85。

表 4-84　涡轮流量计的计算公式

项目	计算公式	备注
流量与频率、仪表系数的关系	$q_V=\frac{f}{K}$　即 $K=\frac{f}{q_V}$	q_V—体积流量，m^3/s 或 L/s f—传感器输出信号频率，Hz K—仪表系数，L/m^3 或次/L，通常由实验测得
工作状态与标准状态的体积流量换算	$q_{Vn}=q_V\frac{pT_nZ_n}{p_nTZ}$ 或 $q_V=q_{Vn}\frac{p_nTZ}{pT_nZ_n}$	q_V，q_{Vn}—工作状态和标准状态下的体积流量，m^3/h p，T，Z—工作状态下绝对压力(Pa)、热力学温度(K)和气体压缩系数 p_n，T_n，Z_n—标准状态下绝对压力(Pa)、热力学温度(K)和气体压缩系数
气体流量的下限流量计算(常压空气校验，使用时被测介质工作压力不一样)	$q_{V\min}=q_{Va\min}\sqrt{\frac{p_a}{p}\times\frac{1}{\rho}}$	$q_{V\min}$，$q_{Va\min}$—压力 p 和压力 p_a(101.325kPa)下被测介质和空气的体积流量下限值，m^3/h p，p_a—工作压力(绝对压力)和大气压(101.325)，kPa ρ—被测介质的相对密度，无量纲
测量易气化液体，传感器出口最低压力(背压)计算	$p_{\min}=2\Delta p+1.25p$	$p_{\min}$—最低压力(背压)，Pa Δp—传感器最大流量时压力损失，Pa p—被测流体最高使用温度时饱和蒸汽压，Pa

表 4-85　涡轮流量计压力、温度变化影响的修正计算公式

项目	计算公式	备注
压力变化引起传感器尺寸变化的修正系数 C_p	$C_p=1+\alpha\Delta p$	Δp—工况压力与标定压力之差 α—涡轮流量计模数，由于 α 值很小，在工业上这个 C_p 修正系数可忽略，即 $C_p\approx1$
压力变化引起流体体积变化的修正系数 C_{pV}	$C_{pV}=\frac{(1-p_bF_b)}{(1-p_aF_a)}$	p_a—工况时传感器内的压力，Pa p_b—标定时传感器内的压力，Pa F_a—工况温度下被测流体的压缩系数，Pa^{-1} F_b—标定温度下被测流体的压缩系数，Pa^{-1}
压力变化引起气体密度变化的修正系数 C_ρ	$C_\rho=\frac{101325+p_b}{101325+p_a}$	
温度变化引起传感器尺寸变化的修正系数 C_t	$C_t=(1+\alpha_1t)^2(1+\alpha_2\Delta t)$	α_1—传感器壳体材料平均热胀系数，$℃^{-1}$ α_2—传感器叶轮材料平均热胀系数，$℃^{-1}$ Δt—工况温度与标定温度之差，工况温度比标定温度低时，以负值代入公式 β—被测流体温度膨胀系数，$℃^{-1}$
温度变化引起流体体积变化的修正系数 C_{tV}	$C_{tV}=1+\Delta t\times\beta$	
温度变化引起气体密度变化的修正系数 $C_{t\rho}$	$C_{t\rho}=\frac{273.15+t_a}{273.15+t_b}$	t_a—工况时流体的温度，℃ t_b—标定时流体的温度，℃

续表

项目	计算公式	备注
测量的是体积流量时，只需考虑传感器物理尺寸变化的影响	$q_V=\frac{N}{K}C_pC_t=q_V'C_pC_t$	N—工况时累计脉冲数，次 K—传感器出厂的仪表系数，次 q_V'—工况状态下，根据 N 和 K 求得的名义体积流量值，m^3/h

计算实例 4-22

一台涡轮流量传感器，其出厂校验单上的仪表常数 $K=153.6$ 次/L，在现场用频率计测得它的脉冲数 $f=450Hz$，则流过该传感器的流量是多少？

解： 根据表 4-84 涡轮流量计的流量公式 $q_V=\frac{f}{K}$ 得流过该传感器的流量 q_V 为：

$$q_V=\frac{450}{153.6}=2.930(L/s)=10.55(m^3/h)$$

计算实例 4-23

用涡轮流量计测量乙烯气体。已知质量刻度流量 $q_m=1600kg/h$，操作压力（表压）$p=1.47MPa$，操作温度 $t=50℃$，压缩系数 $Z=0.7943$，流体标准状态下的密度 $\rho_n=1.26kg/m^3$。

求：a. 标准状态下的体积流量 q_{Vn} 是多少？操作状态下的体积流量 q_V 是多少？

b. 涡轮流量计常数 $\xi=33.31$ 脉冲/L，$q_V=100m^3/h$ 时，输出频率为多少？

c. 当校对二次表时（输入频率，输出为 4～20mA），若输出为 16mA，应输入多少频率？

解： a. 根据本书表 4-31②的换算公式，标准状态下的体积流量为：

$$q_{Vn}=\frac{q_m}{\rho_n}=\frac{1600}{1.26}=1270(m^3/h)$$

根据表 4-84 中的公式，操作状态下的体积流量为：

$$q_V=q_{Vn}\frac{p_nTZ}{pT_nZ_n}=1270\times\frac{(273.15+50)\times0.1013\times0.7943}{(1.47+0.1013)\times273.15}=76.9(m^3/h)$$

b. 输出频率：根据表 4-84 中的公式得 $f=\xi q_V=33.31\times\frac{100\times10^3}{3600}\approx925(Hz)$

c. 输出量的百分数为 $\frac{16-4}{16}\times100\%=75\%$，则输出为 16mA 时，应输入的频率为：

$$f=33.31\times\frac{76.9\times10^3}{3600}\times0.75\approx533.65(Hz)$$

4.10.3 涡轮流量计常见故障及处理

涡轮流量计常见故障及处理方法见表4-86。

表4-86 涡轮流量计常见故障及处理

故障现象	可能原因	检查处理方法
通电后无流量时有流量输出信号	输入屏蔽或接地不良，引入电磁干扰	改善屏蔽及接地，排除电磁干扰
	传感器靠近干扰源或管道振动	安装位置要远离干扰源，采取防振措施
	截止阀关闭不严，有泄漏	检修或更换阀
通电、通流后无流量输出信号	感应线圈断线或焊点脱焊	更换感应线圈或重焊
	前置放大电路元件损坏	检查并更换元器件
	叶轮被杂物或脏物卡死	拆下进行清洗或更换，更换后须重新标定
	轴承和轴被杂物卡住或断裂	
	管道、阀门等堵塞	检查、清理管道，阀门及传感器
流量输出信号不规则、不稳定	有较强电干扰信号	加强屏蔽和接地
	叶轮动平衡差	调整叶轮动平衡
	管道、阀门、传感器等进入杂物	检查、清理管道、阀门及传感器
	传感器受损或有气穴	检查传感器及增加背压
	管道振动使叶轮抖动	加固管道或在传感器前后加装支架防止振动

4.11 超声流量计

4.11.1 超声流量计安装要点

选择充满流体且易于超声波传输的管段，如垂直或水平管段。安装位置应选择在无任何阀门、弯头、变径等的均匀的直管段上，要远离阀门、泵、高压电和变频器等干扰源。避免安装在管道的最高点或带有自由出口的竖直管道上。有开口或半满管的管道，流量计应安装在U形管段处。超声流量计对上、下游直管段的要求见表4-87。

表4-87 超声流量计对上、下游直管段的要求

上游阻流件形式	上游直管段长度要求		下游直管段长度要求
	单声道测量	双声道测量	
泵的下游	50D	15D	5D～10D
全开控制阀	50D	10D	
两个不同平面(空间)90°弯头	40D	10D	
两个同平面90°弯头	25D	10D	
一个90°弯头或三通	20D	10D	
收缩角<7°的收缩管	15D		

4.11.2 超声流量计的常见故障及处理

（1）介质在静止状态下流量指示不为零时的故障诊断及处理流程（图 4-5）

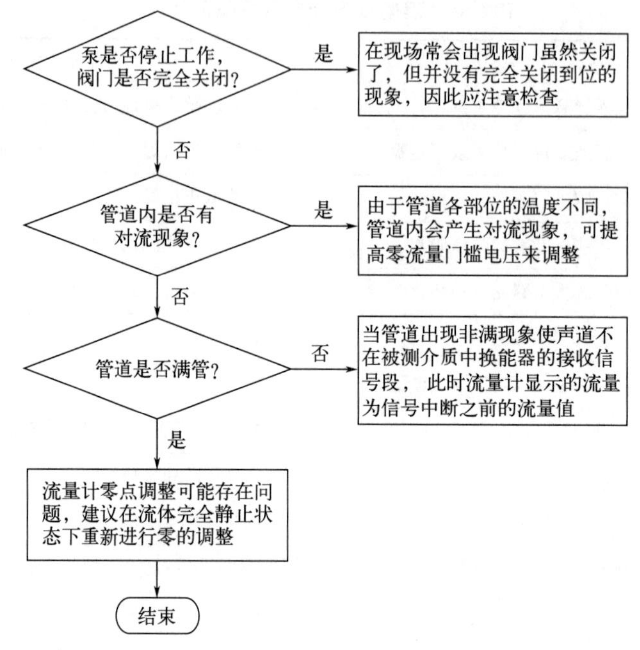

图 4-5 介质在静止状态下流量指示不为零时的故障诊断及处理流程

（2）没有流量显示时的故障诊断及处理流程（图 4-6）

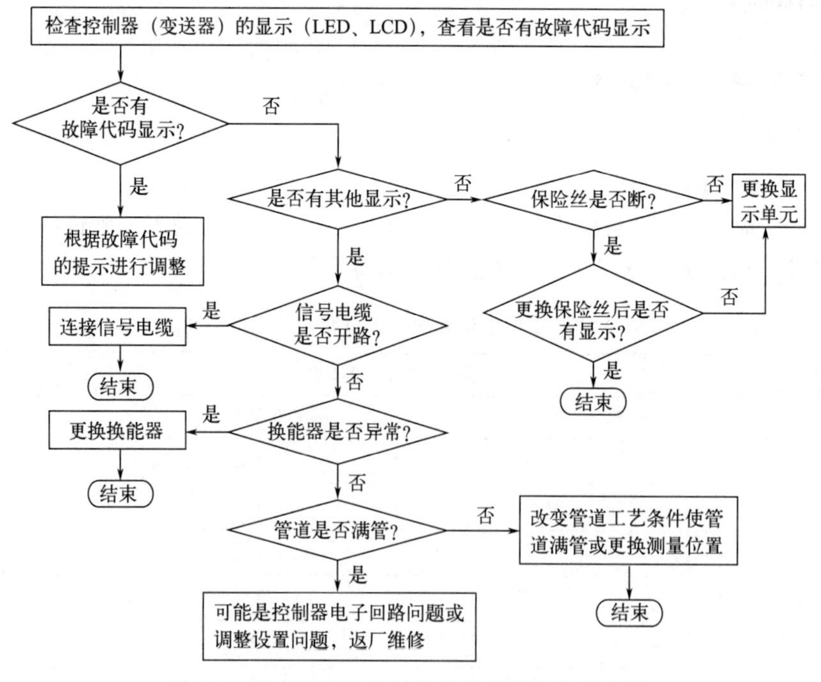

图 4-6 没有流量显示时的故障诊断及处理流程

（3）流量指示跳动或不稳定时的故障诊断及处理流程（图 4-7）

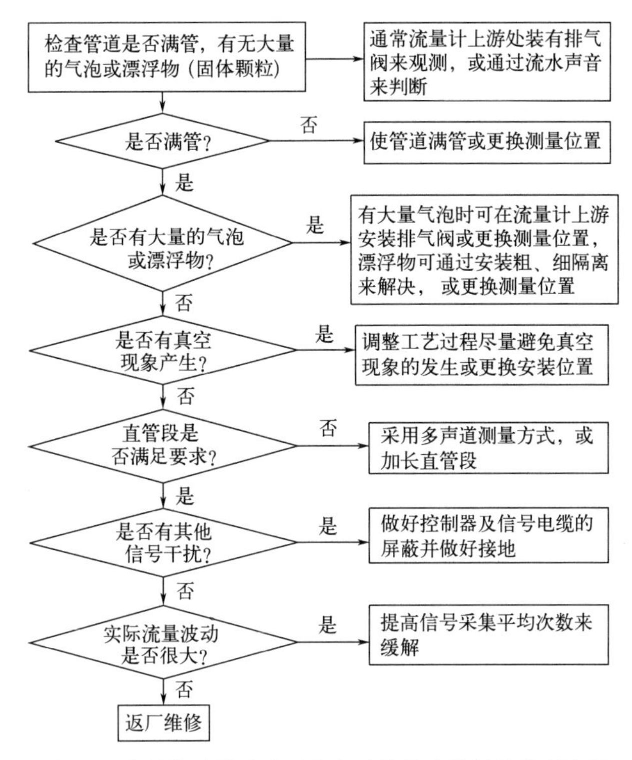

图 4-7　流量指示跳动或不稳定时的故障诊断及处理流程

（4）测量误差超差的故障诊断及处理流程（图 4-8）

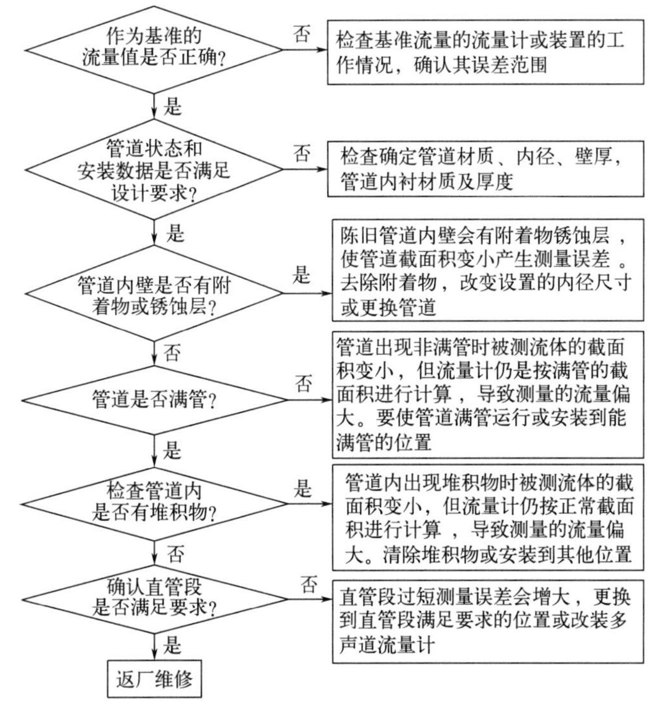

图 4-8　测量误差超差的故障诊断及处理流程

4.12 容积式流量计

4.12.1 容积式流量计的计算公式

容积式流量计的计算公式见表4-88。

表4-88 容积式流量计的计算公式

流量计类型	计算公式	备注
转子型容积流量计	$q_V=4nV_0$	q_V—体积流量，m^3/s V_0—测量室体积，m^3 n—齿轮旋转转数，r/s k—刮板对数 V_{in}、V_{out}—内侧和外侧容积，m^3
刮板型容积流量计	$q_V=2knV_0$	
活塞型容积流量计	$q_V=(V_{in}+V_{out})n$	
永久压损与漏气(液)量的关系	$\Delta q=K\sqrt{\frac{\Delta p}{\mu}}$	Δq—漏气(液)量 K—仪表系数 Δp—间隙两侧的差压 μ—液体的绝对黏度

计算实例 4-24

某椭圆齿轮流量计的测量上限为$20m^3/h$，标定一次表时，6min的累计流量为200L，对应输出为500脉冲。试计算：①满度流量的对应频率？②要使二次表的输出为12mA，应输入多少赫兹？

解： ① 该流量计的系数为 $F=\frac{500}{200}=2.5$(脉冲/L)

则满度流量的对应频率为 $2.5\times\frac{20000}{3600}\approx13.9$(Hz)

② 要使二次表的输出为12mA，应输入的脉冲数为 $F=\frac{12-4}{20-4}\times13.9=6.95$(Hz)

4.12.2 容积式流量计常见故障及处理

容积式流量计常见故障及处理见表4-89。

表4-89 容积式流量计常见故障及处理

故障现象	可能原因	处理方法
计数器不工作	流量计进、出口封盖没有拿掉	拆下流量计，取下封盖，重新安装
	实测部分活动机构被卡住	拆下计数器，分解实测部分，排除故障，清洗后重新组装
	泵的压力过低	考虑整个管道系统的全部压力损失，重新选择泵的型号
	(机械式)磁性耦合器损坏或磁力减弱	更换或重新充磁
	(机电一体式)敏感元件或信号源安装不妥	检查或重新安装

续表

故障现象	可能原因	处理方法
有异常的噪声	有空气混入液体	降低流速，消除液体中的空气
	管道中含有液体蒸气	降低流速，控制温度和压力，防止汽化
	实测部分的活动机构接触计量室内壁	分解并检查实测部分部件，排除故障
液体渗漏	管道密封面损坏	更换密封垫片
	实测部分的密封有缺损	查看盖的紧固螺钉，进一步紧固或更换密封件
阀门关闭时，电子计数器仍然累计计数	管道阀门泄漏	检查管道阀门
	（机电一体式）阀门与流量计之间有蓄气空间，使活动部件摇摆产生信号	在管道存有的蓄气空间上装排气阀
	（机电一体式）外电源的电压波动	消除供电的波动
计数总量过高	液体有脉动流	增加一个检查阀和积算器
	液体中混有空气	安装消气器
电子计数器计数量过高或过低	脉冲当量设置是否恰当	重新设置脉冲当量
	外磁场影响	远离干扰磁场

4.13 其他流量计的计算公式

其他流量计的计算公式见表 4-90。

表 4-90　其他流量计的计算公式

流量计类型	计算公式	备注
靶式流量计的体积流量计算	$q_V=4.5119D\left(\frac{1}{\beta}-\beta\right)\sqrt{\frac{F}{\rho}}$ 或 $q_V=14.129K_\alpha\left(\frac{D^2-d^2}{d}\right)\sqrt{\frac{F}{\rho}}$	q_V—体积流量，m^3/h q_m—质量流量，kg/h D—管道内径，mm d—靶板的直径，mm K_α—流量系数 β—靶径比，$\beta=d/D$ F—流体对靶面的作用力，N ρ—流体的密度，kg/m^3 $14.129=\sqrt{\frac{\pi\times 9.80665}{2}}\times\frac{3600}{1000}$ $4.5119=\sqrt{\frac{\pi}{2}}\times\frac{3600}{1000}$
靶式流量计的质量流量计算	$q_m=4.5119D\left(\frac{1}{\beta}-\beta\right)\sqrt{\rho F}$ 或 $q_m=14.129K_\alpha\left(\frac{D^2-d^2}{d}\right)\sqrt{F\rho}$	
楔形流量计的体积流量计算	$q_V=\frac{C\varepsilon}{\sqrt{1-m^2}}m\frac{\pi D}{4}\sqrt{\frac{2\Delta p}{\rho}}$ 式中，$m=A/\left(\frac{\pi D^2}{4}\right)$	q_V—体积流量，m^3/s C—流出系数 ε—可膨胀系数 m—流通面积 A 与管道截面积之比 D—管道内径，m Δp—楔形元件前后的差压，Pa ρ—流体密度，kg/m^3

续表

流量计类型	计算公式	备注
V形内锥流量计的流量计算	$q_V=\frac{C\varepsilon}{\sqrt{1-\beta^4}}\frac{\pi}{4}d^2\sqrt{\frac{2\Delta p}{\rho}}$ 质量流量　$q_m=q_V\rho$ $\beta_V=\frac{\sqrt{(D^2-d_V^2)}}{D^2}$	q_V—工况下的体积流量，m^3/s q_m—质量流量，kg/s d—等效开孔直径，m ε—被测介质可膨胀系数 ρ—流体密度，kg/m^3 Δp—差压，Pa d_V—工况下内锥的最大外径，m D—管道内径，m β—直径比，等效的$\beta(\beta_V)$
均速管流量计的流量计算	$q_V=\alpha A\sqrt{\frac{2}{\rho}(p_0-p)}$	A—流通面积(管道横截面积) α—流量系数，通过校验来确定其值 p_0—总压 p—静压 ρ—被测流体的密度
弯管流量计的流量计算	$q_m=3.9986\times10^{-3}\alpha D\sqrt{\Delta p\rho}$ 式中，$\alpha=\sqrt{R/2D}+\frac{6.5\sqrt{R/2D}}{\sqrt{Re_D}}$	q_m—流体的质量流量 Δp—测得的差压值，Pa ρ—流体密度，kg/m^3 D—弯管直径，mm R—弯管半径(外半径与内半径的平均值)，mm Re_D—与D有关的雷诺数 α—流量系数

参考文献

[1] 王池，王自和，张宝珠，等. 流量测量技术全书 [M]. 北京：化学工业出版社，2012.

[2] 黄步余，范宗海，马睿. 石油化工自动控制设计手册 [M]. 4版. 北京：化学工业出版社，2020.

[3] 孙淮清，王建中. 流量测量节流装置设计手册 [M]. 2版. 北京：化学工业出版社，2005.

[4] 周人，何衍庆. 流量测量和控制实用手册 [M]. 北京：化学工业出版社，2013.

[5] 郑灿亭. 石油化工企业流量计量450问 [M]. 北京：中国质检出版社，中国标准出版社，2011.

[6] 能源计量器具应用技术指南编委会. 能源计量器具（流量）应用技术指南 [M]. 北京：中国石化出版社，2012.

[7] 梁国伟，蔡武昌. 流量测量技术及仪表 [M]. 北京：机械工业出版社，2002.

[8] 朱炳兴. 变送器选用与维护 [M]. 北京：化学工业出版社，2012.

[9] 柳金海. 热工仪表与热力工程便携手册 [M]. 北京：机械工业出版社，2007.

[10] 肖素琴，韩厚义. 质量流量计 [M]. 北京：中国石化出版社，1999.

[11] 甘大方. 流量仪表200问 [M]. 北京：中国计量出版社，2009.

[12] 纪纲，朱炳兴，王森. 仪表工试题集——现场仪表分册 [M]. 3版. 北京：化学工业出版社，2015.

[13] 石海林，朱自明. 电磁流量计常见故障检测判别及其解决方法 [J]. 自动化仪表，2005，26 (8)：4.

[14] 张建英. 密度偏差对气体流量测量的影响分析 [J]. 仪器仪表用户，2017，24 (3)：5.

[15] 董翠微. 科氏力质量流量计计量不准的案例剖析 [J]. 世界仪表与自动化，2004，8 (1)：3.

[16] SH/T 3021—2013. 石油化工仪表及管道隔离和吹洗设计规范.

[17] HG/T 20515—2014. 仪表隔离和吹洗设计规范.

第5章

压力及差压测量仪表

5.1 压力和压力表的相关图表及计算

5.1.1 压力的定义及其关系和压力单位换算

工程常用压力的定义及压力单位换算见表5-1～表5-3。

表5-1 工程常用压力的定义

名称	定义
压力	垂直并均匀作用在单位面积上的力(注:压力在物理学上称为"压强")
差压[力],压差	任意两个相关压力之差
绝对压力	以完全真空作为参考点的压力
大气压力	地球表面大气层空气柱重力所产生的压力
表压力	以大气压力为参考点,大于或小于大气压力的压力
正[表]压力	以大气压力为参考点,大于大气压力的压力
负[表]压力	以大气压力为参考点,小于大气压力的压力
标准大气压	通常把纬度为45°的海平面上的大气压叫作标准大气压。它相当于0℃时760mm高的水银柱底部的压力,即760mmHg(101325Pa)
真空压力	绝对压力不足于大气压力的部分称为真空压力(真空度、负压)

表压力、绝对压力与真空压力的关系如图5-1所示。

计算实例5-1

用微压计测得容器内的压力为25kPa，求容器内的绝对压力。

已知当地大气压为760mmHg（等于101.325kPa)。

解： 绝对压力＝表压＋大气压，则绝压为：25＋101.325＝126.325(kPa)。

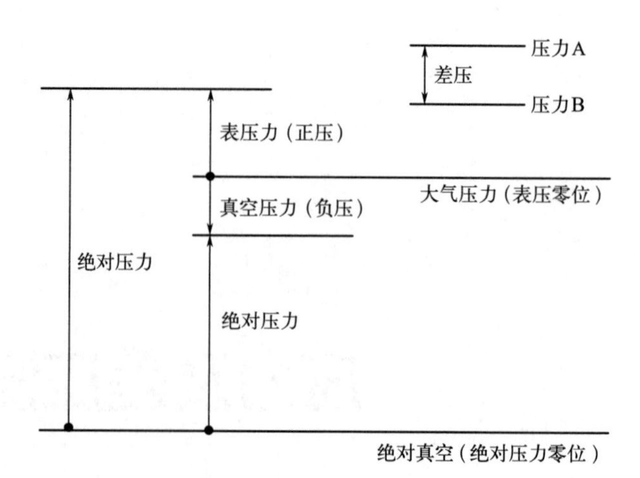

图 5-1　表压力、绝对压力与真空压力的关系

计算实例 5-2

在昆明测得 0～－40kPa 的负压，其绝对压力是多少？

已知昆明地区的大气压为 810.8mbar（约等于 81kPa）。

解：绝对压力＝负压＋大气压，则绝压为：(81－40)～(81－0)＝41～81(kPa abs)或写为 41～81kPa（绝压）。

表 5-2　压力单位换算

帕 (Pa)	巴 (bar)	毫米水柱 (mmH_2O)	毫米汞柱 (mmHg)	标准大气压 (atm)	工程大气压 (kgf/cm^2)	磅/英寸^2 (lb/in^2)
1	1×10^{-5}	0.101972	0.75006×10^{-2}	0.986923×10^{-5}	1.019716×10^{-5}	1.45037×10^{-4}
1×10^{5}	1	1.019716×10^{4}	750.061	0.986923	1.019716	14.5038
9.80665	0.980665×10^{-4}	1	0.73556×10^{-1}	0.9678×10^{-4}	1×10^{-4}	0.00142233
133.3224	1.333224×10^{-3}	13.5951	1	0.00131579	1.35951×10^{-3}	0.0193368
1.01325×10^{5}	1.01325	1.0332×10^{4}	760	1	1.03323	14.6959
0.980665×10^{5}	0.980665	10000	735.559	0.967841	1	14.2233
6.89476×10^{3}	0.0689476	703.072	51.7151	0.0680462	0.0703072	1

注：标准大气压即物理大气压。

表 5-3　力单位换算

牛顿(N)	千克力(kgf)	达因(dyn)	磅力(lbf)	磅达(pdl)
1	0.102	10^{5}	0.2248	7.233
9.807	1	9.807×10^{5}	2.2046	70.93
10^{-5}	1.02×10^{-6}	1	2.248×10^{-6}	7.233×10^{-5}
4.448	0.4536	4.448×10^{5}	1	32.174
0.1383	1.41×10^{-2}	1.383×10^{4}	3.108×10^{-2}	1

5.1.2 压力表的允许误差及计算

压力表、精密压力表、活塞式压力计的准确度等级及允许误差见表 5-4～表 5-6。

表 5-4 压力表的准确度等级及基本误差限

准确度等级	基本误差限(以量程的百分数计)/%				检定环境温度
	零点		测量上限 90%以下(含 90%)部分	测量上限 90%以上部分	
	带止销	不带止销			
1.0	1.0	±1.0	±1.0	±1.6	20℃±5℃
1.6	1.6	±1.6	±1.6	±2.5	
2.5	2.5	±2.5	±2.5	±4.0	
4.0	4.0	±4.0	±4.0	±4.0	

注：对于真空表，测量上限 90%以下（含 90%）部分是指－0.09～0MPa，测量上限 90%以上部分是指－0.1～0.09MPa。

表 5-5 精密压力表的准确度等级及最大允许误差

准确度等级	最大允许误差(按量程百分比计算)/%	检定环境温度	准确度等级	最大允许误差(按量程百分比计算)/%	检定环境温度
0.1	±0.1	20℃±1℃	0.4	±0.4	20℃±3℃
0.16	±0.16		0.6	±0.6	
0.25	±0.25	20℃±2℃			

注：0.6 级为降级使用精密表。

表 5-6 活塞式压力计的准确度等级及基本误差

准确度等级	基本误差		检定环境温度要求
	压力值$<p_{max}\times10\%$	$p_{max}\times10\%\leqslant$压力值$\leqslant p_{max}$	
一等	$p_{max}\times10\%\times(\pm0.02\%)$	实际测量值$\times(\pm0.02\%)$	20℃±1℃
二等	$p_{max}\times10\%\times(\pm0.05\%)$	实际测量值$\times(\pm0.05\%)$	20℃±2℃
三等	$p_{max}\times10\%\times(\pm0.2\%)$	实际测量值$\times(\pm0.2\%)$	20℃±5℃

注：p_{max} 为压力测量上限。

计算实例 5-3

某弹簧管式压力表的量程为 0～1.6MPa，精度 1.6 级，试计算该表的示值误差、回程误差、轻敲位移允差、零点误差。

解：根据表 5-4 计算如下：

① 示值误差。在测量范围内，测量上限 90%以下的误差为：

$$\Delta=(1.6-0)\times(\pm1.6\%)=\pm0.0256(\text{MPa})$$

测量上限 90%以上部分的误差为：

$$\Delta=(1.6-0)\times(\pm 2.5\%)=\pm 0.04(\text{MPa})$$

② 回程误差。在测量范围内，回程误差为：

$$|\Delta|=|\pm 0.0256|=0.0256(\text{MPa})$$

③ 轻敲位移允差。轻敲表壳后，指针示值变动量应不大于表5-4所规定的基本误差限绝对值的1/2。则轻敲位移的允差为：

$$50\%|\Delta|=50\%|\pm 0.0256|=0.0128(\text{MPa})$$

④ 零点误差。本例压力表不带止销，其零点误差为：

$$1.6|\Delta|=1.6|\pm 0.0256|=\pm 0.041(\text{MPa})$$

计算实例 5-4

一只1.6级的压力真空表，量程为−0.1～0.15MPa，其允许基本误差是多少？

解： 根据表5-4，允许基本误差＝±[(|上限|＋|下限|)×1.6%]

$$=\pm[(0.15+0.1)\times 1.6\%]=\pm 0.004(\text{MPa})$$

5.1.3 弹簧管压力表的环境温度影响及计算

弹簧管压力表的环境温度影响及计算见表5-7、表5-8。

表 5-7 弹簧管压力表的正常工作环境温度及温度影响的计算公式

项目	计算公式	
	一般压力表	精密压力表
正常工作环境温度(含介质温度)	−40～＋70℃	5～40℃
当使用环境温度偏离检定温度时，仪表的示值误差不超过右列公式规定的范围	偏离20℃±5℃时： $\Delta=\pm(\delta+K\Delta t)$	偏离20℃±1℃(0.1级、0.16级)、20℃±2℃(0.25级)、20℃±3℃(0.4级)时： $\Delta=\pm(\delta+K\Delta t)$

式中：

δ—基本误差限绝对值，%

Δt—$|t_2-t_1|$，℃

t_2—正常工作环境温度范围内的任意值，℃

t_1—对于一般压力表，当t_2高于25℃时，t_1为25℃，当t_2低于15℃时，t_1为15℃。对于精密压力表，当t_2高于21℃时，t_1为21℃，当t_2低于19℃时，t_1为19℃(0.1级、0.16级)；当t_2高于22℃时，t_1为22℃，当t_2低于18℃时，t_1为18℃(0.25级)；当t_2高于23℃时，t_1为23℃，当t_2低于17℃时，t_1为17℃(0.4级)

K—温度影响系数，其值为0.04%/℃

Δ—对于一般压力表，当使用环境温度偏离20℃±5℃时的示值误差允许值；对于精密压力表，当使用环境温度偏离20℃±1℃(0.1级、0.16级)、20℃±2℃(0.25级)、20℃±3℃(0.4级)时的示值误差允许值。表示方法与基本误差限相同，%

表 5-8　压力表使用中环境温度偏离检定温度时的示值允许误差及修正

项目	计算公式	备注
正常条件下的允许基本误差 Δ	$\Delta=\pm(A_{max}-A_{min})\times\delta\%$	A_{max}、A_{min}—压力表量程上、下限 δ—基本误差限绝对值，% K—温度影响系数，为 0.04%/℃ Δt—$\|t_2-t_1\|$，℃ t_2、t_1 的取值方法详见表 5-7 中的 t_2、t_1
温度变化引起的附加误差 Δ_{pt}	$\Delta_{p_t}=\pm(A_{max}-A_{min})\times(K\Delta t)$	
环境温度偏离检定温度后的总误差 Δ_p	$\Delta_p=\pm(\Delta+\Delta_{p_t})$	
温度变化后的修正方法	$p_s=p_t-\Delta_{p_t}$	p_s—压力表测量的实际压力，MPa p_t—在环境温度 t 时的压力指示值，MPa Δ_{p_t}—温度变化引起的附加误差

计算实例 5-5

一只 0.4 级的精密压力表，测量范围为 0～2.5MPa，在 30℃环境下使用，该表的示值允许误差是多少？

解： 仪表正常情况下 20℃±3℃的允许误差 Δ 为：

$$\Delta=(A_{max}-A_{min})\times\delta\%=\pm(2.5-0)\times0.4\%=\pm0.01(\text{MPa})$$

在 30℃环境下使用，$\Delta t=30-23=7$℃

温度变化引起的附加误差 Δ_{p_t} 为：

$$\Delta_{p_t}=\pm(A_{max}-A_{min})\times(K\Delta t)=\pm(2.5\times0.04\%\times7)=\pm0.007(\text{MPa})$$

环境温度偏离检定温度后该表的总误差 Δ_p 为：

$$\Delta_p=\pm(\Delta_{p_t}+\Delta)=\pm(0.007+0.01)=\pm0.017(\text{MPa})$$

从计算结果可看出该表的准确度等级已降低，即：

$$\frac{0.017}{2.5}\times100\%=0.68\%$$

计算实例 5-6

在 30℃环境温度下，用一只测量范围为 0～1.6MPa、0.25 级的精密压力表，是否可以校准测量范围为 0～1.0MPa、1.6 级的弹簧管压力表？

解： ① 先计算弹簧管压力表和精密压力表在检定环境温度下的示值允许误差及量传比。

根据表 5-8 中的公式，弹簧管压力表的允许误差为：

$$\Delta=\pm(A_{max}-A_{min})\times\delta\%=\pm(1.0-0)\times1.6\%=\pm0.016(\text{MPa})$$

精密压力表的允许误差 Δ 为：

$$\Delta=\pm(A_{max}-A_{min})\times\delta\%=\pm(1.6-0)\times0.25\%=\pm0.004(\text{MPa})$$

按 JJG 52—2013 弹性元件式一般压力表、压力真空表和真空表检定规程的规定，标准器最大允许误差绝对值应不大于被检压力表最大允许误差绝对值的 1/4。则量传比为：

$$0.004\text{MPa}=\frac{0.016\text{MPa}}{4}=0.004\text{MPa}$$

即精密压力表允许误差刚好为被校压力表允许误差的 1/4，满足校准要求。

② 计算弹簧管压力表和精密压力表在温度变化时，引起的附加误差 Δ_{p_t}。

根据表 5-8 中的公式，弹簧管压力表的附加误差为：

$$\Delta_{p_t}=\pm(A_{\max}-A_{\min})\times(K\Delta t)=\pm1\times0.04\%\times(30-25)=\pm0.002(\text{MPa})$$

精密压力表的附加误差为：

$$\Delta_{p_t}=\pm(A_{\max}-A_{\min})\times(K\Delta t)=\pm1.6\times0.04\%\times(30-22)=\pm0.00512(\text{MPa})$$

③ 计算在 30℃时，弹簧管压力表和精密压力表的总误差 Δ_p 及量传比。

根据表 5-8 中的公式，弹簧管压力表的总误差 Δ_p 为：

$$\Delta_p=\pm(\Delta+\Delta_{p_t})=\pm0.016+0.002=\pm0.018(\text{MPa})$$

精密压力表的总误差 Δ_p 为：

$$\Delta_p=\pm(\Delta+\Delta_{p_t})=\pm0.004+0.00512=\pm0.00912(\text{MPa})$$

量传比为：$0.00912\text{MPa}>\frac{0.018\text{MPa}}{4}=0.0045\text{MPa}$

从计算结果看，已不能满足校准要求。

5.1.4 压力仪表维修常用资料

压力仪表维修常用资料见表 5-9～表 5-15。

表 5-9 弹簧管压力表色标横线与测量介质的关系

被测介质	氧	氢	乙炔	氨	其他可燃(助燃)性气体
标示横线的颜色	天蓝色	绿色	白色	黄色	红色

表 5-10 弹簧管压力表常用接头螺纹

<table>
<tr><td colspan="2">表盘直径 D/mm</td><td>40</td><td>50</td><td>60</td><td>100</td><td>150</td><td>200</td><td>250</td></tr>
<tr><td rowspan="4">常用螺纹</td><td>公制螺纹</td><td>M10×1</td><td>M14×1.5</td><td colspan="5">M20×1.5</td></tr>
<tr><td rowspan="2">英制螺纹</td><td></td><td>ZG 1/4</td><td colspan="3" rowspan="3">ZG 3/8、G 3/8、3/8NPT
ZG 1/2、G 1/2、1/2NPT</td><td colspan="2" rowspan="3"></td></tr>
<tr><td></td><td>G 1/4</td></tr>
<tr><td>美制螺纹</td><td></td><td>1/4NPT</td></tr>
</table>

表 5-11 液柱式压力计常用工作液体物理性质（20℃）

工作液体	蒸馏水	乙醇	四氯化碳	甘油	煤油
分子式	H_2O	C_2H_6O	CCl_4	$C_3H_8O_3$	
密度 ρ/(g/cm^3)	0.998	0.79	1.595	1.26	0.80
体胀系数 β/℃$^{-1}$	1.8×10^{-4}	11×10^{-4}	12.2×10^{-4}	4.9×10^{-4}	9.6×10^{-4}

表 5-12　隔膜压力表常用隔膜材质的耐腐蚀性能

隔膜材质	耐腐蚀性能
钽	具有优良的耐腐蚀性能。除氢氟酸、苛性碱外，在其他腐蚀介质中具有优良的耐腐蚀性能，特别能耐盐酸和王水的腐蚀
哈氏 C-276	在氧化-还原性介质中耐腐蚀性能良好。适用于干氯气、硝酸(＜50℃)、磷酸、醋酸、多种氯化物、苛性钠、海水及多种有机酸，也能有条件地用于盐酸和硫酸
蒙乃尔 K400	能耐多种还原性介质腐蚀，特别是在氢氟酸和碱中性能稳定。适用于氢氟酸、氯化物、干燥氯气、碱及有机酸等。不耐盐酸及潮湿的硫化氢蒸气腐蚀
钛	能耐海水、各种氯化物和次氯酸盐、湿氯、硝酸等氧化性酸、王水、有机酸、碱等介质的腐蚀。不耐较纯的还原性酸(盐酸、硫酸)、干氯气、四氯化钛等腐蚀
316LSS	适用于水蒸气、热碱溶液、沸腾的磷酸、氢硫酸、醋酸、甲酸、亚硫酸等介质。尤其能耐各种温度、浓度的硝酸腐蚀。耐硫酸、湿氯气及某些氯化物介质腐蚀能力较差
316LSS 衬 PTFE	除受三氟化氯、高温三氟化氧、高流速的液氟及高温氟气浸蚀外，在几乎所有介质中具有优良的耐腐蚀性能

表 5-13　典型隔膜传导液（填充液）的工作温度范围及用途

填充液	工作温度范围/℃	主要用途
低温硅油	−45～180	低温用途隔膜传导液，低温用途表壳填充液
低黏度硅油	−35～200	一般用途隔膜传导液，低温用途表壳填充液
	−30～240	一般用途表壳填充液
甘油水溶液	−5～100	医药、食品卫生行业用隔膜传导液，表壳填充液
高温硅油	−5～340	高温用途隔膜传导液
氟油	−30～160	特殊用途隔膜传导液

表 5-14　压力表量程范围及精度等级的选择计算式

项目	计算公式	备注
被测压力比较平稳时	$\frac{3}{2}p'_{max} \leqslant S_p \leqslant 3p'_{min}$	p'_{max}—被测压力的最大值 p'_{min}—被测压力的最小值 S_p—所选压力表的量程，在此基础上选择与国家标准压力表的测量范围系列相近的量程
被测压力波动较大时	$2p'_{max} \leqslant S_p \leqslant 3p'_{min}$	
测量高压压力时	$\frac{5}{3}p'_{max} \leqslant S_p \leqslant 3p'_{min}$	
压力表精度等级的选择	$A_c \leqslant \frac{e'_{max}}{S_p} \times 100$	e'_{max}—工艺允许的最大误差 S_p—所选压力表的量程 A_c—精度等级，选择的实际精度等级应小于等于 A_c

计算实例 5-7

某往复式压缩机的出口压力范围为 2.5～2.8MPa，工艺要求就地观测，且误差不能大于 0.1MPa，试选择一块压力表，并给出测量范围和精度等级。

解：由于往复式压缩机的出口压力脉动较大，根据表 5-14 计算式，压力表的量程满足：

$$2p'_{\max} \leqslant S_p \leqslant 3p'_{\min} \Rightarrow 2\times2.8 \leqslant S_p \leqslant 3\times2.5$$

即

$$5.6 \leqslant S_p \leqslant 7.5$$

应选择测量范围为 0～6MPa 的压力表。其精度等级根据表 5-14 计算式为：

$$A_c \leqslant \frac{e'_{\max}}{S_p}\times100 = \frac{0.1}{6}\times100 \approx 1.667$$

选择精度等级为 1.6 级的 Y-150 弹簧压力表就可满足工艺要求。

计算实例 5-8

实例 5-7 中，如果压力表工作的环境温度在 38℃时，选择的精度等级是否还能满足工艺的要求？

解：根据表 5-7，仪表正常情况下 20℃±5℃的允许误差 Δ 为：

$$\Delta = \pm6\times1.5\% = \pm0.09(\text{MPa})$$

现在 38℃环境下使用，温度变化引起的附加误差 Δ_{p_t} 为：

$$\Delta_{p_t} = \pm[6\times0.04\%\times(38-25)] = \pm0.0312(\text{MPa})$$

该表的示值允许误差 Δ_p 为：

$$\Delta_p = \pm(0.09+0.0312) = \pm0.1212(\text{MPa})$$

已超过了工艺不能大于 0.1MPa 的要求，因此应选择精度等级高于 1.6 级的压力表。如果选择 1.0 级的表，其正常情况下的允许误差 Δ 为：

$$\Delta = \pm6\times1.0\% = \pm0.06(\text{MPa})$$

则该表的示值允许误差 Δ_p 为：

$$\Delta_p = \pm(0.06+0.0312) = \pm0.0912(\text{MPa})$$

由于 $0.0912<0.1$，所以选择 1.0 级的压力表可以满足工艺的要求。

5.2 带开关信号输出的压力仪表

5.2.1 用万用表调校电接点压力表

电接点压力表的电接点装置如图 5-2(a) 所示，除压力指针外，另有两根上、下限控制指针，分别用来控制压力的上、下限值。通常下限控制指针为绿或蓝色，上限控制指针为红色，转动表玻璃上面的旋钮，可以把两个控制指针拨到需要报警或控制的压力刻度位置。可以将上、下限电接点等效为图 5-2(b) 的形式。从图 5-2 中可看出压力指针与电接点的对应关系为：

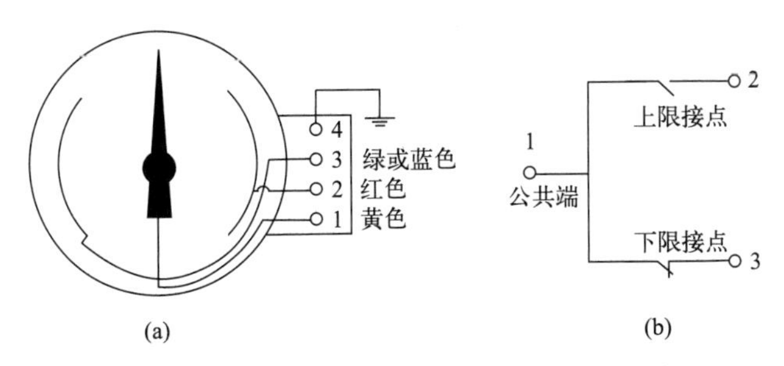

图 5-2　电接点压力表的电接点及其等效电路

① 当指针位于下限接点以下时，公共端 1 和下限接点 3 连通。此时，万用表检测到的状态为 1、3 连通。

② 当指针位于下限接点和上限接点之间时，公共端 1 和上限接点 2、下限接点 3 均不连通，此时万用表检测到的状态全为断开。

③ 当指针超出上限接点时，公共端 1 和上限接点 2 连通。此时，万用表检测到的状态为 1、2 连通。

设定点偏差的调校：没有加压时上限接点 2 和公共端 1 是断开的，下限接点 3 和公共端 1 是闭合的。把万用表放至电阻挡或通断性蜂鸣挡，表笔分别接在 1 和 3 端子上，开始给压力表加压，压力指针向上旋转，快接近下限指针时，应缓慢加压，当下限接点断开瞬间，万用表停止鸣叫（或电阻为无穷大），此时的压力值即为下切换值。然后将万用表表笔改接至 1 和 2 端子上，给压力表继续加压，当压力表指针快接近上限指针时，缓慢加压，当上限接点接通瞬间，万用表开始鸣叫（或电阻接近为零），此时的压力值即为上切换值。

切换差的调校：压力表从大于上限指针指示的压力开始降压，快降至上限设定值时应缓慢降压，当万用表的鸣叫声一停（或电阻为无穷大），读取在上限值时的断开压力值。继续降压，当接近下限设定值时也应缓慢降压，万用表鸣叫瞬间（或电阻接近为零）时的压力值，即为接通压力值。得到了上、下设定点的接通和断开的实际压力值，可进行切换差的计算来确定是否满足要求。

用万用表调校电接点压力表的方法，对采用机械电接点的压力控制器也可参考使用。

5.2.2　电接点压力表设定点偏差和切换差的允许误差及调校

电接点压力表设定点偏差和切换差的允许误差及调校见表 5-15、表 5-16。

表 5-15　电接点压力表设定点偏差和切换差的允许误差

项目	作用方式	
	直接作用式	磁助直接作用式
设定点偏差	不超过示值最大允许误差	−4%FS～−0.5%FS 或 0.5%FS～4%FS
切换差	不大于示值最大允许误差绝对值	3.5%FS
电接点参数	额定功率 10V·A	额定功率30V·A
	最大允许电流0.7A	最大允许电流 1.0A
	最高工作电压 380V	最高工作电压 380V

注：FS 表示满量程。

表 5-16 电接点压力表设定点偏差和切换差的定义、计算式及其调校方法

<table>
<tr><th>名称</th><th>定义、计算式及调校方法</th></tr>
<tr><td>切换值</td><td>定义：位式控制仪表上行程(或下行程)中，输出从一种状态换到另一种状态时所测得的输入量</td></tr>
<tr><td>设定点偏差</td><td>定义：输出变量按规定的要求输出时，设定值与测得的实际值之差
调校方法：
① 设定点的选取。二位调节电接点压力表：设定点偏差调校应在压力表量程的 25%、50%、75% 三点附近的分度线上进行。三位调节电接点压力表：带上限设定电接点压力表的设定点偏差调校应在压力表量程的 50% 和 75% 两点附近的分度线上进行；带下限设定电接点压力表的设定点偏差调校应在压力表量程的 25% 和 50% 两点附近的分度线上进行；带上、下限设定电接点压力表的设定点偏差调校应分别按上、下限设定点偏差设定点进行
② 上、下切换值的确定。将设定指针拨到所需调校的设定点，均匀缓慢地升压或降压，当电接点发生动作并有输出信号时，停止升降压力并在标准器上读取压力值，此值为上切换值或下切换值
上切换值与设定点压力值的差值为升压设定点偏差，下切换值与设定点压力值的差值为降压设定点偏差，计算式如下：
$\delta_{上}=p_{上实}-p_{上设}$ 和 $\delta_{下}=p_{下实}-p_{下设}$
式中：
$\delta_{上}$、$\delta_{下}$—升压和降压设定点偏差
$p_{上实}$、$p_{下实}$—标准器上读取的上限和下限的实际压力值
$p_{上设}$、$p_{下设}$—上限和下限设定压力值</td></tr>
<tr><td>切换差</td><td>定义：同一设定点上、下行程切换值之差
调校方法：切换差调校可与设定点偏差调校同时进行，同一设定点的上、下切换值之差为切换差，计算式如下：
$\Delta_{上}=p_{上实}-p'_{上实}$ 和 $\Delta_{下}=p_{下实}-p'_{下实}$
式中：
$\Delta_{上}$、$\Delta_{下}$—上行程(升压)和下行程(降压)的切换差
$p_{上实}$、$p_{下实}$—升压和降压接通时的压力值
$p'_{上实}$、$p'_{下实}$—升压和降压断开时的压力值</td></tr>
</table>

5.2.3 压力控制器设定点偏差和重复误差的允许值及调校

压力控制器设定点偏差和重复误差的允许值及调校见表 5-17、表 5-18。

表 5-17 压力控制器设定点偏差和重复误差的允许值

准确度等级	设定点偏差允许值/%	重复性误差允许值/%
0.5 级	±0.5	0.5
1.0 级	±1.0	1.0
1.5 级	±1.5	1.5
2.0 级	±2.0	2.0
2.5 级	±2.5	2.5
4.0 级	±4.0	4.0

表 5-18　压力控制器部分参数的定义、计算式及调校方法

名称	定义、计算式、调校方法
设定点	定义：希望发生控制或报警的输入压力值
上切换值	定义：输入压力上升时，使控制器产生控制或报警信号发生变化时的压力值
下切换值	定义：输入压力下降时，使控制器产生控制或报警信号发生变化时的压力值
设定点偏差	调校方法： 将设定点调至控制器量程下限附近的标度处（若切换差可调，将切换差调至最小），逐渐增加压力，当标准器的指示压力接近设定点时再缓慢地增加输入压力逼近设定点至触点动作，此时在标准器上读出的压力值为上切换值。然后缓慢地减少压力至触点动作，此时在标准器上读出的压力值为下切换值。如此进行三个循环可得上切换值或下切换值的平均值。再将设定点调至控制器量程上限附近的标度处进行同样的调校 实际测得的上（下）切换值平均值与选定的设定值之差与量程之比的百分数为设定点偏差，按下式进行计算： $\delta=\dfrac{\overline{Q}_{上}-S}{p}\times100\%$　和　$\delta=\dfrac{\overline{Q}_{下}-S}{p}\times100\%$ 式中： δ—设定点偏差 $\overline{Q}_{上}$、$\overline{Q}_{下}$—设定点的上切换值和下切换值 p—控制器量程 S—设定值 若控制器的设定值控制的是上切换值，则设定点偏差为实测的上切换值平均值与设定值之差。若控制器的设定值控制的是下切换值，则设定点偏差为实测的下切换值平均值与设定值之差
切换差	定义：同一设定点上切换值平均值与下切换值平均值的差值为切换差 调校方法： 对切换差可调的控制器，将切换差调至最小，按设定点偏差调校的方法进行调校，得到最小切换差；将切换差调至最大，按设定点偏差调校的方法进行调校，得到最大切换差
重复性误差	定义：同一调校点三次测量所得的上（下）切换值之间最大差值的绝对值与量程之比的百分数为重复性误差，按下式进行计算： $R=\dfrac{\lvert Q_{上max}-Q_{上min}\rvert}{p}\times100\%$　和　$R=\dfrac{\lvert Q_{下max}-Q_{下min}\rvert}{p}\times100\%$ 式中： R—重复性误差 p—控制器量程 $Q_{上max}$、$Q_{下max}$—设定点上切换值和下切换值的最大值 $Q_{上min}$、$Q_{下min}$—设定点上切换值和下切换值的最小值

5.2.4　压力控制器常见故障及处理

压力控制器常见故障及处理方法见表 5-19。

表 5-19　压力控制器常见故障及处理方法

故障现象	故障原因	故障处理
无输出信号	微动开关损坏	更换微动开关
	压力设定值调得过高	调整到适宜的设定值
	与微动开关相接的导线未连接好	重新连接使接触可靠
	感压元件装配不良，有卡滞现象	重新装配使动作灵敏
	感压元件损坏	更换感压元件

续表

故障现象	故障原因	故障处理
灵敏度差	传动机构如顶杆或柱塞的摩擦力过大	重新装配使动作灵敏
	微动开关接触行程太长	调整微动开关的行程
	调整螺钉、顶杆等调节不当	调整螺钉和顶杆位置
	安装不平和倾斜安装	改为垂直或水平安装
发信号过快	进油口阻尼孔大	改小阻尼孔，或加装阻尼器
	隔离膜片碎裂	更换隔离膜片
	系统压力波动或冲击太大	在测量管路上加装阻尼器

5.3 压力变送器工程量与输出信号的转换计算

压力变送器工程量与输出信号的转换计算见表5-20。

表5-20　压力变送器工程量与输出信号的转换

名称	转换公式	备注
电动压力变送器（4～20mA输出）	$p=\frac{I-4}{16}p_{\max}$ $I=\frac{p}{p_{\max}}16+4$	p—任意压力 $p_{\max}$—压力变送器量程 I—输出电流，mA
气动压力变送器（20～100kPa输出）	$p=\frac{p_k-20}{80}p_{\max}$ $p_k=\frac{80}{p_{\max}}p+20$	p—任意压力 $p_{\max}$—压力变送器量程 p_k—标准输出气压，kPa

计算实例 5-9

某电动压力变送器，输出信号为4～20mA，对应量程为0～2.5MPa。当输入压力为1.6MPa时，变送器的输出电流是多少？

解： 用表5-20中的公式：

$$I=\frac{p}{p_{\max}}16+4=\frac{1.6}{2.5}\times 16+4=14.24(\text{mA})$$

当输入压力为1.6MPa时，该压力变送器的输出电流为14.24mA。

计算实例 5-10

某电动压力变送器的测量范围为−1～5bar，对应输出电流为4～20mA。当输出电流为

12.8mA 时，所测压力应该是多少？

解： 用表 5-20 中的公式：

$$p=\frac{I-4}{16}p_{\max}=\frac{12.8-4}{16}\times[5-(-1)]=3.3(\text{bar})$$

当输出电流为 12.8mA 时，所测压力为 3.3bar。

5.4 压力及差压变送器的量程范围、量程、量程比及允许误差

5.4.1 压力及差压变送器的量程范围、量程及量程比

压力及差压变送器的量程范围、量程及量程比的关系见表 5-21。

表 5-21　压力及差压变送器的量程范围、使用量程及量程比的关系

<table>
<tr><th colspan="4">名称或符号</th><th>说明</th></tr>
<tr><td rowspan="4">量程范围</td><td colspan="2">URL</td><td>变送器的量程上限</td><td>变送器可测数值的最大值</td></tr>
<tr><td rowspan="2">使用量程</td><td>URV</td><td>使用量程上限值</td><td>变送器用户校准后所测数值的最大值</td></tr>
<tr><td>LRV</td><td>使用量程下限值</td><td>变送器用户校准后所测数值的最小值</td></tr>
<tr><td colspan="2">LRL</td><td>变送器的量程下限</td><td>变送器可测数值的最小值</td></tr>
<tr><td colspan="4">量程(SPAN)</td><td>使用量程(校准量程)的上限值与下限值之间的代数差</td></tr>
<tr><td colspan="4">量程比</td><td>量程比有两个概念：
① 最大量程比(或称固有量程比)：量程范围中最大值(URL)与最小值(LRL)之比，即 URL/LRL。变送器的量程范围决定了其量程比的大小
② 实际量程比：量程范围上限(URL)与实际使用量程(或称校准量程)的比值，即 URL/实际使用量程。用户可在变送器的量程范围内选择所需要的量程来使用，由于实际使用量程不同，实际量程比也不同，实际量程比在一定范围内(通常为 10∶1)可保证变送器的参考精度，实际量程比过大时，变送器的参考精度就会有一定的附加误差</td></tr>
<tr><td colspan="4">实际可使用量程比(TD)</td><td>能保证变送器参考精度与实际使用精度相等时的量程比</td></tr>
<tr><td colspan="4">使用开方输出时</td><td>使用量程至少为测量范围上限值(URL)的 10%</td></tr>
</table>

注：1. 超出实际可使用量程比的范围，变送器虽然仍可使用，但其实际使用精确度将低于参考精度。

2. 参考精度即变送器产品选型样本中所列精度；实际使用精度即实际使用时所能达到的精度。

5.4.2 压力及差压变送器的允许误差及计算

(1) 压力及差压变送器的量程比与参考精度的关系

智能变送器大多为大量程比的，厂商建议的使用量程比为 10∶1 或不超过 15∶1 的居多，当量程比较大时，其参考精度会下降。表 5-22 为几例参考精度计算式，详细的计算式可查阅各变送器厂商的产品样本。

表 5-22 部分压力及差压变送器量程比不同时的参考精度计算式

型号	传感器或量程	量程比	参考精度(测量精度)的计算式	备注
266CSH、266JSH	A	(1∶1)～(10∶1)	±0.075%	TD—实际量程比，即范围上限(URL)与实际使用量程(或称校准量程)的比值 $TD=\frac{URL}{量程}$
	C	(10∶1)～(20∶1)	±(0.075+0.005×TD−0.05)%	
	F	(10∶1)～(100∶1)		
3051CG		10∶1	±0.065%	
		超过 10∶1	±(0.015+0.005×TD)%	
3051CD	量程 1		±0.10%	
		超过 15∶1	±(0.025+0.005×TD)%	
3051S-CD/CG	量程 1		±0.09%	
		超过 15∶1	±(0.015+0.005×TD)%	
3051S-T 超级型			±0.025%	
		超过 10∶1	±(0.004×TD)%	
EJA110E	量程 F	X≤量程	±0.055%	X=2kPa(8 inH_2O) URL=5kPa(20 inH_2O)
		X>量程	±(0.005+0.02×TD)%	
	量程 H	X≤量程	±0.055%	X=100kPa(400 inH_2O) URL=500kPa(2000 inH_2O)
		X>量程	±(0.005+0.01×TD)%	
	平方根输出	≥50%流量量程	与参考精度相同	平方根精度是流量量程的百分比
		50%～下降点	$\frac{参考精度\times 50}{平方根输出(\%)}$	

(2) 压力及差压变送器的附加误差

生产现场的条件不同于试验室条件，如温度或静压等的变化，会对变送器的零点或量程造成影响，使参考精度有所下降。附加误差的计算公式，各变送器厂商略有差别，表 5-23 为几例主要附加误差的计算式供参考，详细的计算式可查阅各变送器厂商的产品样本。

表 5-23 部分压力及差压变送器的主要附加误差的计算式

型号	传感器或量程	量程比	环境温度影响的计算式	静压影响的计算式	
				零点误差	量程误差
266CSH、266JSH	A	10∶1	在−40～85℃范围内每变化 20K 的影响±(0.08% URL+0.06%量程)	≤2bar 0.05% URL >2bar 0.05% URL/bar	≤2bar 0.05%量程 >2bar 0.05%量程/bar
	C、F L、N		在−40～85℃范围内每变化 20K 的影响±(0.04% URL+0.06%量程)	≤100bar 0.05% URL >100bar 0.05% URL/100bar	≤100bar 0.05%量程 >100bar 0.05%量程/100bar

续表

型号	传感器或量程	量程比	环境温度影响的计算式	静压影响的计算式	
				零点误差	量程误差
3051CD		(1∶1)～(5∶1)	每变化 28℃ 的影响(下同)±(0.0125%URL+0.0625%量程)		
		(5∶1)～(100∶1)	±(0.025% URL+0.125%量程)		
				静压每变化 1000psi(69bar)的影响(下同)	
	量程 0		±(0.25% URL+0.05%量程)	±0.125%量程/100psi(689kPa)零点误差可标定消除(下同)	±0.15%量程/100psi(689kPa)
	量程 1		±(0.1% URL+0.25%量程)	±0.25%URL	±0.4%读数
3051S-CD 经典型		(1∶1)～(5∶1)	±(0.0125%量程上限+0.0625%量程)		
		(5∶1)～(100∶1)	±(0.025%量程上限+0.125%量程)		
	量程 0		±(0.25%量程上限+0.05%量程)	±0.125%量程上限	±0.15%读数
	量程 1		±(0.1%量程上限+0.25%量程)	±0.25%量程上限	±0.4%读数
EJA110E				静压每变化 6.9MPa(1000psi)的影响(下同)	
	量程 F		每变化 28℃ 的影响(下同)±(0.08%量程+0.18% URL)	±(0.04%量程+0.208%URL)	±0.1%量程
	量程 M		±(0.07%量程+0.02% URL)	±0.028% URL	
	量程 H		±(0.07%量程+0.015% URL)		
	量程 V		±(0.07%量程+0.03% URL)		

(3) 压力及差压变送器允许误差的计算

压力及差压变送器允许误差的计算方法有两种：一种是以变送器输入信号的量程与精度的乘积来表示；另一种是以变送器输出信号的量程与精度的乘积来表示。使用中的变送器回差应不超过最大允许误差的绝对值。

计算实例 5-11

某差压变送器的量程范围为 0～250kPa，精度为 0.1 级，最大允许误差是多少？

解： 最大允许误差为：250kPa×0.1%＝±0.25kPa。

计算实例 5-12

压力变送器的输出为4～20mA DC，精度分别为0.5级和0.075级时的最大允许误差分别是多少？

解：① 精度为0.5级的最大允许误差为：(20mA−4mA)×0.5%=±0.08mA。

② 精度为0.075级的最大允许误差为：(20mA−4mA)×0.075%=±0.012mA。

计算实例 5-13

在用量程为0～6kPa的变送器坏了，备用的只有一台测量范围为1～100kPa的变送器，能否用其来应急？会有什么问题？

解：备用变送器的测量范围覆盖了6kPa，是可以用的，但测量精度会有所下降。因为该变送器在量程比为10∶1时的参考精度为±0.10%。如果将使用量程改为0～6kPa，则其实际使用量程比为：

$$TD=\frac{100}{6}\approx 17$$

根据表5-22中的计算式±(0.025+0.005×TD)%，误差为±(0.025+0.005×17)%=±0.11%，误差增加了，但影响不大可以代用。

（4）校准压力变送器时标准器的精度选择（表5-24）

表5-24　校准0.1级或0.05级压力变送器时标准器的精度选择

被校仪表名称	被校仪表精度/%	标准器精度/%		
		直流电流表	直流电压表	压力计
压力变送器	0.05	0.005	0.005	0.02(活塞压力计)
	0.1	0.01	0.01	0.02(活塞压力计)
	0.5(实验室)	0.05	0.05	0.05(活塞压力计)
	0.5(现场)	0.02	0.02	0.05(数字压力计)

注：直流电压表还需要配置100Ω或250Ω的标准电阻。

5.5 压力及差压变送器的使用及安装

5.5.1 压力及差压变送器常用材质耐腐蚀性参考表

压力及差压变送器常用材质耐腐蚀性参考表见表5-25、表5-26，智能变送器常用膜片材质表见表5-27。常用压力及差压变送器过程连接和电气连接的螺纹规格见表5-28。

表 5-25　压力及差压变送器常用材质耐腐蚀性参考表一

<table>
<tr><th>分类</th><th>介质名称</th><th>浓度/%</th><th>温度</th><th>碳钢</th><th>316</th><th>哈氏C</th><th>蒙乃尔</th><th>钽</th></tr>
<tr><td rowspan="20">无机酸</td><td rowspan="8">盐酸</td><td rowspan="2">5</td><td>RT</td><td></td><td rowspan="8">C</td><td>B</td><td rowspan="8">C</td><td rowspan="8">A</td></tr>
<tr><td>BP</td><td></td><td>C</td></tr>
<tr><td rowspan="2">10</td><td>RT</td><td></td><td>B</td></tr>
<tr><td>BP</td><td></td><td>C</td></tr>
<tr><td rowspan="2">20</td><td>RT</td><td></td><td>B</td></tr>
<tr><td>BP</td><td></td><td>C</td></tr>
<tr><td rowspan="2">35</td><td>RT</td><td></td><td>B</td></tr>
<tr><td>BP</td><td></td><td>C</td></tr>
<tr><td rowspan="10">硫酸</td><td rowspan="2">5</td><td>RT</td><td></td><td>A</td><td>A</td><td>A</td><td rowspan="4">A</td></tr>
<tr><td>BP</td><td></td><td>C</td><td>B</td><td>B</td></tr>
<tr><td rowspan="2">10</td><td>RT</td><td></td><td rowspan="2">C</td><td>A</td><td>A</td></tr>
<tr><td>BP</td><td></td><td>C</td><td>B</td></tr>
<tr><td rowspan="2">60</td><td>RT</td><td>C</td><td>C</td><td>A</td><td>A</td><td rowspan="2">A</td></tr>
<tr><td>BP</td><td></td><td></td><td>C</td><td>B</td></tr>
<tr><td rowspan="2">80</td><td>RT</td><td>B</td><td rowspan="2">C</td><td>A</td><td>C</td><td>A</td></tr>
<tr><td>BP</td><td>C</td><td>C</td><td></td><td>B</td></tr>
<tr><td rowspan="2">95</td><td>RT</td><td>B</td><td>A</td><td>A</td><td>C</td><td>A</td></tr>
<tr><td>BP</td><td>C</td><td>C</td><td>C</td><td></td><td>C</td></tr>
<tr><td rowspan="2">王水</td><td></td><td>RT</td><td></td><td rowspan="2">C</td><td>A</td><td></td><td rowspan="2">A</td></tr>
<tr><td></td><td>BP</td><td></td><td>C</td><td></td></tr>
</table>

<table>
<tr><th>分类</th><th>介质名称</th><th>浓度/%</th><th>温度</th><th>碳钢</th><th>316</th><th>哈氏C</th><th>蒙乃尔</th><th>钽</th></tr>
<tr><td rowspan="18">无机酸</td><td rowspan="8">磷酸</td><td rowspan="2">30</td><td>RT</td><td rowspan="8">C</td><td>A</td><td rowspan="4">A</td><td rowspan="8">C</td><td rowspan="8">A</td></tr>
<tr><td>BP</td><td>B</td></tr>
<tr><td rowspan="2">50</td><td>RT</td><td>A</td></tr>
<tr><td>BP</td><td>B</td></tr>
<tr><td rowspan="2">70</td><td>RT</td><td>A</td><td>A</td></tr>
<tr><td>BP</td><td>C</td><td>B</td></tr>
<tr><td rowspan="2">85</td><td>RT</td><td>A</td><td>A</td></tr>
<tr><td>BP</td><td>C</td><td>C</td></tr>
<tr><td rowspan="8">硝酸</td><td rowspan="2">10</td><td>RT</td><td>C</td><td rowspan="4">A</td><td rowspan="2">B</td><td rowspan="3">C</td><td rowspan="6">A</td></tr>
<tr><td>BP</td><td></td></tr>
<tr><td rowspan="2">30</td><td>RT</td><td>C</td><td>B</td></tr>
<tr><td>BP</td><td></td><td>C</td><td></td></tr>
<tr><td rowspan="2">68</td><td>RT</td><td></td><td>A</td><td>A</td><td></td></tr>
<tr><td>BP</td><td>C</td><td>B</td><td>C</td><td></td></tr>
<tr><td rowspan="2">发烟</td><td>RT</td><td></td><td></td><td></td><td></td><td>A</td></tr>
<tr><td></td><td></td><td></td><td></td><td></td><td></td></tr>
<tr><td rowspan="2">铬酸</td><td rowspan="2">20</td><td>RT</td><td></td><td></td><td>A</td><td></td><td rowspan="2">A</td></tr>
<tr><td>BP</td><td></td><td></td><td></td><td></td></tr>
</table>

表 5-26　压力及差压变送器常用材质耐腐蚀性参考表二

<table>
<tr><th>分类</th><th>介质名称</th><th>浓度/%</th><th>温度</th><th>碳钢</th><th>316</th><th>哈氏 C</th><th>蒙乃尔</th><th>钽</th></tr>
<tr><td rowspan="10">有机酸</td><td rowspan="2">氢氟酸</td><td>5</td><td>RT</td><td rowspan="2">C</td><td rowspan="2">C</td><td rowspan="2">C</td><td>A</td><td rowspan="2">C</td></tr>
<tr><td>48</td><td>RT</td><td>B</td></tr>
<tr><td rowspan="2">醋酸</td><td rowspan="2">100</td><td>RT</td><td rowspan="2">C</td><td rowspan="2">A</td><td rowspan="2">A</td><td rowspan="2">A</td><td rowspan="2">A</td></tr>
<tr><td>BP</td></tr>
<tr><td rowspan="2">甲酸</td><td rowspan="2">50</td><td>RT</td><td rowspan="2">C</td><td rowspan="2">C</td><td rowspan="2">A</td><td>B</td><td rowspan="2">A</td></tr>
<tr><td>BP</td><td></td></tr>
<tr><td rowspan="2">草酸</td><td rowspan="2">10</td><td>RT</td><td rowspan="2">C</td><td>B</td><td>A</td><td rowspan="2">B</td><td>A</td></tr>
<tr><td>BP</td><td>C</td><td>B</td><td>B</td></tr>
<tr><td rowspan="2">柠檬酸</td><td rowspan="2">50</td><td>RT</td><td rowspan="2">C</td><td rowspan="2">A</td><td rowspan="2">A</td><td rowspan="2">B</td><td rowspan="2">A</td></tr>
<tr><td>BP</td></tr>
<tr><td rowspan="3">碱</td><td rowspan="2">苛性钠</td><td>20</td><td>RT</td><td>A</td><td rowspan="2">A</td><td rowspan="2">B</td><td>A</td><td>A</td></tr>
<tr><td>40</td><td>BP</td><td>B</td><td>B</td><td>B</td></tr>
<tr><td>苛性钾</td><td>50</td><td>BP</td><td>B</td><td>A</td><td>B</td><td>A</td><td>A</td></tr>
</table>

续表

分类	介质名称	浓度/%	温度	碳钢	316	哈氏 C	蒙乃尔	钽
盐	氯化铁	30	RT	C	C	B	C	A
			BP			C		
	氯化钠	20℃ 饱和	RT	A	B	A		A
			BP	B		B		
	氯化铵	25	RT	C	B	B	B	A
			BP					
	氯化钙	25	RT	B	B		A	A
			BP			A		
	氯化镁	42	RT		A	A	B	A
			BP					
硫化物	硫酸铵	20℃ 饱和	RT		A	A	A	A
			BP			B	B	
	硫化钠	10	RT			A	A	A
			BP					
	硫酸钠	50	RT	B			A	A
			BP			B	B	
硝酸盐	硝酸铵	10	RT	A	A	A	C	A
			BP					
	硝酸钾	全部	RT	B	B	B	B	A
			BP					
腐蚀性物质	氯气	干	RT	B	A	A	B	A
		湿	RT		C	B		A
	氯水	饱和	RT		C	B		A
	二氧化硫	湿	RT		A			A
			BP					
	硫化氢	湿	RT		A			A

注：A—耐腐蚀性好（腐蚀率<0.13mm/年）；B—耐腐蚀性可以（腐蚀率 0.13～1.3mm/年）；C—耐腐蚀性差（腐蚀率>1.3mm/年）；RT—室温；BP—沸点。

表 5-27 智能变送器常用膜片材质表

材质	主要用途
316L	用于中性介质或弱酸、弱碱性介质，用量最大
316LUG\MOD(尿素级)	用于尿素、合成氨介质
Hastelloy B-2(哈氏 B)	用于盐酸、硫酸、醋酸和磷酸及其他非氧化性腐蚀的介质
Hastelloy C-276(哈氏 C)	用于碱性介质、抗还原性介质和氧化性介质，含粒磨损工况
Tantalum(钽)	用于强酸性介质和大部分盐化物

续表

材质	主要用途
Monel(蒙乃尔)	用于氟化物(如氢氟酸)、氰化物、海水以及高压氧气
Titanium(钛)	主要用于有机酸、部分碱性介质(与 HC 相近)、大部分盐化物
Gold-plating(镀金)	主要用于高温、高压的含有氢气的介质
PTFE\PFA(氟塑料)	用于酸、碱、盐混合产生强腐蚀的混合介质

表 5-28　常用压力及差压变送器过程连接和电气连接的螺纹规格

型号	过程连接	电气连接
PDS 系列	容室法兰上 NPT1/4 内螺纹 NPT1/2 内、外螺纹的过程接头 G1/2 外螺纹的过程接头 M20×1.5 外螺纹的过程接头	NPT1/2 内螺纹 M20×1.5 内螺纹
EJA、EJX 系列	容室法兰上 NPT1/4 或 RC1/4 内螺纹 NPT1/2 或 NPT1/4 内螺纹的过程接头 RC1/2 或 RC1/4 内螺纹的过程接头	G1/2 内螺纹 NPT1/2 内螺纹 M20×1.5 内螺纹
3051	NPT1/4-18，中心距为 $2\frac{1}{8}$英寸 NPT1/2-14，中心距为 2，$2\frac{1}{8}$或 $2\frac{1}{4}$英寸	NPT1/2-14 PG13.5 G1/2 M20×1.5 内螺纹
3051T	NPT1/4-18 内螺纹， G1/2A DIN 16288 外螺纹	
P310，P320，P420	NPT1/2-14 内螺纹 NPT1/2-14 和 M20×1.5 外螺纹	M20×1.5，NPT1/2-14
2600T 系列	NPT1/4-18，NPT1/2-14	M20×1.5，NPT1/2-14

5.5.2　压力及差压变送器供电电源与负载电阻的关系

压力及差压变送器供电电源与负载电阻的关系见表 5-29。

表 5-29　压力及差压变送器供电电源与负载电阻的关系

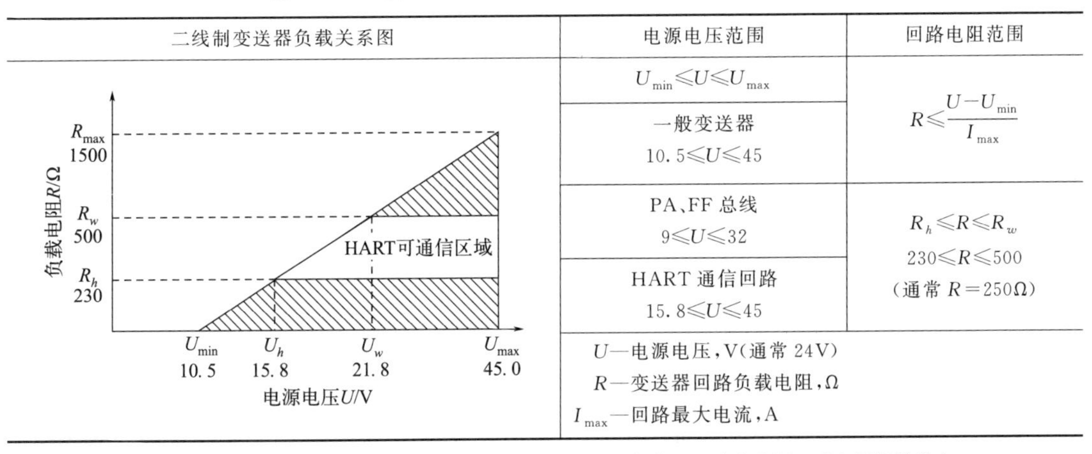

二线制变送器负载关系图	电源电压范围	回路电阻范围
(见图)	$U_{min} \leqslant U \leqslant U_{max}$	$R \leqslant \frac{U-U_{min}}{I_{max}}$
	一般变送器 $10.5 \leqslant U \leqslant 45$	
	PA、FF 总线 $9 \leqslant U \leqslant 32$	$R_h \leqslant R \leqslant R_w$ $230 \leqslant R \leqslant 500$ (通常 $R=250\Omega$)
	HART 通信回路 $15.8 \leqslant U \leqslant 45$	
	U—电源电压，V(通常 24V) R—变送器回路负载电阻，Ω I_{max}—回路最大电流，A	

注：本表是以 PDS 仪表为例，各厂商的变送器其最大工作电压和负载电阻略有差别，可查阅相关样本。

5.5.3 变送器信号回路电阻与电缆长度的估算

4～20mA 信号回路电阻包括：导线电阻、负载电阻、安全栅内阻（本安仪表）。相关计算公式见表 5-30、表 5-31。

表 5-30 压力及差压变送器回路电阻与电缆长度的估算公式

项目	估算公式	备注
回路电阻	$R \leqslant \dfrac{U-U_{min}}{U_{max}-U_{min}} \times R_{max}=k(U-U_{min})$ 式中：$k=\dfrac{R_{max}}{U_{max}-U_{min}}$	U—电源电压(通常 24V),V U_{max}—仪表正常工作的最大电源电压,V U_{min}—仪表正常工作的最小电源电压,V ΔU—电源电压的波动值,V (普通电源为 1V,不间断电源为 0.3V) R—变送器回路负载电阻,Ω R_{max}—最大工作电压下的负载电阻,Ω R_x—电缆的电阻,Ω R_s—仪表内的采样电阻,250Ω l—电缆的长度,m S—电缆的截面,mm² ρ—铜线的电阻系数,Ω·mm²/m
电缆电阻	$R_x=2l\dfrac{\rho}{S}$	
电缆长度	$l=\dfrac{S}{2\rho}\times[k(U-\Delta U-U_{min})-R_s]$	
厂商推荐的估算公式	$L=\dfrac{65\times10^6}{RC}-\dfrac{C_f+10000}{C}$	L—线路长度,m R—总电阻,Ω C—线路电容,pF/m C_f—电路中 HART 现场装置的最大内部电容,pF(即变送器电路的内部电容)

表 5-31 变送器 4～20mA 回路电阻的估算公式

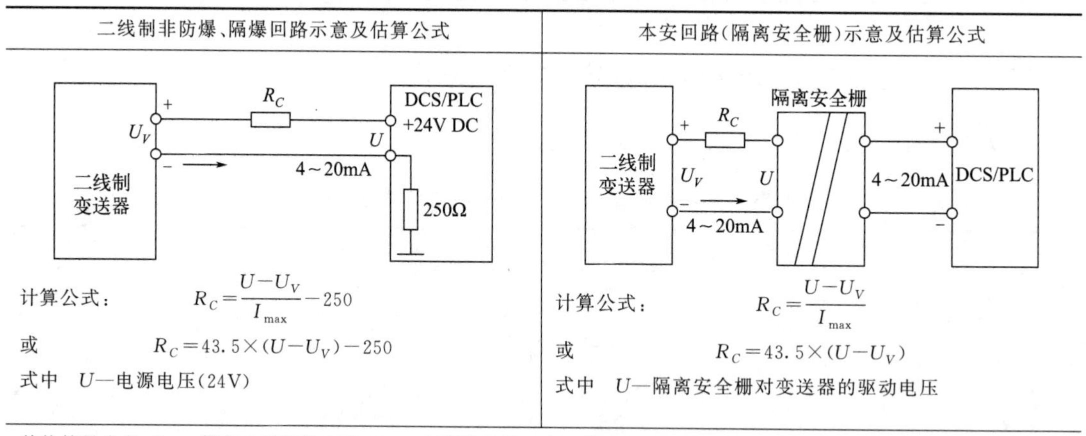

二线制非防爆、隔爆回路示意及估算公式	本安回路(隔离安全栅)示意及估算公式
计算公式：$R_C=\dfrac{U-U_V}{I_{max}}-250$ 或 $R_C=43.5\times(U-U_V)-250$ 式中 U—电源电压(24V)	计算公式：$R_C=\dfrac{U-U_V}{I_{max}}$ 或 $R_C=43.5\times(U-U_V)$ 式中 U—隔离安全栅对变送器的驱动电压
其他符号含义：R_C—仪表电缆等效电阻；U_V—变送器最低正常工作电压；I_{max}—回路最大电流(通常应为 23mA)	

计算实例 5-14

某板卡与 PDS 压力变送器配用，已知：变送器正常工作的最大电源电压 $U_{max}=45$V，

最小电源电压 $U_{min}=10.5V$；最大工作电压下的负载电阻 $R_{max}=1500\Omega$。又已知：板卡上A/D转换电路的采样电阻阻值 $R_s=250\Omega$，电源电压允许波动值 $\Delta U=1V$。拟采用 $S=1.5mm^2$ 的导线，查《电工手册》知，铜线在75℃时的电阻系数 $\rho=0.0217\Omega\cdot mm^2/m$。试估算电缆的理论最大允许长度。

解： ① 根据表5-30中的回路电阻估算公式，计算回路电阻的允许值：

$$R \leqslant \frac{R_{max}}{U_{max}-U_{min}} \times (U-U_{min})$$

$$= \frac{1500}{45-10.5} \times (24-10.5) = 43.5 \times 13.5 = 587(\Omega)$$

从计算知，该回路电阻应小于587Ω。

② 根据表5-30中的电缆长度估算公式，计算电缆长度：

$$l = \frac{S}{2\rho} \times [k(U-\Delta U-U_{min})-R_s]$$

$$= \frac{1.5}{2\times 0.0217} \times [43.5\times(24-1-10.5)-250] = 10153(m)$$

从计算可看出，电缆的理论最大允许长度还是很长的，但在维修中还是要以测量变送器端的电压为依据，即变送器端的电压要大于11V，变送器才能正常工作。

5.6 压力及差压变送器的常见故障及处理

5.6.1 差压变送器的故障检查及处理

差压变送器常见故障的检查及处理流程见图5-3～图5-5，及表5-32。

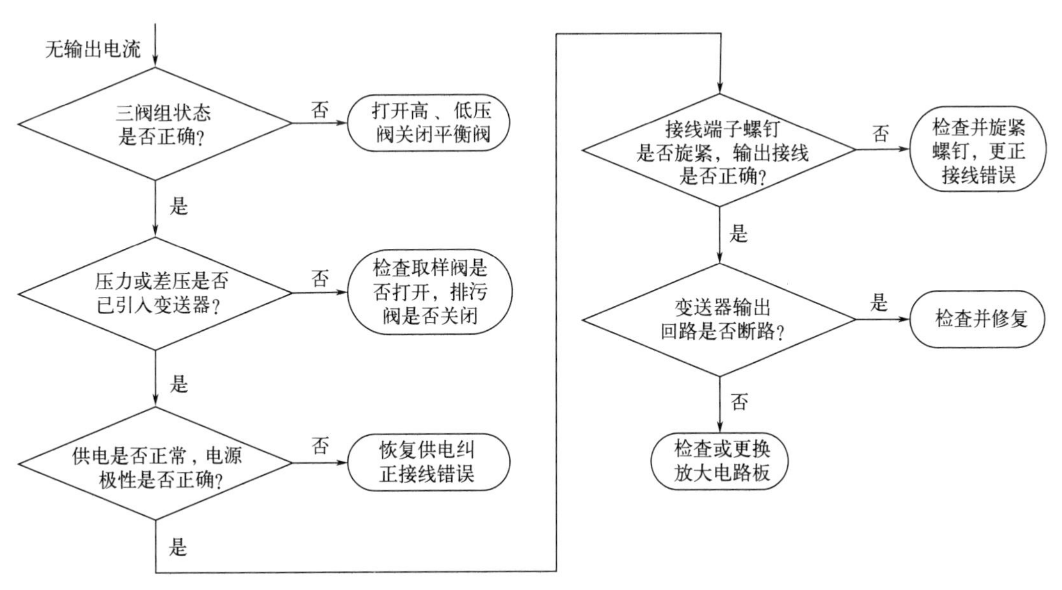

图5-3 差压变送器无输出故障的检查及处理流程图

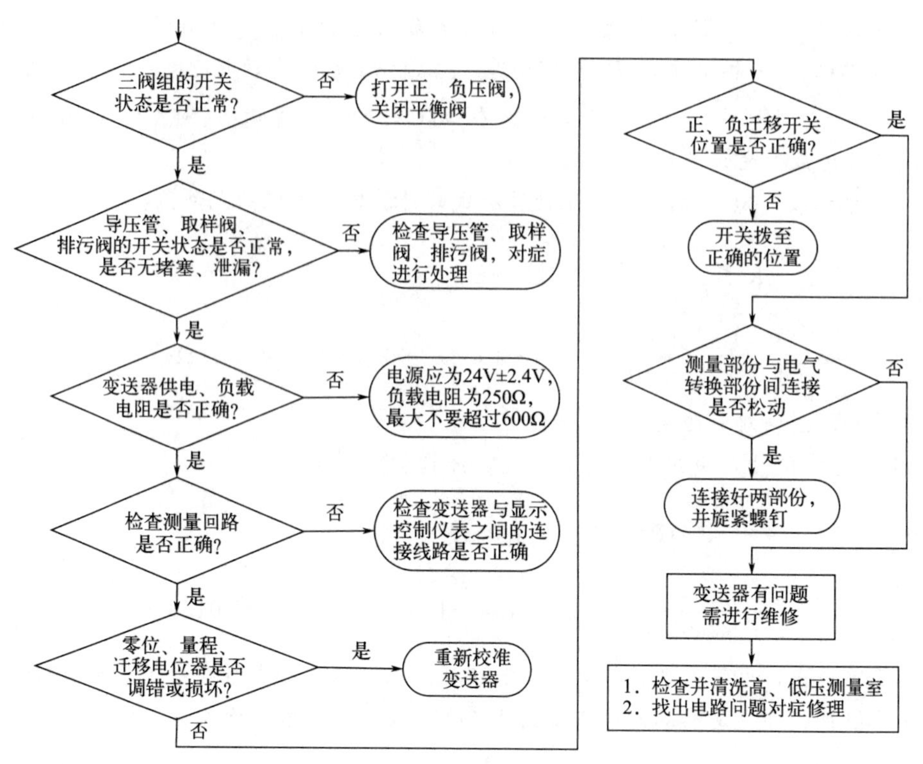

图 5-4　差压变送器测量误差大、输出电流为最大或最小故障的检查及处理流程图

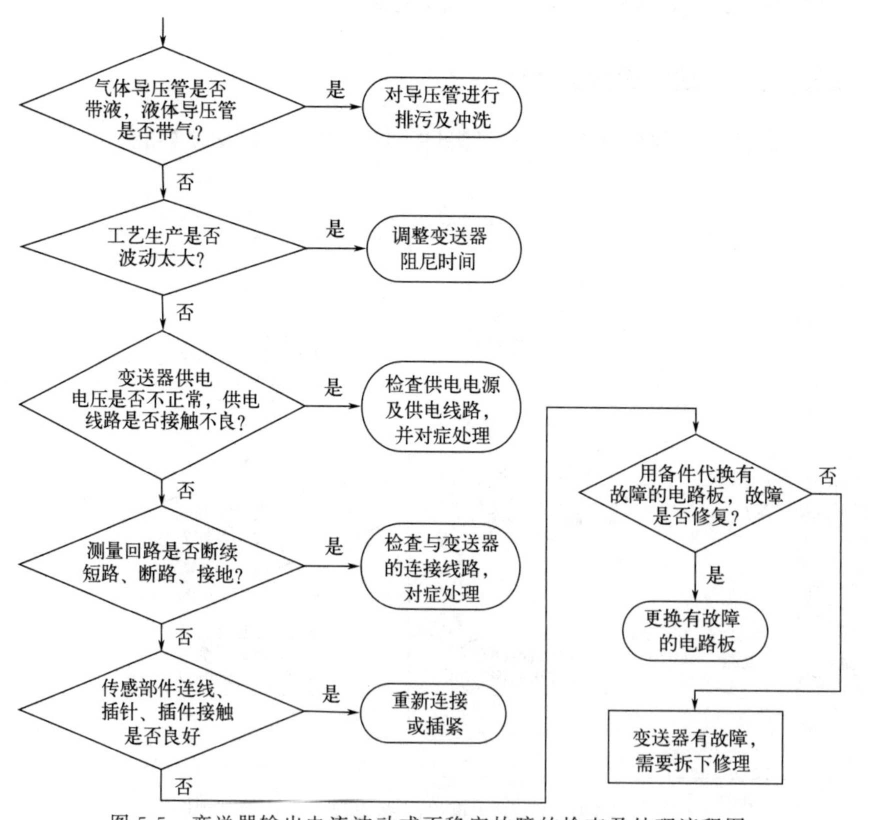

图 5-5　变送器输出电流波动或不稳定故障的检查及处理流程图

表 5-32　压力及差压变送器常见故障及处理方法

故障现象	故障原因	处理方法
输出电流为零	供电中断，或信号线断路	检查供电及信号线，对症进行处理
	电源线或信号线极性接错	电源线或信号线的极性若接反，对换极性
	测试端子间的二极管开路	检查二极管是否开路，对症进行处理
	变送器的电路板损坏	更换电路板
	变送器的测量部件损坏	确定故障后，返厂修理
	变送器现场表头损坏	用导线短接表头，有电流输出说明表头损坏
输出电流过低或过高，甚至超过量程上、下限值	取样阀门、导压管堵塞或泄漏	检查阀门或导压管，对症进行处理
	处于报警状态	输出电流小于 3.8mA，或大于 20.2mA 说明处于报警状态，检查故障原因，对症处理
	变送器高、低压室导压管接反使输出电流小于 4mA	在参数组态中选择反向输出即可解决问题
	电容式变送器电子转换部件出故障使输出电流不变化，稳定在 4mA	拆卸测量室，使测量膜片或隔离膜片的弹性模量得到恢复，重新校准使用
	量程设置有误	重新组态进行更正
电流输出波动	外部电气干扰	检查干扰源，采取抗干扰措施
	变送器、屏蔽线接地不良	检查变送器、信号线屏蔽层的接地状态，必要时改进接地效果
	电源线或信号线接触不良	检查接线端子是否锈蚀，螺钉是否松动，更换或紧固之
	变送器测量室内有气体（测液体或蒸汽时）或液体（测气体时）	对测量室进行排气或排液来解决
	导压管的伴热温度过高或过低	先通过排污阀进行排放，然后调整伴热温度，避免被测介质气化或冷凝
	相配用的仪表有故障	检查安全栅等仪表是否有问题
工艺参数有变化，但输出电流无变化或变化缓慢	阻尼时间过大	重新设置阻尼时间
	取样阀门、导压管堵塞	检查堵塞点并进行处理
	变送器处于回路测试模式	退出回路测试模式
	处于报警状态	检查报警原因，对症进行处理

5.6.2　3051 变送器的部分故障信息

3051 变送器的部分故障信息见表 5-33。

表 5-33　3051 变送器的部分故障信息表

故障信息	故障含义	处理对策
1k snsr EEPROM error-user ON	1k 传感器 EEPROM 错误-用户值处于 ON 状态	进行全面调整，重新校准变送器
4k micro EEPROM error-factory ON	4k 微处理器 EEPROM 错误-出厂值处于 ON 状态	更换电子装置板

续表

故障信息	故障含义	处理对策
4k micro EEPROM error-user ON	4k 微处理器 EEPROM 错误-用户值处于 ON 状态	用手操器复位以下参数:单位、范围值、阻尼、模拟输出、转换函数、位号、换算流量计值。进行数/模调整,使错误得到纠正
1k snsr EEPROM error-factory ON	1k 传感器 EEPROM 错误-出厂值处于 ON 状态	更换变送器
4k snsr EEPROM error-factory ON	4k 传感器 EEPROM 错误-出厂值处于 ON 状态	
Communication Error	通信错误	检查手操器和设备之间的所有连接,并重发信息
Device Disconnected	设备未连接	
Device write protected	设备写保护	设备处于写入保护模式,无法写入数据
Local buttons operator error ON	就地按钮操作错误,处于 ON 状态	在零点或量程调整过程中施加了无效压力,确定压力正常后重复此过程
No Device Found	没有发现设备	地址 0 轮询未发现设备,启用自动轮询,仍没有发现设备
ROM checksum error ON	ROM 校验和错误,处于 ON 状态	变送器软件校验和有错误。更换电子装置板
Sensor board not initialized ON	传感器板没有初始化,处于 ON 状态	传感器模块的电子装置板没有初始化。更换变送器
Transmitter Fault	变送器出错	设备返回一条命令响应消息,指出所连接的设备有故障
Restore device value?	恢复设备数据?	发送到设备的被编辑的值未能正常实现。恢复设备数据后变量恢复到原始值
Units for 〈variable label〉 has changed Unit must be sent before editing,or invalid data will be sent	变量标签的单位已更改,必须在编辑前发送单位,否则将发送无效数据	该变量的工程单位已被编辑。在编辑该变量之前先向设备发送工程单位
No pressure updates ON	无压力更新值,处于 ON 状态	传感器模块未接收到压力更新值,检查传感器模块的带状电缆连接是否正确。或更换变送器
Value out of range	数值超出范围	输入的值超出该变量的类型和大小,或者超出设备规定的最小或最大范围

5.6.3 EJA/EJX 系列变送器的部分故障信息

EJA/EJX 系列变送器的部分故障信息见表 5-34、表 5-35。

表 5-34 EJA/EJX 系列变送器(BRAIN 和 HART5 协议)的部分故障信息

故障显示	故障原因	处理方法
AL. 01 CAP. ERR	传感器故障	重新启动变送器,仍出现该提示,需要更换膜盒
	膜盒温度传感器故障	
	膜盒 EEPROM 故障	

续表

故障显示	故障原因	处理方法
AL. 02　AMP. ERR	放大器温度传感器故障	更换放大器
	放大器 EEPROM 故障	
	放大器故障	
AL. 10　PRESS	输入超出膜盒的测量范围极限	检查输入，或者更换膜盒
AL. 11　ST. PRSS	静压超出极限	
AL. 12　CAP. TMP	膜盒温度越限（−50～130℃）	采取隔热或散热等方法使温度不超过规定范围
AL. 13　AMP. TMP	放大器温度越限（−50～95℃）	
AL. 30　PRS. RNG	输出超过量程上、下限	检查输入和量程设定，或者重新进行设定
AL. 31　SP. RNG	静压超出规定范围	
AL. 35　P. HI	输入压力超过上限范围	检查输入 （35～40 项需要报警功能激活才会显示）
AL. 36　P. LO	输入压力超过下限范围	
AL. 37　SP. HI	输入静压超过指定上限值	
AL. 38　SP. LO	输入静压超出指定下限值	
AL. 39　TMP. HI	检测温度超过指定上限值	
AL. 40　TMP. LO	检测温度超过指定下限值	
AL. 50　P. LRV	指定的值超出压力下限值设置范围	检查设定值，或者重新进行设定
AL. 51　P. URV	指定的值超出压力上限值设置范围	
AL. 52　P. SPN	指定的值超出压力量程范围	
AL. 53　P. ADJ	指定的值在设定范围外	检查输入
AL. 54　SP. RNG		检查设定值，或者重新进行设定
AL. 55　SP. ADJ		检查输入
AL. 60　SC. CFG	SC 配置错误	检查设定值，或者重新设定
AL. 79　OV. DISP	显示值超过极限	

表 5-35　EJX-910A 和 EJX-930A 变送器的部分故障信息

故障显示	故障原因	处理方法
AL. 03　ET. ERR	外部温度传感器断路	检查外部温度传感器
—	未找到设备 ID	更换放大器
AL. 14　EXT. TMP	外部温度超过范围	采取隔热或散热等方法使温度不超过规定范围
AL. 15　EXT. TMP	外部温度传感器阻值过大	
AL. 16　PLS	脉冲输出值超规格	检查设定值，或者重新设定
AL. 32　F. RNG	流量超出指定范围	检查输入和范围设定，或者重新设定
AL. 33　ET. RNG	外部温度超出指定范围	
AL. 41　F HI	输入流量超出指定值	检查输入
AL. 42　F LO		
AL. 43　ET HI	输入的外部温度超出指定值	
AL. 44　ET LO		

续表

故障显示	故障原因	处理方法
AL. 56　ET. RNG	指定值在设定范围外	检查设定值,必要时重新设定
AL. 57　ET. ADJ		
AL. 58　FL. ADJ		
AL. 59　PLS. ADJ	指定值在设置的脉冲输出外	
—	温度输出锁定在4mA	解除温度锁定模式
AL. 79　OV. DISP	显示值超出极限	检查设定值,或者重新设定
AL. 87　FLG. HI	法兰温度超出预设的上限	检查加热器是否有故障 检查膜盒温度和放大器温度 调整法兰温度系数
AL. 87　FLG. LO	法兰温度低于预设的下限	
AL. 88与AL. 89所有参数	变送器管路堵塞检测、诊断	检查阀门或导压管是否有堵塞现象,对症处理
AL. 90　SIM	流量为模拟模式	检查模拟模式
AL. 91所有参数	设备变量为模拟模式	

5.6.4 HART手操器通信故障及处理方法

HART手操器通信故障及处理方法见表5-36。

表5-36　HART手操器通信故障及处理方法

故障现象	故障原因	处理方法
手操器找不到变送器	变送器的通信协议与手操器的通信协议不一致	使两者的通信协议相同
	回路负载电阻超过规定范围	使负载电阻在250～500Ω之间
	变送器供电部分损坏	更换电源模块
	变送器接线端子的二极管损坏	更换二极管或接线端子块
	变送器地址不是0	进行轮询操作找到变送器
	手操器电池没有电,或电线损坏	进行充电,或更换电线
手操器无显示	手操器电池没有电,或忘记装电池	进行充电,或重新安装电池
手操器经常死机	手操器的固件或软件有问题	插上充电器进行RE-FLASH操作,或进行RE-IMAGE操作
点触笔不起作用	需要校准触屏	进行触屏5个位置的校准工作
不支持设备的特殊功能	多数手操器只是提供通用菜单树的操作界面,不支持特殊功能	更换手操器,或联系厂商增加特殊功能菜单

参考文献

[1] 黄步余，范宗海，马睿．石油化工自动控制设计手册［M］．4版．北京：化学工业出版社，2020．
[2] 王克华，张继峰．石油仪表及自动化［M］．北京：石油工业出版社，2006．
[3] 方原柏．压力及差压变送器的量程选择［J］．世界仪表与自动化，2004，8（1）：4．

[4] 杨青. 正确选择检定压力变送器标准装置的探讨 [J]. 浙江电力，2006，25 (4)：4.
[5] 范文进. 仪表信号电缆最大敷设长度计算与截面选择 [J]. 石油化工自动化，2014，50 (5)：5.
[6] 张红梅. 仪表信号电缆敷设长度计算的探讨 [J]. 石油化工自动化，2017，53 (4)：6.
[7] JJG 52—2013. 弹性元件式一般压力表、压力真空表和真空表检定规程.
[8] GB/T 1226—2017. 一般压力表.
[9] GB/T 1227—2017. 精密压力表.
[10] JJG 544—2011. 压力控制器.

第6章 液位测量仪表

6.1 压力式液位计

6.1.1 常用压力式液位计的计算公式

常用压力式液位计的计算公式见表 6-1。

表 6-1 常用压力式液位计的计算公式

类别	测量原理示意图	计算公式	备注
投入式	变送器 p_1 连接电缆 ρ H p 传感探头	$H=\frac{p-p_1}{\rho g}$ 或 $H=\frac{p}{\rho g}$	H—被测液位高度，m p—容器底部的压力，Pa p_1—大气压力，Pa ρ—被测液体密度，kg/m^3 g—重力加速度，m/s^2
吹气式	压力变送器 气源 导压管 气源预处理装置 ρ H	$H=\frac{p}{\rho g}$	H—被测液位高度，m p—变送器测得的压力，Pa ρ—被测液体密度，kg/m^3 g—重力加速度，m/s^2

6.1.2　差压变送器的零点迁移

利用差压变送器的"零点迁移"装置，可对变送器的零点进行正、负方向的迁移，迁移可分为无迁移、负迁移和正迁移三种。

如图 6-1 所示，A 为负迁移，迁移量为－40kPa，测量范围为－40～0kPa；B 为无迁移，测量范围为 0～40kPa；C 为正迁移，迁移量为 40kPa，测量范围为 40～80kPa。

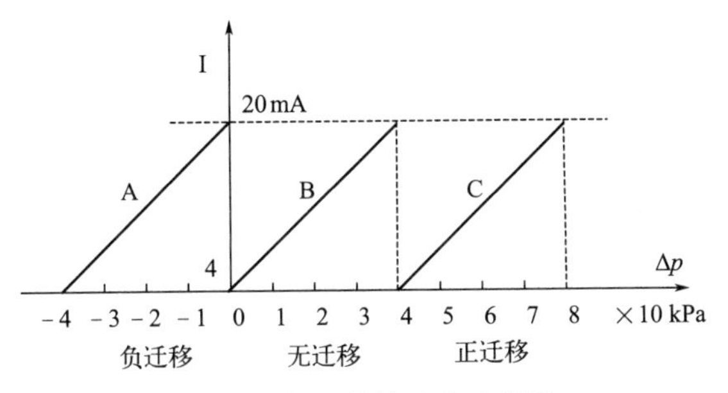

图 6-1　变送器的迁移示意图

从图 6-1 可知，正迁移是将变送器的测量从起点迁移到某一正数值，同时改变测量范围的上、下限值，实现测量范围的平移，但不改变其量程的大小（仍然为 4～20mA）。负迁移是将变送器的测量从起点迁移到某一负值，同时改变测量范围的上、下限值，实现测量范围的平移，但不改变其量程的大小（仍然为 4～20mA）。

6.1.3　液位变送器的零点迁移计算

液位变送器的零点迁移判断方法及计算式见表 6-2。

表 6-2　液位变送器的零点迁移判断方法及计算式

迁移方式	测量原理示意图	计算式	判断方法
无迁移	H　ρ　变送器	变送器所受的压差 Δp 为： $\Delta p=H\rho g$(Pa) 迁移量 p_B 为： $p_B=0$(气相为不凝气体时) 变送器的测量范围(上限值)为： $0\sim H_{max}\rho g$	当 $H=0$ 时， 若 $\Delta p=0$，零点不需要迁移
正迁移	H　ρ　h_0　变送器	变送器所受的压差 Δp 为： $\Delta p=\rho g(H+h_0)$(Pa) 正迁移量 p_B 为： $p_B=h_0\rho g$ 变送器的测量范围(上限值)为： $h_0\rho g\sim\rho g(H_{max}+h_0)$	当 $H=0$ 时， 若 $\Delta p>0$，需要零点正迁移

续表

迁移方式	测量原理示意图	计算式	判断方法
负迁移	H ρ h_0 L ρ_1 变送器	变送器所受的压差 Δp 为： $\Delta p = H\rho g - \rho_1 g(L - h_0)$ 负迁移量 p_B 为： $p_B = \rho_1 g(L - h_0)$ 变送器的测量范围(上限值)为： $-\rho_1 g(L-h_0) \sim$ $[-\rho_1 g(L-h_0) + H_{max}\rho g]$	当 $H=0$ 时， 若 $\Delta p < 0$，需要零点负迁移

计算实例 6-1

测量开口容器液位的计算。

已知：测量系统如图 6-2 所示，被测液体的密度 $\rho = 0.85\text{g/cm}^3$，被测液位的变化范围 $H = 1200\text{mm}$，最低液位到取样阀的中心距离 $h = 120\text{mm}$，取样阀中心与变送器测量室中心的距离 $h_1 = 360\text{mm}$。试计算变送器的量程及迁移量。

解： 变送器的量程为 $\Delta p = H\rho g = 1200 \times 10^{-3} \times 0.85 \times 9.81 \approx 10(\text{kPa})$

正迁移量为 $p_B = (h + h_1)\rho g = (120 \times 10^{-3} + 360 \times 10^{-3}) \times 0.85 \times 9.81 \approx 4(\text{kPa})$

变送器的测量范围为 4～14kPa。

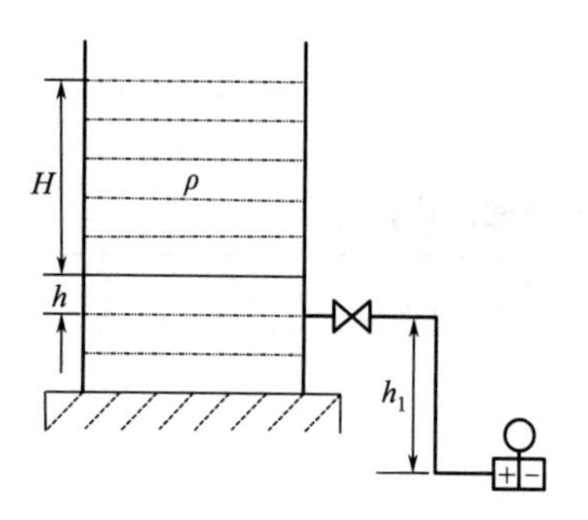

图 6-2　开口容器液位测量示意图

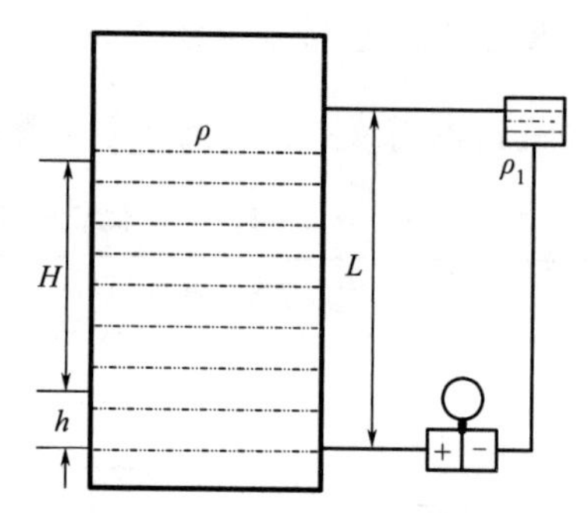

图 6-3　密闭容器液位测量示意图

计算实例 6-2

测量密闭容器液位的计算。

已知：测量系统如图 6-3 所示，平衡容器中平衡液的密度 $\rho_1 = 0.9\text{g/cm}^3$，被测液体的密度 $\rho = 0.8\text{g/cm}^3$，液位变化范围 $H = 800\text{mm}$，最低液位到变送器测量室中心的距离 $h = 2000\text{mm}$，液位高低取样管中心距 $L = 1100\text{mm}$。试计算变送器的量程及迁移量。

解： 该测量应采用负迁移，计算如下：

变送器的量程为 $\Delta p = H\rho g = 800 \times 0.8 \times 9.81 = 6278(\text{Pa})$。

负迁移量为 $p_B = L\rho_1 g - h\rho g = 1100 \times 0.9 \times 9.81 - 200 \times 0.8 \times 9.81 = 8142(\text{Pa})$。

变送器的测量范围为 $-L\rho_1 g - h\rho g \sim [-(L\rho_1 g - h\rho g) + H\rho g] = -8142 \sim -1864(\text{Pa})$。

6.1.4　差压变送器测量界面

测量界面如图6-4所示，容器下部液体密度为ρ_2，上部液体密度为ρ_1（若$\rho_1=0$即为气体），顶部压力为p_0（若p_0为大气压时即为开口容器），平衡容器及负导压管内的液体密度为ρ_0（不用平衡容器时可认为$\rho_0=0$）。

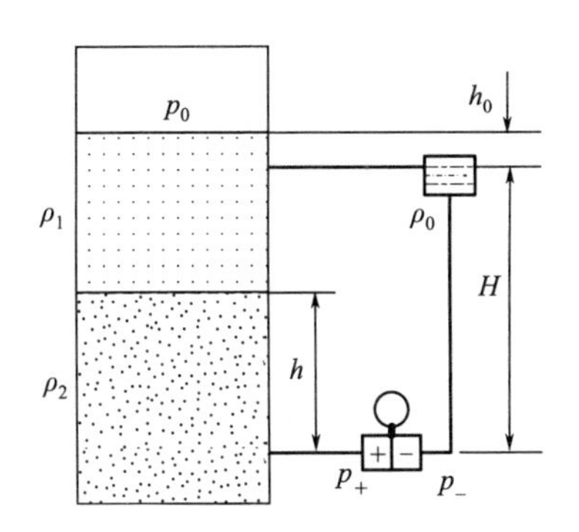

图6-4　差压变送器测量界面示意图

此时，差压变送器正压室承受的压力p_+为：

$$p_+=p_0+h_0\rho_1+(H-h)\rho_1+h\rho_2$$

差压变送器负压室承受的压力p_-为：

$$p_-=p_0+h_0\rho_1+H\rho_0$$

则：$\Delta p=p_+-p_-=h(\rho_2-\rho_1)+H(\rho_1-\rho_0)$

上式中除h是变量外，其他的H、ρ_0、ρ_1、ρ_2都是常量，$H(\rho_1-\rho_0)$是一个与被测界面（液面）无关的常量，是作用在差压变送器上的固定压差，是应当用迁移来平衡了的量，即迁移量为：$p_B=H(\rho_1-\rho_0)$。如果$\rho_1-\rho_0=0$，$p_B=0$，不用迁移；当$\rho_1>\rho_0$，$p_B>0$，为正迁移；当$\rho_1<\rho_0$，$p_B<0$，为负迁移。

变送器的量程为

$$\Delta p=h(\rho_2-\rho_1)$$

计算实例6-3

差压变送器测量界面的计算。

已知：图6-4中，轻组分液体密度$\rho_1=0.6g/cm^3$，重组分液体密度$\rho_2=0.9g/cm^3$，隔离液密度$\rho_0=1.0g/cm^3$，界面变化范围$h=800mm$，被测液位高低取样管中心距$H=1500mm$。试计算变送器的量程及迁移量。

解：量程$\Delta p=h(\rho_2-\rho_1)=800\times(0.9-0.6)=240(mmH_2O)\times9.81\approx2.35(kPa)$

迁移量$p_B=H(\rho_1-\rho_0)=1500\times(0.6-1.0)=-600(mmH_2O)\times9.81\approx-5.89(kPa)$

变送器的测量范围为：

$-H(\rho_1-\rho_0)\sim[-H(\rho_1-\rho_0)+h(\rho_2-\rho_1)]=-600\sim-360mmH_2O$，或$-5.89\sim-3.53kPa$。

6.1.5 双法兰差压变送器测量液位的计算

双法兰差压变送器测量液位的计算式见表 6-3。

表 6-3 双法兰差压变送器测量液位的计算式

用途	测量原理示意图	计算式	备注
测量液位		变送器所受的压差 Δp 为： $\Delta p = H\rho g - L\rho_1 g$ 负迁移量 p_B 为： $p_B = L\rho_1 g$ 变送器的测量范围(上限值)为： $-L\rho_1 g \sim (-L\rho_1 g + H\rho g)$	H—被测液位高度,mm L—被测液位高低取样管中心距,mm ρ—被测液体密度,g/cm^3 ρ_1—变送器毛细管介质密度,g/cm^3 g—重力加速度,m/s^2
界面测量		变送器所受的压差 Δp 为： $\Delta p = H(\rho_2 - \rho_1) + h(\rho_1 - \rho_0)$ 负迁移量 p_B 为： $p_B = h(\rho_1 - \rho_0)$ 变送器的测量范围(上限值)为： $-h(\rho_1 - \rho_0) \sim$ $[-h(\rho_1 - \rho_0) + H(\rho_2 - \rho_1)]$	H—被测界面高度,mm h—上下法兰安装距离,mm ρ_1—被测轻液体密度,g/cm^3 ρ_2—被测重液体密度,g/cm^3 ρ_0—变送器毛细管介质密度,g/cm^3

计算实例 6-4

用双法兰差压变送器测量密闭容器液位的计算。

已知：测量系统如图 6-5 所示，被测液体的密度 $\rho = 0.9\text{g/cm}^3$，变送器毛细管所充工作介质密度 $\rho_1 = 1.0\text{g/cm}^3$，被测液位的变化范围 $H = 2800\text{mm}$，被测液位高低取样管中心距 $L = 3800\text{mm}$，变送器测量室中心与低取样管的距离 $h_0 = 1200\text{mm}$，p_0 为容器顶部压力。试计算变送器的量程及迁移量。

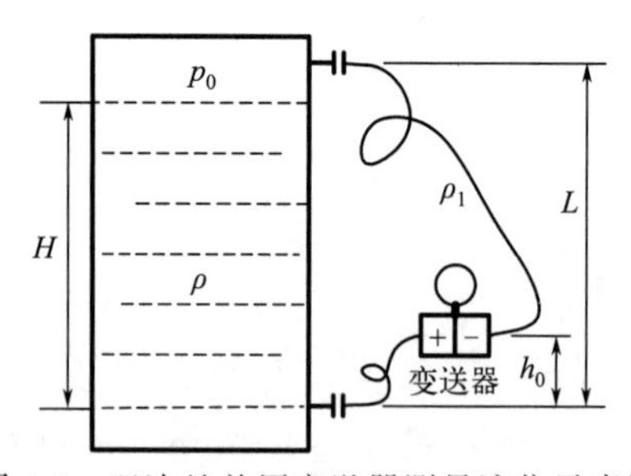

图 6-5 双法兰差压变送器测量液位示意图

解：液位的最大测量范围为：

$$\Delta p_{max} = H\rho g = 2800 \times 0.9 \times 9.81 = 24721.2(\text{Pa}) \approx 24.7(\text{kPa})$$

当液位高度为 H 时，差压变送器正压室所受的压力 p_+ 为：

$$p_+ = p_0 + H\rho g - h_0\rho_1 g = 2800 \times 0.9 \times 9.81 - 1200 \times 1.0 \times 9.81 \approx 12.95(\text{kPa})$$

差压变送器负压室所受的压力 p_- 为：

$$p_{-}=p_0+(L-h_0)\rho_1 g=(3800-1200)\times1.0\times9.81=25506\approx25.5(\text{kPa})$$

差压变送器所受的差压 Δp 为：

$$\Delta p=p_{+}-p_{-}=H\rho g-L\rho_1 g=2800\times0.9\times9.81-3800\times1.0\times9.81\approx-12.56(\text{kPa})$$

从计算可知，该差压变送器应进行负迁移，其迁移量就是 $L\rho_1 g$，即 -37.28kPa。变送器的测量范围为：

$$-L\rho_1 g\sim(-L\rho_1 g+H\rho g)=-37.28\text{kPa}\sim-12.56\text{kPa}$$

双法兰差压变送器安装位置的利弊见表 6-4。

表 6-4　双法兰差压变送器安装位置的利弊

<table>
<tr><th rowspan="2">变送器安装位置示意图</th><th rowspan="2">变送器受压状态</th><th colspan="3">当液位最低时液体上部压力 p_0 的影响</th></tr>
<tr><th>$p_0>H_{+}\rho_0 g$ 和 $H_{-}\rho_0 g$ 时</th><th>$p_0=0$ 时</th><th>$p_0<0$ 时</th></tr>
<tr><td>安装在两个法兰下面
（属于最佳安装位置） 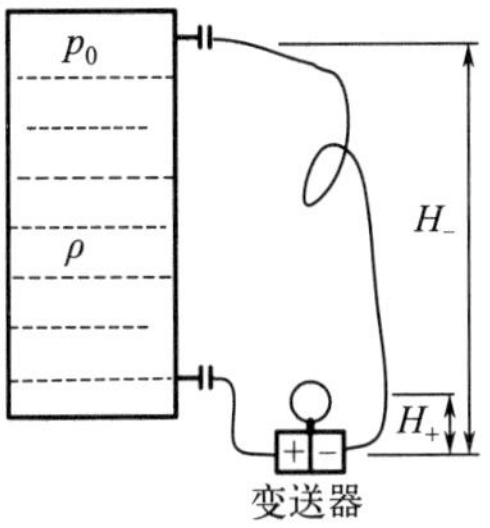
p_0　ρ　H_{-}　H_{+}　变送器</td><td>$p_{+}=H_{+}\rho_0 g+p_0$
$p_{-}=H_{-}\rho_0 g+p_0$
式中：
p_{+}、p_{-}—高压侧、低压侧所受的静压力
H_{+}、H_{-}—高、低压侧取样法兰与变送器测压室的高度
ρ_0—变送器毛细管填充液密度
g—重力加速度
p_0—容器内的静压力</td><td rowspan="3">变送器安装在什么位置都可以，其高低压侧都不会出现负压，不影响测量结果，也不会造成仪表损坏</td><td>p_{+} 和 p_{-} 均为正压，不影响测量结果，也不会造成仪表损坏</td><td rowspan="3">如果容器出现空罐，没有压力，甚至有时会抽空，出现 p_0 为负的状态，如果变送器工作在负压状态，并超过了它的允许负压值，则填充液会汽化，隔离膜片会外鼓，从而引起测量不准，甚至造成仪表损坏</td></tr>
<tr><td>安装在两个法兰中间 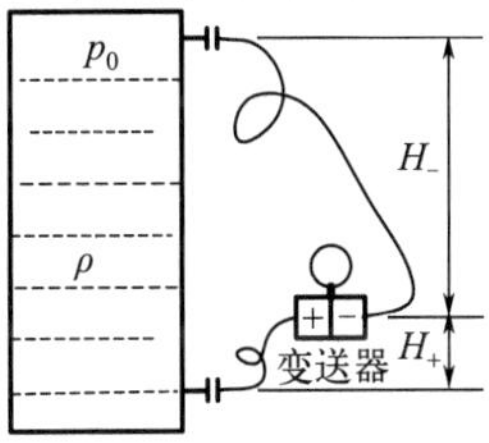
p_0　ρ　H_{-}　H_{+}　变送器</td><td>$p_{+}=-H_{+}\rho_0 g+p_0$
$p_{-}=H_{-}\rho_0 g+p_0$
式中符号含义同上</td><td>p_{+} 是负压，p_{-} 是正压，会影响测量结果，有可能造成仪表损坏</td></tr>
<tr><td>安装在两个法兰上面 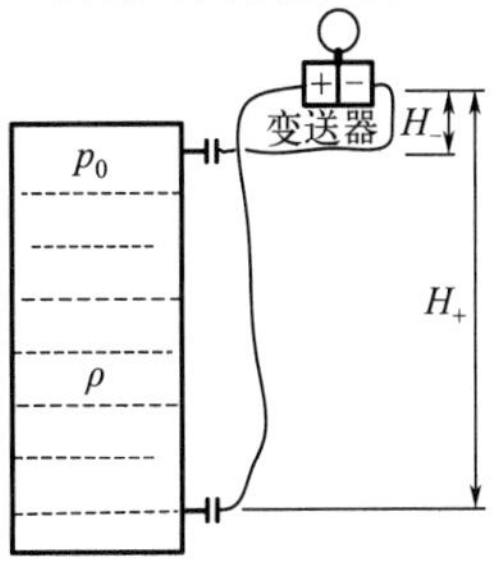
变送器　H_{-}　p_0　ρ　H_{+}</td><td>$p_{+}=-H_{+}\rho_0 g+p_0$
$p_{-}=-H_{-}\rho_0 g+p_0$
式中符号含义同上</td><td>p_{+} 和 p_{-} 均为负压。影响测量结果，还会造成仪表损坏</td></tr>
</table>

6.1.6 双法兰差压变送器常见故障及处理

双法兰差压变送器常见故障及处理见表 6-5。

表 6-5 双法兰差压变送器常见故障及处理

故障现象	故障原因	处理方法
输出信号不变化	电路板损坏	更换电路板
无信号输出	电源故障，信号线中断	检查供电电源及信号线路
	安全栅出现故障	更换安全栅
输出信号为最大	低压侧膜片或毛细管损坏，或封入液泄漏	更换变送器
	低压侧取样阀门未打开或堵塞	检查取样阀打开或疏通阀门
输出信号为最小	高压侧膜片或毛细管损坏，或封入液泄漏	更换变送器
	高压侧取样阀门未打开或堵塞	检查取样阀打开或疏通阀门
输出信号偏高	低压侧取样阀门泄漏	处理泄漏或更换阀门
	低压侧取样阀门未全开或堵塞	检查取样阀打开或疏通阀门
输出信号偏低	高压侧取样阀门泄漏	处理泄漏或更换阀门
	高压侧取样阀门未全开或堵塞	检查取样阀打开或疏通阀门

6.1.7 差压变送器测量工业锅炉水位的计算

差压变送器测量工业锅炉水位的计算公式见表 6-6。

表 6-6 差压变送器测量工业锅炉水位的计算

取样方式	水位—差压转换原理图	计算公式及备注
单室平衡容器	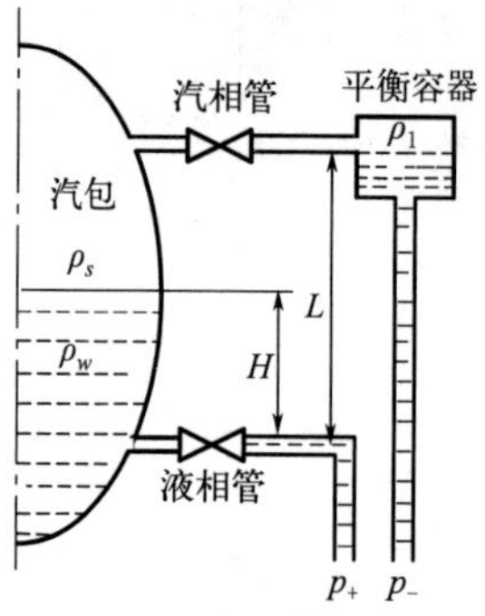 汽相管 平衡容器 ρ_1 汽包 ρ_s L ρ_w H 液相管 p_+ p_-	$p_+=H\rho_w g+(L-H)\rho_s g$ $p_-=L\rho_1 g$ $\Delta p=p_+-p_-=H\rho_w g+(L-H)\rho_s g-L\rho_1 g$ 或 $\Delta p=p_+-p_-=H(\rho_w-\rho_s)g-L(\rho_1-\rho_s)g$ 负迁移量 p_B 为 $p_B=L\rho_1 g$ 式中： H—汽包水位 L—汽、液相取样管距离（单室平衡容器）或基准水位管口至液相管中心线的距离（双室平衡容器） ρ_w—汽包内饱和水的密度 ρ_s—汽包内饱和蒸汽密度 ρ_1—平衡容器内冷凝水密度 注：单室和双室平衡容器的 Δp 计算公式是一样的，表中列出两种形式是为了方便初学者对计算的理解
双室平衡容器	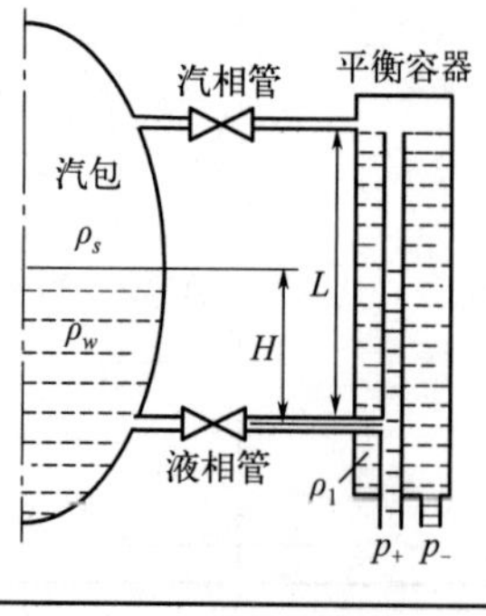 汽相管 平衡容器 汽包 ρ_s L ρ_w H 液相管 ρ_1 p_+ p_-	

计算实例 6-5

差压变送器测量工业锅炉水位的计算。

已知：某工业锅炉水位测量采用双室平衡容器，如图 6-6 所示，汽包内饱和水的密度 $\rho_w=0.871\mathrm{g/cm^3}$，汽包内饱和蒸汽密度 $\rho_s=0.007\mathrm{g/cm^3}$，汽、液相管的中心距 $L=440\mathrm{mm}$，平衡容器内的冷凝水密度 $\rho_1=0.993\mathrm{g/cm^3}$。工艺要求显示量程 H 要与玻璃水位计一致（200mm），因此汽包水位的变化范围 $H=200\mathrm{mm}$。试计算变送器的量程及迁移量。

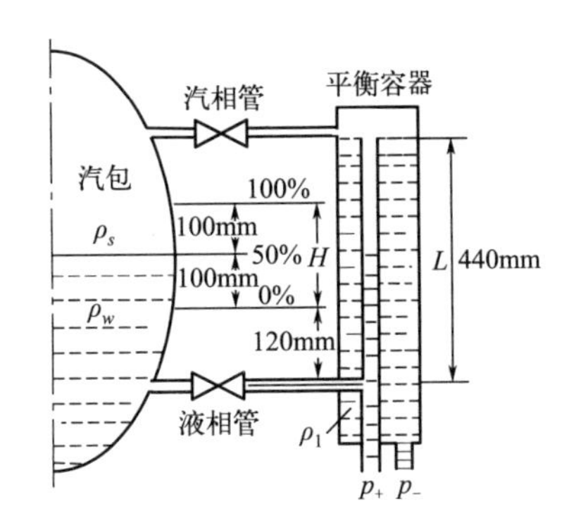

图 6-6　工业锅炉汽包水位测量示意图

解： 根据表 6-6 中的计算公式 $\Delta p=p_+-p_-=H(\rho_w-\rho_s)g-L(\rho_1-\rho_s)g$，则

① 变送器的量程为：

$$\begin{aligned}\Delta p&=H(\rho_w-\rho_s)\\&=200\times(0.871-0.007)=172.8(\mathrm{mmH_2O})\approx1.70(\mathrm{kPa})\end{aligned}$$

② 从图 6-6 可看出，当水位为 0%时，H=120mm，变送器输出应为 4mA，则：

$$\begin{aligned}\Delta p_0&=120\times(0.871-0.007)-440\times(0.993-0.007)\\&=-330.16(\mathrm{mmH_2O})\approx-3.24(\mathrm{kPa})\end{aligned}$$

③ 当水位为 50%时，$H=220\mathrm{mm}$，则：

$$\begin{aligned}\Delta p_{50}&=220\times(0.871-0.007)-440\times(0.993-0.007)\\&=-243.76(\mathrm{mmH_2O})\approx-2.39(\mathrm{kPa})\end{aligned}$$

④ 当水位为 100%时，$H=320\mathrm{mm}$，变送器输出应为 20mA，则：

$$\begin{aligned}\Delta p_{100}&=320\times(0.871-0.007)-440\times(0.993-0.007)\\&=-157.36(\mathrm{mmH_2O})\approx-1.54(\mathrm{kPa})\end{aligned}$$

变送器的测量范围为：

$$-3.24\mathrm{kPa}\sim(-3.24+1.70)\mathrm{kPa}=-3.24\mathrm{kPa}\sim-1.54\mathrm{kPa}$$

6.2 浮筒液位计

浮筒液位计的调试一般采用水校法、挂重法（干校法）。由于安装在现场的仪表不方便拆装，所以对仪表精度要求不太高时，浮筒液位计的单体调试都是采用水校法。

6.2.1 水校法的计算公式及计算、调校步骤

（1）浮筒液位计水校法调校的计算公式（表 6-7）

表 6-7 浮筒液位计水校法调校的计算公式

项目	计算公式	备注
被测介质密度小于水密度时	用缩小液面变化范围方法进行换算： $L=\frac{\rho_{介}}{\rho_{水}}H$	L—灌水高度，mm $\rho_{介}$，$\rho_{水}$—被测介质及水的密度，g/cm^3 H— 仪表量程(浮筒长度)，mm
被测介质密度大于水密度时	用缩小输出电流范围的方法进行换算(而液面的变化值仍为仪表的量程范围 H)： $I_{水}=4+\frac{\rho_{水}}{\rho_{介}}\times16\times100\%$	$I_{水}$—最大输出电流值，mA $\rho_{介}$，$\rho_{水}$—被测介质及水的密度，g/cm^3
测量界面时	最低界面(输出为 0%)对应的灌水高度 h_0： $h_0=H\frac{\rho_q}{\rho_{水}}$ 最高界面(输出为 100%)对应的灌水高度 h_m： $h_m=H\frac{\rho_z}{\rho_{水}}$ 用水代校时界面的变化范围为： $\Delta l=h_m-h_0$ 用水调校时的零位： $h_{校0}=H-\Delta l$	h_0—零点对应的灌水高度，mm h_m—满量程对应的灌水高度，mm H— 仪表量程(浮筒长度)，mm ρ_q—轻介质的密度，g/cm^3 ρ_z—重介质的密度，g/cm^3 $\rho_{水}$—水的密度，g/cm^3

（2）计算实例及调校步骤

计算实例 6-6

被测介质密度小于水密度时的计算。

已知：被测介质密度 $\rho_{介}=0.8\text{g/cm}^3$，水的密度 $\rho_{水}=1.0\text{g/cm}^3$，仪表量程 $H=500\text{mm}$。计算用水代校时的灌水高度 L。

解：根据表 6-7 中的公式得

$$L=\frac{\rho_{介}}{\rho_{水}}H=\frac{0.8}{1.0}\times500=400(\text{mm})$$

通过计算知道，用水代校时液面变化 400mm，仪表输出就达到 20mA。

调校步骤：

① 调零点：排完浮筒测量腔内的清水，调零使输出电流为 4mA。

② 调满度：向浮筒测量腔内注清水，使水位高度 $L=400\text{mm}$，调满度使输出电流为 20mA。

③ 调线性：反复调校几次零点和满度，再按 4 等分检查线性，直到输出信号满足精度要求。

计算实例 6-7

被测介质密度大于水密度时的计算及调校。

已知：被测介质密度 $\rho_{介}=1.5\text{g/cm}^3$，仪表量程 $H=1000\text{mm}$。计算用水代校时，在浮筒量程范围内灌水高度所对应的电流值。

解：根据表 6-7 中的公式得

$$I_{水}=4+\frac{\rho_{水}}{\rho_{介}}\times16\times100\%=4+\frac{1}{1.5}\times16\times100\%=14.67(\text{mA})$$

调校步骤：当水位在 0mm 时，调零位使输出电流为 4mA；当水位在 1000mm 时，调量程，使输出电流为 14.67mA。反复调校几次，并按 4 等分检查线性，直到输出信号满足精确度为止。

计算实例 6-8

测量界面时的计算及调校。

已知：一台测量界面的浮筒液位变送器，其浮筒长度 $H=800\text{mm}$，被测液体的密度分别为 $\rho_z=1.2\text{g/cm}^3$ 和 $\rho_q=0.8\text{g/cm}^3$。试计算输出为 0%、25%、50%、75%、100%时对应的灌水高度。

解：根据表 6-7 中的公式可知，最高界面（输出为 100%）对应的最高灌水高度为：

$$h_m=H\frac{\rho_z}{\rho_{水}}=\frac{1.2}{1.0}\times800=960(\text{mm})$$

最低界面（输出为 0%）对应的最高灌水高度为：

$$h_0=H\frac{\rho_q}{\rho_{水}}=\frac{0.8}{1.0}\times800=640(\text{mm})$$

由此可知用水代校时界面的变化范围 Δh 为：

$$\Delta h=h_m-h_0=960-640=320(\text{mm})$$

调校步骤：从计算结果知，在高界面时用水已不能进行校准，这时可将零点 $h_{0水}$ 降至 480mm（800mm－320mm＝480mm），来进行变送器比例关系的校准。并将 $\Delta h=320$ 进行 4 等分，则灌水高度与输出信号的对应关系如表 6-8 所示。调校合格后，对浮筒室灌水至 640mm，并把变送器的输出电流调整为 4mA，则完成了全部的调校工作。

表 6-8 某浮筒界面计灌水高度与输出信号的对应关系

被校刻度/%	灌水高度/mm	输出电流信号/mA	输出气压信号/kPa
0	480($h_{0水}$)	4	20
25	560($h_{0水}+\Delta h/4$)	8	40
50	640($h_{0水}+\Delta h/2$)	12	60
75	720($h_{0水}+3\Delta h/4$)	16	80
100	800($h_{0水}+\Delta h$)	20	100

6.2.2 挂重法的计算公式及计算、调校步骤

（1）挂重法的计算公式

挂重法调校的核心是计算出浮筒在零点及满量程时所受的力的大小，校准时取下浮筒，在浮筒挂杆端挂上砝码进行等分校准。所校点挂砝码重量（ΔG）=浮筒重量（G）－被校点浮筒上所受浮力（F），即：$\Delta G=G-F$（$F=\pi\times\frac{1}{4}D^2H\rho$）。具体的计算公式见表6-9～表6-11。

表6-9 浮筒液位计挂重法调校的计算公式

项目	计算公式	备注
液位测量	$\Delta G=G-\pi\times\frac{1}{4}D^2H\rho$ 或者 $\Delta G=G-\frac{H_x}{4H}\pi D^2H\rho$	ΔG—液位高度为H_x时需要挂砝码的重量，N或g G—浮筒的重量，N或g H_x—被校液位或界面的高度，cm H—浮筒有效长度，cm D—浮筒直径，cm ρ—液位测量时被测介质的密度，N/cm^{3}或g/cm^3 ρ_z—界面测量时较重介质的密度，N/cm^{3}或g/cm^3 ρ_q—界面测量时较轻介质的密度，N/cm^{3}或g/cm^3 F_z—处于最高界面（输出为100%）时浮筒完全浸没在重组分的液体中所受的浮力，N或g F_q—处于最低界面（输出为0）时浮筒完全浸没在轻组分的液体中所受的浮力，N或g
界面测量	输出为4mA时：$\Delta G_q=G-F_q$ $F_q=\pi\times\frac{1}{4}D^2H\rho_q$ 输出为20mA时：$\Delta G_Z=G-F_z$ $F_z=\pi\times\frac{1}{4}D^2H\rho_z$ 挂重重量的最大变化量为：$\Delta G_q-\Delta G_z$ 或者 $\Delta G=G-\frac{1}{4}\pi D^2[\rho_zH_x+\rho_q(H-H_x)]$	

注：1kgf=9.8N。

表6-10 液位测量被校刻度、应挂重量和输出的关系

被校刻度/%	应挂重量/g	输出信号	
		电流/mA	气压/kPa
0	$\Delta G=G-G_0$	4	20
25	$\Delta G=G-G_0-\frac{1}{4}\left(\frac{1}{4}\pi D^2H\rho\right)$	8	40
50	$\Delta G=G-G_0-\frac{1}{2}\left(\frac{1}{4}\pi D^2H\rho\right)$	12	60
75	$\Delta G=G-G_0-\frac{3}{4}\left(\frac{1}{4}\pi D^2H\rho\right)$	16	80
100	$\Delta G=G-G_0-\frac{1}{4}\pi D^2H\rho$	20	100

注：G_0是砝码盘的重量，视调校现场的实际情况而定，如果没有用砝码盘则此值为0。

表 6-11　界面测量被校刻度、应挂重量和输出的关系

被校刻度/%	应挂重量/g	输出信号	
		电流/mA	气压/kPa
0	$\Delta G=G-G_0-\frac{1}{4}\pi D^2 H\rho_q$	4	20
25	$G=G-G_0-\left[\frac{1}{4}\left(\frac{1}{4}\pi D^2 H\rho_Z\right)+\frac{3}{4}\left(\frac{1}{4}\pi D^2 H\rho_q\right)\right]$	8	40
50	$\Delta G=G-G_0-\left[\frac{1}{2}\left(\frac{1}{4}\pi D^2 H\rho_Z\right)+\frac{1}{2}\left(\frac{1}{4}\pi D^2 H\rho_q\right)\right]$	12	60
75	$\Delta G=G-G_0-\left[\frac{3}{4}\left(\frac{1}{4}\pi D^2 H\rho_Z\right)+\frac{1}{4}\left(\frac{1}{4}\pi D^2 H\rho_q\right)\right]$	16	80
100	$\Delta G=G-G_0-\frac{\pi D^2 H\rho_Z}{4}$	20	100

注：G_0 是砝码盘的重量，视调校现场的实际情况而定，如果没有用砝码盘则此值为 0。

(2) 计算实例及调校步骤

计算实例 6-9

液位测量的计算。

已知：浮筒和挂链的总重量 $G=3700$g，浮筒长度 $H=80$cm，浮筒外径 $D=2$cm，被测液体的密度 $\rho=0.55\text{g/cm}^3$。试计算输出为 0%、20%、40%、60%、80%、100%时相应的挂重重量。

解：根据公式 $\Delta G=G-F=G-\pi\times\frac{1}{4}D^2 H\rho$，浮筒可能受到的最大浮力为：

$$F=\pi\times\frac{1}{4}D^2 H\rho=\frac{3.14\times 2^2}{4}\times 80\times 0.55=138.16(\text{g})$$

输出为 100%时相应的挂重重量为：

$$G-F=3700-138.16=3561.84(\text{g})$$

将 138.16g 进行 5 等分，即 138.16g÷5=27.632g，则输出信号与挂重重量的对应关系如表 6-12 所示。

表 6-12　某浮筒液位计输出信号与挂重重量的对应关系

液位/%	输出电流/mA	输出气压/kPa	挂重重量/g
0	4	20	3700
20	7.2	36	3700－27.632≈3672.4
40	10.4	52	3672.4－27.632≈3644.8
60	13.6	68	3644.8－27.632≈3617.2
80	16.8	84	3617.2－27.632≈3589.6
100	20	100	3589.6－27.632≈3562.0

调校步骤：

① 零点调校。砝码盘与所加砝码的重量应等于浮筒本身的重量，然后检查液位在0%时的输出电流应为4mA，否则通过面板按钮或通信手操器进行调整，直到输出为4mA。

② 满度调校。砝码盘与所加砝码的重量等于浮筒的重量减去所能受到的最大浮力之差，然后检查液位在100%时的输出电流应为20mA，否则通过面板按钮或通信手操器进行调整，直到输出为20mA。

③ 中间刻度的调校。零点和满量程调校完成后，再对25%、50%、75%几个点进行校准，并记录进程和回程时各点的输出电流值，用于计算基本误差、重复性误差和回差。

计算实例 6-10

界面测量的计算。

已知：某量程 $H=80$cm 的浮筒液位计用来测量界面，其浮筒直径 $D=3.8$cm，重量 $G=1126$g，被测液体的密度分别为 $\rho_z=1.2\text{g/cm}^3$、$\rho_q=0.8\text{g/cm}^3$。试计算输出为0%、25%、50%、75%、100%时相应的挂重重量。

解法一：处于最低界面（输出为0%）时浮筒完全浸没在轻组分的液体中，所受的浮力为

$$F_q=\pi\times\frac{1}{4}D^2H\rho_q=0.25\times3.14\times3.8^2\times80\times0.8=725.47(\text{g})$$

这时相应的挂重重量为：

$$\Delta G_q=G-F_q=1126-725.47=400.53(\text{g})$$

处于最高界面（输出为100%）时浮筒完全浸没在重组分的液体中，所受的浮力为：

$$F_Z=\pi\times\frac{1}{4}D^2H\rho_z=0.25\times3.14\times3.8^2\times80\times1.2=1088.2(\text{g})$$

这时相应的挂重重量为：

$$\Delta G_z=G-F_z=1126-1088.2=37.8(\text{g})$$

因此，挂重重量的最大变化量为400.53－37.8＝362.73g。把它4等分（90.68g），便可得出表6-13的对应关系。

表 6-13 某浮筒界面计输出信号与挂重重量的对应关系

液位/%	输出电流/mA	输出气压/kPa	挂重重量/g
0	4	20	400.53
25	8	40	400.53－90.68＝309.85
50	12	60	309.85－90.68＝219.17
75	16	80	219.17－90.68＝128.49
100	20	100	128.49－90.68＝37.81

解法二：利用表6-9中的 $\Delta G=G-\frac{1}{4}\pi D^2\times[\rho_zH_x+\rho_q(H-H_x)]$ 公式进行计算：

0%时（$H_x=0$）代入上式计算，相应的挂重重量为

$$\Delta G=1126-0.25\times3.14\times3.8^2\times(0.8\times80)=400.53(g)$$

25%时（$H_x=20$）代入上式计算，相应的挂重重量为

$$\Delta G=1126-0.25\times3.14\times3.8^2\times[1.2\times20+0.8(80-20)]=309.85(g)$$

50%时（$H_x=40$）代入上式计算，相应的挂重重量为

$$\Delta G=1126-0.25\times3.14\times3.8^2\times[1.2\times40+0.8(80-40)]=219.17(g)$$

75%时（$H_x=60$）代入上式计算，相应的挂重重量为

$$\Delta G=1126-0.25\times3.14\times3.8^2\times[1.2\times60+0.8(80-60)]=128.48(g)$$

100%时（$H_x=80$）代入上式计算，相应的挂重重量为

$$\Delta G=1126-0.25\times3.14\times3.8^2\times(1.2\times80)=37.8(g)$$

6.2.3　浮筒液位计常见故障及处理

浮筒液位计常见故障及处理方法见表6-14。

表6-14　浮筒液位计常见故障及处理方法

故障现象	故障原因	处理方法
被测液位长时间不变化	下连通管堵塞	关闭截止阀，进行取压管的疏通
	内筒体卡住，或浮筒脱落	试敲打外筒看能否恢复正常。如果安装的垂直度不符合要求，或浮筒脱落，只能重新安装或拆下处理
	浮筒发生冻凝	开启伴热系统，加热解冻
液位变化缓慢，显示不准确	下连通管堵塞	关闭截止阀进行取压管的疏通
	被测介质密度变化	联系工艺，确认介质密度是否有变化；如真的已变化，则需要按新的密度值进行参数设定，并按新的密度值进行校准后再投用
两点校准后的仪表显示有误差	计算或校准过程有误	进入基本设置菜单，检查浮筒基本参数、安装方向、测量方式（如液位或界面、测量单位等参数）设置是否正确 必要时固定零点后，再进行零点和量程的两点校准工作
液位显示最大	浮筒脱落	只能拆下处理，重新挂好浮筒
液位显示逐渐减小，最终显示最小	浮筒破裂	只能拆下处理，更换浮筒
仪表显示值不变化、偏大或偏小，或有间歇性地跳变	杂质附着在浮筒上	该类故障的显示趋势与浮筒上附着杂质的密度有关： 杂质密度大于液体密度时，扭力将增大，仪表显示偏小；杂质密度小于液体密度时，扭力将减小，仪表显示偏大；杂质密度等于液体密度时，扭力不变，仪表显示不变 排除此类故障的方法是： 定期进行排污，必要时进行蒸汽冲洗；做好保温伴热系统

续表

故障现象	故障原因	处理方法
液位变化但显示值不变化	设置有误	检查是否设置有:Alarm Enable(使报警有效),可修改报警值或设置为 OFF
		用 HART 手操器检查 TTube Rate(菜单 5-4-1)是否为零,为零时改为一个非零值,如 3 或 4,以激活控制器
	扭力管被冻结	扭力管腔体或与内筒连接杠杆处带水造成冻结,用蒸汽或热水加热来解决冻结
	扭力管断裂	扭力管盘根部有渗漏,可判断扭力管已断裂,必要时拆卸检查或更换扭力管
仪表显示能随液位变化,但线性不佳,或与玻璃液位计对照有差距	浮筒安装不垂直	重新进行安装或调整,使垂直度符合要求
	固定螺钉松动	拆卸检查并紧固螺钉
	扭力管组件腔体塞满污垢	检查并清洗组件腔体
	扭力管有裂纹	拆卸检查并更换扭力管
	浮筒与浮筒取压点不在同一水平线上	重新进行安装和调整
液晶显示器无显示	显示器插件松动	按压或重新拔插显示器插件
液晶显示%和 PV 输出不一致	设置问题	HART 手操器进入设置菜单 3-1 中,重新做 LRV/URV 与输出的对应关系
HART 通信不正常	电源电压过低	检查浮筒供电电压如小于 12V,提高供电电压或更换其他型号的安全栅试试
	信号线路失常	查信号线路是否有短路、开路和接地现象,是否没有接 250Ω 的电阻
	通信器设置有误	重新设置 HART 通信器

6.2.4 FST-3000 浮筒液位计故障代码及处理

FST-3000 浮筒液位计故障代码及处理方法见表 6-15。

表 6-15 FST-3000 浮筒液位计故障代码及处理方法

故障代码	故障原因	处理方法
E1 电源异常	电源电压低于 11V DC 或电源板故障	用万用表检查供电电源电压是否低于 11V DC,或检查卡件供电及供电线路;如供电正常,更换电源板
E2 温度传感器异常	温度传感器 Pt1000 损坏	用万用表测量温度传感器两线间的电阻值,应在 900～1100Ω 之间(对应－15～25℃),以判断其好坏 温度传感器损坏时,如果被测介质温度低于 100 ℃,可将菜单 P29 设置为 0 取消温度补偿功能,基本不影响现场使用
	温度传感器松动	重新拔插插头,观察表头显示 E2 消失就已恢复正常
	温度传感器信号线破损	检查温度传感器的信号线,如破损重新进行包扎

续表

故障代码	故障原因	处理方法
E3 角度变换器异常	扭矩管疲软导致 P57 偏离，止动器位置不准确	灌水或挂重检查测量精度，或者灌水或挂重 50%查看 P57 参数，或重新调整 P57 和上下限止动器
	角度变换器插头或电路板插件松动	重新拔插插头，检查角度变换器电线、插头及相关电路板接插件，通过插拔或处理直至 E3 消失即恢复正常
	角度变换器损坏	更换角度变换器，并重新标定
E4 A/D 转换异常	电路板接插件接触不良	重新拔插电路板，如 E4 消失即恢复正常
	AMP 放大板损坏	更换 AMP 电路板，如 E4 消失即恢复正常，不需重新标定
E5 CPU 异常	电路板接插件接触不良	重新拔插电路板，如 E5 消失即恢复正常
	CPU/指示器电路板损坏	更换 CPU/指示器电路板，如 E5 消失即恢复正常，不需重新标定
E6 EEPROM 存储器异常	电路板接插件接触不良	重新拔插电路板，如 E6 消失即恢复正常
	AMP 放大板损坏	更换 AMP 电路板，如 E6 消失即恢复正常，不需重新标定

6.3 浮球液位计

6.3.1 浮球液位计量程与球杆长度的关系

电动浮球液位计量程与球杆长度的计算公式及对照见表 6-16 及表 6-17。

表 6-16　通用型电动浮球液位计量程与球杆长度的计算公式及对照

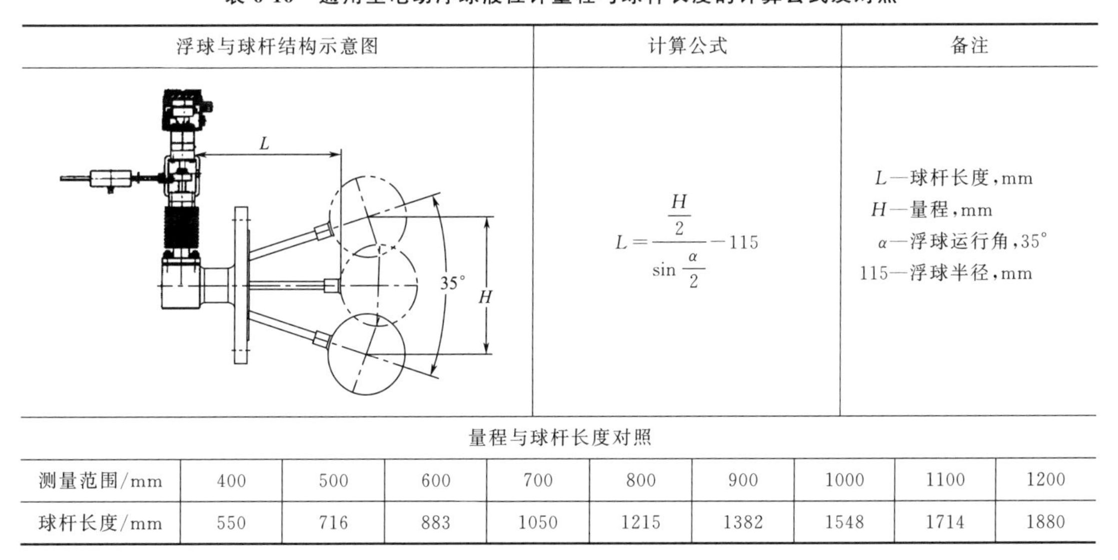

浮球与球杆结构示意图	计算公式	备注
（示意图：L、H、35°）	$L=\dfrac{\dfrac{H}{2}}{\sin\dfrac{\alpha}{2}}-115$	L—球杆长度，mm H—量程，mm α—浮球运行角，35° 115—浮球半径，mm

量程与球杆长度对照

测量范围/mm	400	500	600	700	800	900	1000	1100	1200
球杆长度/mm	550	716	883	1050	1215	1382	1548	1714	1880

计算实例 6-11

已知浮球的运行角 $\alpha=35°$，测量范围 $H=400\text{mm}$。试计算球杆的长度 L。

解：根据表 6-16 中的公式得

$$L=\frac{\frac{H}{2}}{\sin\frac{\alpha}{2}}-115=\frac{200}{\sin 17.5^{\circ}}-115=550(\mathrm{mm})$$

表 6-17　大角度电动浮球液位计量程与球杆长度的计算公式及对照

浮球与球杆结构示意图	计算公式	备注
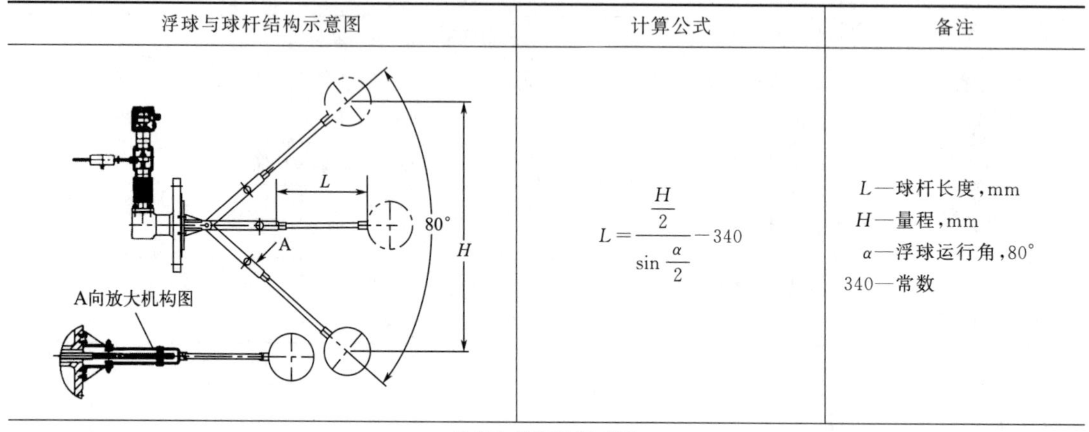	$L=\frac{\frac{H}{2}}{\sin\frac{\alpha}{2}}-340$	L—球杆长度，mm H—量程，mm α—浮球运行角，80° 340—常数

量程与球杆长度对照

测量范围/mm	500	600	700	800	900	1000	1100	1200	1300	1400	1500	1600
球杆长度/mm	50	127	205	282	360	438	516	594	672	749	827	905

注：此表数据是针对 206mm 长放大机构的计算值，当放大机构尺寸变化，其值也会发生变化，仅供参考。

计算实例 6-12

某浮球的运行角 $\alpha=80^{\circ}$，测量范围 $H=1000\mathrm{mm}$。试计算球杆的长度 L。

解： 根据表 6-17 中的公式得

$$L=\frac{\frac{H}{2}}{\sin\frac{\alpha}{2}}-340=\frac{500}{\sin 40^{\circ}}-340=438(\mathrm{mm})$$

6.3.2　浮球液位计常见故障及处理

浮球液位计常见故障及处理方法见表 6-18。

表 6-18　浮球液位计常见故障及处理方法

故障现象	故障原因	处理方法
无液位，但显示为最大	浮球脱落或破裂	重新安装或更换浮球
液位显示偏低	浮球脱落，或浮球变形	重新安装或更换浮球
	浮球连杆断裂	检查并更换已损坏的部件
	转换机构损坏	
	指针或表头损坏	

续表

故障现象	故障原因	处理方法
液位变化,但无输出	供电电压失常或导线接触不良	检查供电电源、电源线及信号线
	电流转换电路故障	更换电路板
	变送器损坏	更换变送器
显示误差大	连接部件松动	检查并固紧
	受到磁场干扰	检查干扰源,对症进行处理
	平衡锤位置不正确	调整平衡锤位置
液位变化,输出不灵敏	密封腔的填料过紧	调整密封部件
	浮球变形	更换浮球
显示不随液位变化,扳动平衡杆感觉沉重	被测介质温度升高导致密封填料膨胀抱住主轴	调整散热器后的两个螺栓,同时转动平衡杆调节到松紧适合为止,重调平衡
浮球不随液位变化,可放在任意位置,没有液位时浮球重	浮球被腐蚀穿孔或浮球破裂	更换浮球

6.4 磁翻板液位计常见故障检查及处理

磁翻板液位计常见故障检查及处理见表6-19。

表6-19 磁翻板液位计常见故障检查及处理

故障现象	可能原因	处理方法
翻板液位计指示正常,但变送器无信号输出	24V供电不正常	检查供电电源
	变送器至安全栅的接线松动或脱落	检查变送器至安全栅间的接线端子或接线箱的接线
	安全栅损坏	更换安全栅
液位变化时,翻板液位计的翻板不动作,变送器输出信号也不跟着变化	翻板液位计浮子的磁钢已退磁	更换浮子组件
	取样阀门开度过小或没有打开	开大或打开取样阀门
变送器有输出信号,但误差大	使用条件不符合仪表的要求	检查相关条件进行改进或更换仪表
	变送器的零点不稳定	检查零点进行调校
	变送器的量程设定有误	检查并进行更正
	信号线接触电阻过大	检查接线
变送器的零点或量程不能调至相应值	24V供电偏低	检查供电电源,对症进行处理
	变送器与翻板液位计不配套	更换相应的变送器或翻板液位计
	变送器故障	更换变送器
	信号线接触电阻过大	检查信号回路接线
翻板液位计指示混乱	排污时阀门开得太快	缓慢进行排污,用磁铁复位
	浮子脱落	拆下液位计进行处理

续表

故障现象	可能原因	处理方法
翻板液位计的指示器不正常	磁钢的磁力减弱	更换磁钢
	指示器个别翻板失磁	用磁钢刷理顺指示，否则更换翻板
	由于振动，指示浮子脱离磁耦合	用磁钢把指示器引到浮子磁力范围内使之进入耦合状态
	测量导管内有异物或沉淀物，浮子卡死不能下降	进行排污冲洗或清洁处理
	卡死或人为原因造成指示混乱	查出原因，进行更正或修理

6.5 磁致伸缩液位计常见故障检查及处理

磁致伸缩液位计常见故障检查及处理见表 6-20、表 6-21。

表 6-20 磁致伸缩液位计常见故障检查及处理

故障现象	可能原因	处理方法
工艺液位正常，变送器输出大于或等于 20mA	电子电路故障	更换电路板
	标定错误	重新标定
	输出电流达 21mA，可能是 FAIL HIGH 模式的故障报警	浮子位置超出了零点和满量程，重新进行标定
工艺液位已满罐，变送器输出达不到 20mA	测量回路的负载电阻过大	检查测量线路
	电子电路故障	更换电路板
	标定错误	重新标定
变送器的输出电流波动	工艺液位有波动	增大阻尼时间
	变送器供电回路或信号回路接触不良	检查接线，紧固螺钉
	电源线或信号线上有电磁干扰	检查干扰源，采用屏蔽线，改善接地等措施
侧装式传感器的显示不正确	浮子与测量筒内壁相碰	校正测量筒的垂直度
	浮子附有杂物	进行清洗
	测量筒内有气泡	排气及重新标定
	标定有误	重新标定
	测量筒的取样管路或阀门堵塞	疏通阀门及管路
液位有变化，但液位计固定在某一数值不变化	浮子被卡住	拆卸检查，清洗测量筒及浮子
	浮子损坏	更换浮子
	模块有故障	返厂修理
	供电电压较低	提高供电电压
变送器输出为 21mA 或者 3.6mA	量程设定有问题	重新进行设定
	传感器或模块有故障	返厂修理
	电路连接问题	重新进行拔插或连接
	浮子安装反了	更正浮子安装方向
	测量杆变形，有弯曲现象	轻微变形的可进行校直

表 6-21 K-TEK 型磁致伸缩液位计常见故障检查及处理

故障现象	可能原因	处理方法
输出不稳定	门槛电压过高	逆时针旋转电位器一圈左右
	门槛电压过低	顺时针旋转电位器一圈左右
	液位变化速度过快	调大阻尼
输出电流不会随着液位变化	测量杆被磁化	用磁铁从上到下地擦过测量杆以消磁
	门槛电压太低	顺时针旋转电位器一圈以上
	浮子没有移动	检查浮子是否损坏
		确定浮子是否适用于工艺介质
		检查测量杆内是否有污物
液晶显示器不亮	变送器没有电	检查供电及信号接线是否正常
	电子模块故障	更换电子模块
输出电流与显示不相符	接线端子受潮或接触不良	烘干或重新接线
	测量值受电流和接线的影响	重新进行 D/A 调节
无法改变菜单设置	写保护跳线在“ON”位置上	把写保护跳线改至上部“OFF”位置
	电子模块有故障	更换电子模块
HART 手操通信器与变送器无法通信	变送器处于报警状态	检查并解决报警问题
	回路电阻不合适	在回路中接入一个 250Ω 的电阻
	电子模块有故障	更换电子模块
输出 3.6mA，DCS 显示为 -0.3%	当 FAIL LOW 模式下，浮子超出零点和满量程之间	调整液位，使之在可测范围内
	液位计故障	更换液位计
输出 21mA，DCS 显示 106.3%	当 FAIL HIGH 模式下，浮子超出零点和满量程之间	调整液位，使之在可测范围内
	液位计故障	更换液位计
输出电流时有时无	门槛电压设置不合适	调整门槛电压
输出信号固定在某一位置不变	浮子卡在一点不动	清理浮子和探杆
输出一直为最小值	浮子卡在底部或者浮子损坏	清理浮子和探杆，更换浮子
输出信号无规则跳变	有外在电磁干扰	找出干扰源，加以消除
	接地不良	检查接地

6.6 雷达液位计常见故障检查及处理

雷达液位计常见故障检查及处理见表 6-22，706 导波雷达液位计故障代码及处理方法见表 6-23。

表 6-22 雷达液位计常见故障检查及处理

故障现象	可能原因	处理方法
LCD 没有显示	电源故障或掉电	检查电源及接线是否正常
设置后出现不正确的测量值	参数设置与现场实际不相符	重新设置参数和功能
设置后显示为“0”或者有故障显示	仪表内部有故障	调出故障显示，按故障信息检查和处理，或返厂修理
液位显示 100%	天线有污物堆积	清洗天线
	天线的安装位置过高	降低天线的安装高度或者缩短管口
液位有变化但是显示保持不变	不同信号离开追踪窗口太频繁	设置追踪窗口为关
液位显示一直保持在实际高度以上	容器内有障碍物产生回波干扰	设置回波抑制功能
实际液位已很高但显示却很低甚至为空罐	多重或间接回波替代了主要回波	打开回波追踪功能 根据所测量的容器试修改应用类型
液位显示变化缓慢	阻尼过高	降低传感器阻尼
	窗口追踪太低	关闭窗口追踪
液位显示的漂移太大	物料表面有斜坡	增大阻尼时间 使用瞄准器

表 6-23 706 导波雷达液位计故障代码及处理

显示代码	代码描述及原因	处理方法
Software Error	软件出错	硬件故障，联系厂商处理
RAM Error	RAM(读/写)报错	
ADC Error	ADC 模块出错	
EEPROM Error	EEPROM 出错	
Analog Board Error	A/D 模块出错	
Analog Output Error	实际的电流值被某一个强制信号指定在一个固定值上	运行 Adjust Analog Output 进行故障排除
No Probe	没有探杆连接	探杆与表头没有连接好 检查探杆的插孔处是否有积水
No Fiducial	参考信号太弱	探杆与表头是否拧紧 检查探杆的插孔处是否有积水
No Echoes	没有检测到回波信号	检查设置： 介电常数范围 灵敏度(必要时增加灵敏度) 查看回声曲线
Upr Echo Lost	上层液位信号太弱(界面测量)	检查设置： Upper Dielectric Blocking Distance 灵敏度(Sensitivity) 查看回声曲线
EoP Above ProbeEnd	空罐时探杆尾部信号在探杆长度后面	检查设置： 探杆长度(Probe Length) 降低灵敏度 增加锁定距离(locking Distance) 查看回声曲线

续表

显示代码	代码描述及原因	处理方法
Lvl Below ProbeEnd	液位信号出现在探杆的根部后面	检查设置： 探杆型号(Probe Model) 探杆长度 Level Threshold＝Fixed 增加灵敏度 查看回声曲线
EoP Below ProbeEnd	空罐时探杆尾部信号在探杆长度前面	检查设置： 探杆长度 介电常数范围(Dielectric Range) 灵敏度 查看回声曲线
Safety Zone Alarm	液位信号靠近探杆头部的安全距离(死区)	确保实际液位没有进入安全距离
Config Conflict	组态信息不正确	检查测量类型是否正确
High Volume Alarm	体积报警，用于体积测量	检查设置： 容器尺寸(Vessel Dimensions) 自定义项目(Custom Table entries)
High Flow Alarm	流量报警，用于流量测量	检查设置： 流量元件(Flow Element) 参考距离(Reference Distance) Gen Eqn Factors 自定义项目
Config Changed	用户的组态参数被修改	对组态参数恢复出厂设置

参考文献

[1] 工业自动化仪表与系统手册编辑委员会. 工业自动化仪表与系统手册：上册 [M]. 北京：中国电力出版社，2008.

[2] 王永红. 过程检测仪表 [M]. 北京：化学工业出版社，2003.

[3] 孙自强. 过程测控技术及仪表装置 [M]. 北京：化学工业出版社，2017.

[4] 施引萱，王丹君. 仪表维修工 [M]. 北京：化学工业出版社，2005.

[5] 张光武. 物位和流量仪表设计制造应用 [M]. 北京：机械工业出版社，2014.

[6] 付宝强，王挂云. 化工现场测控仪表 [M]. 北京：化学工业出版社，2013.

[7] 李保健. 过程检测仪表 [M]. 北京：化学工业出版社，2006.

[8] 纪纲，朱炳兴，王森. 仪表工试题集——现场仪表分册 [M]. 3版. 北京：化学工业出版社，2015.

[9] 黄文鑫. 教你成为一流仪表维修工 [M]. 北京：化学工业出版社，2018.

[10] 黄文鑫. 仪表工问答 [M]. 北京：化学工业出版社，2013.

[11] 吴斌. 差压法测量锅炉汽包水位的分析与应用 [J]. 石油化工自动化，2015，51 (02)：66-68.

[12] 孙智军，王燕玲. 聚丙烯装置中浮筒液位计选用与调试 [J]. 石油化工自动化，2014，50 (6)：3.

[13] 李军. 智能浮筒在实际生产中的应用 [J]. 化工自动化及仪表，2011，11 (11)：1394.

[14] 刘现防. 浮筒液位计测量误差的来源及处理方法 [J]. 科技创新与应用，2013 (11)：92.

[15] 范苏如. 分离器液位变送器失真原因分析及改造 [J]. 化工自动化及仪表，2008，35 (06)：80-82.

第7章 调节阀和阀门定位器

7.1 调节阀的计算及选择

7.1.1 调节阀的流量系数

调节阀流量系数的符号、定义及换算见表7-1。IEC推荐的典型调节阀系数见表7-2。

表7-1 调节阀流量系数的符号、定义及换算

符号	定义	单位制或公式	换算关系
K_V	调节阀两端静压损失为10^5Pa(1bar)，流体温度为5～40℃的水在规定行程下流过调节阀的特定体积流量(m^3/h)	采用国际单位制	$K_V=0.865C_V$ $K_V=1.0098C$ $C_V=1.1674C$ $C_V=1.156K_V$ $C=0.8566C_V$ $C=0.99028K_V$ $C_V=1.1674K_V$①
C_V	调节阀两端静压损失为1psi，流体温度为4～38℃的水在规定行程下流过调节阀的特定体积流量(US gal/min)	采用英制单位	
C	调节阀两端静压损失为$1kgf/cm^2$，流体温度为5～40℃的水在规定行程下流过调节阀的特定体积流量(m^3/h)	采用工程单位制，我国长期使用的流量系数符号	
	IEC标准中各种运算单位的流量系数的通用符号	$C=Q/N_i\times\sqrt{\rho/\Delta p}$ N_i—单位系数	

①我国长期使用的流量系数C，变为K_V后，仅是符号上的变化，数值上并未按$K_V=1.0098C$修改，所以有关书籍和资料中仍把C_V与K_V之间的换算关系定为$C_V=1.1674K_V$。工程单位的换算关系为：$1m^3/h=4.4029$US gal/min；$10^5Pa=14.5038psi=1.01972kgf/cm^2$。

7.1.2 国家标准调节阀流量系数计算公式及计算实例

国家标准GB/T 17213.2—2017《工业过程控制阀　第2-1部分：流通能力 安装条件下流体流量的计算公式》中，公式的计算精度高，但计算也复杂。而在仪表维修中，主要是用于判断，对计算精度的要求不高，加之现场条件所限，能得到的物理参数也不全，因此，本书除介绍国家标准的公式外，还保留了原有的一些计算公式作为维修中估算使用。

表 7-2　IEC 推荐的典型调节阀系数

调节阀类型	阀内件类型	流向[①]	F_L	X_T	F_d
球形阀，单座	3V 口阀芯	流开或流关	0.9	0.70	0.48
	4V 口阀芯		0.9	0.70	0.41
	6V 口阀芯		0.9	0.70	0.30
	柱塞形阀芯（线性和等百分比）	流开	0.9	0.72	0.46
		流关	0.8	0.55	1.00
	60 个等径孔的套筒	向外或向内[②]	0.9	0.68	0.13
	120 个等径孔的套筒		0.9	0.68	0.09
	特性套筒，4 孔	向外[②]	0.9	0.75	0.41
		向内[②]	0.85	0.70	0.41
球形阀，双座	开口阀芯	阀座间流入	0.9	0.75	0.28
	柱塞形阀芯	任意流向	0.85	0.70	0.32
球形阀，角阀	柱塞形阀芯（线性和等百分比）	流开	0.9	0.72	0.46
		流关	0.8	0.65	1.00
	特殊套筒，4 孔	向外[②]	0.9	0.65	0.41
		向内[②]	0.85	0.60	0.41
	文丘里阀	流关	0.5	0.20	1.00
球形阀，小流量阀内件	V 形切口	流开	0.98	0.84	0.70
	平面阀座（短行程）	流关	0.85	0.70	0.30
	锥形针状	流开	0.95	0.84	$\frac{N_{19}\sqrt{CF_L}}{D_o}$
角行程阀	偏心球形阀芯	流开	0.85	0.60	0.42
		流关	0.68	0.40	0.42
	偏心锥形阀芯	流开	0.77	0.54	0.44
		流关	0.79	0.55	0.44
蝶阀（中心轴式）	70°转角	任意	0.62	0.35	0.57
	60°转角		0.70	0.42	0.50
	带凹槽蝶板（70°）		0.67	0.38	0.30
蝶阀（偏心轴式）	偏心阀座（70°）	任意	0.67	0.35	0.57
球阀	全球体（70°）	任意	0.74	0.42	0.99
	截球体		0.60	0.30	0.98
球形阀和角阀	多级多流路　2	任意	0.97	0.812	
	多级多流路　3		0.99	0.888	
	多级多流路　4		0.99	0.925	
	多级多流路　5		0.99	0.950	
	多级单通　2	任意	0.97	0.896	
	多级单通　3		0.99	0.935	
	多级单通　4		0.99	0.960	

① 表示趋于阀开或阀关的流体流向，即将节流件推离或推向阀座。

② 向外的意思是流体从套筒中央向外流，向内的意思是流体从套筒外向中央流。

注：F_L—液体压力恢复系数；X_T—临界压差比；F_d—调节阀类型修正系数。这些值仅为典型值，实际值由制造商规定。

国家标准调节阀流量系数及其计算公式见表 7-3～表 7-10。

表 7-3　不可压缩流体紊流条件下的流量系数计算公式

计算公式	符号及说明
紊流条件下（$Re_V \geqslant 10000$）： $$Q=CN_1F_P\sqrt{\frac{\Delta p_{sizing}}{\rho_1/\rho_0}} \quad (1)$$ 其中，计算压差 Δp_{sizing} 按下式取值： $$\Delta p_{sizing}=\begin{cases}\Delta p & 当\ \Delta p<\Delta p_{choked}\\ \Delta p_{choked} & 当\ \Delta p\geqslant\Delta p_{choked}\end{cases} \quad (2)$$ 阻塞压差 $$\Delta p_{choked}=\left(\frac{F_{LP}}{F_P}\right)^2(p_1-F_Fp_V) \quad (3)$$ 将 $F_F=0.96-0.28\sqrt{p_V/p_C}$ 代入式（7-3），当调节阀和管线的尺寸一致时： $$\left(\frac{F_{LP}}{F_P}\right)^2=F_L^2$$	Q—实际体积流量，m^3/h C—流量系数，K_V、C_V Δp_{sizing}—计算不可压缩流体流量或流量系数时的压差值，kPa 或 bar ρ_1—在 p_1 和 T_1 时的流体密度，kg/m^3 ρ_1/ρ_0—相对密度（对于 15℃的水，$\rho_1/\rho_0=1.0$） F_P—管件形状修正系数 F_F—液体临界压力比系数 F_L—液体压力恢复系数 F_{LP}—压力恢复管件形状组合系数 p_V—入口温度下液体蒸气的绝对压力 kPa 或 bar p_C—绝对热力学临界压力，kPa 或 bar p_1—调节阀前压力，kPa 或 bar 式（7-1）适用于单一成分的单相流体。满足以下条件时，公式可用于液相多成分混合流体： ① 混合流体同系；② 混合流体化学态与热力学态平衡；③ 节流过程良好且无多相层

表 7-4　不可压缩流体非紊流条件下的流量系数计算公式

计算公式	符号及说明
$$Q=CN_1F_R\sqrt{\frac{\Delta p_{actual}}{\rho_1/\rho_0}}$$ F_R 的计算公式如下： 对于层流状态（$Re_V<10$） $$F_R=\min\begin{bmatrix}\frac{0.026}{F_L}\sqrt{nRe_V}\\ 1.00\end{bmatrix}（两者取最小值）$$ 对于过渡流状态（$Re_V\geqslant 10$） $$F_R=\min\begin{bmatrix}1+\left(\frac{0.33F_L^{1/2}}{n^{1/4}}\right)\lg\left(\frac{Re_V}{10000}\right)\\ \frac{0.026}{F_L}\sqrt{nRe_V}\\ 1.00\end{bmatrix}$$ （三者取最小值） 常量 n 的取值如下： 全尺寸阀内件[$C_{rated}/(d^2N_{18})\geqslant 0.016$]， $$n=\frac{N_2}{(C/d^2)^2}$$ 缩小型阀内件[$C_{rated}/(d^2N_{18})<0.016$]， $$n=1+N_{32}(C/d^2)^{2/3}$$	Q—实际体积流量，m^3/h C—流量系数，K_V、C_V Δp_{actual}—上、下游取压口的压差（p_1-p_2），kPa 或 bar ρ_1—在 p_1 和 T_1 时的流体密度，kg/m^3 ρ_1/ρ_0—相对密度（对于 15℃的水，$\rho_1/\rho_0=1.0$） F_R—雷诺数系数 F_L—液体压力恢复系数 Re_V—调节阀的雷诺数，按下式计算： $$Re_V=\frac{N_4F_dQ}{\upsilon\sqrt{CF_L}}\left(\frac{F_L^2C^2}{N_2d^4}+1\right)^{1/4}$$ F_d—阀类型修正系数 C_{rated}—额定行程的流量系数 d—阀门通径，mm 满足下列要求可使用非紊流计算公式： ① 流体为牛顿流体 ② 流体是不可蒸发的流体 ③ $\frac{C}{N_{18}d^2}\leqslant 0.047$

表 7-5　数字常数 N

常数	流量系数 C		公式中的变量						
	K_V	C_V	W	Q	p,Δp	ρ	T	d,D	υ
N_1	1×10^{-1}	8.65×10^{-2}		m^3/h	kPa	kg/m^3			
	1	8.65×10^{-1}			bar				
N_2	1.60×10^{-3}	2.14×10^{-3}						mm	
N_4	7.07×10^{-2}	7.60×10^{-2}		m^3/h					m^2/s
N_5	1.80×10^{-3}	2.41×10^{-3}						mm	
N_6	3.16	2.73	kg/h		kPa	kg/m^3			
	31.6	27.3			bar				
N_8	1.10	0.948	kg/h		kPa		K		
	1.10×10^{2}	94.8			bar				
N_9 $t_s=0$℃	24.6	21.2		m^3/h	kPa		K		
	2.46×10^{3}	2.12×10^{3}			bar				
N_9 $t_s=15$℃	26	22.5		m^3/h	kPa		K		
	2.60×10^{3}	2.25×10^{3}			bar				
N_{17}	1.05×10^{-3}	1.21×10^{-3}						mm	
N_{18}	0.865	1.00						mm	
N_{19}	2.5	2.3						mm	
N_{21}	1.30×10^{-3}	1.4×10^{-3}			kPa				
	1.30×10^{-1}	1.4×10^{-1}			bar				
N_{22} $t_s=0$℃	1.73	150		m^3/h	kPa		K		
	1.73×10^{3}	1.50×10^{3}			bar				
N_{22} $t_s=15$℃	1.84	15.9		m^3/h	kPa		K		
	1.84×10^{3}	1.59×10^{3}			bar				
N_{23}	1.96×10^{1}	1.70×10^{1}						mm	
N_{25}	4.02×10^{-2}	4.65×10^{-2}						mm	
N_{26}	1.28×10^{7}	9.00×10^{6}		m^3/h				mm	m^2/s
N_{27}	0.775	0.67	kg/h		kPa		K		
	77.5	67			bar				
N_{31}	2.10×10^{4}	1.90×10^{4}		m^3/h					m^2/s
N_{32}	1.40×10^{2}	1.27×10^{2}						mm	

注：使用表中提供的数字常数和规定的公制单位即可得出规定单位的流量系数。

表 7-6 可压缩流体紊流条件下的流量系数计算公式

计算公式	符号及说明
紊流条件下($Re_V \geqslant 10000$): $W=CN_6F_PY\sqrt{x_{sizing}p_1/\rho_1}$ $W=CN_8F_PP_1Y\sqrt{\dfrac{x_{sizing}M}{T_1Z_1}}$ $Q_S=CN_9F_PP_1Y\sqrt{\dfrac{x_{sizing}}{MT_1Z_1}}$ 压差比 x_{sizing} 的计算式: $x_{sizing}=\begin{cases}x=\dfrac{\Delta p}{p_1} & x<x_{choked}\\ x_{choked}=F_\gamma x_{TP} & x\geqslant x_{choked}\end{cases}$	W—质量流量,kg/h Q_S—标准体积流量,m^3/h F_P—管件形状修正系数 p_1—调节阀前压力,kPa 或 bar ρ_1—在 p_1 和 T_1 时的流体密度,kg/m^3 T_1—调节阀入口绝对温度,K Z_1—调节阀入口处的压缩系数 x_{choked}—阻塞压差比 x_{sizing}—计算可压缩流体流量或流量系数时的压差比值 x_{TP}—阻塞流条件下带附接管件调节阀的压差比系数 F_γ— 比热容比系数(旧称 F_k),$F_\gamma=\gamma/1.4$,γ 是绝热指数 N—数字常数,见表 7-5 Y—膨胀系数,按下式计算: $Y=1-\dfrac{x_{sizing}}{3x_{choked}}$

表 7-7 可压缩流体非紊流条件下的流量系数计算公式

计算公式	符号及说明
$W=CN_{27}F_RY\sqrt{\dfrac{\Delta p(p_1+p_2)M}{T_1}}$ $Q_S=CN_{22}F_RY\sqrt{\dfrac{\Delta p(p_1+p_2)}{MT_1}}$ Y 按下式取值: $Y=\begin{cases}\dfrac{Re_V-1000}{9000}\left[1-\dfrac{x_{sizing}}{3x_{choked}}-\sqrt{\left(1-\dfrac{x}{2}\right)}\right]+\sqrt{\left(1-\dfrac{x}{2}\right)} & 1000\leqslant Re_V<10000\\ \sqrt{\left(1-\dfrac{x}{2}\right)} & Re_V<1000\end{cases}$	W—质量流量,kg/h Q_S—标准体积流量,m^3/h F_R—雷诺数系数 T_1—调节阀入口绝对温度,K p_1—调节阀前压力,kPa 或 bar p_2—调节阀后压力,kPa 或 bar Δp—阀压降,kPa 或 bar M—流体分子量 Y—膨胀系数

表 7-8 气-液两相流体(气体占绝大部分)的流量系数计算公式

计算公式	符号及说明
判断液体是否产生阻塞流(闪蒸): $\Delta p<F_L^2(p_1-p_V)$ 判断气体是否形成阻塞流: $X<F_KX_T$ 同时符合以上两式,按下式计算流量系数: $C=\dfrac{W_g+W_L}{N_{12}\sqrt{(p_1-p_2)\rho_e}}$ 式中 ρ_e 计算式: $\rho_e=\dfrac{W_g+W_L}{\dfrac{W_g}{\rho_gY^2}+\dfrac{W_L}{\rho_L}}$ $\rho_e=\dfrac{W_g+W_L}{\dfrac{T_1W_g}{N_{13}Y^2p_1\rho_NZ}+\dfrac{W_L}{\rho_L}}$ $\rho_e=\dfrac{W_g+W_L}{\dfrac{N_{14}T_1W_g}{Mp_1ZY^2}+\dfrac{W_L}{\rho_L}}$	ρ_e—两相流有效密度,kg/m^3 ρ_g—阀入口压力、温度条件下气体密度,kg/m^3 ρ_L—阀入口温度条件下液体密度,kg/m^3 ρ_N—标准状态下气体密度(273K,1.013×10^2kPa),kg/m^3 X—压差比系数($X=\Delta p/p_1$) X_T—临界压差比 p_1—调节阀前压力,kPa 或 bar p_2—调节阀后压力,kPa 或 bar Δp—阀压降,kPa 或 bar p_V—入口温度下液体蒸气的绝对压力,kPa 或 bar F_K—比热容比系数 F_L—液体压力恢复系数 W_g—气体质量流量,kg/h W_L—液体质量流量,kg/h Y—膨胀系数 M—流体分子量 Z—压缩系数 T_1—调节阀入口绝对温度,K N_{12}、N_{13}、N_{14}—数字常数,见表 7-9

表 7-9　数字常数 N 值表（N_{12}、N_{13}、N_{14}）

N	流量系数 C		参数采用单位				
	K_V	C_V	W_g	W_L	p_1,p_2	ρ_N	T_1
N_{12}	3.16	2.73	kg/m^3		kPa	kg/m^3	
	31.6	27.3			bar		
N_{13}	2.46				kPa		K
	246				bar		
N_{14}	8.5				kPa		K
	8.5×10^{-2}				bar		

注：N_{12}、N_{13}、N_{14}—数字常数，因单位制及 C 值定义的不同而异。

表 7-10　液体-蒸气混合流体（液体占绝大部分）的流量系数计算公式

计算公式	符号及说明
判断液体是否产生阻塞流(闪蒸)： $\Delta p<F_L^2(p_1-p_V)$ 判断气体是否形成阻塞流： $X<F_K X_T$ 同时符合以上两式，按下式计算流量系数： $C=\dfrac{W_g+W_L}{N_{12}F_L\sqrt{\rho_m p_1(1-F_F)}}$ 式中 ρ_m 计算式： $\rho_m=\dfrac{W_g+W_L}{\dfrac{W_g}{\rho_g}+\dfrac{W_L}{\rho_L}}$ $\rho_m=\dfrac{W_g+W_L}{\dfrac{T_1W_g}{N_{14}p_1\rho_N}+\dfrac{W_L}{\rho_L}}$ $\rho_m=\dfrac{W_g+W_L}{\dfrac{N_{14}T_1W_g}{Mp_1}+\dfrac{W_L}{\rho_L}}$	ρ_m—两相混合流体在 p_1、T_1 条件下的密度，kg/m^3 ρ_g—阀入口压力、温度条件下气体密度，kg/m^3 ρ_L—阀入口温度条件下液体密度，kg/m^3 ρ_N—标准状态下气体密度（273K，1.013×10^2kPa），kg/m^3 X—压差比，$X=\Delta p/p_1$ X_T—临界压差比 p_1—调节阀前压力，kPa 或 bar Δp—阀压降，kPa 或 bar p_V—入口温度下液体蒸气的绝对压力，kPa 或 bar F_K—比热比系数 F_L—液体压力恢复系数 F_F—临界压力比系数 M—流体分子量 T_1—调节阀入口绝对温度，K W_g—气体质量流量，kg/h W_L—液体质量流量，kg/h N_{12}、N_{13}、N_{14}—数字常数，因单位制及 C 值定义的不同而异，见表 7-9

计算实例 7-1

不可压缩流体-非阻塞流紊流，无附接管件，计算流量系数 K_v。

已知：流体为水，入口温度 $T_1=363\mathrm{K}$，密度 $\rho_1=965.4\mathrm{kg/m^3}$，饱和蒸汽压力 $p_V=70.1\mathrm{kPa}$，热力学临界压力 $p_C=22120\mathrm{kPa}$，运动黏度 $\upsilon=3.26\times10^{-7}\ \mathrm{m^2/s}$，入口绝对压力 $p_1=680\mathrm{kPa}$，出口绝对压力 $p_2=220\mathrm{kPa}$，流量 $Q=360\mathrm{m^3/h}$，管道直径 $D_1=D_2=150\mathrm{mm}$。

阀门数据：阀门类型为球形阀，阀内件为柱塞形阀芯，流向为流开，阀门通径 $d=150\mathrm{mm}$，查表 7-2 得到，液体压力恢复系数 $F_L=0.90$，调节阀类型修正系数 $F_d=0.46$。

解：采用表 7-3 中的紊流条件下不可压缩流体的流量系数计算公式：

$$Q=CN_1F_P\sqrt{\frac{\Delta p_{\text{sizing}}}{\rho_1/\rho_0}}$$

查表 7-5，得到计算 K_v 值需要的数字常数：$N_1=0.1$；$N_2=0.0016$；$N_4=0.0707$；$N_{18}=0.865$。

液体临界压力比系数 F_F 由下式求得：

$$F_F=0.96-0.28\sqrt{\frac{p_V}{p_C}}=0.944$$

由于阀门通径与管道一致，所以 $F_P=1$，$F_{LP}=F_L$。

确定 Δp_{sizing}：

$$\Delta p_{\text{choked}}=\left(\frac{F_{LP}}{F_P}\right)^2(p_1-F_Fp_V)=497(\mathrm{kPa})$$

$$\Delta p=p_1-p_2=460(\mathrm{kPa})$$

$$\Delta p_{\text{sizing}}=\begin{cases}\Delta p & \text{当 } \Delta p<\Delta p_{\text{choked}}\\ \Delta p_{\text{choked}} & \text{当 } \Delta p\geqslant\Delta p_{\text{choked}}\end{cases}$$

所以 $\Delta p_{\text{sizing}}=460\mathrm{kPa}$。

ρ_0 是水在 15℃时的密度。

计算结果 $C=K_V=\dfrac{Q}{N_1F_P}\sqrt{\dfrac{\rho_1/\rho_0}{\Delta p_{\text{sizing}}}}=165(\mathrm{m^3/h})$

通过下式计算雷诺数，验证流体是紊流：

$$Re_V=\frac{N_4F_dQ}{\upsilon\sqrt{CF_L}}\left(\frac{F_L^2C^2}{N_2d^4}+1\right)^{1/4}=2.967\times10^6$$

雷诺数大于 10000，符合紊流计算公式条件。

通过下式验证计算结果保持合理的精度：

$$\frac{C}{N_{18}d^2}=0.0085<0.047$$

计算实例 7-2

可压缩流体-非阻塞流紊流，无附接管件，计算流量系数 K_v。

已知：流体为二氧化碳，入口温度 $T_1=433K$，入口绝对压力 $p_1=680kPa$，出口绝对压力 $p_2=450kPa$，运动黏度 $\nu=2.526\times10^{-6}m^2/s$（操作工况），流量 $Q_S=3800m^3/h$（标准工况），密度 $\rho_1=8.389kg/m^3$（操作工况），压缩系数 $Z_1=0.991$（操作工况），标准压缩系数 $Z_s=0.994$（标准工况），分子量 $M=44.01$，比热容比 $\gamma=1.3$，管道直径 $D_1=D_2=100mm$。

阀门数据：阀门类型为角行程阀，阀内件为偏心球形阀芯，流向为流开，阀门通径 $d=100mm$，查表7-2得到，压差比系数 $x_T=0.60$，液体压力恢复系数 $F_L=0.85$，调节阀类型修正系数 $F_d=0.42$。

解：采用表7-6中的紊流条件下可压缩流体的流量系数计算公式：

$$Q_S=CN_9F_PP_1Y\sqrt{\frac{x_{\text{sizing}}}{MT_1Z_1}}$$

查表7-5，得到计算 K_v 值需要的数字常数：$N_2=0.0016$；$N_4=0.0707$；$N_9=24.6$；$N_{18}=0.865$。

由于阀门通径与管道一致，所以 $F_P=1$，$x_{TP}=x_T$。

计算比热容比系数：$F_\gamma=\dfrac{\gamma}{1.4}=0.929$

计算阻塞流压差比：$x_{\text{choked}}=F_\gamma x_{TP}=0.557$

操作工况的压差比：$x=\dfrac{p_1-p_2}{p_1}=0.338$

由下式确定 $x_{\text{sizing}}=0.338$：

$$x_{\text{sizing}}=\begin{cases}x=\dfrac{\Delta p}{p_1} & x<x_{\text{choked}}\\ x_{\text{choked}}=F_\gamma x_{TP} & x\geqslant x_{\text{choked}}\end{cases}$$

计算膨胀系数 Y：$Y=1-\dfrac{x_{\text{sizing}}}{3x_{\text{choked}}}=0.798$

$$C=K_V=\frac{Q_S}{N_9F_PP_1Y}\sqrt{\frac{MT_1Z_1}{x_{\text{sizing}}}}$$

$$K_V=67.2(m^3/h)$$

计算操作工况下的体积流量：$Q=Q_S=\dfrac{p_S}{Z_St_S}\times\dfrac{Z_1T_1}{p_1}=895.4(m^3/h)$

通过下式计算雷诺数，验证流体是紊流：

$$Re_V=\frac{N_4F_dQ}{\upsilon\sqrt{CF_L}}\left(\frac{F_L^2C^2}{N_2d^4}+1\right)^{1/4}=1.40\times10^6$$

雷诺数大于10000，符合紊流计算公式条件。

通过下式验证计算结果保持合理的精度：

$$\frac{C}{N_{18}d^2}=0.0078<0.047$$

计算实例 7-3

在两相流介质中，流体是空气和水的混合流体，拟选用气动双座调节阀，试计算这种两相流的流量系数。

已知，在最大流量条件下的相关数据为：$p_1=1100\text{kPa}$，$\Delta p=300\text{kPa}$，$T_1=353\text{K}$，$W_L=12000\text{kg/h}$，$W_g=181\text{kg/h}$，$\rho_N=1.293\text{kg/m}^3$，$\rho_L=0.972\text{kg/cm}^3$。

解： 首先判别液体是否产生闪蒸、空化而导致阻塞流，气体是否产生阻塞流。查出计算所需的一些物理参数：$Z=1.294$，$F_L=0.85$，$X_T=0.70$，$p_C=22550\text{kPa}$，$p_V=48.29\text{kPa}$。

液体产生阻塞流（空化）的最低压差为：

$$\Delta p_T=F_L^2(p_1-p_V)=(0.85)^2\times(1100-48.29)=760(\text{kPa})$$

由于 $\Delta p=300\text{kPa}<\Delta p_T$，所以不产生阻塞流。

对气体：

$$X=\frac{\Delta p}{p_1}=\frac{300}{1100}=0.27<F_KX_T=0.70\ (\text{空气}\ F_K=1)$$

即空气未产生阻塞流。

用表 7-8 中的计算公式，要先算出膨胀系数 Y 和有效密度 ρ_e，则：

$$Y=1-\frac{X}{3F_KX_T}=1-\frac{0.27}{3\times0.7}=0.87$$

$$\rho_e=\frac{W_g+W_L}{\dfrac{T_1W_g}{N_{13}Y^2p_1\rho_NZ}+\dfrac{W_L}{\rho_L}}$$

$$=\frac{181+12000}{\dfrac{353\times181}{2.46(0.87)^2\times1100\times1.293\times1.294}+\dfrac{12000}{0.972\times10^3}}=393.1$$

将 Y 和 ρ_e 代入表 7-8 中的公式，计算流量系数：

$$K_V=\frac{W_g+W_L}{N_{12}\sqrt{\Delta p\rho_e}}=\frac{181+12000}{3.16\sqrt{300\times393.1}}=11.2$$

7.1.3 膨胀系数法计算调节阀流量系数公式及计算实例

膨胀系数法计算调节阀流量系数公式见表 7-11。

表 7-11　膨胀系数法计算调节阀流量系数公式

介质	判别条件	计算公式	符号及单位
液体	一般	$K_V=10Q_L\sqrt{\frac{\rho_L}{\Delta p}}$ $K_V=\frac{10^{-2}W_L}{\sqrt{\Delta p\rho_L}}$	Q_L—液体体积流量，m^3/h Q_g—气体标准状态体积流量，m^3/h W_L—液体质量流量，kg/h W_S—蒸气质量流量，kg/h W_g—气体质量流量，kg/h p_1—阀前绝对压力，kPa p_2—阀后绝对压力，kPa Δp—阀前后压差，kPa Δp_T—产生阻塞流时的压差，kPa p_V—饱和蒸气压，kPa ρ_L—液体密度，g/cm^3 ρ_g—气体密度（ρ_1、T_1 条件下） ρ_N—气体标准状态下密度，kg/m^3 ρ_S—蒸气阀前密度，kg/m^3 ρ_e—两相流的有效密度，kg/m^3 ρ_m—两相流的入口密度，kg/m^3 Z—压缩系数 y—膨胀系数 $y=1-\frac{X}{3F_KX_T}$ X—压差比，$X=\frac{\Delta p}{p_1}$ X_T—临界压差比 F_L—压力恢复系数 F_K—比热容比系数，$F_K=k=1.4$ k—气体绝热指数，（对空气，$k=1.4$） F_F—临界压力比系数 F_R—雷诺数修正系数，根据雷诺数查图表 M—气体相对分子质量 G—气体的相对密度（空气为 1） T_1—阀入口的绝对温度，K
	闪蒸及空化 $\Delta p\geqslant\Delta p_T$ 是阻塞流	$K_V=10Q_L\sqrt{\frac{\rho_L}{\Delta p_T}}$ $\Delta p_T=F_L^2(p_1-F_Fp_V)$	
	低雷诺数	$K_V=\frac{K'_V}{F_R}$ 修正后的流量系数： $K'_V=10Q_L\sqrt{\frac{\rho_L}{\Delta p}}$	
气体	$X<F_KX_T$ 非阻塞流	$K_V=\frac{Q_g}{5.19p_1y}\sqrt{\frac{T_1\rho_NZ}{X}}$ $K_V=\frac{Q_g}{24.6p_1y}\sqrt{\frac{T_1MZ}{X}}$ $K_V=\frac{Q_g}{4.57P_1y}\sqrt{\frac{T_1GZ}{X}}$	
	$X\geqslant F_KX_T$ 阻塞流	$K_V=\frac{Q_g}{2.9p_1}\sqrt{\frac{T_1\rho_NZ}{kX_T}}$ $K_V=\frac{Q_g}{13.9p_1}\sqrt{\frac{T_1MZ}{kX_T}}$ $K_V=\frac{Q_g}{2.58p_1}\sqrt{\frac{T_1GZ}{kX_T}}$	
蒸汽	$X<F_KX_T$ 非阻塞流	$K_V=\frac{W_S}{3.16y}\sqrt{\frac{1}{X_{P1}\rho_S}}$ $K_V=\frac{W_S}{1.1p_1y}\sqrt{\frac{T_1Z}{XM}}$	
	$X\geqslant F_KX_T$ 阻塞流	$K_V=\frac{W_S}{1.78}\sqrt{\frac{1}{kX_Tp_1\rho_S}}$ $K_V=\frac{W_S}{0.62p_1}\sqrt{\frac{T_1Z}{kX_TM}}$	
两相流	液体与 非液化气体	$K_V=\frac{W_g+W_L}{3.16\sqrt{\Delta p\rho_e}}$ $\rho_e=\frac{W_g+W_L}{W_g/\rho_gy^2+W_L/\rho_L10^3}$	注：本公式中的符号及单位同上 对蒸气占绝大部分的两相混合流体，用本式进行计算
	液体与蒸气	$K_V=\frac{W_g+W_L}{3.16F_L\sqrt{\rho_mp_1(1-F_F)}}$ $\rho_m=\frac{W_g+W_L}{W_g/\rho_s+W_L/\rho_L10^3}$	注：本公式中的符号及单位同上 对液体占绝大部分的两相混合流体，用本式进行计算

计算实例 7-4

已知气体介质为丙烯气，$T_1=268K$，$k=2.12$，$M=42$，$Z=1$，$p_1=260kPa$，$p_2=206kPa$，$Q_g=750m^3/h$。若选用流关单座阀，$X_T=0.46$。试计算此阀的流量系数。

解：首先判断其工作情况是否为阻塞流：

因为
$$X=\frac{\Delta p}{p_1}=\frac{p_1-p_2}{p_1}=\frac{260-206}{260}=0.21$$

而
$$\frac{k}{1.4}X_T=\frac{2.12}{1.4}\times0.46=0.7$$

故 $X<\frac{k}{1.4}X_T=F_KX_T$，为非阻塞流情况。

又
$$y=1-\frac{X}{3F_KX_T}=1-\frac{0.21}{3\times\frac{2.12}{1.4}\times0.46}=0.9$$

采用表 7-11 中的气体非阻塞流公式：

$$K_V=\frac{Q_g}{24.6p_1y}\sqrt{\frac{T_1MZ}{X}}=\frac{750}{24.6\times260\times0.9}\times\sqrt{\frac{42\times268\times1}{0.21}}=30.16$$

计算实例 7-5

已知蒸汽流量 $W_S=35000kg/h$，$p_1=4050kPa$（绝对压力），$p_2=500kPa$（绝对压力），$t=368℃$，$\rho_S=14.33kg/m^3$。若选用套筒流开调节阀，求此阀的流量系数（绝热指数 $k=1.3$）。

解：查表 7-15 得 $X_T=0.75$。

因为
$$X=\frac{\Delta p}{p_1}=\frac{4050-500}{4050}=0.87$$

而
$$F_KX_T=\frac{1.3}{1.4}\times0.75=0.7$$

$X>F_KX_T$，因此为阻塞流。

按表 7-11 中蒸汽的计算公式

$$K_V=\frac{W_S}{1.78}\sqrt{\frac{1}{kX_Tp_1\rho_S}}=\frac{35000}{1.78}\times\sqrt{\frac{1}{1.3\times0.75\times4050\times14.33}}=82.7$$

7.1.4 经验公式法计算调节阀流量系数的公式及计算实例

经验公式法计算调节阀流量系数的公式见表 7-12。

表 7-12　经验公式法计算调节阀流量系数的公式

介质及压缩系数 Z	阀前后压力状态	
	超临界状态（$p_2>0.5p_1$）	亚临界状态（$p_2\leqslant 0.5p_1$）
气体	$C_V=1.167\dfrac{Q_g}{514Z}\sqrt{\dfrac{\rho_N(273+t)}{100p_1\Delta p}}$	$C_V=1.167\dfrac{Q_g}{2800p_1}\sqrt{\rho_N(273+t)}$
蒸汽	$C_V=1.167\dfrac{W_S}{31.6Z}\sqrt{\dfrac{1}{10\rho_S\Delta p}}$	$C_V=1.167\dfrac{W_S}{17.3}\sqrt{\dfrac{1}{10\rho_S p_1}}$
液体	$C_V=1.167Q_L\sqrt{\dfrac{\rho_L}{10\Delta p}}$	p_1—阀前绝压，MPa p_2—阀后绝压，MPa，($\Delta p=p_1-p_2$) ρ_N—气体在标准状态下的密度，kg/m^3 ρ_S—蒸汽的密度，kg/m^3 ρ_L—液体的相对密度，(工作温度下液体的密度与15℃下水的密度的比值) t—阀前温度，℃ Q_g—气体在标准状态下的流量，m^3/h W_S—蒸汽的质量流量，kg/h Q_L—液体的体积流量，m^3/h Z—压缩系数
压缩系数 Z	当$\dfrac{p_1-p_2}{p_1}<0.08$时，$Z=1$ 当$\dfrac{p_1-p_2}{p_1}\geqslant 0.08$时，$Z=1-0.46\times\dfrac{p_1-p_2}{p_1}$	

计算实例 7-6

已知蒸汽流量 35000kg/h，$p_1=4.05$MPa（绝对压力），$p_2=0.5$MPa（绝对压力），$t=368$℃，$\rho_S=14.33kg/m^3$。若选用套筒流开调节阀，求此阀的流量系数。

解：由于 $p_2<0.5p_1$，处于亚临界状态，采用表 7-12 中蒸汽的亚临界状态计算公式：

$$C_V=1.167\frac{W_S}{17.3}\sqrt{\frac{1}{10\rho_S p_1}}=1.167\times\frac{35000}{17.3}\sqrt{\frac{1}{10\times 14.33\times 4.05}}=98$$

$$K_V=\frac{98}{1.167}=84$$

7.1.5　平均重度法计算调节阀流量系数公式及计算实例

平均重度法计算调节阀流量系数公式及计算实例见表 7-13～表 7-15。

表 7-13　平均重度法计算调节阀流量系数公式

介质	流动状态	流动状态判断	计算公式	符号及单位
液体	一般流动	$\Delta p<\Delta p_C=F_L^2(p_1-p_V)$	$K_V=Q\sqrt{\dfrac{\gamma}{\Delta p}}$	Q—流体流量，m^3/h Q_N—气体流量，m^3/h G_S—蒸汽流量，kg/h γ—液体重度，g/cm^3 γ_N—气体重度 p_1—阀前压力，100kPa p_2—阀后压力，100kPa Δp—压差，100kPa p_V—饱和蒸汽压，100kPa p_C—临界点压力，见表 7-14 F_L—压力恢复系数，见表 7-15 t—温度，℃ t_{sh}—过热温度，℃ Δp_C—临界压差，100kPa $(y-0.148y^3)$中的 $y=\dfrac{1.63}{F_L}\sqrt{\dfrac{\Delta p}{p_1}}$
液体	阻塞流动	当 $\Delta p\geqslant\Delta p_C$ 时，属阻塞流 当 $p_V<0.5p_1$ 时 $\Delta p_C=F_L^2(p_1-p_V)$ 当 $p_V\geqslant 0.5p_1$ 时 $\Delta p_C=F_L^2[p-(0.96-0.28\sqrt{\dfrac{p_1}{p_C}})p_V]$	$K_V=Q\sqrt{\dfrac{\gamma}{\Delta p_C}}$	
气体	一般流动	$\dfrac{\Delta p}{p_1}<0.5F_L^2$	$K_V=\dfrac{Q_N}{380}\sqrt{\dfrac{\gamma_N(273+t)}{\Delta p(p_1+p_2)}}$	
气体	阻塞流动	$\dfrac{\Delta p}{p_1}\geqslant 0.5F_L^2$	$K_V=\dfrac{Q_N}{380p_1}\sqrt{\gamma_N(273+t)}$ 上式乘$\dfrac{1}{F_L}$或$\dfrac{1}{F_L(y-0.148y^3)}$	
蒸汽（饱和蒸汽）	一般流动	$\dfrac{\Delta p}{p_1}<0.5F_L^2$	$K_V=\dfrac{G_S}{16\sqrt{\Delta p(p_1+p_2)}}$	
蒸汽（饱和蒸汽）	阻塞流动	$\dfrac{\Delta p}{p_1}\geqslant 0.5F_L^2$	$K_V=\dfrac{G_S}{13.8p_1}$ 上式乘$\dfrac{1}{F_L}$或$\dfrac{1}{F_L(y-0.148y^3)}$	
蒸汽（过热蒸汽）	一般流动	$\dfrac{\Delta p}{p_1}<0.5F_L^2$	$K_V=\dfrac{G_S(1+0.0013t_{sh})}{16\sqrt{\Delta p(p_1+p_2)}}$	
蒸汽（过热蒸汽）	阻塞流动	$\dfrac{\Delta p}{p_1}\geqslant 0.5F_L^2$	$K_V=\dfrac{G_S(1+0.0013t_{sh})}{13.8p_1}$ 上式乘$\dfrac{1}{F_L}$或$\dfrac{1}{F_L(y-0.148y^3)}$	

表 7-14　临界压力 p_C

介质名称	p_C/100kPa(绝压)	介质名称	p_C/100kPa(绝压)	介质名称	p_C/100kPa(绝压)
醋酸	59	氩	49.4	氯	73
丙酮	48.4	苯	49	乙烷	50.2
乙炔	63.7	二氧化碳	75	乙醇	65
空气	38.2	一氧化碳	36	氯化氢	84
氨	114.5	甲烷	47.2	丙烷	43.2
氮	34.5	甲醇	81	二氧化硫	80
氟	25.7	氧	51.2	水	224
氦	2.33	氧化氯	73.8	戊烷	34
氢	13.1	辛烷	25.4		

表 7-15　压力恢复系数 F_L 和临界压差比 X_T

调节阀类型	阀芯形式	流动方向	F_L	X_T
单座调节阀	柱塞型	流开	0.90	0.72
		流关	0.80	0.55
	窗口型	任意	0.90	0.75
	套筒型	流开	0.90	0.75
		流关	0.80	0.70
双座调节阀	柱塞型	任意	0.85	0.70
	窗口型		0.90	0.75
角形调节阀	柱塞型	流开	0.90	0.72
		流关	0.80	0.65
	套筒型	流开	0.85	0.65
		流关	0.80	0.60
	文丘里型	流关	0.50	—
球阀	O 形球阀	任意	0.55	0.15
	V 形球阀		0.57	0.25
蝶阀	60°全开	任意	0.68	0.38
	90°全开		0.55	0.20
偏心旋转阀		流开	0.85	0.61

计算实例 7-7

介质液氨，$t=33℃$，$\gamma=0.59$，$Q=13\text{t/h}$，$p_1=530\times100\text{kPa}$，$p_2=70\times100\text{kPa}$，$\Delta p=460\times100\text{kPa}$，$p_V=15\times100\text{kPa}$，选用流闭型高压阀。求此阀的流量系数。

解：查表 7-14 得 $p_C=114.5\times100\text{kPa}$，查表 7-15 得 $F_L=0.8$。

因为 $0.5p_1=265\times100\text{kPa}>p_V=15\times100\text{kPa}$，所以 $\Delta p_C=F_L^2(p_1-p_V)=330\times100\text{kPa}$。

$\Delta p>\Delta p_C$，为阻塞流动。

采用表 7-13 中液体的阻塞流动公式：

$$K_V=Q\sqrt{\frac{\gamma}{\Delta p_C}}=13\times\sqrt{\frac{0.59}{330}}=0.55$$

7.1.6　调节阀的流量特性及选择

调节阀的流量特性是指介质流过阀门的相对流量与相对位移（阀门的相对开度）间的关系，如图 7-1 所示。理想流量特性又称固有流量特性，理想流量特性主要有直线、等百分比（对数）、抛物线及快开等四种。图 7-2 为不同流量特性的阀芯形状。

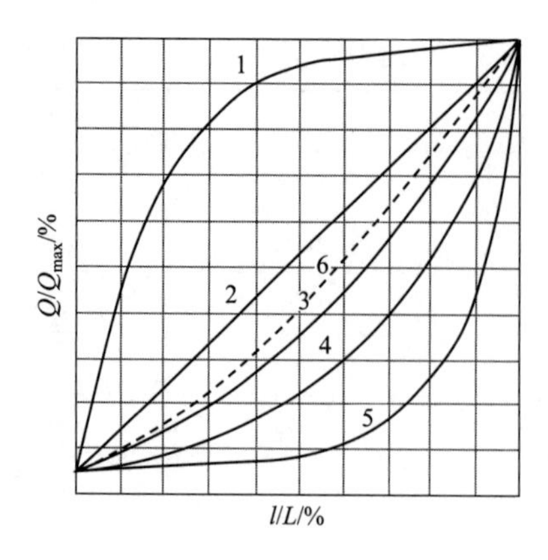

图 7-1　理想流量特性

1—快开；2—直线；3—抛物线；
4—等百分比；5—双曲线；6—修正抛物线

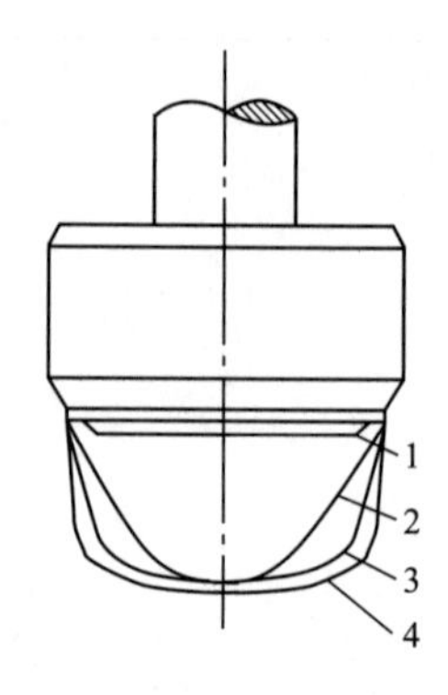

图 7-2　不同流量特性的阀芯形状

1—快开；2—直线；
3—抛物线；4—等百分比

调节阀流量特性的选择相关表格见表 7-16～表 7-20。各种流量特性调节阀相对流量与相对行程的关系见表 7-21。

表 7-16　调节阀流量特性选择表

<table>
<tr><td>配管状态</td><td colspan="2">$0.6 \leqslant S \leqslant 1$</td><td colspan="3">$0.3 < S < 0.6$</td><td>$S < 0.3$</td></tr>
<tr><td>所需工作流量特性</td><td>直线</td><td>等百分比</td><td>直线</td><td>等百分比</td><td>快开</td><td rowspan="2">宜选用低 S 调节阀</td></tr>
<tr><td>应选理想流量特性</td><td>直线</td><td>等百分比</td><td>等百分比</td><td>直线</td><td></td></tr>
</table>

注：S=调节阀全开时阀前后压差/系统总压差。

表 7-17　直观选择流量特性参考表

直线特性	等百分比(对数)特性
具有恒定压降的系统	阀前后压力变化大的系统
压降随负荷增加而逐渐下降的系统	压降随负荷增加而急剧下降的系统 调节阀压降在小流量时要求大,大流量时要求小 介质为液体的压力系统
介质为气体的压力系统,其阀后管线长度大于30m	介质为气体的压力系统,其阀后管线长度小于 3m 流量范围窄小的系统 阀需要加大口径的场合
工艺参数给得准	工艺参数不准
外界干扰小的系统	外界干扰大的系统 调节阀压降占系统压降小的场合:$S < 0.6$
阀口径较大,从经济上考虑时	从系统安全角度考虑时

表 7-18　工程应用时调节阀理想流量特性的选用

<table>
<tr><td>条件</td><td>线性流量特性</td><td>等百分比流量特性</td></tr>
<tr><td rowspan="2">$\frac{\Delta p_{Vnor}}{\Delta p_{V\max}} > 0.75$</td><td>液位控制系统</td><td>流量、压力、温度定值控制系统</td></tr>
<tr><td>主要扰动为设定值的温度-流量串级控制系统</td><td>主要扰动为设定值的压力控制系统</td></tr>
<tr><td>$\frac{\Delta p_{Vnor}}{\Delta p_{V\max}} \leqslant 0.75$</td><td></td><td>各种控制系统</td></tr>
</table>

注：$\Delta p_{Vnor}/\Delta p_{V\max}$ 是调节阀在正常流量时两端压降与阀全关时两端压降之比。

表 7-19　根据控制系统的特点选择工作流量特性

系统及被调参数	干扰	流量特性	说明
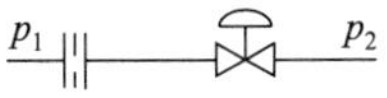 p_1 p_2 流量控制系统	给定值	直线	变送器带开方器
	p_1、p_2	等百分比	
	给定值	快开	变送器不带开方器
	p_1、p_2	等百分比	
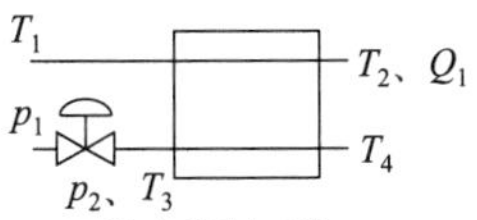 T_1 T_2、Q_1 p_1 T_4 p_2、T_3 温度控制系统	给定值	直线	
	T_1	直线	
	p_1、p_2、T_2、T_4、Q_1	等百分比	
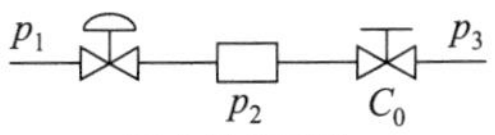 p_1 p_3 p_2 C_0 压力控制系统	给定值 p_1、p_3、C_0	直线	液体
	给定值 p_1、C_0	等百分比	气体
	p_3	快开	
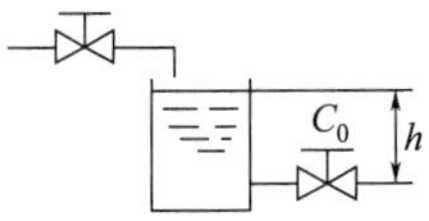 C_0 h 液位控制系统	给定值 h	直线	
	排出量 C_0	直线	
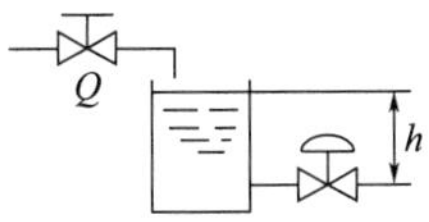 Q h 液位控制系统	给定值 h	等百分比	
	流入量 Q	直线	

注：当缺乏某些条件，按本表选择工作流量特性有困难时，可按以下原则选择理想（固有）流量特性。a. 如果调节阀流量特性对系统的影响很小时，可以任意选择。b. 如果 S 值很小或由于设计依据不足，阀口径选择偏大时，则应选择等百分比特性。

表 7-20　调节阀额定流量系数的经验选定方法

阀门特性	额定流量系数的选定	
	按最大流量及相对应的压差、温度、密度计算得到的 K_V 值或 C_V 值	按正常流量及相对应的压差、温度、密度计算得到的 K_V 值或 C_V 值
直线	$1.25K_V$ 或 C_V	$2K_V$ 或 C_V
等百分比	$(1.9\sim2)K_V$ 或 C_V	$(3.9\sim4)K_V$ 或 C_V

表 7-21　各种流量特性调节阀相对流量 q(%) 与相对行程的关系（可调比 $R=30$）

流量特性	相对行程 ι/%										
	0	10	20	30	40	50	60	70	80	90	100
线性流量特性	3.33	13.0	22.67	32.33	42.0	51.67	61.33	71.00	80.67	90.33	100
等百分比流量特性	3.33	4.68	6.58	9.25	12.99	18.26	25.65	36.05	50.65	71.17	100
抛物线流量特性	3.33	6.99	11.98	18.30	25.96	34.96	45.30	56.97	69.98	84.32	100
修正抛物线流量特性	3.33	6.99	11.98	18.30	29.97	41.64	53.32	64.99	76.66	88.33	100
理想快开流量特性	3.33	31.78	44.82	54.84	63.30	70.75	77.49	83.69	89.46	94.87	100
实际快开流量特性	3.33	21.70	38.13	52.63	65.20	75.83	84.53	91.30	96.13	99.03	100

计算实例 7-8

计算可调比 $R=30$ 的线性流量特性调节阀，当行程变化量为 10%时，不同行程位置的相对流量变化量。

解： 相对行程变化 10%，在相对行程 10%处，相对流量的变化为（数据取自表 7-21）

$$\frac{22.67-13.0}{13.0}\times100\%=74.38\%$$

相对行程变化 10%，在相对行程 50%处，相对流量的变化为

$$\frac{61.33-51.67}{51.67}\times100\%=18.7\%$$

相对行程变化 10%，在相对行程 90%处，相对流量的变化为

$$\frac{100-90.33}{90.33}\times100\%=10.71\%$$

以上计算说明，线性流量特性的调节阀在小开度时流量小，但流量相对变化量大，灵敏度很高，行程稍有变化就会引起流量的较大变化，因此在小开度时容易发生振荡。在大开度时流量大，但流量相对变化量小，灵敏度很低，行程要有较大变化才能够使流量有所变化，因此在大开度时控制呆滞，调节不及时容易超调，使过渡过程变慢。

计算实例 7-9

计算可调比 $R=30$ 的等百分比流量特性调节阀，当行程变化量为 10%时，不同行程位置的相对流量变化量。

解： 相对行程变化 10%，在相对行程 10%处，相对流量的变化为（数据取自表 7-21）

$$\frac{6.58-4.68}{4.68}\times100\%=40.6\%$$

相对行程变化 10%，在相对行程 50%处，相对流量的变化为

$$\frac{25.65-18.26}{18.26}\times100\%=40.5\%$$

相对行程变化 10%，在相对行程 80%处，相对流量的变化为

$$\frac{71.17-50.65}{50.65}\times100\%=40.5\%$$

7.1.7 调节阀的口径选择及计算实例

（1）调节阀口径计算步骤

① 计算流量的确定。根据现有的生产能力、设备负荷及介质的状况，决定计算的最大工作流量 Q_{max} 和最小工作流量 Q_{min}。

② 计算压差的确定。根据系统特点选定 S 值（$S=\Delta p_{V\min}/\Delta p$），然后计算压差。

③ K_v 值计算。根据已确定的计算流量、计算压差及其他有关参数，求出最大工作流量时的 $K_{v\max}$。

④ 初步决定调节阀口径，根据已计算的 $K_{v\max}$，在所选用的产品型式系列中，选取大于 $K_{v\max}$ 并与其接近的一档 K_v 值，得出口径。

⑤ 验证调节阀开度和可调比。一般要求最大流量时阀开度不超过 90%，最小流量时阀开度不小于 10%。一般要求可调比不小于 10%。

⑥ 压差校核，本项计算是为了避免阀关不死或启不动。

⑦ 上述验算合格，所选阀口径合格。若不合格，需重定口径（及 K_v 值），或另选其他阀，再验算至合格。

（2）调节阀开度的验算

《调节阀口径计算指南》（奚文群、谢海维编）提出利用调节阀放大系数 m 的方法进行阀门开度的验算。m 是指圆整后选定的 K_V 值与计算的 $K_{V计}$ 值的比值，即 $m=K_V/K_{V计}$。根据不同相对开度（l/L）计算的 m 值见表 7-22，按 m 值进行开度计算的公式见表 7-23。

表 7-22　调节阀计算流量系数（m）与相对开度关系

可调比 R	流量特性	相对开度(l/L)/%						
		10	20	30	40	50	60	65
30	线性	7.692	4.412	3.093	2.381	1.935	1.630	1.511
	等百分比	21.35	15.19	10.81	7.696	5.477	3.898	3.289
	抛物线	14.31	8.35	5.464	3.852	2.860	2.208	1.962
	实际快开	3.147	2.231	1.823	1.580	1.413	1.291	1.240
50	线性	8.47	4.63	3.18	2.43	1.96	1.64	1.53
	等百分比	33.8	22.9	15.5	10.4	7.07	4.78	4.01
	抛物线	19.4	10.2	6.28	4.25	3.07	2.32	2.065
	实际快开	4.85	2.68	1.92	1.54	1.32	1.18	1.14
可调比 R	流量特性	相对开度(l/L)/%						
		70	75	80	85	90	95	100
30	线性	1.409	1.319	1.240	1.170	1.107	1.051	1
	等百分比	2.774	2.340	1.974	1.666	1.405	1.185	1
	抛物线	1.755	1.580	1.429	1.299	1.186	1.087	1
	实际快开	1.195	1.155	1.118	1.085	1.054	1.026	1
50	线性	1.42	1.33	1.24	1.17	1.11	1.055	1
	等百分比	3.23	2.71	2.19	1.84	1.48	1.24	1
	抛物线	1.81	1.635	1.46	1.33	1.20	1.1	1
	实际快开	1.10	1.07	1.04	1.025	1.01	1.005	1

表 7-23　按 m 值进行开度计算的公式和可调比验算的近似公式

阀门流量特性	计算公式		说明
线性	$K=\frac{l}{L}=\frac{R-m}{(R-1)m}$	$K=\frac{l}{L}=\frac{1}{29}(30q-1)$	K—被计算流量处的调节阀开度，% R—可调比 L—调节阀全开时阀芯的位移 l—调节阀在某一开度时阀芯的位移 q—计算流量系数与额定流量系数的比值 m—调节阀放大系数 $m=\frac{K_V}{K_{V计}}$ R'—实际可调比 S—调节阀全开时，阀两端的压降 Δp_V 与系统总压降 Δp_S 之比
等百分比	$K=\frac{l}{L}=1-\frac{\lg m}{\lg R}$	$K=\frac{l}{L}=1+0.677\lg q$	
抛物线	$K=\frac{l}{L}=\frac{\sqrt{\frac{R}{m}}-1}{\sqrt{R}-1}$	$K=\frac{l}{L}=\frac{5.4772\sqrt{q}-1}{4.4772}$	
快开	$K=\frac{l}{L}=1-\sqrt{\frac{R(m-1)}{m(R-1)}}$		
可调比验算的近似公式	$R'=R\sqrt{S}$　　$S=\frac{\Delta p_V}{\Delta p_S}$		

计算实例 7-10

某系统拟选用一台线性流量特性的直通双座调节阀（可调比 $R=30$），已知最大流量 $Q_{max}=100m^3/h$，最小流量 $Q_{min}=30m^3/h$，阀阻比 $S=0.5$，初定管道内径为 125mm。已计算出的流量系数 $K_{V计}=129$，按产品样本初选 $D_N=100mm$ 的直通双座调节阀，其相应的流量系数 K_V 为 160。试按 m 法验算阀门开度，并进行可调比 R' 的验算。

解：① 阀门开度的验算

$$m=\frac{K_V}{K_{V计}}=\frac{160}{129}=1.24$$

$$K=\frac{l}{L}=\frac{R-m}{(R-1)\ m}=\frac{30-1.24}{(30-1)\ \times 1.24}=80\%$$

由于最大开度小于 90%，最小开度大于 10%，所以开度验算是合格的。

② 可调比 R' 的验算

$$R'=10\sqrt{S}=10\sqrt{0.5}=7$$

而　$\frac{Q_{max}}{Q_{min}}=\frac{100}{30}=3.3$

因为　$R'>\frac{Q_{max}}{Q_{min}}$，所以满足要求，即选择 $D_N=100$（$K_V=160$）的双座阀是适用的。

计算实例 7-11

调节阀开度计算。

已知：调节阀计算流量系数 $C=K_V=164.921\approx 165$；选用的额定流量系数 $C_{100}=K_{V100}=250$。当分别选用线性、等百分比、抛物线流量特性时，在最大流量时的开度各为多少？

解：选用线性流量特性阀门：

$$K=\frac{1}{29}\ (30q-1)\ =\frac{1}{29}\ (30\times\frac{165}{250}-1)\ =64.83\%$$

选用等百分比流量特性阀门：

$$K=1+0.677\lg q=87.78\%$$

选用抛物线流量特性阀门：

$$K=\frac{5.4772\sqrt{q}-1}{4.4772}=77.05\%$$

计算实例 7-12

等百分比调节阀的开度验算。

已知：介质为饱和蒸汽，最大流量 $W_{max}=1000$kg/h，正常流量 $W=800$kg/h，最小流量 $W_{min}=600$kg/h，管道内径 $D_N=40$mm；阀前绝对压力为 0.9MPa，阀后绝对压力为 0.3MPa，蒸汽密度 $\rho=4.56\text{kg/m}^3$，拟采用等百分比流量特性单座调节阀。

解：因为 $p_2\leqslant 0.5p_1$，所以采用表 7-12 中的蒸汽公式 $C_V=1.167\dfrac{W_S}{17.3}\sqrt{\dfrac{1}{10\rho_S p_1}}$，计算最大流量时的流量系数为：

$$C_{V\max}=1.167\times\frac{1000}{17.3}\times\sqrt{\frac{1}{10\times4.56\times0.9}}=10.53$$

计算得：正常流量时的流量系数 $C_V=8.42$；最小流量时的流量系数 $C_{V\min}=6.31$。

根据表 7-20，把计算最大流量时的流量系数放大 1.9 倍后，根据厂家的产品样本选取 $C_V=24$。再根据表 7-23 的等百分比流量特性的开度验算公式 $K=\dfrac{l}{L}=1+0.677\lg q$，计算最大流量时的开度为：

$$K_{\max}=1+0.677\lg\frac{10.53}{24}=76\%$$

计算得：正常流量时的开度 $K=69\%$；最小流量时的开度 $K_{\min}=60\%$。从计算结果知：$K_{\max}$ 不超过 90%，正常开度在 60%～85%范围内，$K_{\min}$ 不低于 10%，说明选择额定流量系数 $C_V=24$ 是合理的。

7.1.8　调节阀的选择

（1）调节阀结构类型的选择

选择调节阀的结构类型时，应根据工艺条件（如温度、压力、流量等）、介质的物理和化学性质（如黏度、腐蚀性、毒性、介质状态等）、控制系统的要求及安装地点等因素来选取。

（2）执行机构的选择

选用进口电子式执行机构，可提高运行的可靠性；薄膜式执行机构选用精小型系列；活塞式执行机构应考虑齿轮齿条式；提供阀关闭的压差，由生产厂选定执行机构大小。

（3）材料的选择

许多腐蚀介质对聚四氟乙烯不存在腐蚀，宜选用全四氟耐腐蚀阀，当温度>180℃或<−40℃、压力≥2.5kPa时，再考虑耐蚀合金。

（4）弹簧范围的选择

对配薄膜执行机构的阀，绝大部分场合均配定位器，可以充分利用250kPa的气源，选用一种中等刚度，又可兼顾较大输出力（60～180kPa）的弹簧；同理，对活塞执行机构选用150～300kPa。

（5）流量特性的选择

当参数弄不准时，选对数流量特性；当被调系统的响应速度较快时，如流量调节、液体压力调节，选对数流量特性；当系统的响应速度较慢时，如液位系统、温度调节系统，选线性流量特性；S 值较小时，选对数流量特性；阀可能处于小开度工作时，选对数流量特性。

（6）流向的选择

对单密封类的直行程调节阀，通常选流开型；当要求切断和防冲蚀时，选流闭型，但流闭型稳定性差，应考虑相应的稳定性措施。

（7）填料的选择

尽量选用耐磨、耐温、寿命长、密封可靠的石墨填料。

（8）定位器的选择

定位器具有可提高输出力、提高动作速度、提高位置精度的作用，应尽量选配。

（9）电磁阀的选择

应选用可靠性高的电磁阀，使用电磁阀必须注意电磁阀通电、断电与主阀的关系。

常用调节阀的特点及适用场合见表7-24。调节阀选用简表见表7-25。

表7-24　常用调节阀的特点及适用场合

名称及型号	特点及适用场合
单座阀（VP，JP）	泄漏量小（额定 K_V 值的0.01%），允许压差小。JP型阀还具有体积小、重量轻等特点。适用一般流体，要求泄漏量小或切断的干净介质场合
双座阀（VN）	不平衡力小，允许压差较单座阀大，流路复杂；流量系数比VP型阀大，泄漏量大（额定 K_V 值的0.1%）。适用压差较大，对泄漏量要求不严的干净介质场合
套筒阀（VM，JM）	稳定性好，允许压差较大，容易更换、维修阀内件。JM型阀还具有体积小、重量轻等特点。适用于一般干净流体，在较大压差场合适用优于VN型阀
角形阀（VS）	流路简单，便于自净和清洗，并具有VP型阀的特点。适用于高黏度、含颗粒等物的介质，特别适用于要求直角连接场合
偏心旋转阀（VZ）	体积小，重量轻，密封性强，允许压差大。适用于要求泄漏量小，允许压差较大的场合
蝶阀（VW）	结构紧凑，重量轻，流量系数大，价格低。适用于大流量、低压力的大口径场合，口径越大，特点越显著
球阀（VO，VV）	结构紧凑，重量轻，流量系数大，密封性好。适用于要求切断的场合，及控制纸浆、污水和含有纤维质、颗粒物等介质的场合

表 7-25 调节阀选用简表

名称	主要特点	使用注意事项
直通单座阀	泄漏量小,容易实现严格的密封和切断	允许压差小,流通能力小
直通双座阀	流量系数及允许使用压差比同口径单座阀大,阀芯正装和反装改装方便	耐压较低,泄漏量大,抗冲刷能力差
波纹管密封阀	双重密封,性能更可靠。适用于真空系统和流体为剧毒、易挥发及稀有贵重流体的场合	耐压较低
隔膜阀	适用于强腐蚀、高黏度或含有悬浮颗粒以及纤维的流体。在允许压差范围内可作切断阀用,流体阻力小	耐压、耐温较低,适用于对流量特性要求不严格的场合(近似快开)
小流量阀	结构简单紧凑,密封性能好,体积小重量轻,安装维护方便	适用于小流量和要求泄漏量小的场合
角型阀	节流、受力形式完全同单座阀,泄漏量小,许用压差也小。流路简单,具有自洁性能,流阻小,具有双座阀的流量系数	适用于需要角形安装,流体高黏度或含悬浮物和颗粒状物的场合
多级高压阀	基本上解决以往调节阀在控制高压差介质时寿命短的问题	必须选配定位器
高压阀(角形)	结构比多级高压阀简单,用于高静压、大压差、有气蚀和空化的场合	介质对阀芯的不平衡力较大,必须选配定位器
阀体分离阀	阀体可拆为上、下两部分,便于清洗。加工、装配要求高。其流量特性比隔膜阀好	适用于高黏度,含颗粒、结晶以及纤维流体的场合
三通阀	适用于流体温度为300℃以下的分流和合流场合,用于简单配比调节	两流体的温差应不大于150℃
蝶阀	结构简单,调节性能好,全开时通道有效流通面积较大,流体阻力较小,启闭力矩较小,安装方便。流体对阀体的不平衡力矩大	适用于大口径、大流量和浓稠浆液及悬浮颗粒的场合,一般蝶阀允许压差小
套筒阀(笼式阀)	稳定性好,可减少介质作用在阀塞上的不平衡力,由于有阀塞导向,不易引起阀芯的振荡。可取代大部分直通单、双座阀	适用于阀前后压差大和液体出现闪蒸或空化的场合,一般适用于流体洁净、不含颗粒介质的场合
低噪声阀	相比一般阀,可降低噪声10～30dB,适用于液体产生闪蒸、空化和气体在缩流面处流速超过音速且预估噪声超过95dB的场合	流通能力为一般阀的1/3～1/2,价格贵
自力式调节阀	具有结构简单、动作可靠等特点,可用于压力、差压、液位、温度和流量的调节	适用于流量变化小、调节精度要求不高或仪表气源供应困难的场合
二位式二(三)切断阀	几乎无泄漏	适用于两位式调节和工艺过程发生故障时,需要阀紧急打开或关闭的场合
低压降比(低 S 值)阀	适用于工艺负荷变化大或当 S 值小于0.3的场合	可调比 $R=10$
低温调节阀	适用于低温工况以及深度冷冻的场合	介质温度在－100～40℃时,可选带散吸热片加柔性石墨填料阀。介质温度在－200～－100℃时,宜选用长颈型低温阀
偏心旋转(凸轮挠曲阀)	流路简单,K_V 值大,可调比大,自洁性能好。流路阻力小,流量系数较大,适用于流通能力较大、可调比宽(R 可达50∶1或100∶1)和大压差、严密封的场合	由于阀体是无法兰的,只能用于压力小于6.4MPa的场合

续表

名称	主要特点	使用注意事项
球阀（O形，V形）	流路阻力小，流量系数较大，密封好，可调范围大，适用于高黏度、含纤维、颗粒状和污秽流体。阀座密封垫采用软质材料时，用于要求严密封的场合，价格较贵	O形球阀一般作两位调节用，V形球阀作续调节用，流量特性近似于等百分比
全钛阀	阀体、阀芯、阀座、阀盖均为钛材，耐多种无机酸、有机酸，在碱性介质中非常耐腐蚀，抗氯离子能力非常强，阀门重量轻，机械强度高，使用寿命长	可解决不锈钢、铜或铝材料阀门难以解决的腐蚀问题。使用温度不宜超过330℃，对含有氢的介质应重视氢脆的危害性；不宜用于纯氧、含水量低于1.5%的干氯气中
锅炉给水阀	阀内组件结构新颖，采用套筒节流，有效控制流速在30m/s左右。密封性能优良，抗冲刷能力强，阀芯采用压力平衡式结构，减少流体在阀芯上的不平衡力	耐高压，为锅炉给水专用阀

7.1.9 调节阀的泄漏量及计算

调节阀泄漏量的相关参数及计算见表7-26～表7-28。

表7-26 调节阀泄漏量的分级

泄漏等级	试验介质	试验程序	阀座最大允许泄漏量	备注
Ⅰ	由用户与制造厂商定			Δp—阀前、后压差，kPa D—阀座直径，mm 对于可压缩流体（如气体），流量应采用标准状态体积 程序1的试验压力是300～400kPa 程序2的试验压力是控制阀的最大工作压差
Ⅱ	液体或气体	1	$5\times10^{-3}\times$阀门额定容量	
Ⅲ	液体或气体	1	$10^{-3}\times$阀门额定容量	
Ⅳ	液体	1或2	$10^{-4}\times$阀门额定容量	
	气体	1		
Ⅳ—S1	液体	1或2	$5\times10^{-6}\times$阀门额定容量	
	气体	1		
Ⅴ	液体	2	$1.8\times10^{-7}\times\Delta p\times D$，$L/h$	
	气体	1	$10.8\times10^{-6}\times D$，$m^3/h$，空气 $11.1\times10^{-6}\times D$，$m^3/h$，氮气	
Ⅵ	气体	1	$3\times10^{-3}\times\Delta p\times$泄漏率系数	

表7-27 GB/T 17213.4—2015和IEC 60534-4—2021中等级Ⅵ泄漏率系数

阀座直径		允许泄漏率系数	
单位：mm	单位：in	单位：mL/min	单位：气泡数/min
25	1	0.15	1
40	1.5	0.30	2
50	2	0.45	3
65	2.5	0.60	4
80	3	0.90	6
100	4	1.70	11

续表

阀座直径		允许泄漏率系数	
单位：mm	单位：in	单位：mL/min	单位：气泡数/min
150	6	4.00	27
200	8	6.75	45
250	10	11.1	—
300	12	16.0	—
350	14	21.6	—
400	16	28.4	—

表7-28　调节阀泄漏量的简易计算公式

泄漏量等级	试验介质	试验程序	最大阀座泄漏量/(mL/min)	说明
Ⅱ	水	1	$133.59C_V$	按照规定的泄漏等级和 C_V 流量系数，与表中对应的系数相乘，就可得出该阀的允许泄漏量
Ⅲ	水	1	$26.718\ C_V$	
Ⅳ	水	1	$2.6718\ C_V$	
Ⅳ	水	2	$0.1428\times\sqrt{\Delta p}\times C_V$	

7.2 气动调节阀

7.2.1 气动执行机构的相关参数及部分调节阀的不平衡力（矩）计算公式

气动执行机构的相关参数见表7-29～表7-31。部分调节阀的不平衡力（矩）计算公式见表7-32。

表7-29　正、反作用式薄膜执行机构动作原理及特性

项目	正作用式薄膜执行机构	反作用式薄膜执行机构
定义	当信号压力增大时，执行机构的推杆向下动作的叫正作用式执行机构	当信号压力增大时，执行机构的推杆向上动作的叫反作用式执行机构
信号压力与推杆位移特性图	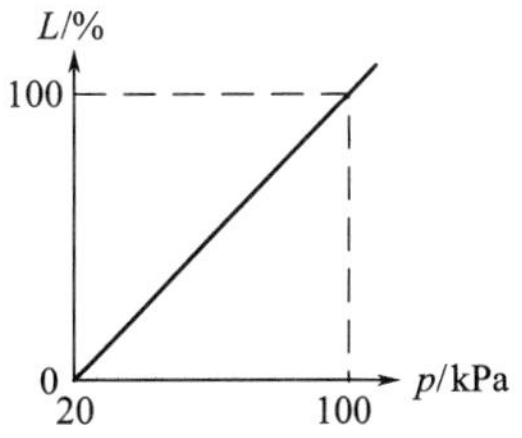	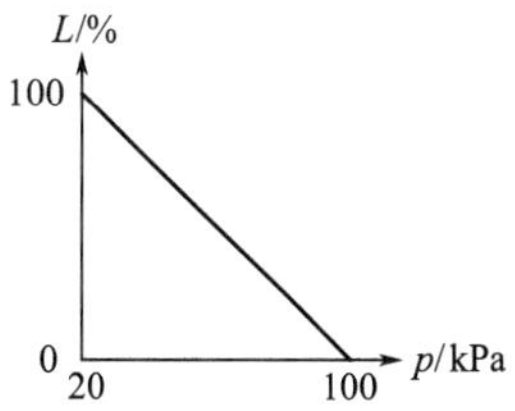
动作原理	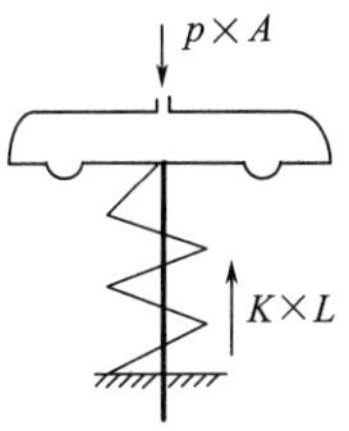	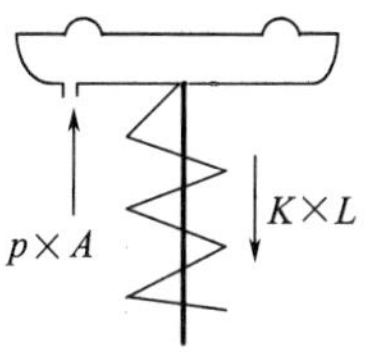

续表

项目	正作用式薄膜执行机构	反作用式薄膜执行机构
计算公式	由于 $p\times A=K\times L$ 所以 $L=\frac{A}{K}\times p$	
符号说明	p—通入薄膜室的信号压力；A—波纹膜片有效面积；K—弹簧刚度；L—执行机构的推杆位移	

表 7-30　国产气动薄膜执行机构的弹簧范围等参数

气动薄膜执行机构						
类型	ZMA/B-1	ZMA/B-2	ZMA/B-3	ZMA/B-4	ZMA/B-5	ZMA/B-6
膜片有效面积/cm^2	200	280	400	630	1000	1600
输出推杆行程/mm	10	10,16	16,25	25,40	40,60	60,100
弹簧范围/kPa	20～80,20～100,50～130,80～160,60～180,130～210					
气源压力/kPa	140～250					
气动精小型薄膜执行机构						
类型	ZMA/B-11	ZMA/B-22	ZMA/B-23	ZMA/B-34	ZMA/B-45	ZMA/B-56
膜片有效面积/cm^2	200	350	350	560	900	1600
输出推杆行程/mm	10	10,16	16,25	40	40,60	100
弹簧范围/kPa	20～80,20～100,50～130,80～160,60～180,130～210					
气源压力/kPa	140～250					

表 7-31　活塞执行机构的输出力

活塞直径/mm	100	150	200	250	300	350
最大输出力/N	3530～4240	7950～9530	14140～16950	22100～26490	31800～38150	43300～51920

表 7-32　部分调节阀的不平衡力（矩）计算公式

调节阀类型	图示	不平衡力(矩)计算公式	备注
直通单座阀 角形阀 高压阀 （流开）	p_2 p_1	$F_t=\frac{\pi}{4}[d_g^2(p_1-p_2)+d_s^2p_2]$	F_t—不平衡力，N d_g、d_{g1}、d_{g2}—阀芯直径，mm d_s—阀杆直径，mm p_1—阀上游压力，MPa p_2—阀下游压力，MPa
直通单座阀 （流关）	p_1 p_2	$F_t=\frac{\pi}{4}[d_g^2(p_1-p_2)+d_s^2p_1]$	
直通双座阀	p_1 p_2	$F_t=\frac{\pi}{4}[(d_{g1}^2-d_{g2}^2)(p_1-p_2)\pm d_s^2p_2]$	F_t—不平衡力，向上取负，向下取正 （其余同上）
套筒阀	p_1 p_2	$F_t-\frac{\pi}{4}d_s^2p$	F_t—不平衡力，N，根据套筒受力，取 p_1 或取 p_2 （其余同上）

续表

调节阀类型	图示	不平衡力(矩)计算公式	备注
三通合流阀	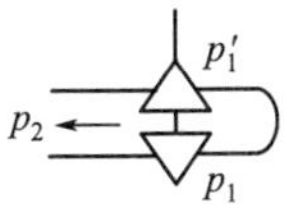	$F_t=\frac{\pi}{4}[d_g^2(p_1'-p_1)\pm d_s^2p_1']$	p_1'—阀上游压力,MPa p_2'—阀下游压力,MPa F_t—不平衡力,向上取正,向下取负 (其余同上)
三通分流阀	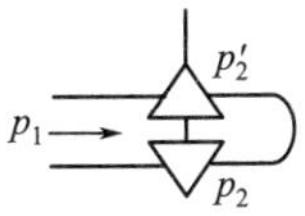	$F_t=\frac{\pi}{4}[d_g^2(p_2'-p_2)\pm d_s^2p_2']$	
隔膜	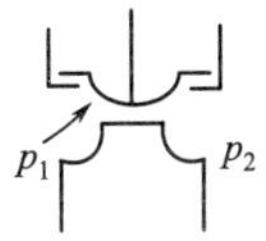	$F_t=\frac{\pi}{4}\left(d_g^2\frac{p_1+p_2}{2}\right)$	(同上)
蝶阀	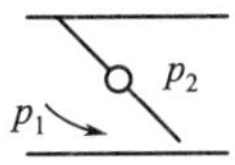	$M_t=GD_g^3(p_1-p_2)$	M_t—不平衡力矩,N·m D_g—阀板直径,mm G—转矩系数,最大值为 6.5×10^{-2} (其余同上)
球阀	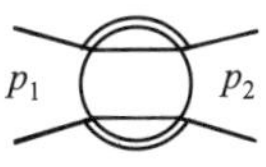	$M_t=mD_g^3(p_1-p_2)$	D_g—阀芯开孔直径,mm m—球阀转矩系数,最大值为 0.13 (其余同上)
偏心旋转阀	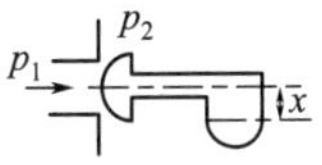	$M_t=\frac{\pi}{4}D_g^2x(p_1-p_2)$	x—偏心距 D_g—阀芯开孔直径,mm (其余同上)

7.2.2 调节阀气开、气关形式的选择

调节阀气开、气关的组合方式（见表 7-33）的选择，应根据生产工艺的要求，主要考虑当气源供气中断或调节阀出现故障时，调节阀的阀位（全开或全关）应使生产处于安全状态，应使物料不进入或流出设备。可按以下两点进行选择。

表 7-33　调节阀气开、气关的组合方式

执行机构	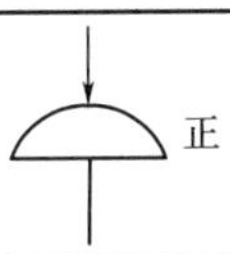 正	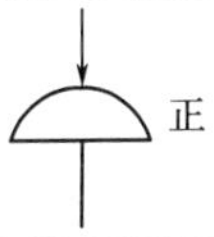 正	 反	 反
调节阀	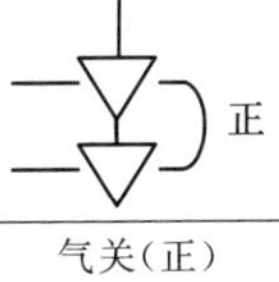 正	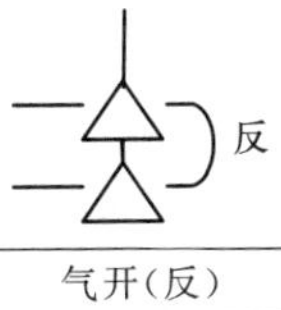 反	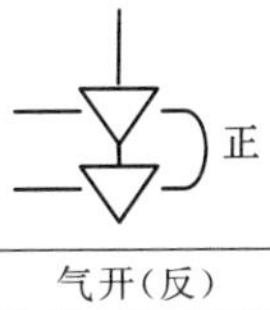 正	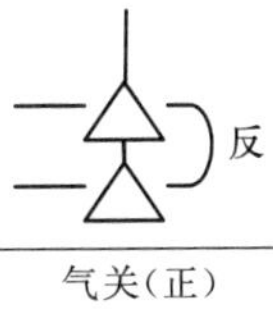 反
气动执行器	气关(正)	气开(反)	气开(反)	气关(正)

① 从生产安全出发。当出现气源供气中断，控制器无输出，调节阀膜片破裂等故障时，气开阀应回复到全关，气关阀应回复到全开，以确保生产和设备的安全。如锅炉汽包液位控制的给水调节阀应选用气关阀，一旦气源中断，调节阀将回复到全开，就不会出现汽包内的水烧干的事故。

② 从保证产品质量，降低损耗来考虑。如精馏塔的回流调节阀应选择气关阀，在出现

故障时打开，使生产处于全回流状态，防止不合格产品的蒸出，以保证塔顶产品的质量。而控制精馏塔进料的调节阀应选用气开阀，一旦调节阀失去气源就可处于全关状态，不再给塔进料，以免造成浪费。

7.2.3 阀门流向对工作性能的影响及选择

阀门流向对工作性能的影响及选择等见表 7-34～表 7-36。

表 7-34 流体对阀芯的流向选择

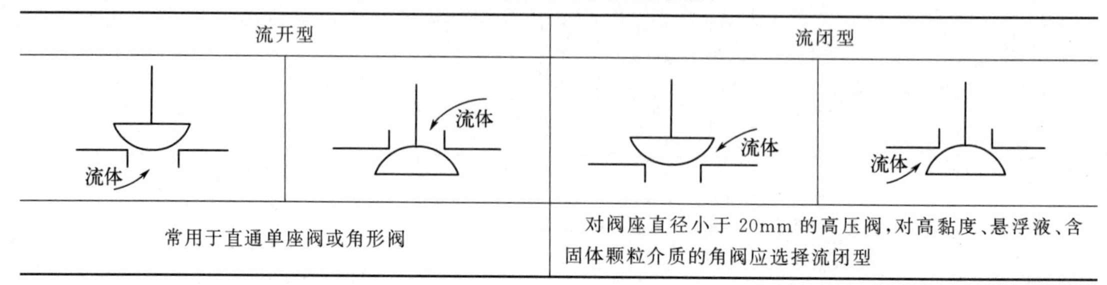

流开型	流闭型
常用于直通单座阀或角形阀	对阀座直径小于 20mm 的高压阀，对高黏度、悬浮液、含固体颗粒介质的角阀应选择流闭型

表 7-35 直通单座调节阀安装流向图

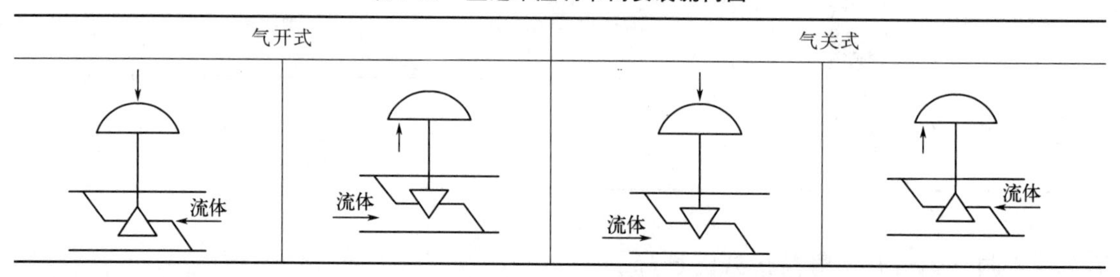

气开式	气关式

表 7-36 流向对工作性能的影响及选择

<table>
<tr><th rowspan="2">对性能影响</th><th rowspan="2">流开</th><th rowspan="2" colspan="2">流闭</th><th colspan="2">流向选用</th></tr>
<tr><th>流开</th><th>流闭</th></tr>
<tr><td rowspan="3">对稳定性影响</td><td rowspan="3">稳定</td><td colspan="2">$D_s \geq d_g$ 稳定</td><td></td><td>√</td></tr>
<tr><td rowspan="2">$D_s < d_g$</td><td>$F_t < p_r A_e/3$ 稳定</td><td>√</td><td>√</td></tr>
<tr><td>$F_t \geq p_r A_e/3$ 不稳定</td><td>√</td><td></td></tr>
<tr><td>对寿命影响</td><td>寿命短</td><td colspan="2">寿命长</td><td></td><td>√</td></tr>
<tr><td>对“自洁”性能影响</td><td>“自洁”性能差</td><td colspan="2">“自洁”性能好</td><td></td><td>√</td></tr>
<tr><td>对密封性能影响</td><td>密封性能差(通常 F_t 将阀芯顶开)</td><td colspan="2">密封性能好(通常 F_t 将阀芯压紧)</td><td></td><td>√</td></tr>
<tr><td>对流量系数影响</td><td>一般具有标准流量系数</td><td colspan="2">一般比标准流量系数大 10%～15%左右</td><td colspan="2">若阀偏小，可改流闭，使流量系数增大</td></tr>
<tr><td>对输出力的影响</td><td>输出力小(输出力计算要另除 p_r)</td><td colspan="2">输出力大(输出力计算不扣除 p_r)</td><td></td><td>√</td></tr>
<tr><td>F_L 值</td><td>大(阻力大，恢复小)</td><td colspan="2">小(阻力小，恢复大)</td><td>减小闪蒸√</td><td></td></tr>
<tr><td>动作速度</td><td>平缓</td><td colspan="2">接近关闭时有跳跃启动、跳跃关闭现象</td><td>√</td><td></td></tr>
</table>

注：p_r—弹簧范围；A_e—膜室有效面积。

7.2.4　气动调节阀的故障检查及处理

（1）气动调节阀故障检查判断及处理（表7-37及图7-3）

表7-37　气动调节阀故障检修要点

故障现象	故障原因	检修方法
阀杆处泄漏	阀杆的表面光洁度、清洁度有问题	清洁并抛光阀杆，使其表面光洁度达到要求
	阀杆弯曲	矫直或更换阀杆
	填料充填不够紧密或充填不足	拧紧填料压紧螺母或者更换为新填料
	石墨填料堆积过高	降低填料高度，或者重新装填
	填料压环磨损或翘起变形	检查并更换所有损伤部件，如填料压紧法兰、螺母和填料压环
调节阀不动作	仪表空气中断，或供气压力不足；或执行机构内出现泄漏	检查所有的供气阀门是否都已打开，检查供气压力是否过低，检查各密封端接缝处或膜片是否漏气，对症修理或更换相应的部件
	供气管路上的管件泄漏或破损	检查管件是否泄漏，将其拧紧或更换
	仪表空气管路连接有误	常发生在新安装的系统上，检查并更正
	填料太紧	松开填料系统进行润滑，转动阀杆并重新拧紧
	阀内组件损伤，阀芯卡死	检查更换或修复损伤的阀内组件
	阀门定位器故障	检查阀门定位器，修理或更换
阀的全行程不够	仪表供气压力低	检查供气压力是否正常
	执行机构或附件有泄漏点	检查并处理泄漏问题
	阀门行程调整不正确	重新调整阀门行程
	阀门定位器调校不正确	正确调校阀门定位器，对智能型定位器进行自整定
	执行机构弹簧的额定弹簧范围不对	更换执行机构弹簧
	阀杆或转轴弯曲；阀内组件中有杂物或损坏	更换弯曲的阀杆或转轴；清洁阀内组件或更换损坏的阀内组件
	调节阀流向不对	将调节阀反向安装
	执行机构的有效面积选择过小	更换执行机构
	填料系统的摩擦阻力太大	松开填料系统进行调整后重新拧紧
	阀门的限位装置调整不当	重新进行调整
调节阀动作迟钝	填料系统的摩擦阻力太大	松开填料系统进行调整后重新拧紧
	阀杆弯曲	矫直或更换阀杆
	仪表供气压力低，或供气量不够	提高供气压力，更换供气管径或增大供气阀的流通能力
	密封轴套摩擦阻力太大	修复或更换受损伤的密封轴套
	活塞式执行机构内摩擦阻力过大	清洁并抛光活塞气缸的内壁，并将多余的润滑油脂清除
	阀门定位器响应慢	修复或更换阀门定位器

续表

故障现象	故障原因	检修方法
阀开关时有跳跃状	填料密封或轴套制约行程动作	松开填料系统进行润滑;更换或修复密封部件和轴套
	阀门定位器可能有故障	修复或更换阀门定位器
	阀门定位器的增益可能太高	调整增益放大系数
流量控制效果不理想	笼型阀芯变形	更换阀芯
	流量特性选择不正确	修正流量特性
	调节阀的流向可能安装反了	将调节阀反向安装
	冲蚀、腐蚀及气蚀使阀内组件的轮廓外形改变	解决发生蚀变的根源,更换损坏部件

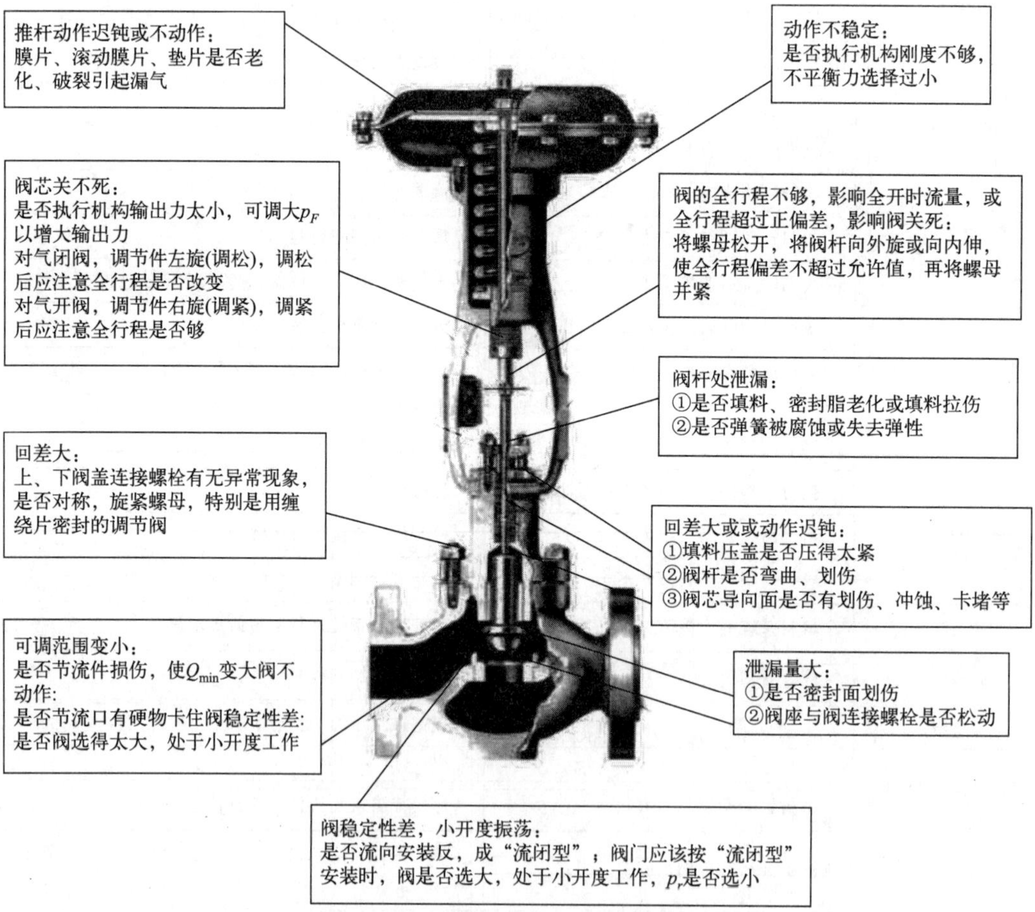

图 7-3　气动调节阀故障检查判断及处理

（2）气动调节阀不动作的检查及处理（图 7-4）

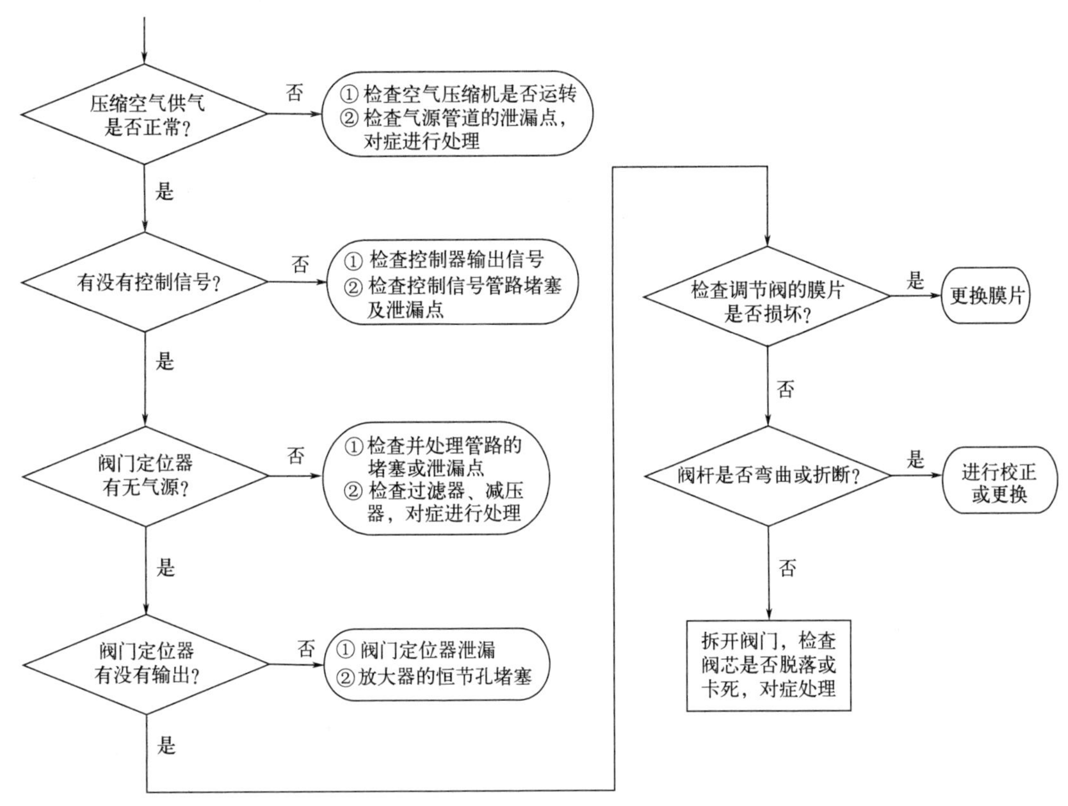

图 7-4　气动调节阀不动作的检查及处理

（3）气动调节阀波动或振荡、振动故障的检查及处理（表 7-38）

表 7-38　气动调节阀波动或振荡、振动故障的检查及处理

故障现象	故障原因	检查及处理方法
阀杆上下频繁移动	DCS 系统 PID 参数整定不合适	改为手动控制阀门后不发生波动
	阀门定位器反馈杆松	检查和重新调整反馈杆
	定位器到调节阀的输出气路泄漏	使用泡沫液检查气路密封性，对症进行处理
	定位控制信号线接线松动或虚接	观察 DCS 输出诊断报警，重新紧固螺钉
	定位器位移传感器损坏	检查或更换位移传感器
	定位器灵敏度过高	重新调整定位器的灵敏度
	I/P 模块有故障使定位器始终有输出	更换 I/P 模块，进行自整定后投运
	定位器的喷嘴、挡板的气路不畅通	清洁喷嘴、挡板
	执行机构的膜片损坏漏气	更换膜片
	调节阀长期处于小开度状态	阀门选大了，应更换阀门
阀门整体振动	被控管道内的流体压力或流量波动很大	联系工艺进行改善；对引起振动的管道和基座进行加固，来消除振动
	调节阀固有频率与系统固有频率接近而产生共振	

续表

故障现象	故障原因	检查及处理方法
阀门或执行机构自身原因引发的振荡	调节阀自身稳定性差	用不平衡力变化较小的阀门代替原来的阀门，或用套筒阀代替单、双座阀，改变阀的安装流向，或增大弹簧范围
	调节阀填料压得过紧	适当旋松填料压盖的螺母，或加油润滑填料
	膜室弹簧预紧力不够，在低行程产生振荡	重新调整执行机构的零位
	执行机构刚度不够	提高膜室的工作压力，或加大膜室的有效面积，增大弹簧系数

7.3 阀门定位器

7.3.1 SVP系列阀门定位器故障代码及处理

SVP系列阀门定位器（包括一体型AVP200和分离式AVP300两种型号）故障代码及处理见表7-39、表7-40。

表7-39　AVP300/200型阀门定位器故障代码及处理

故障代码	含义	处理方法
VTD FAULT	反馈杆脱落或反馈杆角度超差 VTD(角度传感器)错误，或连接断线	检查反馈杆是否脱落，或调整角度 检查VTD连接器是否脱落或分离式的电缆是否断开
RAM FAULT	RAM出错	返厂维修
ROM FAULT	ROM出错	
LOW I_{IN}	输入电流信号低于3.8mA	提供大于3.85mA的输入信号
TRAVEL CUTOFF	阀门处于强制全开/全关状态	检查强制全开/全关设定，检查输入信号是否在设定范围内，若设定正确，则没有错误
HI/LO EPM OUT	电-气转换器模块超出正常范围 供气气源中断 阀门处于关闭状态 阀杆出现磨损 喷嘴或节气喷嘴堵塞	检查供气压力 确认A/M开关是否处于自动状态 清洁喷嘴或节气喷嘴 调整EPM平衡
EXT ZERO ACTIVE EXT SWITCH ACTIVE	正在进行外部零点/满度调整	把外部零点/满度调整螺钉调回至中心位置
MANUAL MODE SIMULATION MODE	设定了仿真输入信号	关闭仿真输入信号
FIXED EPM OUT SIMULATION MODE	设定了仿真EPM驱动信号	关闭仿真EPM驱动信号
OUTPUT MODE	来自SFC/HART的仿真信号输出	取消仿真输出
TRAVEL TRANSMISSION LOOP TEST	仿真开度变送信号输出已设定	解除仿真开度变送信号输出

续表

故障代码	含义	处理方法
OVER TEMP	设备内部温度低于－45℃或高于＋85℃	确保环境温度在－40～＋80℃范围内，如仍显示该信息，则温度传感器有问题
AUTOSETUP	正在进行自动设置	等待自动设置结束，或停止试验
STEP RESPONSE TEST	正在进行阶跃响应试验	等待阶跃响应试验结束，或停止试验

表 7-40 SVP 系列阀门定位器 SFC 通信故障代码及处理

故障代码	含义	处理方法
COMM ABORTED	通信过程中，CLR 键被压着	
FAILED COMM CHK	通信期间，出错显示	
LOW LOOP RES	回路电阻低于 250Ω	检查回路电阻，必要时增加回路电阻使其大于 250Ω
HI RES/ LO VOLT	回路负载电阻太大或电源电压太低	检查接线和电源
XMTR RESPONSE	对 SFC 的通信请求，SVP 无反应	检查接线和电源，确认 SFC 通信电缆是否正确连接
ILLEGAL RESPONSE	SFC 无法解读来自 SVP 的响应	检查接线
NACK RESPONSE	SVP 接收的数据存在错误	
END AROUND ERR	SFC 接收的数据存在错误	
UNKNOWN DIGITAL	数字通信过程中出现错误	重试通信操作
XMTR IS BUSY	SVP 正在执行其他程序	
STATUS UNKNOWN	SVP 没有任何响应，而且状态不明	检查接线和电源
SFI UNKNOWN	无法识别变送器的类型	关闭 SFC 的电源开关，然后再打开。确认 SFC 底部的标签是 SFC160 型还是 SFC260 型
CLOCK FAIL!	SFC 内部时钟故障	返厂维修
PRINTER FAIL!	打印机故障	
SFC RAM FAILURE	SFC RAM 故障	

7.3.2 SIPART PS2 阀门定位器常见故障及处理

SIPART PS2 阀门定位器常见故障及处理见表 7-41。

表 7-41 SIPART PS2 阀门定位器常见故障及处理

故障现象	故障原因	处理方法
调节阀出现振荡	仪表供气管接头漏气	用肥皂水检查出泄漏点，进行密封
	定位器死区设置太小	增大死区后进行调校
	定位器安装位置不当	调整定位器安装位置使其不倾斜
阀位反馈信号小于 4mA；没有阀位反馈信号	阀位反馈模板的电缆接触不良或脱落	检查接线，对症进行处理
	反馈模板与主板接触不良	重新拔插，使其与主板接触良好

续表

故障现象	故障原因	处理方法
有输入信号定位器不动作	减压阀堵塞或泄漏	清洗或更换减压阀，检查泄漏处
	反馈杆脱落	重新安装反馈杆后进行自整定
调节阀开、关动作迟钝	定位器排气不通畅、憋压	稍微旋松定位器输出工作口的气路接头，使其留有微小的泄气量
调节阀关不死，有泄漏	阀芯磨损或阀前后压差大	可通过设置定位器的 39. YCLS、40. YCDO、41. YCUP 参数，即启用紧密关闭功能，尽量把调节阀关闭
调节阀的控制曲线不理想	阀特性与工艺要求不符	重新设置 12. SFCT 参数改变阀特性
调节阀开关方向和工艺要求不一致	定位器参数设置不对	可按工艺要求，通过设置 7. SDIR 及 38. YDIR 参数来达到工艺要求
定位器初始化时，停在 RUN2，无法进行下去	传送速率选择器和参数 2(YAGL)与真实冲程不相符 杆上冲程设定不正确 压电阀没有切换	通过 2. YAGL，把反馈轴转角由 33°变为 90°，再进行初始化 检查参数 1. YFCT，确定设置与执行机构类型是否一致 手动调整执行机构行程到开始和终止位置，来完成 RUN2 这一步
定位器初始化时，停在 RUN3，无法进行下去	执行机构定位时间过长	完全打开限流器或调整空气入口压力到允许最高值 通过升压增加执行机构的驱动力来缩短开关时间
定位器初始化时，停在 RUN5，无法到 FINISH	执行机构、定位器等部件安装有问题	检查定位器、执行机构及反馈部件的安装，发现问题并更正；重新安装后再进行初始化

7.3.3 TZID-C 阀门定位器的调试、故障代码及处理

(1) 调试方法

① 正反作用调整。给定信号与阀门作用方向相同，定位器显示相反，先改 P3.2，后改 P2.3；给定信号与定位器显示相同，阀门作用方向相反，只改 P3.2；定位器显示与阀门作用方向相同，给定信号相反，只改 P2.3。

② 恢复出厂参数设置。如果定位器参数设置错误造成阀门无法正常工作，可恢复定位器至出厂参数设置使其正常工作，方法如下：进入参数配置级 P11.0，按下 ENTER 键直到倒计时结束；再进入 P11.1，同样按下 ENTER 键直到倒计时结束；最后进入 P11.3 保存激活，定位器就可恢复至出厂参数设置。

③ 定位器输出轴角度正确连接。气动执行机构在更换定位器后，必须注意新更换定位器输出轴的角度；先将执行机构输出轴调到全行程的 50%，再将定位器带有指针的输出轴调到中间位置（或将定位器运行操作菜单设到 P1.3，通过调整输出轴，使面板显示为 0），最后将定位器输出轴与执行机构连接紧固。

(2)故障代码、常见故障及处理方法(表7-42、表7-43)

表 7-42 TZID-C 阀门定位器故障代码及处理

故障代码	含义	处理方法
ERROR 10	电源电压开路或电压过低	检查电源和接线
ERROR 11	电源电压降低至最小电压以下	检查电源和接线
ERROR 12	位置超出传感器范围,最可能的原因是位置传感器有故障	检查传感器和执行机构连接角度
ERROR 20	EEPROM 无法存取数据	重启动和加载工厂设置后仍无法存取数据,需返厂修理
ERROR 21	处理测量值时发生错误,表示 RAM 中有错	设备重启动后错误仍存在,需返厂修理
ERROR 22	处理表格时发生错误,表示 RAM 中有错	
ERROR 23	检验配置数据(RAM)和校验时发生错误	
ERROR 24	处理器功能寄存器(RAM)发生错误	
ERROR 50~99	内部错误	复位后仍有错误,需返厂修理
ALARM 1	定位器与执行机构之间有泄漏	检查管路
ALARM 2	设定点电流小于 3.8mA,或大于 20.5mA	检查电流源
ALARM 3	零点漂移超过 4%	检查安装并更正
ALARM 4	控制处于停用状态,因为装置没有运行于控制模式,或数字输入被切换	切换至控制模式,或关闭数字输入

表 7-43 TZID-C 阀门定位器常见故障及处理

故障现象	故障原因	处理方法
定位器不工作	反馈杆松动或脱落	检查反馈杆是否松动或脱落
	供气压力过低	检查供气是否正常,一般在 0.4MPa
	位置传感器(电位器)的位置不对或损坏,通常会有 ERROR 12 提示	更换电位器,或重新调整电位器和执行机构的连接角度
	I/P 组件问题	切至手动,如能动作,则试进行整定,仍不动作,可确定是 I/P 组件故障
工作不稳定	电路板接触不良,或传感器故障	重插电路板,或更换电位器
	I/P 组件的节流孔堵塞,或密封件老化	检查供气是否含油含水,提高供气质量
	调节阀的特性不好	可进行一次自整定
	有规律波动大多为 I/P 组件故障	清洗 I/P 组件的恒节流部件
自整定失败	流量放大器死区调整不当	调小放大器死区至 0.4bar(默认值 0.7 bar)
	位置反馈杆的安装角度不符合要求或出现松动	重新调整或紧固,全行程角度应不小于 25 度。直行程范围为 −28 度~+28 度之内;角行程范围为 −57 度~+57 度之内
	阀门卡涩、盘根过紧、弹簧调整不当、阀杆与轴套摩擦力过大等,都会导致阀门动作不畅	检查并找出原因,对症进行处理和修复
	供气中断,或连接管路有泄漏	用肥皂水查漏,对症进行密封处理

7.3.4 3730-3阀门定位器出错代码及处理

3730-3阀门定位器出错代码及处理方法见表7-44。

表7-44 3730-3阀门定位器出错原因及处理方法

出错代码及含义		出错原因	检查及处理
50	x<范围	测量信号值太大或太小，阀位反馈测量传感器已到机械限位 连接销钉位置不对 NAMUR连接方式的托架弯板松动或阀门定位器没有对准 连接板装配不正确	检查装配和连接销钉位置，设定操作模式从SAFE到MAN，对阀门定位器重新初始化
51	Δx>范围	传感器测量量程太小 连接销钉位置不对 错误的反馈杆 在阀门定位器传动轴上小于转角11°应报警，小于6°转角则取消初始化	检查装配和对阀门定位器重新初始化
52	装配	阀门定位器装配不对 在NOM初始化模式没有达到额定行程/转角或SUb初始化模式 机械或气动部分出错，如所选反馈杆错误或气源压力太小造成达不到阀位或气动部分有故障	检查装配和气源压力，重新初始化阀门定位器 在某些情况下，输入实际连接销钉位置和在MAX执行初始化，可以检查最大的行程/转角 在初始化完成后，代码5指出达到的最大行程/转角
53	初始化时间超出	初始化过程时间太长，阀门定位器返回上一个操作模式 气路无压力或有泄漏 在初始化期间气源出故障	检查装配和气源，重新初始化阀门定位器
54	初始化-电磁阀	装有电磁阀(代码45＝YES)和没连接或连接不正确造成气动执行机构压力建立不起来。当试图对阀门定位器初始化时出现信息	检查连接和电磁阀激励电压
		如果尝试从故障-安全动作位置(SAFE)初始化	用代码0设定到MAN操作模式，重新初始化阀门定位器
55	动作时间太短	在初始化期间确定的气动执行机构动作时间太短，阀门定位器不能实现最优化	检查输出气量限制的设置，重新初始化阀门定位器
56	连接销钉位置	初始化被取消，需要在所选的NOM和SUb初始化模式里输入连接销钉位置	使用代码4输入连接销钉位置 使用代码5输入额定行程/转角 重新初始化阀门定位器
57	控制回路	控制回路故障，控制阀在控制变量容许时间(代码19容许死区)内没反应 气动执行机构被机械固住 阀门定位器的装配被延迟 气源不够	检查装配

续表

出错代码及含义		出错原因	检查及处理
58	零点	零点错误。阀门定位器安装位置/连接移动或控制阀阀内件尤其是软密封阀芯磨损	检查控制阀和阀门定位器的安装，如果没问题，用代码 6 进行零点校准 当零点偏差大于 5%时，应重新初始化阀门定位器
59	自动校正	在阀门定位器的数据范围内出现错误，自监视功能认出并自动纠正	自动
60	重大错误	与安全相关的数据中发现出错，不能自动校正，可能是电磁干扰 控制阀移动到故障-安全动作位置	用代码 36. Std 复位 重新初始化阀门定位器
62	x 信号	气动执行机构的测量值的检测已失败，导电元件已经损坏 阀门定位器继续以紧急模式运行，但应尽快更换 显示为紧急模式，闪动控制符号和用 4 个横线替代阀位显示 有关控制说明： 如果测量系统故障，阀门定位器仍在可信赖状态。阀门定位器切换到紧急模式，但阀位不再准确控制，阀门定位器继续按输入控制信号工作，使生产过程保持安全状态	阀门定位器应返厂修理
63	w 太小	输入控制信号比 4mA(0%)小很多 阀门定位器的电源不符合要求 定位器将显示闪动的 LOW 来表示此状态	检查输入控制信号 电流源下限不要低于 4mA
64	I/P 转换器	I/P 转换器电路被中断	定位器应返厂修理
65	硬件	发生硬件错误，阀门定位器移动到故障-安全动作位置(SAFE)	确认故障并返回自动操作模式，或进行复位及重新初始化，否则应返厂修理
66	数据存储器	数据不能写入到数据存储器 当写入数据偏离读出数据，控制阀移动到故障-安全动作位置	返厂修理
67	测试计算	用测试计算来监视阀门定位器硬件	确认故障，否则应返厂修理
68	控制参数	控制参数出错	确认故障，执行复位和重新初始化阀门定位器
69	电位器参数	数字电位器的参数出错	
70	测试计算	用测试计算来监视阀门定位器硬件	证实错误，如还不行，返厂修理
71	通用参数	控制的非临界状态参数出错	确认故障，检查，如果需要再设定所需参数
73	内部设备出错 1	内部设备出错	返厂修理
75	信息参数	内部阀门定位器出错	检查，若需要再设置所需参数

续表

出错代码及含义		出错原因	检查及处理
76	非紧急模式	阀门定位器行程测量系统自监视功能(见代码62) 受控的紧急模式不能用在某些气动执行器,如双作用气动执行机构 当测量出错时阀门定位器移动到故障-安全动作位置(SAFE) 在初始化期间,阀门定位器检查气动执行器是否具有这种功能	仅是报告,如果需要,进行确认不需要进一步的工作
77	程序加载出错	对于施加输入信号之后第一次设备启动操作时,它进行自测试(交替显示 tEStinG) 如果设备加载程序与阀门定位器不符,控制阀移动到故障-安全动作位置。不可能通过操作阀门定位器使控制阀再次离开这个位置	中断电流源并再次启动阀门定位器,否则返厂修理
78	选项参数	选项参数出错	返厂修理
79	增强的自诊断	增强的 EXPERT$^+$ 自诊断的通用报警(如果 EXPERT$^+$ 被代码 48 激活)	
80	诊断参数	控制非临界状态故障	确认故障,检查,若需要再设置所需参数
81	基准曲线	在绘制定位器输出信号 y 的基准曲线-静态/迟滞性时出错 基准运行被中断 驱动信号 y 基准曲线-静态或迟滞性没有被采用 故障报警存储在非易挥发存储器内,不能被复位	检查,若需要再设置所需参数

7.3.5 HVP12 阀门定位器的自动检测及故障代码

(1) HVP12 的自动检测

① 定位器安装正确后,按动磁按键"UP"或"DOWN"使显示器的显示值到 50.0±0.5。

② 短按"MODE",定位器开始自动检测。显示器显示$\boxed{\begin{smallmatrix}20\\ \text{FINISH}\end{smallmatrix}}$时表示自动检测完成。

③ 长按"MODE",进入自动状态(即用 4~20mA 信号对定位器进行正常控制)。

④ 在自动检测过程中长按"MODE",可退出自检过程,进入自动状态。

(2) HVP12 阀门定位器常见故障及处理(表 7-45)

表 7-45 HVP12 阀门定位器常见故障及处理

故障代码	代码含义或故障现象	处理方法
↯	反馈信号中断报警	检查反馈杆、反馈电位器
↯1	超信号上、下限报警	检查 MA4 和 MA20 参数的设置,确定是否真的报警 检查反馈杆安装角度和数值
↯2	安装角度不满足要求	调整安装角度至允许范围之内
↯3	输出管路漏气	检查执行器、气路、IP 单元等部位,消除漏点

续表

故障代码	代码含义或故障现象	处理方法
↯4	检测超时自检 6 步不通过，压电阀问题	IP 单元故障，更换 IP 单元
↯5	E^2 读取数据错误，主板故障	更换主板，重新进行自检
无法完成自检	IP 单元气路堵塞	拆卸 IP 单元进行清洗并吹干
	主板损坏	更换主板
检修调节阀后 0%和 100%行程不到位	检修阀门时曾拆动过滑块和滑动轴，导致阀门的实际行程发生了变化	重新进行自检

注：当出现报警符号时，调节阀会根据不同情况进行故障处理设定（参照定位器参数组态表），到达设定状态。

7.3.6 DVC6200 阀门定位器故障及处理

DVC6200 阀门定位器故障及处理方法见表 7-46。

表 7-46　DVC6200 阀门定位器故障及处理

故障现象	故障原因	处理方法
仪表无法校验，动作缓慢或不稳定	配置错误	检查配置：如有必要，将保护设置"无" 如果处于"非投用状态"，设置为"投用状态" 检查：行程传感器转动方向；整定参数；零功率状况；反馈连接；控制模式（应为"模拟"）；重启控制模式（应为"模拟"）
	I/P 转换器里的气动通道堵塞	检查模块上 I/P 转换器供气口上的滤网，必要时更换。I/P 转换器里的通道堵塞，更换 I/P 转换器
	I/P 转换器组件之间的 O 形密封圈丢失或硬化并且被压扁失去了密封作用	更换 O 形密封圈
	I/P 转换器组受损、腐蚀、堵塞	检查挡板是否弯曲，线圈是否断线，是否受污染、生锈或气源不洁。线圈电阻应为 1680～1860Ω。如有损坏、腐蚀、堵塞或线圈断线情况，更换 I/P 转换器组件
	I/P 转换器组超出规格	I/P 转换器组件喷嘴可能要调整。确认驱动信号（双作用的范围为 55%～80%；单作用的范围为 60%～85%）与阀门偏离状况 如果驱动信号持续偏高或偏低，应更换 I/P 转换器组件
	主模块密封有缺陷	检查主模块的密封状况和位置。必要时，应更换密封件
	放大器有缺陷	在护套的调整位置将放大器梁往下按，观察放大器输出压力是否增加。拆下放大器，检查放大器密封件。如果 I/P 转换器组件完好且气路未被阻断，更换放大器密封件或放大器。检查放大器调整情况
	67CFR 调压器有缺陷，气源压力表不稳定	更换 67CFR 调压器

续表

故障现象	故障原因	处理方法
仪表上模拟输入读数与提供的实际电流不匹配	控制模式非“模拟”	使用HART手操器将“控制模式”更改为“模拟”
	控制系统的工作电压过低	检查供电电压必须大于等于10V DC
	仪表因自检故障而停机	使用HART手操器检查仪表状态
	模拟输入传感器未校验	校验模拟输入传感器
	电流泄漏	接线盒内湿气过重可能引起电流泄漏，并且电流通常会随机变化。处理接线盒内部使其干燥，然后重新测试

7.3.7 SVI Ⅱ阀门定位器的自整定及故障处理

（1） SVI Ⅱ的自整定

① 按“*”键开始自整定操作，该步骤要进行3～10min，通过使阀门大幅和小幅地移动，来校验出最佳的位置响应。

② 在自动校验过程时，显示屏上会显示数字消息，表示过程进行中。

③ 当自动校验结束时会显示TUNE。

④ 重复按“+”直到SETUP出现。（按“*”键会回到SETUP菜单，出现CALIB选项。）

（2） SVI Ⅱ阀门定位器的故障及处理（表7-47）

表7-47 SVI Ⅱ阀门定位器的故障及处理

故障现象	原因	处理方法
LCD显示屏无显示	电源中断	检查接线
	电子模块问题	返厂维修
LCD屏显示任意的线段	电子模块故障	返厂维修
LCD屏没有阀位显示，或显示不正确的阀位	供气中断，或气路连接问题	检查供气或气路连接是否正常
	不适当的配置	检查装配和连杆是否正确安装
	不适当的标定/偏置误差	重新标定
LCD显示“失效-保护”	电位器轴取向或连接不正确	检查装配和连杆是否正确安装
	硬件/软件故障	用检查菜单检查误差
LCD显示“复位”	在通电时短时显示是正常的，但连续显示则有问题	返厂维修
阀门行程未能覆盖全部行程范围	从电流源来的恒流输出电压不足	检查装配和连接是否安装正确
	电位器轴取向或连接不正确	
	执行器全行程压力不足	检查供气，或增大弹簧范围
	不正确的软件位置极限	检查，或重新进行软件的设置

续表

故障现象	原因	处理方法
阀位显示不稳定振荡或摆动	接地不正确	检查接地，或重新接地
	机械连接松动	紧固松动部件
	阀芯、阀杆装配不正确	重新进行装配
	PID参数设置不合适	重新调整PID参数
对某些输入阀门工作，对其他输入阀门进入“失效-保护”状态	电位器轴取向或连接不正确	检查装配和连接是否正确安装
	连接造成电位器轴转动大于120°	重新进行调整和安装

7.3.8　YT-2000/3000系列阀门定位器错误和警告代码及处理

YT-2000/3000系列阀门定位器错误、警告代码及处理方法见表7-48、表7-49。

表7-48　YT-2000/3000系列阀门定位器错误代码及处理

代码	代码描述及原因	处理方法
MT ERR L	定位器安装不正确 输入50%信号时反馈杆不水平	输入0%或100%信号时反馈杆不能碰到定位器后面的反馈限位挡板
MT ERR H		
CHK AIR	定位器不动作	检查供气是否正常
RNG ERR	因反馈连杆安装不合适，导致反馈电位器有效转角过小	调整支架，使定位器靠近阀杆，增加转角
C	10%以上的错误持续1min以上 阀门停止动作 阀杆摩擦力太大 气源输入压力发生变化	确认气源输入压力 调整为正常范围内的压力 进行BIAS自动设定
D	I值接近最大或最小 阀门摩擦力发生变化 气源输入压力发生变化	确认气源输入压力 调整为正常范围内的压力 进行BIAS自动设定

注：出现错误代码时定位器无法进行控制。

表7-49　YT-2000/3000系列阀门定位器警告代码及处理

代码	代码描述及原因	处理方法
B	反馈电阻变化范围是500以下 反馈杆使用角度太小	增加反馈杆回转角度后，进行AUTO1自动设定
F	全开、全关时间在1s以下 执行机构容量太小	调整可调节型节流孔 更换为大容量的执行机构
G	PV设定为100以下 反馈杆回转角度太大	减小反馈杆的回转角度后，进行AUTO1自动设定
H	PV设定为4000以上 反馈杆回转角度太大	减小反馈杆的回转角度后，进行AUTO1自动设定

注：出现警告代码时定位器可以动作，但控制精度下降。

7.3.9　电气阀门定位器绝缘电阻的测试

电气阀门定位器绝缘电阻的测试部位及要求见表7-50。

表 7-50　电气阀门定位器绝缘电阻的测试部位及要求

测试部位	要求
各组输入端子对接地端子	用 1000V 兆欧表测试均不小于 40MΩ
力矩马达组件的各组输入端子对安装板	用 500V 兆欧表测试均不小于 100MΩ
接线盒内部的接线端子与接线盒外壳	
AVP300 绝缘电阻测试 (原则上不建议进行此测试)	在测试电压 DC 25V(25℃,60%RH 以下)条件下,大于 20 MΩ 或更高

7.4 电动调节阀

7.4.1 电动执行机构的现场检查及调试

(1) 外观检查

电动执行机构外观应完好无损、无锈蚀，观察铭牌内容，如型号、出厂编号、供电电源。常见的供电电源为 380V AC 和 220V AC。供电电源要看清楚。

(2) 机械检查

检查电动执行机构内部机械是否灵活，将执行机构扳到手动操作位置，用手转动检查机械是否灵活，如果转动不灵活应检查原因并处理之，否则盲目送电有可能会使机械出现问题。确认机械没问题之后再用手转动，使其离开初始位置到一定的距离，以便送电后确认转动方向。

(3) 操作回路检查和调试

打开端盖检查里面是否受潮或进水，如果受潮或进水要处理好后才能通电。仔细检查电源线和控制线的接线是否正确，以避免串线。送电后即可进行参数的设置和末端位置的确认，如方向的确认和力矩大小的设置等。力矩的经验值为：开、关力矩分别为 80%和 50%。用到的参数必须设置好，如死区、灵敏度、过热保护等参数。末端位置的确认是调试执行机构的关键，可将就地控制方式改为点动式，使机械向末端位置转动，快到末端位置时用点动一点一点地试，最后切换到手动操作方式，手动转不动了的时候，回一圈半就是最佳末端位置。就地调好之后，再调试远方回路，最后检查机构的线性，误差不能超过±2%，如果超差，有可能是死区没有设置好。

(4) 电动执行器绝缘电阻的测试部位及要求（表 7-51）

表 7-51　电动执行器绝缘电阻的测试部位及要求

测试部位	要求
各组输入端子对机壳	用 500V 兆欧表测试不小于 200MΩ
各组输入端子对电源端子	用 500V 兆欧表测试不小于 50MΩ
电源端子对机壳	

7.4.2 电动调节阀常见故障及处理

(1)电动调节阀的常见故障检查及处理(图7-5~图7-7)

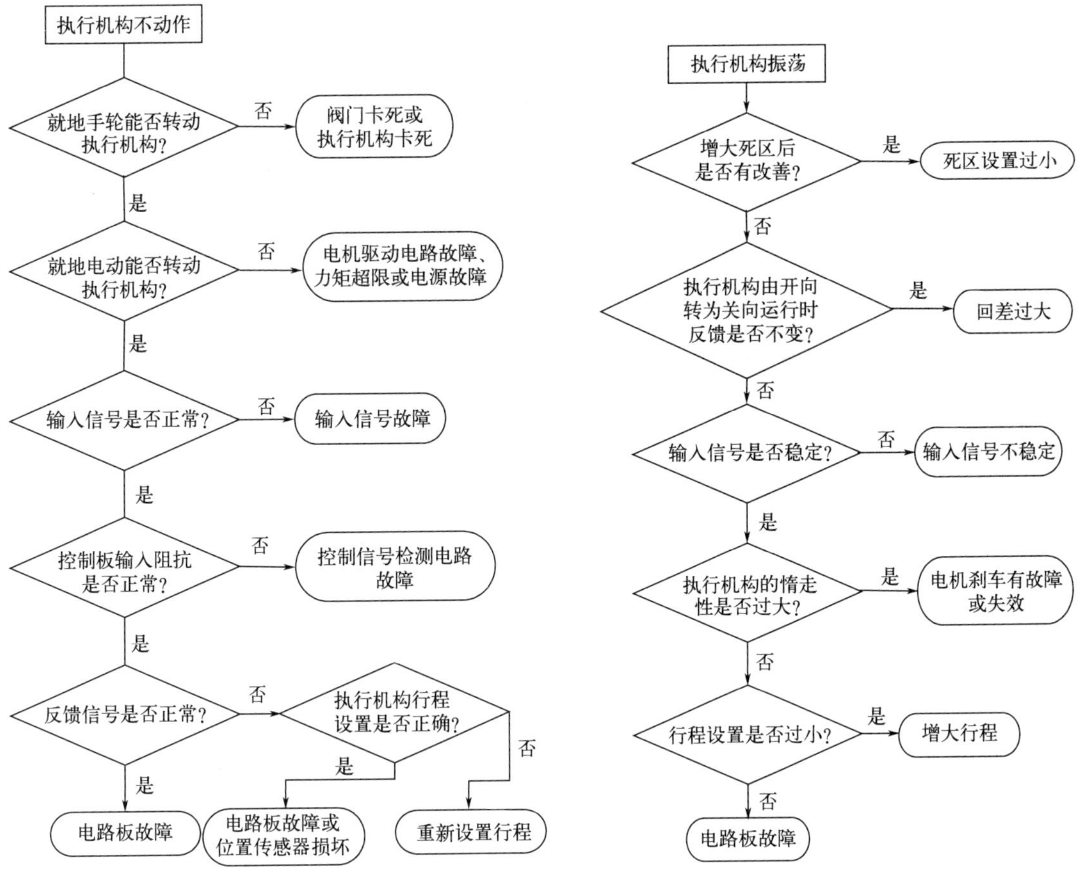

图7-5 电动执行机构不动作的检查及处理

图7-6 电动执行机构振荡故障的检查及处理

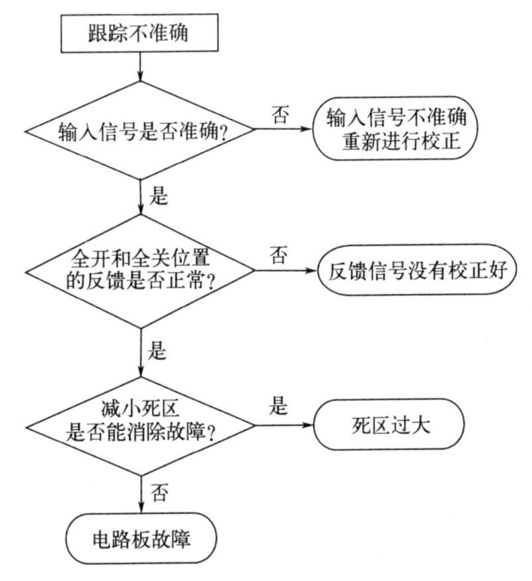

图7-7 电动执行机构跟踪不准确故障的检查及处理

(2)模拟电动调节阀常见故障与处理方法(表7-52)

表7-52 模拟电动调节阀常见故障与处理方法

故障现象	故障原因	处理方法
电机不旋转	火线、零线接错	对调接线
	电机绕组短路或开路	检查或更换电机
	分相电容损坏	更换分相电容
	制动器失灵或弹簧片断裂	修复或更换损坏件
	减速器的机械部件卡死	清洗、加油或更换损坏件
电机热保护动作	周围环境温度过高	降低周围温度
	电机动作频率过高	降低动作频率或调低灵敏度
	电容器击穿	更换电容器
电机振荡、发热	输入信号有干扰	检查排除输入信号的干扰,或在输入端并联470μF 25V电容
	灵敏度过高	调整电位器降低灵敏度
无阀位反馈信号	差动变压器损坏,谐振电容损坏	更换或修理
	位置发送器元件或电路板有故障	查出有故障元件,进行更换
	阀位反馈信号线接触不良或断路	查出问题对症进行处理
阀位反馈信号过大或过小	电位器安装不良	检查或重新安装电位器
	零位和行程调整不当	调整零位和行程电位器
无输入信号,前置放大器不能调零,放大器有输出	电源变压器有问题,使输出电压不相等	重绕或更换电源变压器
	校正回路两臂不平衡	检查或更换电位器或二极管
有输入信号,伺服放大器无输出	放大器线路断开或焊点接触不良	接通线路或重新焊接
	触发级三极管、单结晶体管损坏	检查出故障元件,进行更换
	SCR晶闸管损坏	
无输入信号,伺服放大器有输出	主回路元件损坏	检查出故障元件,进行更换
	触发级三极管损坏	
伺服放大器调不到零	调零装置或元件损坏	修理或更换
到限位后电机不停止	上、下限凸轮调整不当	重新调整限位凸轮
	限位开关故障	更换限位开关
输出轴振动	伺服放大器太灵敏	重新调整灵敏度
	机械部件的间隙过大	更换零部件以减少间隙
	制动失灵	修理或更换制动装置
减速机构不起作用	齿轮之间间隙过大	调整间隙或更换部件
	齿轮、涡轮磨损太大或有损坏件	修理或更换
	零件损坏不能传动	更换受损的零件
手动操作费力	填料压盖上得太紧	拧松压盖
	阀门内部有问题	拆卸阀门进行检查

(3) 智能电动调节阀常见故障与处理方法(表 7-53~表 7-55)

表 7-53　智能电动调节阀常见故障与处理方法

故障现象	故障原因	处理方法
执行机构不动作或只能进行短时动作	电压不足、无电源或缺相	检查主电源
	不正确的行程、力矩设置	检查设置
	电机温度保护动作	检查电机温度升高原因并处理 检查保护开关是否误动作
	电机故障	进行更换或维修
	阀门操作力矩超出执行机构最大输出力矩	检查配套的阀门是否正确
	执行机构到达终端位置仍旧向同一方向转动	检查执行机构运转方向是否正确
	超出温度指定范围	观察温度范围是否合乎要求
	电源线上的电压降过大	检查电源线的线径是否过小
不能进入调试状态	操作步骤不正确	按说明书进行正确的调试
	操作板故障	更换操作板
送电后跳闸	固态继电器或交流接触器故障	更换损坏的部件
	电源线破损碰壳或接地	检查电源线的绝缘电阻
操作跳闸	空气开关配置容量太小	更换空气开关
	电机绕组短路或接地	检查电机的绕组及绝缘电阻
反馈信号波动	电位器或组合传感器故障	检查电位器或更换传感器
显示阀位与实际阀位不一致	静电导致内部程序紊乱	对执行机构断电后再送电
	阀门上、下限位设定有偏差	重新设定开关限位
	计数器损坏	更换计数器
阀门关闭不严	限位开关设定有误	重新设定限位开关
	阀芯、阀座被腐蚀	更换阀芯或阀座
	阀芯内有杂物	清除阀门及清除杂物

表 7-54　伯纳德电动执行器常见故障与处理方法

故障现象	故障原因	处理方法
执行器只在本机工作状态工作,远程状态不工作	执行器没有在远程工作状态	检查阀门位置控制板 GAM-K 上的本机控制开关是否打到 AUTO 位置
	控制信号中断	检查 70 号接线端子极性和信号状态
	外部控制电源缺失;35、36 接线端子松动导致接触不良	检查 31 号端子是否接上了 10~55V 电压上紧螺钉
执行器只在远程状态工作,本机状态不工作;或者不能进入菜单	执行器处于远程或关闭位置;存在本机禁止命令	在 Commands/aux. command 1 或 2 菜单中,检查是否存在本机禁止命令及远程控制时的触点状态,检查本机禁止端子的接线。如果辅助命令 1(aux. command 1)设置为本地禁止,且触点开为有效,将 37 号端子在远端闭合去除该命令;如果触点闭合为有效,将 37 号端子在远端打开去除该命令

续表

故障现象	故障原因	处理方法
执行器在远程状态和本机状态都不工作	执行器还处于菜单状态，	将选择旋钮置于 OFF 位置，然后再置于 LOCAL 位置，切换至工作状态
	红外线连接状态(会有 IR 显示)	去除红外连接
	电机处于过热保护状态	等电机冷却后，故障自然消除。电机过热应检查过热原因，如检查电机绕组是否正常
	供电电源中断	检查故障原因，排除故障后恢复供电
有开或关信号输出，但执行器不动作	CI2701 电路板的保险丝烧断	更换保险丝
	力矩开关误动作	调整力矩开关，使力矩增大或减小
	电机过热保护动作	CI2701 配置面板上的 TH 灯显示过热保护触发，执行器会在电机冷却后重新接通
	逻辑控制板 CI2701 的跳线设置错误或丢失	对照说明书，检查 11 个跳线的设置是否正确
	定位器 GAM-K 的拨码开关设置有误	检查更正错误
	本机控制处于禁止状态	检查不让执行器接收本机控制禁止命令。关闭电源，将 37 号端子上的接线去除，以便进行执行器的功能检查
	执行器内部的交流接触器损坏	更换交流接触器
不能进入菜单	现场手操器置于远程或 OFF 位置	把旋钮旋至本地控制
保持不了设置的参数	主板损坏	更换主板
	操作有误	改变数据退出菜单时，每次、每级都要选择 OK 退出。最后显示“CHANGE OK?”选择 OK，数据才可以储存
执行器振荡	死区设定灵敏度过高	调整死区设定电位器，降低灵敏度

表 7-55 川仪 M8000 系列电动执行机构常见故障与处理方法

故障现象	故障原因	处理方法
执行机构阀位丢失	电池电源耗尽	更换电池
	编码器输入电压过低	检查编码器输入电压是否正常，确定电压正常后，才能处理或更换相应的零部件
	编码器断线	
	编码器电路板被腐蚀	
	行程传动装置齿轮损坏	
	主板行程检测和储存元件损坏	
电机热保护动作	热电阻测温元件断线或接触不良	紧固接线螺钉，或更换电机
	电机动作频率过高	降低动作频率或调低灵敏度
	电机转子轴承损坏无法转动而过热	更换损坏的轴承
电机转动但输出轴不转动	涡轮蜗杆磨损打滑，而电机空转	涡轮蜗杆磨损严重则返厂修复
	三相电机有一相接触不良	检查接线对症处理

续表

故障现象	故障原因	处理方法
力矩保护不动作	涡轮蜗杆严重磨损	修复或更换零部件。重新设置力矩保护值
	阀杆弯曲变形	
力矩保护误动作	力矩保护值设置过小	重新设置及调试力矩保护值
	主板,或力矩检测装置损坏	更换损坏装置
	执行机构力矩选型过小	已把力矩保护设置为最大值,仍出现过力矩时,则应考虑本问题
无全开或全关的反馈信号	终端位置继电器故障	更换或重新设置
	主板故障	更换主板
就地和远方均无法操作	电源故障	检查供电是否故障或是否有缺相故障
	电源板损坏	更换电源板
	主板损坏	更换主板

7.4.3 Rotork IQ3 电动执行机构报警和诊断状态显示

Rotork IQ3 电动执行机构报警和诊断状态显示分别见表 7-56、表 7-57。

表 7-56　Rotork IQ3 电动执行机构报警状态显示一览表

报警状态显示	报警含义	处理对策
Valve Obstructed	阀门障碍报警	表示阀门发生阻碍,或未到达设定的限位,检查阀门,确认没有任何阻碍且可以正常操作
Motor Stall	电机堵转	表示执行器接收到了有效指令,但是在 5s 内未检测到任何动作
Valve Jammed	阀门堵塞	表示阀门在全开或全关位置发生堵塞。通过手动操作检验阀门运行状态
Motor Over Temp	电机过热	表示电机发生过热,且电机的温度保护开关已跳断。检查运行情况是否在规定的范围内
Control Contention	控制冲突	表示接收到多个控制信号。该事件发生时,执行器将执行保位;若执行器已经在动作行程中,执行器将立即停止
Inter Timer Inhb	中断计时器抑制	表示中断计时器正在抑制执行器动作
Battery Discharged	电池耗尽	表示电池电量完全耗尽,需要更换新电池
PStroke Error	部分行程测试出错	表示部分行程测试无法在指定时间内完成

表 7-57　Rotork IQ3 电动执行机构诊断状态显示一览表

诊断状态显示	诊断含义	处理对策
Mains Fail	主电源故障	显示屏的背光灯仍亮,有可能丢失了第三相,检查电源三相
Phase Loss	掉相	表示至少一相已经丢失。执行器仅监测第三相,当背光灯亮时,检查第三相;若无背光灯,检查所有三相
Position Sensor	位置传感器	表示绝对编码器发生故障,检查编码器运行和相关线束
Hardware Option	硬件选项	表示通信出错,检查选项卡件与主控制板之间的所有连接
Torque Sensor	力矩传感器	力矩传感器发生故障,检查力矩传感器和相关线束

续表

诊断状态显示	诊断含义	处理对策
Network Alarm	网络报警	表示网络发生了故障，检查所有现场连接，确保其连接的正确性和连续性
Config Error	组态出错	表示 EEPROM 发生故障，检查所有组态设定
MEM Missing	存储丢失	表示 EEPROM 丢失，EEPROM 存储了所有执行器的设定和标定，联系厂商解决

7.4.4 川仪 M8000 系列电动执行器报警和故障代码

川仪 M8000 系列电动执行器报警、故障代码及故障处理见表 7-58、表 7-59。

表 7-58 川仪 M8000 系列电动执行器报警信息表

报警状态显示	报警含义	处理对策
IN-SIGN	无输入信号，信号大于 110%或小于 −10%	检查信号板的故障情况，或输入电流。但在远程开关控制工况下不诊断调节信号断线
BAT-CHANG	电池电量不足	更换电池，重调执行机构工作范围
BAT-EMPT	电池电量不足报警	断电后数据仍然存在，但断电后手轮驱动将导致阀位偏移，这时外电接通后必须重设阀位
TORQUE-O	开向力矩报警，负载力矩大于选择的开向报警值	检查报警值，检查执行机构、阀体和齿轮变速箱（如果使用）是否已增大摩擦力，执行机构是否在允许的环境温度之下工作（油黏度增大）
TORQUE-C	关向力矩报警，负载力矩大于选择的关向报警值	
TEMP-MOT	电机温度超限	检查温度或温度传感器。一旦达到电机报警温度，执行机构将停止运行，直到电机温度降到足够低为止
TEMP-ELC	电子部件温度超限	检查温度或温度传感器
RESISTOR	电位器报警	检查电位器转动是否正常，行程设置是否合理
TORCNT-O	开向过力矩次数大于 10000 次	
TORCNT-C	关向过力矩次数大于 10000 次	
STARTCNT	启动次数大于 5×10^{7} 次	
ENDCNT-O	开向终端次数大于 10^{7} 次	
ENDCNT-C	关向终端次数大于 10^{7} 次	
RUNTIME	累计运行时间大于 10 年	

表 7-59 川仪 M8000 系列电动执行器故障信息表

报警状态显示	报警含义	处理对策
ELECTR	电子单元故障（存储器或电子单元硬件）	更换 I/O 线路板，执行“复位”命令；若仍不能消除，返厂维修
EXEPT#	处理器电源中断（常发生于更换电池期间）	执行机构电源未接上（包括 24V DC）；同时按本机控制板上三个按钮，并快速驱动手轮
RELAY	主继电器未接通	一般是控制板

续表

报警状态显示	报警含义	处理对策
TEMP-MOT	电机温度超出限制	超过 120℃报警，降至 110℃时解除报警
TEMP-ELC	电子单元温度超出限制	超过 85℃报警，降至 80℃时解除报警
END-POS	执行机构运行超出终端位置	执行机构运行超出终端位置
POS-LOSE	阀位丢失	调节关位和开位设定值
SET-POS	整个行程计数小于 800 个码值	
PHASE	电源相序错误	检查主电源
PHASE-0/1/2	电源缺相	检查主电源，并恢复缺相电源
HANDWHL	有外接 380V AC 时，手轮被推入，检测到手轮故障	有外接 380V AC 时，禁止手轮推入。检查 I/O 线路板上手轮检测插塞，如有必要，紧固检测插塞并复位执行机构
TORQUE-A	执行机构开向力矩大于切断力矩	通过数字输入复位；反向驱动(min. 1%)或手动任意方向(min. 2%)驱动复位
TORQUE-C	执行机构关向力矩大于切断力矩	通过数字输入复位；径向驱动(min. 1%)或手动任意方向(min. 2%)驱动复位
TORQUE-E	执行机构力矩大于保护力矩	反向驱动执行机构
CUR-OVER	电机电流过大	检查电机是否缺相，或电机匝间是否短路
END-POS	执行机构运行超出终端位置，位置超限(＞120%或＜－20%)	重新存入来自终端控制单元的力，检查附件，手动操作执行机构进入运行范围，或重新调终端位置，故障自动复位
RESISTOR	电位器故障	检查电位器转动是否正常，行程设置是否合理

7.4.5 DREHMO i-matic 智能一体化电动执行器报警和故障代码

DREHMO i-matic 智能一体化电动执行器故障显示见表 7-60。

表 7-60　DREHMO i-matic 智能一体化电动执行器故障显示一览表

显示	说明	如何清除显示
Toque OPEN（开方向过力矩）	力矩超过设定开方向关断力矩	朝相反方向移动或故障确认
Torque CLOSE（关方向过力矩）	已经超过关方向关断力矩	朝相反方向移动或故障确认
Actuator start monitor（执行器启动监控）	电机已上电，但阀门位置没有改变	检查机械部件和功率电路器件
Direction monitoring（方向监控）	执行器以错误方向运行	检查相序设定
Thermal overload（电机过热）	电机过热	冷却电机
Electronic overtemp（控制单元过热）	控制单元过热	冷却控制单元
Fail safe（故障安全）	执行器处于故障安全状态	当解除故障安全状态时复位

续表

<table>
<tr><th>显示</th><th>说明</th><th>如何清除显示</th></tr>
<tr><td>Hardware failure
(硬件故障)</td><td>电子单元在自检期间检测到硬件故障</td><td>更换损坏板卡</td></tr>
<tr><td rowspan="2">Encoder failure
(组合传感器故障)</td><td>电子单元在自检期间检测到复合传感器硬件故障</td><td>故障清除后复位</td></tr>
<tr><td colspan="2">如果执行器出现该故障,实际值/自诊断→系统→ EM6 错误代码,故障代码提供详细错误类型。
EM6 的非挥发存储器以固定间隔检测,检测的故障代码如下:
1:序列号读故障
2:角偏移量读故障
3:模拟量的校准系数读故障
4:逻辑值读故障
5:力矩值读故障
6:关方向读故障
7:检查和标记读故障
8:LEARN 值读故障
9:EEPROM 存取请求错误
10:固定存储器存取错误
11:内部错误
12:传感器的参考值超出范围
41:通信超时错误
CAL LED 闪烁码:
亮 1 灭 2:无力矩标定值或删除了力矩标定值
亮 2 灭 2:无行程标定值或删除了行程设定值

IMC16　常规分体接口板
新的 EM6 故障代码:
51:行程故障,同时输出全开和全关
52:力矩故障,同时输出开过力矩和关过力矩
53:电位器断线,电位器阻值太高
54:电位器短路,电位器阻值太低
55:电位器分辨率太低,行程设定对应电位器行程太小

CAL LED 闪烁码:
亮 1 灭 1:行程故障,同时输出全开和全关
亮 1 灭 2:力矩故障,同时输出开过力矩和关过力矩
亮 2 灭 1:电位器断线,电位器阻值太高
亮 2 灭 2:电位器短路,电位器阻值太低
亮 3 灭 1:电位器分辨率太低,行程设定对应电位器行程太小</td></tr>
<tr><td>Encoder setup failure
(组合传感器设定故障)</td><td>没有正确设定行程极限位置</td><td>重新设定行程极限位置</td></tr>
<tr><td>Torq lnp Gear excee
(超出减速箱输入力矩)</td><td rowspan="3">同时输出“配置无效”故障</td><td>设定关断力矩值小于允许的齿轮输入力矩</td></tr>
<tr><td>Valve torque OPEN
(阀门开方向过力矩)</td><td>设定开方向关断力矩值小于允许的阀门力矩</td></tr>
<tr><td>Valve torque CLOSE
(阀门关方向过力矩)</td><td>设定关方向关断力矩值小于允许的阀门力矩</td></tr>
</table>

续表

显示	说明	如何清除显示
System fault（系统故障）	电子单元在自检期间检测到故障	取决于检测到的错误，在实际值/自诊断→系统→系统错误代码，错误代码指明故障类型
24V internal failure（内部 24V 故障）	内部 24V DC 故障-由主电源系统供电	如果电压恢复，自动复位
24V external failure（外部 24V 故障）	外部 24V DC 故障	
Phase 1 failure（相 1 故障）	相 1 故障	恢复或故障确认后，复位
Phase 2 failure（相 2 故障）	相 2 故障	
Phase 3 failure（相 3 故障）	相 3 故障	
Phase correction failure（相位校正故障）	表明自动相位检测工作不正常	设定相位校正为手动
24V external overload（外部 24V 过载）	外部接 24V 电源，但控制单元没有配置外部供电	拆除外部 24V 电源，或更改控制单元配置
Emerg. shutdown(ESD)（紧急关断）	执行器处于紧急关断	非紧急关断方式时，自动复位
Discrepancy error（差异错误）	执行器功率单元电路故障	更换主板。检查参数，实际值/自诊断→系统→差异错误代码，代码提供具体错误
Wrong power unit（错误功率单元）	连接的功率单元或功率单元接线与设定的参数不匹配	检查功率单元及参数→执行器→功率单元设置
Emergency-STOP（紧急停）	紧急停指令有效	退出紧急状态，使指令无效
OFF mode（OFF 模式）	执行器处于 OFF 模式	
LOCAL mode（LOCAL 模式）	执行器处于就地模式	
Mode not REMOTE（非远控模式）	执行器处于非远控模式	
Testmode enabled（测试模式允许）	工厂测试的内部测试模式有效	断电后重新上电
Simulation mode active（仿真模式有效）	总线或其他通信模式激活执行器仿真模式	仅用于 FF 总线
Confiouration invalid（配置无效）	关断力矩值超出了减速箱的允许值	相应减少力矩设定值
NV-memory failure（NV 存储器故障）	控制单元在自检期间检测到非挥发存储器故障	更换控制单元
HW interface failure（硬件接口故障）	控制单元在自检期间检测到接口板故障	更换接口板
Device key invalid（密钥无效）	控制单元密钥无效	输入有效控制单元密钥

续表

显示	说明	如何清除显示
Encoder overflow (传感器溢出)	行程超出组合传感器的极限行程	重新设定行程或更换组合传感器
Encoder Range error (传感器量程错误)	行程低于－24％或高于125％	检查组合传感器或阀门位置
Potentiom calibr failure (电位器校准故障)	电位器行程的分辨率太低，电位器有效角度太小	提高电位器的有效工作角度
Limit valve strokes (阀门行程超限)	已超出设定的阀门行程值	消除当前值或提高极限值
Accum. Operation cycles (累计运行次数)	已超出设定的电机运行次数	
Current op cycles/h (当前运行次数/h)	已超出设定的每小时运行次数	
Op-time survey OPEN (开方向运行时间)	当前电机运行时间已经超出开方向的极限值	如果该值小于极限值，复位
Op-time survey CLOSE (关方向运行时间)	当前电机运行时间已经超出关方向的极限值	
Gasket change recomm (推荐更换密封圈)	超出设定的热老化极限值	更换密封圈，或提高极限值或将极限值设为0
Gear overhaul recomm (推荐齿轮维修)	超出设定的机械老化极限值	维修齿轮，或提高极限值或将极限值设为0
Duty cycle exceeded (超出占空比)	超出占空比	调整调节特性参数
Torque warning OPEN (开方向力矩报警)	当前力矩值超出"开方向力矩报警值"	通过朝相反方向运行来复位
Torque warning CLOSE (关方向力矩报警)	当前力矩值超出"关方向力矩报警值"	
Handweel operation (手轮操作)	尽管电机未得电，阀位仍在改变	如果阀位不变即清除
Maintenance required (需要维护)	已经超出了某个运行数据的极限值	消除当前值或提高极限值
Int positioner disabled (内部定位器禁止)	带内部定位器的执行器接收无效的AUTOMATIC命令	
Position calibr Failure (位置校准失败)	没有正确设定行程	重新设定行程
Torque calibr Failure (力矩校准失败)	没有正确进行力矩校准	重新校准或下载缺省值
Analog inpcalibr failure (模拟输入校准失败)	模拟输入校准失败	正确进行模拟输入校准
Interlock LOCAL (就地内部锁)	执行器处于就地内部锁状态	通过总线接口或拆除总线接线解锁
Interlock REMOTEL (远程内部锁)	执行器处于远程内部锁状态	通过总线接口解锁

续表

显示	说明	如何清除显示
Programmer data invalid（编程数据无效）	Cameron 特殊驱动程序，如果参数中的时间-行程数据不正确，报该故障	检查时间-行程数据
TMS Module Error（TMS 模块错误）	TMS 模块故障	更换 TMS 模块
RTC Error(RTC 故障)	RTC 故障	
RTC not set（RTC 没有设置）	RTC 时间无效	设定 RTC 时间
RTC battery low RTC（RTC 电池电压低）	RTC 电池电压低	更换 RTC 电池
FO module error（FO 模块错误）	FO 模块的自诊断接口不能获取	检查或更换 FO 模块
FOC budget ch. 1（FOC budget 通道 1）		检查光纤路径
FO failure ch. 1（FO 故障 通道 1）	通道 1 接收电平太低	验证光纤传输路径
FOC budget ch. 2（FOC budget 通道 2）		检查光纤路径
FO failure ch. 2（FO 故障 通道 2）	通道 2 接收电平太低	验证光纤传输路径

7.5 电磁阀

7.5.1 电磁阀的图形符号及主气口和控制机构的标识

电磁阀由电磁部件、阀体组成。电磁部件由固定铁芯、动铁芯、线圈等组成；阀体由滑阀芯、滑阀套、弹簧底座等组成。当线圈通电或断电时，磁芯的动作将导致流体通过阀体或被切断，以达到开关或改变流体方向的目的。电磁阀控制方式和控制方向的图形符号见表 7-61 和表 7-62。

表 7-61　电磁阀控制方式的图形符号

名称	人工控制		机械控制		气(液)压控制	
	手柄式	转动式	弹簧式	滚轮式	直控式	先导式
符号						加压控制 卸压控制
名称	单线圈电磁控制		双线圈电磁控制		差动线圈电磁控制	
	不可调节式	可调节式	不可调节式	可调节式	不可调节式	可调节式
符号	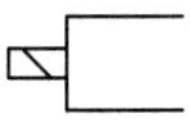	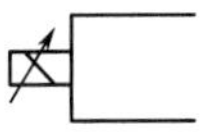	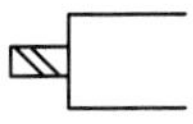	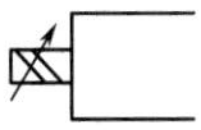	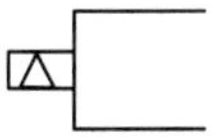	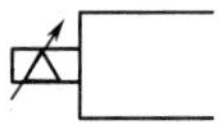

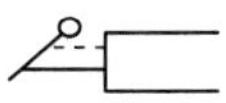

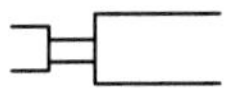

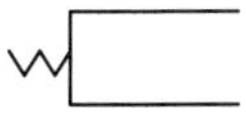

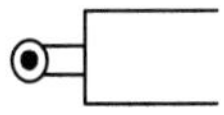

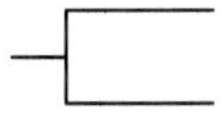

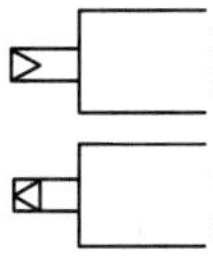

表 7-62　电磁阀控制方向的图形符号

名称	图形符号			
	二通	三通	四通	五通
二位电磁阀	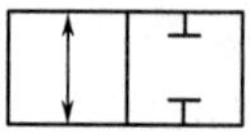	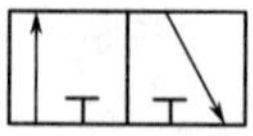	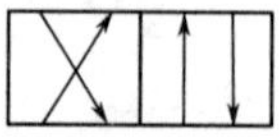	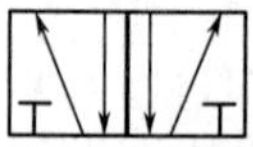
三位电磁阀		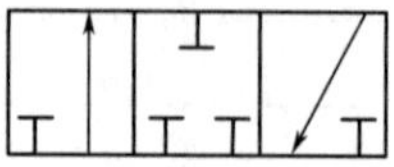	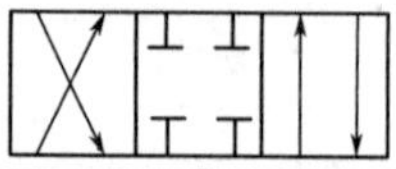	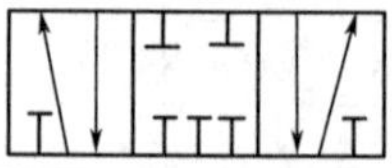

表 7-62 中图形符号的左右两个方框不是两个腔体，而是分别表示通电和未通电时的状态，左边方框表示通电后流体流动的方向和端口，右边方框表示不通电时流体流动的方向和端口。这种双状态的画法通常是把管路连接画在不通电的情况下，即画在右边方框。方框还表示电磁阀的工作位置，有几个方框就表示有几“位”。方框内的箭头表示流体处于接通状态，但箭头方向不一定表示流体的实际方向。方框内的“┬”形符号表示该通路不通。方框外部连接的接口数有几个，就表示几“通”。如二位二通、二位三通、二位四通、二位五通就是根据以上来的。

GB/T 32215—2015《气动 控制阀和其他元件的气口和控制机构的标识》规定，电磁阀的主气口由一位数字标识，控制机构、先导控制口和电气连接线用二位数字标识，见表 7-63。二位三通电磁阀的类型及动作说明见表 7-64 及图 7-8。

表 7-63　电磁阀主气口和控制机构的标识

阀门类型	描述	主气口			控制机构、先导气口、电磁铁和电气连接线
		进气口	出气口	排气口	
2/2	两气口	1	2		12,10
3/2 NC	三气口	1	2	3	12,10
3/2 NO	三气口	1	2	3	12,10
3/2 NO	可选择	3	2	1	12,10
3/2	分流	2	1,3		12,10
3/2	可选择	1,3	2		12,10
4/2 和 4/3	四气口	1	2,4	3	12,14
5/2 和 5/3	五气口	1	2,4	3,5	12,14
5/2 和 5/3	五气口（可选择双向压力）	3,5	2,4	1	12,14

注：1. 阀门类型的第一个数字表示主气口数，第二个数字表示阀位置状态数。例如 2/2 阀表示有两个主气口、两个状态位置，4/3 阀表示有四个主气口、三个状态位置，5/3 阀表示有五个主气口、三个状态位置。

2. 选择项可通过气阀的图形符号来标识或通过阀包装所带的说明书来说明。

表 7-64　二位三通电磁阀的类型及动作说明

类型	动作说明
常闭型	失电时进气口 1 关闭，排气口 3 与出气口 2 连通，带电时进气口 1 与出气口 2 连通，排气口 3 关闭
常开型	失电时进气口 1 与出气口 2 连通，排气口 3 关闭，带电时进气口 1 关闭，出气口 2 与排气口 3 连通
通用型	允许阀连接成常闭或常开位置的其中之一，或由一个口转换流到另一个口

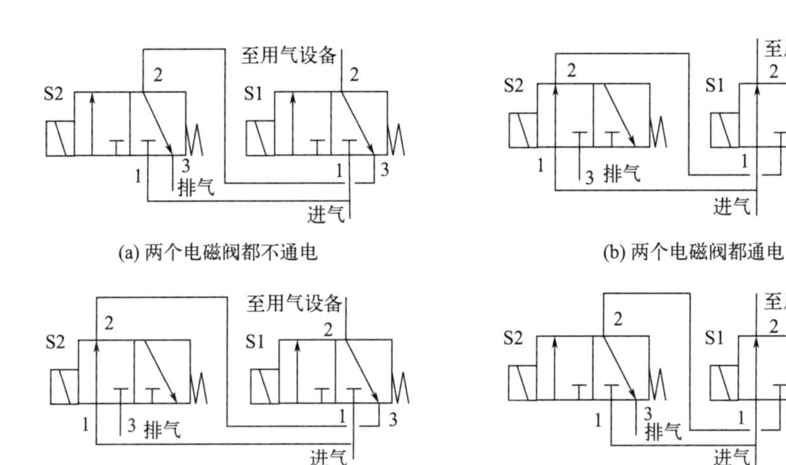

图 7-8　四种状态时电磁阀的动作及气源的流向示意图

7.5.2　电磁阀 24V 供电线路导线最大长度的计算

电磁阀 24V 供电线路导线最大长度的计算公式见表 7-65。

表 7-65　电磁阀 24V 供电线路导线最大长度的计算公式

项目	计算公式	说明
电磁阀的工作电流	$I=\frac{P}{V_S}$	L—导线长度，m I—电磁阀工作电流，A P—电磁阀额定功率，W V_S—电源供电电压，V V_f—电磁阀允许电压降，V R—铜导线的电阻系数，Ω/m
电磁阀允许电压降	$V_f=V_S\times0.15$ （24V 供电的 15%）	
导线的最大长度	$L=\frac{V_S\times0.15}{R\times2\times I}$	

计算实例 7-13

电磁阀的工作电流及导线的允许传输距离计算。

已知：某电磁阀的工作电压为 24V DC，功率为 10W，控制设备至电磁阀的电线用 2×1.5mm^2 的铜导线，查《电工手册》知 1.5mm^2 铜导线的电阻系数为 14Ω/km，即 0.014Ω/m。求导线的允许传输距离。

解：电磁阀的工作电流为：

$$I=\frac{P}{V}=\frac{10}{24}=0.42(\text{A})$$

导线的允许传输距离为：

$$L=\frac{V_S\times0.15}{R\times2\times I}=\frac{24\times0.15}{0.014\times2\times0.42}=306(\text{m})$$

7.5.3 电磁阀与控制阀的组合

安全联锁系统中电磁阀一般是配合控制阀工作，即通过电磁阀控制控制阀仪表空气的通断。控制阀与电磁阀的组合示意如表 7-66 所示。为了避免因电源故障而导致电磁阀在联锁发生时动作失败（故障安全），通常电磁阀都选择常闭型（NC），即正常时带电，联锁动作时失电。另外还可选择通用型，可以连成常闭型或常开型（NO）的任意一种。表 7-67 为电磁阀与主控制阀的组合方式及可实现的控制功能，在实际应用中，应根据工艺过程的安全保护需要来确定具体组合方式。

表 7-66 控制阀与电磁阀的组合示意

功能	正常时，A 与 B 通。电磁阀掉电时，A 与 C 通，气开阀在电磁阀掉电时失气而关闭	正常时，A 与 B 通。电磁阀掉电时，A 与 C 通，气关阀在电磁阀掉电时失气而打开	正常时，A 与 B 通。电磁阀掉电时，A 与 C 通，气开阀在电磁阀掉电时得气而打开	正常时，A 与 B 通。电磁阀掉电时，A 与 C 通，气关阀在电磁阀掉电时得气而关闭
示意图				

表 7-67 电磁阀与主控制阀的组合方式及可实现的控制功能

主控制阀	电磁阀				
	二位三通	二位五通单线圈	二位五通双线圈	两个二位三通	二位三通＋RS 触发器
单控弹簧复位气缸	单控、FO/FC			双控、FO/FC	双控、FO/FC
双作用气缸		单控、EO/EC	双控、EO/EC	双控、EO/EC	
气动薄膜调节阀	控制、FO/FC			双控、控制 FO/FC	双控、控制 FO/FC

注：FO/FC—气源故障时阀门开/关；EO/EC—接通电源时阀门开/关；单控—DCS（PLC，SIS）给出一个控制信号（DO）；双控—DCS（PLC，SIS）给出两个控制信号（DO）。

7.5.4 电磁阀在不同联锁控制要求下的应用示例

电磁阀在不同联锁控制要求下的应用示例如表 7-68～表 7-71 所示。

表 7-68 二位三通电磁阀与单控弹簧复位气缸的组合应用示例

组合示意图	主阀	电磁阀类型：a. 常闭型/b. 通用型		
		a. 带电/b. 失电	a. 失电/b. 带电	气源故障
	气开式(FC) 单控弹簧复位	开 1 开，3 关，1、2 通， 主阀供气正常	关 1 关，3 开，2、3 通， 主阀供气中断	FC 阀关
	气关式(FO) 单控弹簧复位	关 1 开，3 关，1、2 通， 主阀供气正常	开 1 关，3 开，2、3 通， 主阀供气中断	FO 阀开

注：正常状态下，电磁阀带电；联锁状态下，电磁阀失电。

表 7-69　二位三通电磁阀与气动薄膜调节阀的组合应用示例一

组合示意图	主阀	电磁阀类型：a. 常闭型/b. 通用型		
		a. 带电/b. 失电	a. 失电/b. 带电	气源故障
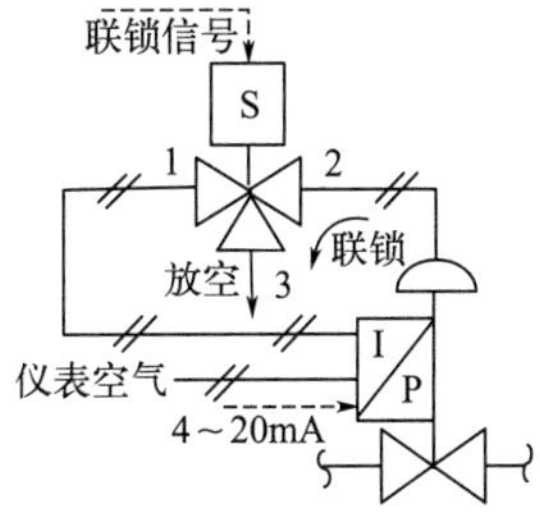	气开式(FC) 气动薄膜调节阀	调节 1 开，3 关，1、2 通， 主阀供气正常	关 1 关，3 开，2、3 通， 主阀供气中断	FC 阀关
	气关式(FO) 气动薄膜调节阀	调节 1 开，3 关，1、2 通， 主阀供气正常	开 1 关，3 开，2、3 通， 主阀供气中断	FO 阀开

注：正常状态下，a. 常闭型电磁阀带电；联锁状态下，a. 常闭型电磁阀失电。正常状态下，b. 通用型电磁阀失电；联锁状态下，b. 通用型电磁阀带电。

表 7-70　二位三通电磁阀与气动薄膜调节阀的组合应用示例二

组合示意图	主阀	通用型电磁阀		
		带电	失电	气源故障
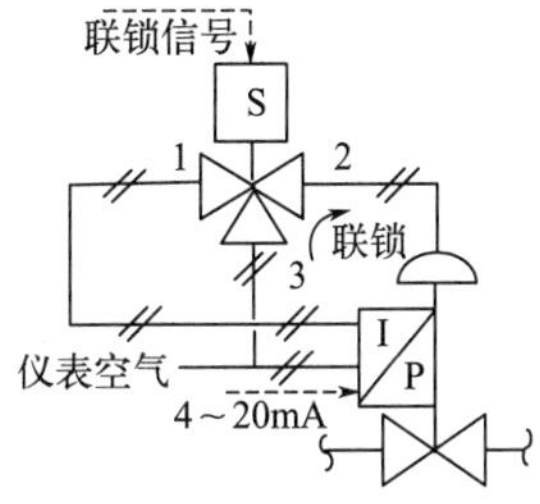	气开式(FC) 气动薄膜调节阀	调节 1 开，3 关，1、2 通， 主阀供气正常	开 1 关，3 开，2、3 通， 调节阀全开	FC 阀关
	气关式(FO) 气动薄膜调节阀	调节 1 开，3 关，1、2 通， 主阀供气正常	关 1 关，3 开，2、3 通， 调节阀全关	FO 阀开

注：本例用于正常状态下，调节阀进行调节；联锁状态下，要求气开式（FC）打开或气关式（FO）关闭。3 口只用于进气，不用于排气，因此应选择直动式的通用电磁阀。

表 7-71　二位五通双线圈电磁阀与双作用气缸的组合应用示例

组合示意图	主阀	二位五通双线圈电磁阀		
		S1 带电 S2 失电	S1 失电 S2 带电	电源故障
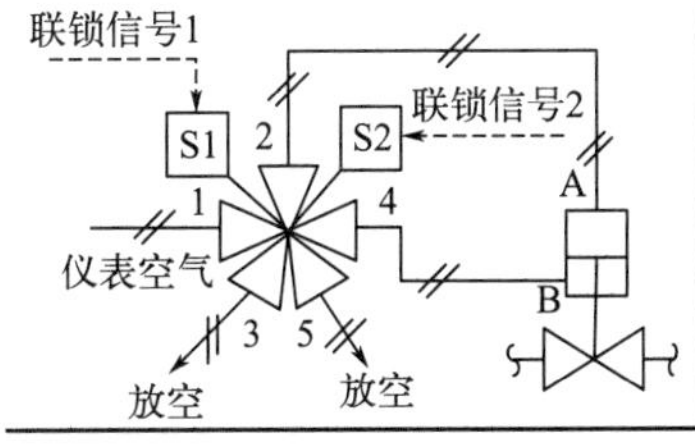	双作用 (EO)	关 1、2 通，A 缸进气 4、5 通，B 缸排气	开 1、4 通，B 缸进气 2、3 通，A 缸排气	维持原位
	双作用 (EC)	开 1、4 通，B 缸进气 2、3 通，A 缸排气	关 1、2 通，A 缸进气 4、5 通，B 缸排气	维持原位

注：本例可做到在电源故障的情况下保持阀位，如联锁 S1 动作时，切断阀打开，未收到联锁 S2 的信号，则切断阀依然保持打开的位置，只有接收到 S2 的联锁信号，切断阀才会关闭。

7.5.5　双电磁阀冗余的配置

过程控制中为了避免误停车，可采用双电磁阀来实现信号线路的冗余，以减少因电缆断线引起的误停车。通常可采用以下配置方案。

（1）双电磁阀失电联锁配置

一个电磁阀失电，另外一个电磁阀仍然带电，失电电磁阀的失电被认为是由于信号电缆断线引起，切断阀仍然维持正常状态，避免了因信号电缆断线引起的误停车。两个电磁阀都失电时，失电被认为是由于联锁动作引起的，联锁动作被执行。

（2）双电磁阀得电联锁配置

只要有一个电磁阀带电即被认为带电是由于联锁动作而引起的，联锁动作被执行。有一路信号电缆断线时，信号电缆没有断线的电磁阀在联锁发生时仍然可以带电而执行联锁动作，避免了因信号电缆断线引起的联锁不动作的问题。双电磁阀（S1、S2）状态和切断阀状态对应值见表 7-72。

表 7-72　双电磁阀状态和切断阀（FC）状态对应值

S1、S2 电磁阀状态	切断阀状态			
	失电联锁，关闭	带电联锁，关闭	失电联锁，打开	带电联锁，打开
S1、S2 失电	阀关	阀开	阀开	阀关
S1、S2 带电	阀开	阀关	阀关	阀开
S1 带电，S2 失电	阀开	阀关	阀关	阀开
S1 失电，S2 带电	阀开	阀关	阀关	阀开

（3）双电磁阀冗余在联锁电路中的应用示例

图 7-9 为双电磁阀冗余配置示意图，其可与 FC 和 FO 控制阀配合使用，用常闭型或通用型电磁阀，序号 1 失电联锁时 FC 关闭；序号 2 失电联锁时 FO 打开；序号 3 得电联锁时 FC 打开。详细说明见表 7-73。

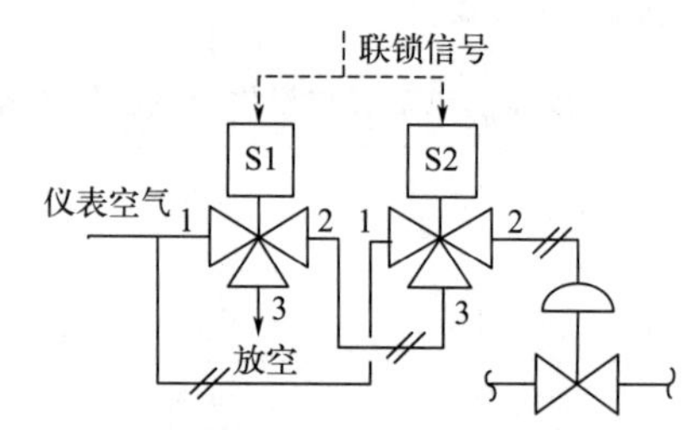

图 7-9　二位三通双电磁阀冗余配置示意图

表 7-73　二位三通双电磁阀冗余在联锁电路中的应用说明

<table>
<tr><th rowspan="2">序号</th><th rowspan="2">控制阀类型</th><th colspan="2">工作状态</th><th colspan="2">联锁状态</th><th colspan="2">冗余状态</th></tr>
<tr><th>1</th><th>0</th><th>1</th><th>0</th><th>正常</th><th>线路故障</th></tr>
<tr><td>1</td><td>FC</td><td>1、2 通阀开</td><td></td><td></td><td>2、3 通阀关</td><td rowspan="2">S1、S2 带电，S2 工作，S1 备用。若 S2 失电，其 2、3 通，气源仍可经 S1 进入控制阀，FC 开，FO 关</td><td rowspan="2">S1、S2 失电，两个阀的 2、3 都导通，FC 关，FO 开</td></tr>
<tr><td>2</td><td>FO</td><td>1、2 通阀关</td><td></td><td></td><td>2、3 通阀开</td></tr>
<tr><td>3</td><td>FC</td><td></td><td>2、3 通阀关</td><td>1、2 通阀开</td><td></td><td>S1、S2 失电，两个阀的 2、3 都导通，使 FC 阀关</td><td>S1、S2 其中一个带电，联锁就能动作</td></tr>
</table>

参考文献

[1] 孙优贤. 控制工程手册：上册 [M]. 北京：化学工业出版社，2016.

[2] 黄步余，范宗海，马睿. 石油化工自动控制设计手册 [M]. 4 版. 北京：化学工业出版社，2020.

[3] 石油化工仪表自动化培训教材编写组. 调节阀与阀门定位器 [M]. 北京：中国石化出版社，2009.

[4] 何衍庆，邱宣振，杨洁，等. 控制阀工程设计与应用 [M]. 北京：化学工业出版社，2005.

[5] 明赐东. 调节阀计算选型使用 [M]. 成都：成都科技大学出版社，1999.

[6] 陆培文，汪裕凯. 调节阀实用技术 [M]. 2 版. 北京：机械工业出版社，2017.

[7] 吴国熙. 调节阀使用与维修 [M]. 北京：化学工业出版社，2001.

[8] 房汝洲. 2006 版新编调节阀设计及应用实务全书 [M]. 北京：中国知识出版社，2006.

[9] 龚飞鹰，刘传君，何衍庆. 控制阀实用手册 [M]. 北京：化学工业出版社，2015.

[10] 余善富. 气动执行器 [M]. 北京：机械工业出版社，1978.

[11] 孟铎，陈曼，彭晶. 一种调节阀口径计算的方法 [J]. 石油化工自动化，2018，54 (5)：5.

[12] 沙海勇. 调节阀泄漏量简易计算法 [J]. 石油化工建设，2016 (3)：3.

[13] 范咏峰. 双电磁阀配置在石油化工装置中的应用 [J]. 石油化工自动化，2011，47 (3)：6-10.

[14] 陈学敏. 工程中电磁阀的应用探讨 [J]. 石油化工自动化，2009，45 (004)：58-61.

[15] 李帮军. 电磁阀冗余在控制阀上的应用 [J]. 化工自动化及仪表，2013，40 (4)：4.

[16] 奚文群，谢海维. 调节阀口径计算指南 [M]. 北京：化学工业部自动控制设计中心站，1991.

[17] GB/T 17213.2 工业过程控制阀 第 2-1 部分：流通能力 安装条件下流体流量的计算公式.

[18] GB/T 32215—2015 气动 控制阀和其他元件的气口和控制机构的标识.

[19] GB/T 786.1—2021 流体传动系统及元件 图形符号和回路图 第 1 部分：图形符号.

过程控制系统

8.1 PID 控制知识

8.1.1 PID 控制原理框图及算法表达式

PID 控制原理框图及算法表达式见表 8-1 和表 8-2。

表 8-1 PID 控制原理框图及算法表达式

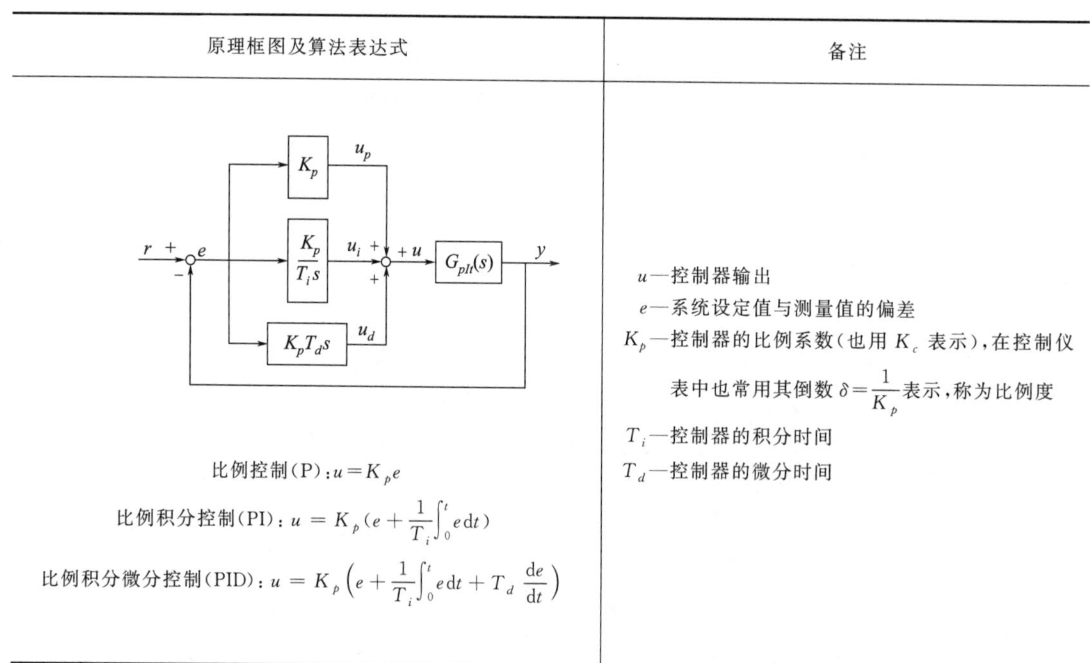

原理框图及算法表达式	备注
比例控制(P):$u=K_p e$ 比例积分控制(PI):$u=K_p(e+\frac{1}{T_i}\int_0^t e\mathrm{d}t)$ 比例积分微分控制(PID):$u=K_p\left(e+\frac{1}{T_i}\int_0^t e\mathrm{d}t+T_d\frac{\mathrm{d}e}{\mathrm{d}t}\right)$	u—控制器输出 e—系统设定值与测量值的偏差 K_p—控制器的比例系数(也用 K_c 表示),在控制仪表中也常用其倒数 $\delta=\frac{1}{K_p}$表示,称为比例度 T_i—控制器的积分时间 T_d—控制器的微分时间

8.1.2 比例度、积分时间、微分时间的定义及计算

比例度、积分时间、微分时间的定义及计算公式，分别见表 8-3～表 8-5。

表 8-2　部分数字 PID 控制原理框图及算法表达式

类型	原理框图及算法表达式	备注
位置式	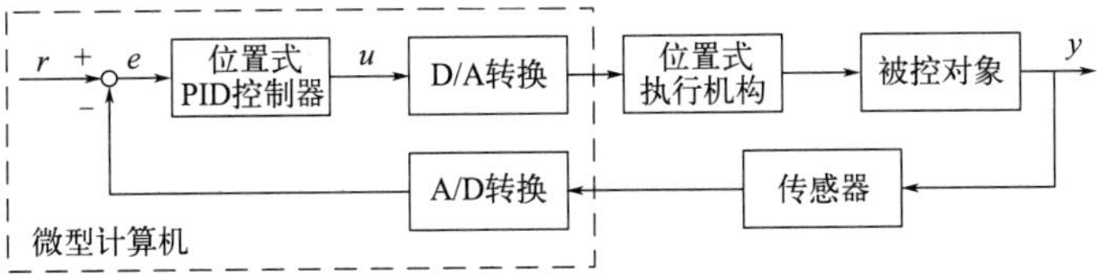 r + e 位置式PID控制器 u D/A转换 位置式执行机构 被控对象 y − A/D转换 传感器 微型计算机 $u(k)=K_pe(k)+K_i\sum_{i=0}^{k}e(i)+K_d[e(k)-e(k-1)]$	K_p—比例系数 $u(k)$—控制器输出 K_i—积分系数，$K_i=\frac{K_p}{T_i}\Delta t$ K_d—微分系数，$K_d=\frac{K_pT_d}{\Delta t}$ T_i—控制器的积分时间 T_d—控制器的微分时间 Δt—采样间隔时间
增量式	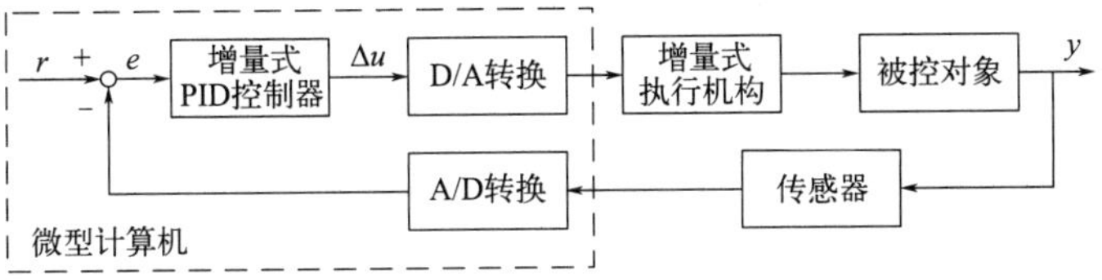 r + e 增量式PID控制器 Δu D/A转换 增量式执行机构 被控对象 y − A/D转换 传感器 微型计算机 $\Delta u(k)=K_p[e(k)-e(k-1)]+K_ie(k)+K_d[e(k)-2e(k-1)+e(k-2)]$	
不完全微分	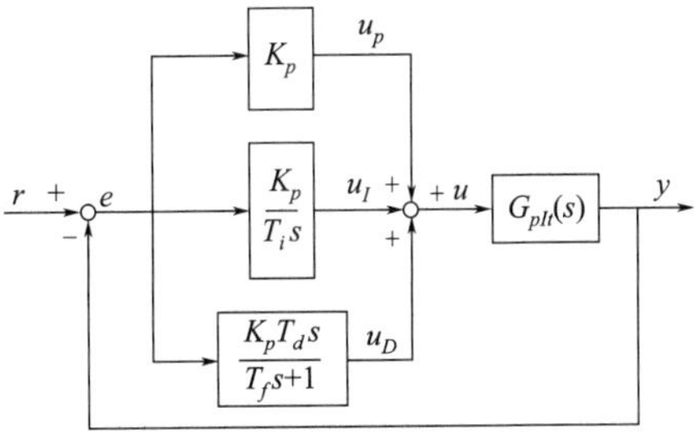 K_p u_p r + e − $\frac{K_p}{T_is}$ u_I + + u $G_{plt}(s)$ y $\frac{K_pT_ds}{T_fs+1}$ u_D 传递函数：$G_{ctr}(s)=K_p\left(1+\frac{1}{T_is}+\frac{T_ds}{T_fs+1}\right)$	T_f—滤波时间常数
带滤波器的	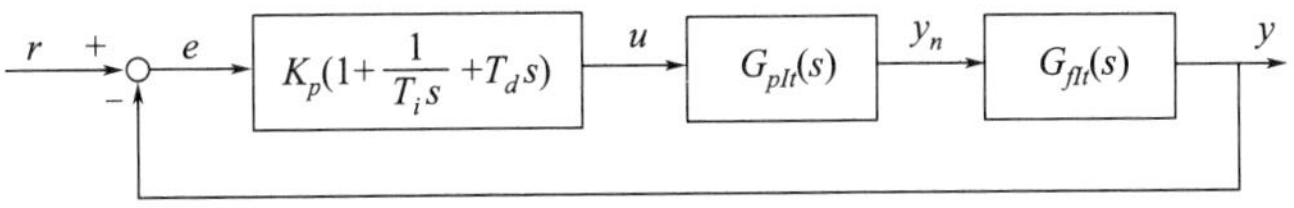 r + e − $K_p(1+\frac{1}{T_is}+T_ds)$ u $G_{plt}(s)$ y_n $G_{flt}(s)$ y 传递函数：$G_{ctr}(s)=\frac{1}{T_fs+1}$	
其他类型	微分先行 $\Delta u(k)=K_p[e(k)-e(k-1)]+K_ie(k)-K_d[y(k)-2y(k-1)+y(k-2)]$	只对测量信号 $y(k)$ 进行微分，又称为测量微分
	积分分离中偏差分离的 PI 控制器增量式算法 $\Delta u(k)=\Delta u_p(k)+\Delta u_i(k)[\mid e(k)<\varepsilon\mid]$ 当偏差绝对值不大于某一阈值 ε 时，引入积分作用；当偏差绝对值大于阈值时，去除积分作用	

表 8-3　比例度的定义及计算公式

名称	定义及计算公式
比例度(比例带)δ	当控制器输出做全范围变化时，被控参数变化了量程的百分之几，也可理解为被控参数变化和控制器输出变化成比例的范围，计算公式： $$\delta=\frac{x_2-x_1}{x_{\max}-x_{\min}}\div\frac{u_2-u_1}{u_{\max}-u_{\min}}\times100\%$$ 式中，x_2-x_1 表示控制器的输入偏差；$x_{\max}-x_{\min}$ 表示控制器的输入变化范围；u_2-u_1 表示控制器相应的输出变化；$u_{\max}-u_{\min}$ 表示控制器输出的变化范围 对于一个具体的控制器，x 和 u 都具有相同的量纲，$x_{\max}-x_{\min}=u_{\max}-u_{\min}$，因此上式可简化为： $$\delta=\frac{\Delta e}{\Delta u}\times100\%$$ 式中，Δe—偏差的变化量；Δu—输出信号的变化量
比例增益 K_c	控制器输出变化对偏差变化之比，计算公式：$K_c=\frac{100}{\delta}$
比例度和比例增益的对应关系	比例度与比例增益成反比，$K_c=\frac{1}{\delta}$，则：$\delta=\frac{1}{K_c}\times100\%$ 比例度δ/% 2　25　50　100　200　500 50　4　2　1　0.5　0.2 比例增益/K_c
比例度大小对过渡过程的影响	比例度越大(比例增益越小)，它把偏差放大的能力越小，过渡过程曲线越平缓，余差也越大；比例度越小(比例增益越大)，它把偏差放大的能力越大，则过渡过程的曲线越振荡

表 8-4　积分时间的定义及计算公式

名称	定义及计算公式
积分时间 T_i	在阶跃输入信号作用下，积分部分的输出变化到和比例部分的输出相等时所经历的时间。如果积分时间无穷大，表示没有积分作用，控制器就成为纯比例控制器
积分增益 K_i	在阶跃输入信号 x(幅度适当)的作用下，实际的比例积分控制器输出的最终变化量和初始变化量之比，即：$K_i=K_cK_ix/K_cx$
积分时间和积分增益的对应关系	$$K_i=\frac{K_c}{T_i}$$ 积分时间T_i 0.02　0.1　0.5　1.0　5　10　20　50 50　10　2　1.0　0.2　0.1　0.04　0.02 积分增益K_i
积分时间大小对过渡过程的影响	在同样的比例度下，积分时间越长，积分作用越弱，过渡过程越平缓，消除余差越慢；积分时间越短，积分作用越强，使过渡过程振荡加强，消除余差越快。积分时间的选择应合适。积分时间过大，积分作用不明显，消除余差会慢；积分时间过小，过渡过程的振荡太剧烈，稳定度将下降

表 8-5　微分时间的定义及计算公式

名称	定义及计算公式
微分时间 T_d	微分增益和微分时间常数的乘积。通常理解为:在微分作用下,控制器输入变量的斜率变化达到输出变量相同值所需的时间。微分时间为 0 时,将取消微分作用
微分增益 K_d	在阶跃输入信号 x 的作用下,实际的比例积分控制器输出的最终变化量和初始变化量之比,即:$K_d=K_cK_dx/K_cx$
微分时间和微分增益的对应关系	微分增益 K_d 表示输出波动的幅度,波动后输出会回归,微分时间 T_d 表示回归的速度
微分时间长短、微分增益大小对过渡过程的影响	微分时间越长,微分作用越强,过渡过程趋于稳定,最大偏差越小。但微分时间太长,微分作用太强,又会增加过渡过程的波动。微分时间设置得当,能大大改善控制系统质量 微分时间过短,或微分增益过大,有时会使输出波形中含有时间很短的尖峰信号(俗称"毛刺")。增益不变的情况下,加长微分时间,可以抑制输出突变。增大微分增益后,要对微分时间进行相应的调整,微分增益和微分时间要进行合理的搭配来保证调节效果

计算实例 8-1

某模拟控制器在比例作用下，当输入 6mA，输出从 4mA 变化到 20mA。试求控制器的比例度和比例增益是多少？

解： 根据 $\dfrac{x_2-x_1}{u_2-u_1}=\dfrac{1}{K_c}$ 计算，可得：

比例度 $\delta=\dfrac{6-4}{20-4}\times100\%=12.5\%$　　比例增益 $K_c=\dfrac{1}{\delta}=\dfrac{100}{12.5}=8$

计算实例 8-2

某比例式温度控制器的输出为 4～20mA DC，测量量程为 0～800℃。当显示变化 80℃，控制器的比例度为 50%时（比例增益为 2），控制器的输出电流将变化多少？

解： $u=\dfrac{e}{x_{max}-x_{min}}\times\dfrac{1}{\delta}\times100\%=\dfrac{80}{800}\times\dfrac{100}{50}\times100\%=20\%$

控制器的输出电流将变化全范围的 20%，即(20－4)×20%＝3.2mA。

计算实例 8-3

当控制器的量程和显示值的变化量仍为计算实例 8-2 数值时，比例度（比例增益）为多少才能使控制器输出做全范围的变化？

解： $\delta=\dfrac{x_2-x_1}{x_{max}-x_{min}}\div\dfrac{u_2-u_1}{u_{max}-u_{min}}\times100\%=\dfrac{80}{800-0}\div\dfrac{20-4}{20-4}\times100\%=10\%$

当比例度为10%时（比例增益为10），只要显示值变化10%，控制器的输出就会做全范围变化。

计算实例 8-4

同上例，当比例度为50%时，显示值应变化多少才能使控制器输出做全范围变化？

解： $\delta\times(x_{max}-x_{min})=50\%\times800=400(℃)$

当显示值变化满量程的50%，即变化400℃时，才能使控制器输出做全范围的变化。

计算实例 8-5

某比例积分控制器的输入、输出均为4～20mA DC。当比例度为100%，积分时间为$T_i=2\text{min}$时，稳态时控制器输出为8mA，如输入阶跃$e(t)$增加0.2mA，经过5min后，输出将变化为多少毫安？

解： 输入、输出范围均为4～20mA DC，则比例增益为：

$$K_c=\frac{1}{\delta}\times100\%=\frac{100}{100}=1$$

已知$e(t)=0.2\text{mA}$，$T_i=2\text{min}$，根据表8-1中的比例积分控制计算式：

$$u=K_p\left(e+\frac{1}{T_i}\int_0^t e\,\mathrm{d}t\right)=1\times\left(0.2+\frac{1}{2}\int_0^5 0.2\mathrm{d}t\right)=0.7(\text{mA})$$

则控制器的输出将变化为：

$$u=8+0.7=8.7(\text{mA})$$

计算实例 8-6

有台PID控制器，其稳态输出为50%，当给定值不变，输入信号阶跃增加10%时，输出变为60%，随后线性上升，经3min后，输出变为80%。试计算控制器的比例增益K_c、积分时间T_i、微分时间T_d的值。

解： 已知微分时间$T_d=0$。当$t=0$时，$\Delta u=K_ce$，则比例增益为：

$$K_c=\frac{\Delta u(0)}{e}=\frac{0.6-0.5}{0.1}=1$$

又因为：

$$\Delta u=K_c\left(e+\frac{1}{T_i}\int_0^t e\,\mathrm{d}t+T_d\frac{\mathrm{d}e}{\mathrm{d}t}\right)$$

当$t=3\text{min}$时，$\Delta u=K_c\left(e+\dfrac{1}{T_i}\displaystyle\int_0^3 e\,\mathrm{d}t\right)=1\times\left(0.1+\dfrac{1}{T_i}\displaystyle\int_0^3 0.1\mathrm{d}t\right)$

$$0.8-0.5=0.1+\frac{1}{T_i}\times 3\times 0.1$$

$$T_i=\frac{0.3}{0.2}=1.5(\text{min})$$

从计算知：控制器的比例增益 $K_c=1$、积分时间 $T_i=1.5\text{min}$、微分时间 $T_d=0$。

8.1.3 控制过程的质量指标

（1）以阶跃响应曲线的几个特征参数为性能指标

表8-6是控制系统过渡过程质量指标示意图，也是干扰作用影响下的过渡过程。用过渡过程衡量系统质量时，常用的指标见表8-7。

表8-6 控制系统过渡过程质量指标示意图

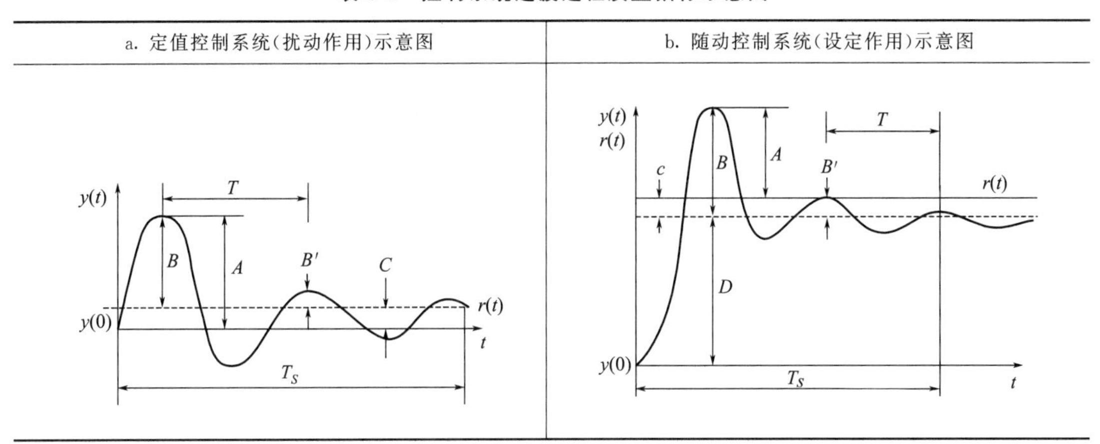

表8-7 控制系统过渡过程质量指标定义及计算式

质量指标	定义及计算公式
衰减比 n	衰减比是控制系统的稳定性指标。它是相邻同方向两个波峰的幅值之比，即两个波峰的超调量之比，表示为：$B/B'=n:1$[$n=4\sim10$，即$(4:1)\sim(10:1)$]
衰减率 ψ	另一个衡量衰减程度的指标，它是指每经过一个周期后，波动幅度衰减的百分数，即：$\psi=\frac{B-B'}{B}\times100\%$（$n=4:1$ 相当于 $\psi=0.75$；$n=10:1$ 相当于 $\psi=0.9$）
最大偏差 A	描述被控变量偏离设定值最大程度的物理量，也是衡量过渡过程稳定性的一个动态指标 对定值控制系统是用最大动态偏差 A 作为一项指标，它指的是在单位阶跃扰动下，最大幅值 B 与最终稳态值 C 之和的绝对值，即：$\vert A\vert=\vert B+C\vert$
超调量 σ	在随动控制系统中，通常采用超调量来表示被控变量偏离设定值的程度，是第一个波的峰值与最终稳态值之差，如表8-6中的b图，即：$\sigma=\frac{B}{C}\times100\%$
余差	控制系统过渡过程终了时设定值与被控变量稳态值之差，即表8-6图中的 c
回复时间	又称为调节时间，即为过渡过程的持续时间。即响应曲线衰减到与稳态值之差不超过±5%或±2%所需的时间
振荡周期 T	过渡过程从第一个波峰到第二个波峰之间的时间
振荡次数 N	从0到 T_S 时间间隔内衰减振荡的波形个数

（2）偏差积分性能指标（表8-8）

表8-8　偏差积分性能指标一览表

偏差积分性能指标名称	计算公式	特点
偏差积分 IE	$IE=\int_0^{\infty} e(t)\mathrm{d}t$	不能保证系统的衰减比，很少采用
偏差平方积分 ISE	$ISE=\int_0^{\infty} e^2(t)\mathrm{d}t$	计算方便，但会产生有振荡的响应，常用于抑制输出中的大偏差
绝对偏差积分 IAE	$IAE=\int_0^{\infty} \lvert e(t)\rvert \mathrm{d}t$	有较快过渡过程和较小超调量，但最小系统偏差确定有困难
时间乘绝对偏差积分 ITAE	$ITAE=\int_0^{\infty} t\lvert e(t)\rvert \mathrm{d}t$	响应较好，但超调较大且不易获得解析解，常用于抑制回复时间过长的过程

注：e—动态偏差；t—回复时间。

8.2 五类常见控制系统的特点及控制参数的选择

8.2.1 五类常见控制系统的特点

五类常见工艺参数控制系统的特点见表8-9。

表8-9　五类常见工艺参数控制系统的特点

名称	特点及控制规律选择
温度控制系统	温度对象是多容的，时间常数与对象的热容与热阻的乘积成正比，从几分钟到几十分钟不等，对象容量滞后较大，参数受干扰后变化迟缓。为改善控制品质，测温元件应选用时间常数小的，并应安装在测量滞后小的位置。应选用PID控制器，积分时间要长，可设置为几分钟，微分时间则应短些。温度控制对象属于非线性，随着负荷增加，放大系数会下降，一般温度控制系统应选择等百分比流量特性的调节阀
压力控制系统	气体压力对象基本上是单容的，具有自衡能力，其时间常数与容积成正比，与流量成反比，一般为几秒至几分钟。除脉动的压力源外，气体压力控制选用PI控制器即可，而积分时间可以放得比流量控制系统大。液体压力对象的时间常数仅为几秒，但大多会有脉动，一般选用PI控制器。蒸汽压力控制大多属于传热控制，其与温度控制相似
流量控制系统	流量对象的时间常数很小，一般仅为几秒，对象的纯滞后时间也很小，调节过程中被控变量的振荡周期很短。流量控制大多数情况下不允许有余差，应选择PI控制器。由于对象时间常数小，反应灵敏，可以不用微分作用 一般单回路流量控制系统可以不使用开方器，但在串级控制系统中，有时流量副回路的非线性会带来十分不利的影响，这时应使用开方器。没有开方器的流量控制系统，可以选择直线流量特性的调节阀，来补偿差压式流量计的非线性
液位控制系统	液位控制大多是为了保持物料平衡，通常可通过液位控制排出量，或是通过液位控制进入量来达到目的。液位对象的时间常数与容器的容积成正比，与流量成反比，一般为数分钟以上。由于液体进入容器时的飞溅和扰动，液位测量大多是有脉动干扰的。多数情况下不用精确地控制液位，只需用P控制器。但锅炉汽包、氨蒸发器等的液位控制，其不仅与物料平衡有关，还与传热有关，且不允许液位有较大幅度的波动，这样的液位控制就需要选择复杂控制系统
成分控制系统	成分控制系统比较容易出问题，原因是：在线分析仪结构复杂，取样系统和样品预处理部分易失常。成分控制系统的对象是多容的，时间常数大，纯滞后时间也大，pH控制对象还具有明显的非线性。成分控制系统通常选用PID控制器。成分控制系统的惰性较大，系统可靠性不高，所以控制器的比例度一般均放得较大。对pH控制最好使用非线性控制器；对纯滞后特别大的成分控制系统，可以考虑采用采样控制。没有合适的成分分析仪可选择时，可通过间接被控变量如温度、温差等来代替

8.2.2 常见控制系统的参数选择范围

常见控制系统的参数选择范围见表8-10。

表8-10 常见控制系统的参数选择范围

参数	气体压力	液位	流量,液体压力	温度,蒸汽压力	成分
时滞	没有			常有	总有
容量	单容		多个有相互作用的时滞		
周期	0.1～2min	2～20s	1～10s	20s～1h	1min～8h
线性度	线性		线性/平方	非线性	线性/对数
对象增益	2～10	—	1～5	1～10	10～1000
噪声	没有	总有	总有	没有	常有
比例度	1%～20%	5%～50%	50%～500%	2%～100%	100%～2000%
积分时间	0.1～2min	1～10min	0.3～3s	0.2～60min	1min～2h
微分时间	不需要			0.1～20min	
选用控制器	PI或P	P或PI	PI(快积分)	PID	
选用调节阀	线性	线性/等百分比		等百分比	线性

8.2.3 单回路控制系统中控制器正反作用的选择

控制器、调节阀、对象放大系数正负号的规定见表8-11。

表8-11 控制器、调节阀、对象放大系数正负号的规定

控制器放大系数		调节阀放大系数		对象放大系数	
正作用	反作用	正号	负号	正号	负号
测量值增加,输出增加,K_c为负	测量值增加,输出减小,K_c为正	气开阀,K_v为正	气关阀,K_v为负	操纵变量增加,被控变量也增加,K_o为正	操纵变量增加,被控变量减少,K_o为负

单回路控制系统控制器正反作用方式的确定方法：首先确定对象放大系数K_o的正负号，然后根据调节阀为气开阀还是气关阀，确定调节阀放大系数K_v的正负号，最后根据K_c、K_v、K_o乘积必须为正的原则，来确定控制器的正反作用方式。控制器的正反作用方式也可由表8-12查出。

表8-12 单回路控制系统控制器正反作用选择表

对象放大系数	调节阀	控制器	对象放大系数	调节阀	控制器
正号	气开	反作用	负号	气开	正作用
	气关	正作用		气关	反作用

8.3 PID控制器的参数整定

8.3.1 控制器参数整定基础

(1)选择比例度、积分时间、微分时间的规则(表8-13)

表8-13 选择比例度、积分时间、微分时间的规则

比例度δ	积分时间T_i	微分时间T_d
$\delta\downarrow$,将使衰减比$n\downarrow$,振荡倾向$\uparrow$	$T_i\downarrow$,将使衰减比$n\downarrow$	$T_d\uparrow$,将使衰减比$n\uparrow$(但T_d太大时,$n\downarrow$)
δ应大于临界值,例如增大1倍	T_i应取振荡周期的1/2	取$T_d=(1/3\sim1/4)T_i$
对象放大系数K大时,δ应大些	引入积分作用后,δ应比单纯比例时增大10%~20%	引入微分作用后,δ可比单纯比例时减少10%~20%
τ/T大时,δ应大些		

(2)整定比例度、积分时间、微分时间对控制质量的影响(表8-14、表8-15)

表8-14 整定比例度、积分时间、微分时间对控制质量的影响

过程参数	比例度减小	积分时间减小	微分时间减小
最大偏差	增大	增大	减小
静态偏差	减小	不变	不变
衰减率	减小	减小	增大
振荡次数	增加	增加	减少

表8-15 PID参数改变对控制过程的影响

参数	快速性	稳定性	准确性
增大K	增加	变差	改善
增大K_i	增加	变差	改善
增大K_d	增加	改善	无影响

(3)常见过程控制系统的经验采样周期(表8-16)

表8-16 常见过程控制系统的经验采样周期

被控变量	采样周期/s	采样频率/Hz	频带范围/Hz
流量	1~2	0.5~1.0	0~0.16
压力	3~5	0.2~0.333	0~0.067
液位	6~8	0.125~0.167	0~0.042
温度	10~15	0.067~0.1	0~0.022
成分	15~20	0.05~0.067	0~0.017

(4) PID参数整定指标

① 控制回路的稳定性指标。稳定性是指偏离稳定状态的扰动作用终止后,系统能够返

回原来稳态的性能。

$$稳定性指标=\frac{\min[(报警上限-测量均值),(报警下限-测量均值)]}{测量值标准差(\sigma)}$$

评定标准为 6σ 原则，详见表 8-17。

表 8-17 6σ 原则

稳定性指标	<3	3～4.5	>4.5～6	>6
稳定性评价	不稳定状态	欠稳定状态	接近完美	稳定状态
处理方法	必须优化	需要优化	可以优化	无必要

② 控制回路的准确性指标。控制回路的控制误差是控制系统准确性的一种度量。控制回路达到稳态后，控制误差的算术平均值应接近 0。

准确性可采用被控变量的控制偏差 e 相对于设定值或控制精度要求百分比的均值 $\bar{e}$ 进行计算。

$$\bar{e}=\frac{\sum\frac{PV_i-SV_i}{SV_i(或控制精度)}}{n}$$

$$准确率=(1-\bar{e})\times100\%$$

准确率越接近于 100%，则表示控制回路的控制效果越好；准确率越接近于 0%，则表示控制回路的被控变量越达不到设定目标值。

③ 控制回路的快速性指标。快速性是指当设定值发生变化时，控制回路使被控变量向设定值迅速靠近并在较短时间内达到稳定状态的能力。自控回路的快速性以回路闭环时间常数来确定，体现在回路闭环时间常数与回路开环时间常数的比值上。

$$PRI(相对快速性能指标)=\frac{回路闭环时间常数}{回路开环时间常数}$$

快速性指标要求见表 8-18。

表 8-18 快速性指标要求

快速性指标	<0.4	0.4～0.91	>0.91～1.09	>1.09～2.5	>2.5
快速性评价	响应过快	响应较快	响应适当	响应较慢	响应过慢
处理方法	须优化，减弱控制作用	可优化	最佳状态	可优化	须优化，增强控制作用

(5) 工程整定法操作步骤顺口溜

顺口溜

参数整定寻最佳，比例放至初定值，积分置于最大值，然后再把微分关。

先调比例后积分，根据对象加微分。曲线振荡很频繁，比例度要往大加（比例增益往小减）；曲线漂浮绕大弯，比例度要往小减（比例增益往大加）。曲线偏离回复慢，积分时间往下降；曲线波动周期长，积分时间再加长。曲线振荡频率快，先把微分降下来；动差大来波动慢，微分时间应加长。理想曲线两个波，控制质量不会低。

8.3.2 经验整定法

这里主要介绍凑试法。

① 把积分时间放至最大，微分时间放至零，比例度先放至经验值（表 8-19），将系统投入运行。从大到小逐渐改变比例度（从小到大逐渐改变比例增益），取得较好的过渡过程曲线，然后把比例度加大为原来的 1.2 倍（比例增益减小）。

表 8-19　经验整定法 PID 参数选择表

控制系统	比例度 δ/%	比例增益 K_c	积分时间 T_i/min	微分时间 T_d/min
温度	20～60	1.6～5	3～10	0.5～3
压力	30～70	1.4～3.3	0.4～3	
流量	40～100	1～2.5	0.3～1	
液位	20～80	1.25～2.5		

② 对积分时间由大到小地进行调整，求得较好的控制过程曲线，然后再对比例度进行调整，求取更好的控制过程曲线。

③ 需要使用微分时，微分时间按经验值由小而大地调整，观察曲线，再适当调整其他参数，找到最佳的控制过程。

经验法的操作步骤顺口溜：

顺口溜

参数经验整定法，先 P 次 I 后加 D；看曲线后调参数，振荡频繁 P 加大；曲线偏离周期长，减少积分消偏差；温度滞后加微分，其他对象少用它；理想曲线两个波，调节品质为最佳。

控制器参数整定的常用范围见表 8-20、表 8-21。

表 8-20　控制器参数常用范围的现场调查表

控制系统	比例度 δ/%	积分时间 T_i/min	微分时间 T_d/min
温度	30～105	0.1～2	0.1～5
压力	10～100	0.1～1.5	
流量	50～210	0.1～3	
液位	10～100	0.2～2	

表 8-21　I/A 系统常用 PID 参数的整定范围表

控制系统	采样周期/s	比例系数 K_p	积分时间 T_i/s	微分时间 T_d/s
温度	15～20	160～500	180～600	30～180
压力	3～10	140～350	24～120	
流量	1～5	100～250	6～60	
液位	6～8	125～500		

8.3.3 临界比例度法（稳定边界法）

① 把积分时间放至最大，微分时间放至零，比例度放至较大值，系统投入运行。对给定值施加一个阶跃扰动，从大到小逐渐减小比例度（从小到大逐渐增加比例增益），直到系统出现图 8-1 所示的等幅振荡，此时的比例度为临界比例度 δ_k，（临界比例增益 K_k），在临界状态下，被调量来回振荡一次所用的时间，叫临界周期 T_k。

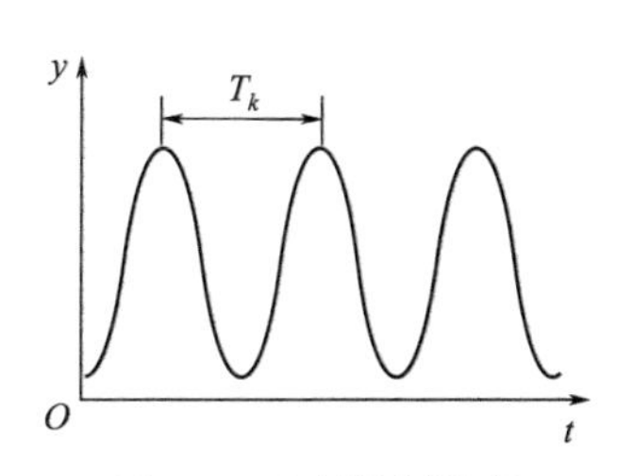

图 8-1　比例控制临界振荡响应曲线

② 根据得到的 $\delta_k(K_k)$ 和 T_k 值，按表 8-22 的计算公式求得各整定参数。

表 8-22　临界比例度法用于连续 PID 参数计算表

调节规律	比例度 δ/%	比例增益 K_c	积分时间 T_i/min	微分时间 T_d/min
P	$2\delta_k$	$0.50K_k$		
PI	$2.2\delta_k$	$0.45K_k$	$0.85T_k$	
PID	$1.67\delta_k$	$0.60K_k$	$0.5T_k$	$0.125\ T_k$

③ 将比例度调得比计算数值大一些，把积分时间放至计算值，然后从大到小调整积分时间。需要时把微分时间加上，从小到大地调整微分时间。最后把比例度减小到计算值，观察曲线适当地进行各参数的微调，以达到满意的控制效果。

④ 临界比例度法用于数字 PID 控制整定时，要先计算离散化控制度，控制度定义为：

$$控制度=\frac{\left[\min\int_0^{\infty}e^2\mathrm{d}t\right]_{\mathrm{DDC}}}{\left[\min\int_0^{\infty}e^2\mathrm{d}t\right]_{\mathrm{ANA}}}=\frac{\min(ISE)_{\mathrm{DDC}}}{\min(ISE)_{\mathrm{ANA}}}$$

式中，下标 DDC 表示直接数字控制；ANA 表示模拟连续控制；min(*ISE*) 表示最小平方偏差积分鉴定指标。控制度总是大于 1。控制度是 $\Delta t/\tau$ 的函数，也可表示为 $\Delta t/T_k$ 的函数。控制度不同，参数整定系数也有所不同。在不同的控制度下，采用的整定参数公式见表 8-23。

表 8-23　临界比例度法用于数字 PID 参数的计算表

控制度	调节规律	采样周期 Δt	比例度 δ /%	比例增益 K_c	积分时间 T_i /min	微分时间 T_d /min
1.05	PI	$0.03\ T_k$	$1.8\delta_k$	$0.55K_k$	$0.88\ T_k$	
	PID	$0.014\ T_k$	$1.6\delta_k$	$0.63K_k$	$0.49\ T_k$	$0.14T_k$
1.2	PI	$0.05\ T_k$	$2\delta_k$	$0.50K_k$	$0.91T_k$	
	PID	$0.043\ T_k$	$2.1\delta_k$	$0.47K_k$	$0.47T_k$	$0.16T_k$
1.5	PI	$0.14\ T_k$	$2.4\delta_k$	$0.42K_k$	$0.99T_k$	
	PID	$0.09\ T_k$	$2.9\delta_k$	$0.34\ K_k$	$0.43T_k$	$0.20T_k$
2.0	PI	$0.22\ T_k$	$2.7\delta_k$	$0.36\ K_k$	$1.05T_k$	
	PID	$0.16\ T_k$	$3.7\delta_k$	$0.27\ K_k$	$0.40T_k$	$0.22T_k$

续表

控制度	调节规律	采样周期 Δt	比例度 δ /%	比例增益 K_c	积分时间 T_i /min	微分时间 T_d /min
模拟控制器	PI		$1.7\delta_k$	$0.57\ K_k$	$0.83\ T_k$	
	PID		$1.4\delta_k$	$0.70\ K_k$	$0.50T_k$	$0.13T_k$
Z-N 法	PI		$2.2\delta_k$	$0.45\ K_k$	$0.83T_k$	
	PID		$1.6\delta_k$	$0.60\ K_k$	$0.50T_k$	$0.125T_k$

注意事项

① 临界比例度过小时，调节阀易处于全开或全关位置，对生产不利或者生产不允许的场合，出现等幅振荡会影响生产安全的场合都不能使用临界比例度法。

② 有的对象在整定中，比例度已调至 10% 以下，但仍不出现临界状态，可采取在 5%～10% 内选定一个比例度作为 δ_k 的参考值，来进行计算及整定。

临界比例度法的操作步骤顺口溜：

顺口溜

临界整定应用多，纯 P 运转减参数；等幅振荡出现时，δ_K 值 T_K 值为临界。
按照公式乘系数，PID 序不能错，静观运行勤调整，细心寻求最佳值。

计算实例 8-7

用 PID 控制加热器，以保持容器内的温度为定值，在 $\delta=45\%$状态下，按本节所述步骤①投入运行，求得临界参数为：$\delta_k=15\%$，$T_k=6\text{min}$。

解：根据表 8-23 中的公式计算：

$$\delta=1.6\delta_k=1.6\times15\%=24\% \qquad K_c=0.63K_k=0.63\times100/15=4.2$$

$$T_i=0.49T_k=0.49\times6=3\text{min}$$

$$T_d=0.14T_k=0.14\times6\times60=50\text{s}$$

8.3.4 衰减曲线法（衰减振荡法）

① 先把积分时间放至最大，微分时间放至零，比例度放至较大的适当值，将控制系统投入运行。然后慢慢减少比例度，在比例度逐步减少的过程中，就会出现图 8-2 所示的过渡过程。这时控制过程的比例度，称为 n∶1 衰减比例度 δ_S；两个波峰之间的距离，称为 n∶1 衰减周期 T_S。衰减曲线法，就是在纯比例的控制系统中，求得衰减比例度 δ_S（比例增益 K_S）和衰减周期 T_S。并按表 8-24 中的衰减比 4∶1 进行计算，求出各参数。

② 有些控制对象，用 4∶1 的衰减比感觉振荡过强时，可采用 10∶1 的衰减比。但要测量衰减周期很困难，可采取测量第一个波峰的上升时间 T_r。根据衰减比例度 δ_S(K_S) 和上升时间 T_r，按表 8-24 中的衰减比 10∶1 进行计算，求出各参数。

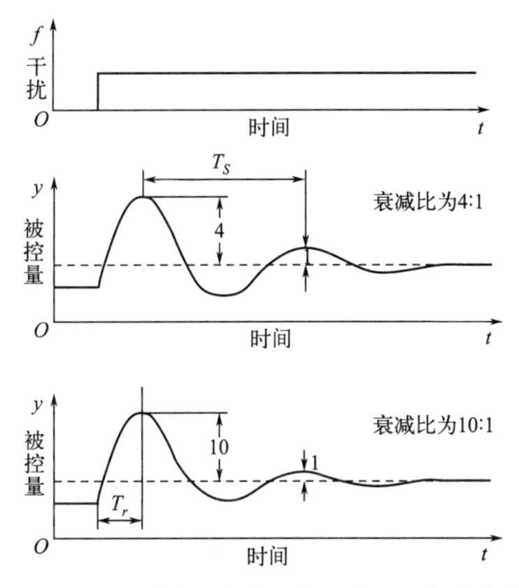

图 8-2　给定值阶跃变化下的过渡过程衰减曲线

表 8-24　衰减曲线法 PID 参数计算表

衰减比	控制规律	比例度 δ/%	比例增益 K_c	积分时间 T_i/min	微分时间 T_d/min
4∶1	P	δ_S	K_S		
	PI	$1.2\delta_S$	$0.83K_S$	$0.5T_S$	
	PID	$0.8\delta_S$	$1.25K_S$	$0.3T_S$	$0.1T_S$
10∶1	P	δ_S	K_S		
	PI	$1.2\delta_S$	$0.83K_S$	$2T_r$	
	PID	$0.8\delta_S$	$1.25K_S$	$1.2T_r$	$0.4T_r$

③ 先将比例度放在一个比计算值大的数值上，然后按先 P 次 I 后 D 的次序加参数，最后把比例度降到计算值上观察曲线，再适当调整各参数。

注意事项

a. 在系统平稳时加给定干扰，才有可能找出 n∶1 的衰减过渡过程。否则，可能会影响到比例度和衰减周期数值的正确性。

b. 加正干扰还是加负干扰，要根据工艺生产条件来确定。给定干扰幅值通常取满量程的 2%～3%，在工艺允许的情况下，可以适当大一些。

c. 本法对变化较快的压力、流量、小容量的液位控制系统，在曲线上读出衰减比有一定难度，也会影响到本法的整定结果。

衰减曲线法整定的操作步骤顺口溜：

顺口溜

衰减整定好处多，操作安全又迅速。纯 P 降低比例度，找到衰减 4∶1。
按照公式来计算，PID 序加参数。观看运行细调整，直到找出最佳值。

计算实例 8-8

用 PI 控制器控制加湿器的压力，在系统 $\delta=60\%$，$T_i=\infty$ 时投入运行，依次调低比例度至 55%、50%、45%、40%各数值上，给一个压力干扰，在 40%上出现近于 4∶1 的过渡过程，测得 $\delta_S=40\%(K_S=2.5)$，$T_S\approx 1\text{min}$。

解：按表 8-24 中衰减比 4∶1 的公式计算参数：

$\delta=1.2\delta_S=1.2\times 40\%=48\%$　　$K_p=0.83K_s=0.83\times 2.5=2.075$

$T_i=0.5\ T_S=0.5\times 1=0.5$ (min)

8.3.5 反应曲线法（开环响应曲线法，动态特性参数法，Z-N 法）

① 断开闭环反馈回路，给被控对象加一个幅值为 Δu 的阶跃输入信号，测量输出 y 随时间变化的曲线，即被控对象的开环响应曲线，如图 8-3 所示。此方法可用于自衡和非自衡对象。

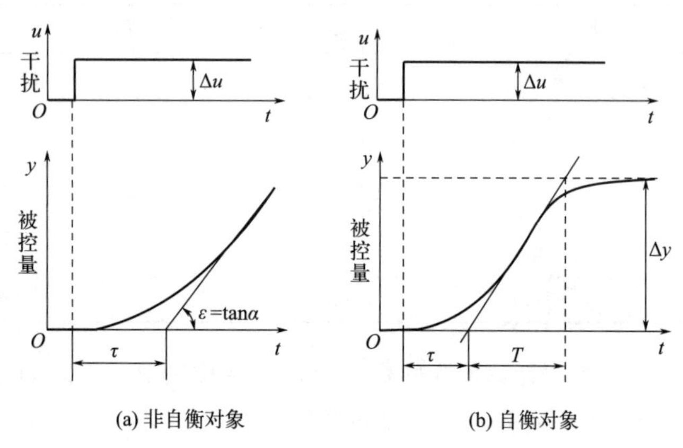

图 8-3　开环系统对阶跃输入的响应曲线

② 从曲线拐点作切线，切线与横轴 $y=0$ 和水平线 $y=\Delta y$ 各有一个交点，由原点和两个交点可获得等效滞后时间 τ 和时间常数 T，再计算放大倍数 $K=\Delta y/\Delta u$。有了 τ、T 和 K 这三个数据，对于非自衡对象的 PID 整定参数，可根据表 8-25 进行计算。对于自衡对象的 PID 整定参数，先计算 τ 和 T 的比值 $\varepsilon=\tau/T$，然后根据表 8-26 进行计算。

表 8-25　无纯滞后（非自衡对象）整定计算公式（衰减比 4∶1）

控制器类型	比例系数 δ	积分时间 T_i	微分时间 T_d
P	$K\tau/T$		
PI	$1.1K\tau/T$	3.3τ	
PID	$0.85K\tau/T$	2τ	0.5τ

③ 根据表中公式计算后，按照先调比例后调积分再加微分的次序，把控制器参数调到计算值，并由大到小地调试比例度和积分时间，观察运行后做进一步的调整。

表 8-26　有纯滞后（自衡对象）整定计算公式（衰减比 4∶1）

控制器类型	比例度 δ	积分时间 T_i	微分时间 T_d
P	$2.6K(\varepsilon-0.08)/(\varepsilon+0.7)$		
PI	$2.6K(\varepsilon-0.08)/(\varepsilon+0.6)$	$0.8T$	
PID	$2.6K(\varepsilon-0.15)/(\varepsilon+0.88)$	$0.81T+0.19\tau$	$0.25T_i$

注：当 $0.2\leqslant\varepsilon\leqslant1.5$ 时使用本表计算，当 $\varepsilon<0.2$ 时使用表 8-25 计算。

④ 反应曲线法用于数字 PID 参数整定时，仍用以上方法，获得图 8-3 所示的开环响应曲线，求出滞后时间 τ、时间常数 T 及放大倍数 K，通常有两种做法：

a. 仍用表 8-25 及表 8-26 中的公式计算，但要用 τ'代替 τ，即：

$$\tau'=\tau+\frac{\Delta t}{2}$$

b. 按照 K、τ、T 和控制度来确定 K_c、T_i 和 T_d，控制度表示为 $\Delta t/\tau$ 的函数。根据表 8-27 计算相关参数的值。

表 8-27　反应曲线法用于数字 PID 参数计算表

控制度	调节规律	采样周期 Δt	比例增益 K_c	积分时间 T_i/min	微分时间 T_d/min
1.05	PI	0.1τ	$0.84T/(\tau)$	3.4τ	
	PID	0.05τ	$1.15T/(\tau)$	2.0τ	0.45τ
1.2	PI	0.2τ	$0.78T/(\tau)$	3.6τ	
	PID	0.16τ	$1.0T/(\tau)$	1.9τ	0.55τ
1.5	PI	0.5τ	$0.68T/(\tau)$	3.9τ	
	PID	0.34τ	$0.85T/(\tau)$	1.62τ	0.65τ
2.0	PI	0.8τ	$0.57T/(\tau)$	4.2τ	
	PID	0.6τ	$0.60T/(\tau)$	1.5τ	0.82τ
模拟控制器	PI		$0.9T/(\tau)$	3.3τ	
	PID		$1.2T/(\tau)$	2.0τ	0.4τ
Z-N 法	PI		$0.9T/(\tau)$	3.3τ	
	PID		$1.2T/(\tau)$	2.0τ	0.5τ

反应曲线法整定的操作步骤顺口溜：

顺口溜

平稳过程加扰动，反应曲线示特征。 求出对象 K、T、τ，按式计算去整定，
先 P 次 I 后加 D，由大而小序不紊。 要想求得最佳值，静观运行细调整。

计算实例 8-9

某压力控制系统，压力变送器量程为 0～0.4MPa，测试开环反应曲线时，系统压力由 0.17MPa 变化至 0.21MPa 时，阀门定位器的输出电流变化了 4mA，反应曲线如图 8-4 所

示，对反应曲线拐点作切线，测得滞后时间 $\tau=0.75\text{min}$，时间常数 $T=2\text{min}$。通过以下算式求得：

系统压力变化 $\Delta p=\dfrac{0.21-0.17}{0.4-0}\times100\%=10\%$

控制器输出变化 $\Delta I=\dfrac{4}{20-4}\times100\%=25\%$

放大倍数 $K=\dfrac{10}{25}=0.4$

当采用 PI 控制器，试求 $\psi=0.75$（衰减比 4∶1）时控制器的整定参数值。

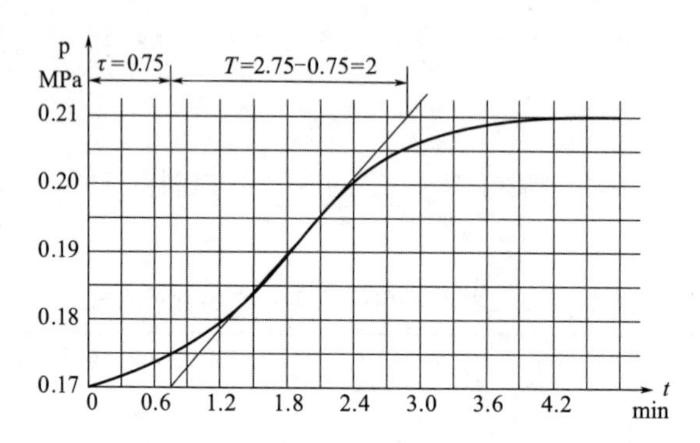

图 8-4　压力控制系统开环测试反应曲线

解：由于 $\varepsilon=\dfrac{\tau}{T}=0.375$，故根据表 8-26 中的公式得：

$$\delta=2.6K\times\frac{\varepsilon-0.08}{\varepsilon+0.6}=2.6\times0.4\times\frac{0.375-0.08}{0.375+0.6}=1.04\times\frac{0.295}{0.975}=0.31=31\%$$

$$T_i=0.8T=0.8\times2=1.6(\text{min})$$

⑤ 柯恩-库恩（Cohen-Coon）整定公式见表 8-28。

表 8-28　柯恩-库恩数字控制器参数整定公式

控制规律	K_p	T_i	T_d
P	$\frac{T}{K\tau}\left(1+\frac{\tau}{3T}\right)$		
PI	$\frac{T}{K\tau}\left(0.9+\frac{\tau}{12T}\right)$	$\tau\left(\frac{30+3\tau/T}{9+20\tau/T}\right)$	
PID	$\frac{T}{K\tau}\left(\frac{4}{3}+\frac{\tau}{4T}\right)$	$\tau\left(\frac{32+6\tau/T}{13+8\tau/T}\right)$	$\tau\left(\frac{4}{11+2\tau/T}\right)$

⑥ 洛佩兹（Lopez）法的定值控制整定。在衰减比 4∶1 的最佳整定准则下，通过计算机仿真，得到洛佩兹法控制器参数最佳整定的计算公式为：$K_p=\dfrac{A}{K}\left(\dfrac{\tau}{T}\right)^B$，$T_i=\dfrac{T}{A}\left(\dfrac{T}{\tau}\right)^B$，$T_d=AT\left(\dfrac{\tau}{T}\right)^B$。式中，$A$、$B$ 的具体数值可由表 8-29 查得。

表 8-29 定值控制系统的最佳整定参数 *A*、*B* 的值

控制规律	P		PI				PID					
	P		P		I		P		I		D	
系数	*A*	*B*	*A*	*B*	*A*	*B*	*A*	*B*	*A*	*B*	*A*	*B*
IAE	0.902	−0.985	0.984	−0.986	0.608	−0.707	1.435	−0.921	0.878	−0.749	0.482	1.137
ISE	1.411	−0.917	1.305	−0.959	0.492	−0.739	1.495	−0.945	1.101	−0.771	0.560	1.006
ITAE	0.904	−1.084	0.859	−0.977	0.674	−0.680	1.357	−0.947	0.842	−0.738	0.381	0.995

8.3.6 PID 参数的自整定

PID 参数的自整定大多采用极限环自整定法。其采用具有继电特性的非线性环节替代比例控制器，使闭环系统自动稳定在等幅振荡状态，如图 8-5 所示。极限环自整定法的步骤为：

① 开关 S 置于位置 1，通过人工控制使系统进入稳定状态。

② 开关 S 置于位置 2，在整定模式下，接入具有继电特性的非线性环节，系统工作在具有继电特性的闭环状态，产生自激等幅振荡，获得极限环。

③ 测出极限环的幅值 α 和临界振荡周期 T_k，根据下式计算出临界比例度 δ_k：

$$\delta_k=\frac{\pi}{4d^{\alpha}}$$

式中 d——继电器幅值。

显然，临界振荡幅度可根据工艺过程要求，通过调整继电特性的特征值 d 来调节。

④ 根据记录的 δ_k 和 T_k，按照临界比例度法的计算公式计算控制器参数 δ、T_i、T_d。

⑤ 将系统切换到 PID 工作状态，引入整定的 PID 参数，并在运行过程中适当调整 δ、T_i 及 T_d，直到满足控制要求为止。

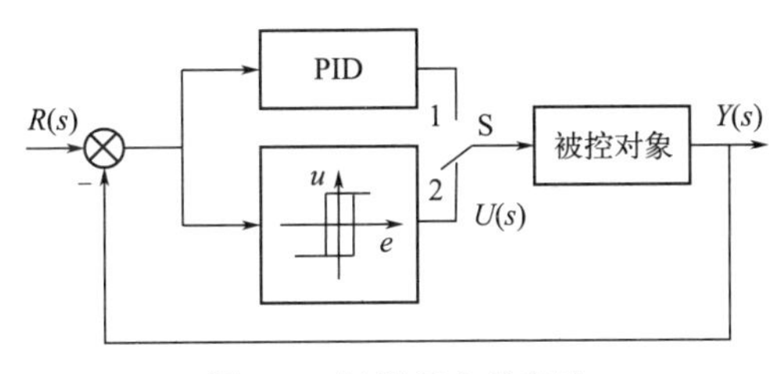

图 8-5 极限环自整定法

8.3.7 简单控制系统故障检查判断及处理

简单控制系统由传感元件及变送器、控制器、执行器、被控对象四个环节组成，如图 8-6 所示。判断控制系统故障，首先确定工艺是否正常；如果是仪表的问题，则以控制器为中点，对前后两部分仪表及回路进行排查，在控制器的输入端 C 能测量到正常的信号，说明控制器前的传感元件及变送器、检测端安全栅、连接电路正常。把控制器切换至手动操作，观察调节阀能否动作。如果调节阀不会动作。但在定位器或执行机构的输入端 E 能测量到正常的信号，说明控制器输出、输出端安全栅、连接电路正常，大致可判断定位器或调

节阀有故障，再通过观察有没有阀位反馈信号 F，又可把故障范围再缩小。简单控制系统可按图 8-7 的步骤进行检查和处理。

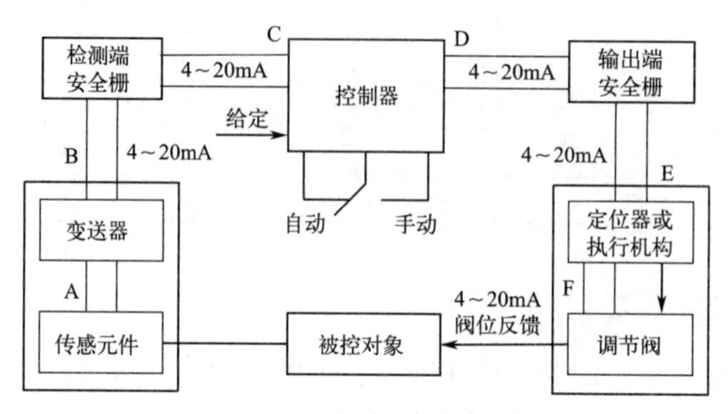

图 8-6　简单控制系统回路示意图

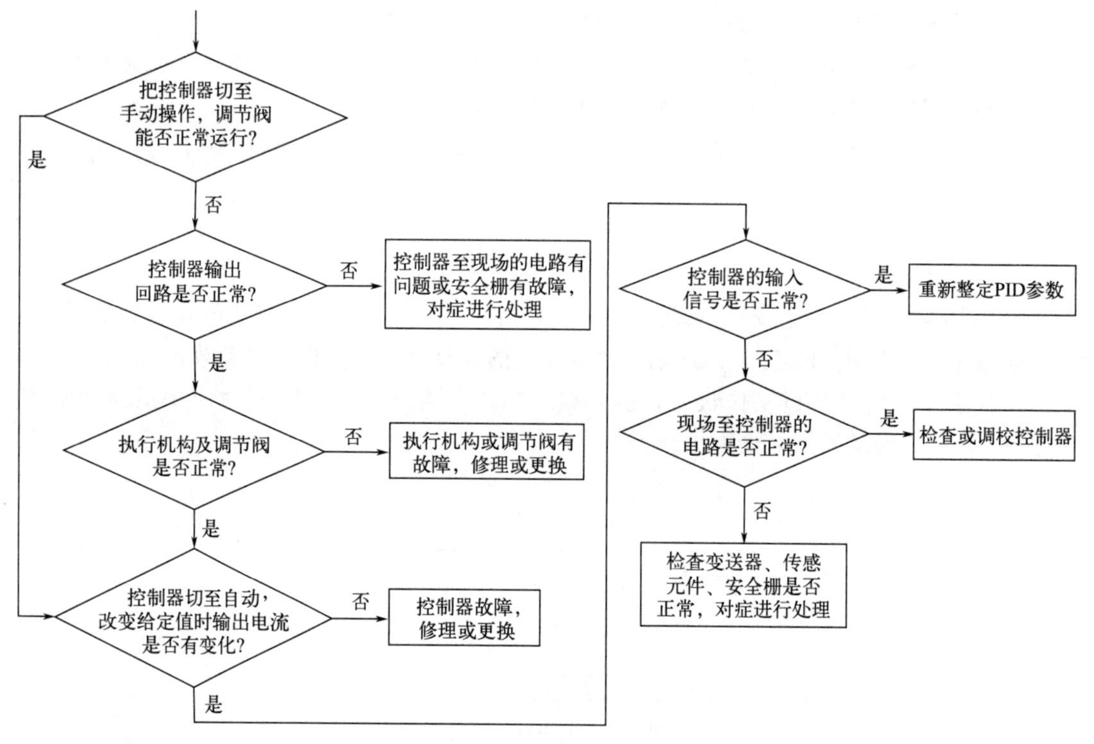

图 8-7　简单控制系统的故障判断步骤

8.4　复杂控制系统

8.4.1　串级控制系统控制规律及作用方式

（1）串级控制系统控制规律及作用方式的选择

串级控制系统简化方框图如图 8-8 所示。按工艺要求选择主、副控制器的控制规律见表 8-30。图 8-8 中闭合副回路的控制器作用方式可按单回路控制系统的方法来确定。

表 8-30 串级控制系统主、副控制器的控制规律选择表

对参数的要求		应选控制规律		备注
主参数	副参数	主控制器	副控制器	
重要指标要求很高	允许变化要求不严	PI	P	主调必要时可引入微分
主要指标要求较高	主要指标要求较高	PI	PI	
允许变化,要求不高	要求较高,变化较快	P	PI	工程上很少采用
要求不高,互相协调	要求不高,互相协调	P	P	主调必要时可引入积分

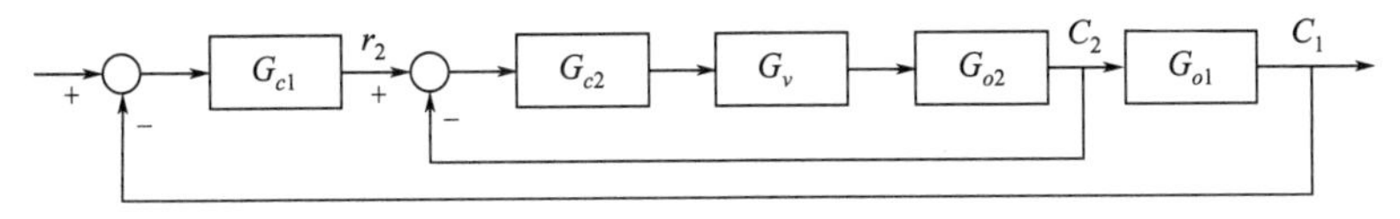

图 8-8 串级控制系统简化方框图

在副回路构成闭环以后，它相对给定值 r_2 变化的等效传递函数如下：

$$G_{副}=\frac{G_{c2}G_vG_{o2}}{1+G_{c2}G_vG_{o2}}$$

式中 G_c——控制器的传递函数；

G_v——调节阀的传递函数；

G_o——被控对象的传递函数；

由于图中副控制器的作用方式已按 K_{c2}、K_v、K_{o2} 乘积为正来确定，所以此闭合副回路的放大系数可以认为是正的。这样在串级控制系统中，仅仅根据 K_{c1}、K_{o1} 乘积为正来确定主控制器的作用方式。串级控制系统中主、副控制器正、反作用方式的选择见表 8-31 和表 8-32。

表 8-31 串级控制系统中主、副控制器正、反作用选择表

对象 1 放大系数	对象 2 放大系数	调节阀	副控制器	主控制器	主控制器 单回路控制
正号	正号	气开	反作用	反作用	可以
		气关	正作用	反作用	不行
正号	负号	气开	正作用	反作用	不行
		气关	反作用	反作用	可以
负号	正号	气开	反作用	正作用	可以
		气关	正作用	正作用	不行
负号	负号	气开	正作用	正作用	不行
		气关	反作用	正作用	可以

表 8-32　串级控制系统主、副控制器作用方式决定表

生产安全对阀要求	副参数增大对阀的要求	副控制器作用方式	主参数增大对阀的要求	主控制器作用方式
气开	关	反	开	正
气开	关	反	关	反
气开	开	正	开	反
气开	开	正	关	正
气关	关	正	开	正
气关	关	正	关	反
气关	开	反	开	反
气关	开	反	关	正

（2）串级控制系统作用方向的检查

在现场可改变控制器内给定值来检查控制器的正、反作用是否正确，因为减小给定值相当于增大测量信号值，此时控制器的输出增大即为“正作用”，反之则为“反作用”。其他信号都是接入控制器的辅助通道，因此，可以通过改变辅助通道的通道系数进行方向性试验，增大通道系数相当于增大信号，反之，相当于减小信号。通过改变通道系数，观察控制器的输出变化方向，看其是否符合工艺生产的要求。

检查串级控制系统的方向性，可改变主控制器内给定值，观察副控制器输出变化方向，根据副控制器输出的变化，推测调节阀动作后对被调量的影响。内给定值增大，相当于被调量信号减小，根据副控制器输出变化，推测出调节阀动作使被调量信号增大，说明该串级控制系统主、副控制器的正、反作用方向是正确的；反之，内给定值减小，相当于被调量信号增大，根据副控制器输出变化，若推测出被控量信号减小，说明整套串级控制系统主、副控制器的正、反作用方向是正确的。

8.4.2　串级控制系统控制器的参数整定

串级控制系统常用的控制器参数整定方法有三种：逐步逼近法、两步整定法和一步整定法。DCS 构成的串级控制系统，可以将主控制器选为具备自整定功能。

（1）逐步逼近法

在主回路断开的情况下，求取副控制器的整定参数，然后将副控制器的参数设置在所求的数值上，使串级控制系统主回路闭合求取主控制器的整定参数。然后，将主控制器参数设置在所求的数值上，再进行整定，求出副控制器第二次的整定参数值。比较上述两次的整定参数和控制质量，如果达到了控制品质指标，整定工作结束。否则，再按此法求取主控制器第二次的整定参数值，依次循环，直至求得合适的整定参数值为止。

（2）两步整定法

① 在工艺生产稳定时，主、副控制器先按纯比例控制运行，把主控制器的比例度固定为 100%左右，通过减小副控制器的比例度，求得副回路在某衰减比（如 4∶1）过渡过程下的副控制器比例度 δ_{2S} 和操作周期 T_{2S}。

② 在副控制器比例度 δ_{2S} 状态下，调低主控制器的比例度，用副回路同样的衰减比

（如4∶1）整定主控制器，记下主控制器在该衰减比过程下的比例度 δ_{1S} 和操作周期 T_{1S}；

③ 根据以上求得的 δ_{1S}、T_{1S}、δ_{2S}、T_{2S} 值，结合现场实际求取主、副控制器的比例度、积分时间或微分时间。

④ 按照先副后主，先比例次积分后微分的原则，将计算得出的控制器参数加到控制器上，观察调节过程，进行必要的调整。

两步整定法顺口溜：

顺口溜

串级两步整定法，先副后主不能差，固定主调整副调，然后再把主调查，
按照公式求参数，先P次I后加D，观察过程勤调整，直到品质达最佳。

（3）一步整定法

① 串级系统投运后，在主、副控制器纯比例控制下，按表8-33所示的副参数与比例度的经验关系数值，调整副控制器比例度为某一合适的经验数值。

② 利用本章前述的任一种整定方法，整定主控制器的参数；观察调节过程，根据 K_{c1} 与 K_{c2} 互相匹配的原理，适当调整控制器参数，使主参数调节精度最好。

表8-33　一步法副参数和比例度的经验数值表

副参数	比例度 δ_2/%	放大倍数 K_{c2}	副参数	比例度 δ_2/%	放大倍数 K_{c2}
温度	20～60	5～1.7	流量	40～80	2.5～1.25
压力	30～70	3～1.4	液位	20～80	5～1.25

一步整定法顺口溜：

顺口溜

串级一步整定法，副调P值经验加，主调整定不神秘，还用简单系统法。主副K值多匹配，组合适当质带佳，观看曲线勤检查，出现共振别害怕。放宽任一PI值，重新整定消除它。

8.4.3　均匀控制系统控制器的参数整定

均匀控制系统大多采用简单、双冲量、串级三种不同的形式，而简单的均匀控制系统和双冲量均匀控制系统，其参数整定可按简单控制系统的方法进行。本书仅介绍串级均匀控制系统整定方法。

（1）经验逼近法

① 把主、副控制器的比例度调在一个经验数值上（100%～150%），然后由小而大地调整副控制器的比例度，观察曲线，直到出现缓变的非周期衰减过程为止。

② 将副控制器的比例度固定在整定好的数值上，由小而大地调整主控制器的比例度，观察曲线，直到出现缓慢的非周期衰减过程。

③ 根据被控对象的具体情况，适当给主控制器加入积分，以消除干扰作用下产生的余差；再观察控制过程，适当调整控制器的参数。

经验逼近法顺口溜：

顺口溜

均匀系统好整定，先副后主看过程。P值由小往大调，非周衰减为标准；
最后主调加积分，消除余差就能行。两个参数非定值，规定范围缓变动。

（2）停留时间法

① 整定前先根据容器的类型、可控范围、额定流量，按表8-34中的公式计算出停留时间 t_c。

② 副控制器选用比例控制规律，其比例度按经验进行调整。

③ 根据停留时间 t_c 值，查表8-35得出大小两组控制器参数值。如照顾流量，则主控制器使用较大的一组参数；如照顾液位，则主控制器采用较小的一组参数；如要两者都兼顾，则需要在这两组参数的范围内细心调整，直到满足生产要求。

表8-34　停留时间计算公式

容器类型示意图	相关计算公式	备注
D, H 立式容器	$F=\frac{\pi}{4}D^2$ $V=\frac{\pi}{4}D^2H$ $t_c=\frac{V}{Q}=0.785\frac{D^2}{Q}H$	F—可控截面积 V—容器的有效容积(相当于液位变送器测量范围内的容积) t_c—停留时间 Q—正常工况下的额定体积流量 D—容器直径 H—可控范围 L—有效长度
Q, H, D, F, L 卧式容器	$t_c=\frac{V}{Q}=\frac{LF}{Q}$	

表8-35　停留时间和控制器参数的关系表

停留时间 t_c/min	<20	20～40	>40
比例度 δ/%	100～150	150～200	200～250
积分时间 T_i/min	5	10	15

停留时间整定法顺口溜：

顺口溜

可控体积比流量，停留时间是其商；副调整定按经验，主调查 t_c 很方便；
照顾流量PI大，要控液位PI降；二者兼顾细调整，实践得出高质量。

8.4.4　比值控制系统的结构及比值计算

凡是用来实现两个或两个以上的物料按一定比例关系控制以达到某种控制目的的控制系

统，称为比值控制系统。在保持比例关系的两种物料中，必有一种物料处于主导地位，称其为主动量，用 Q_1 表示。另一种随着主动量变化而变化的物料称为从动量，用 Q_2 表示。

（1）常用比值控制系统原理图及结构方框图（表 8-36）

表 8-36　常用比值控制系统原理图及系统方框图

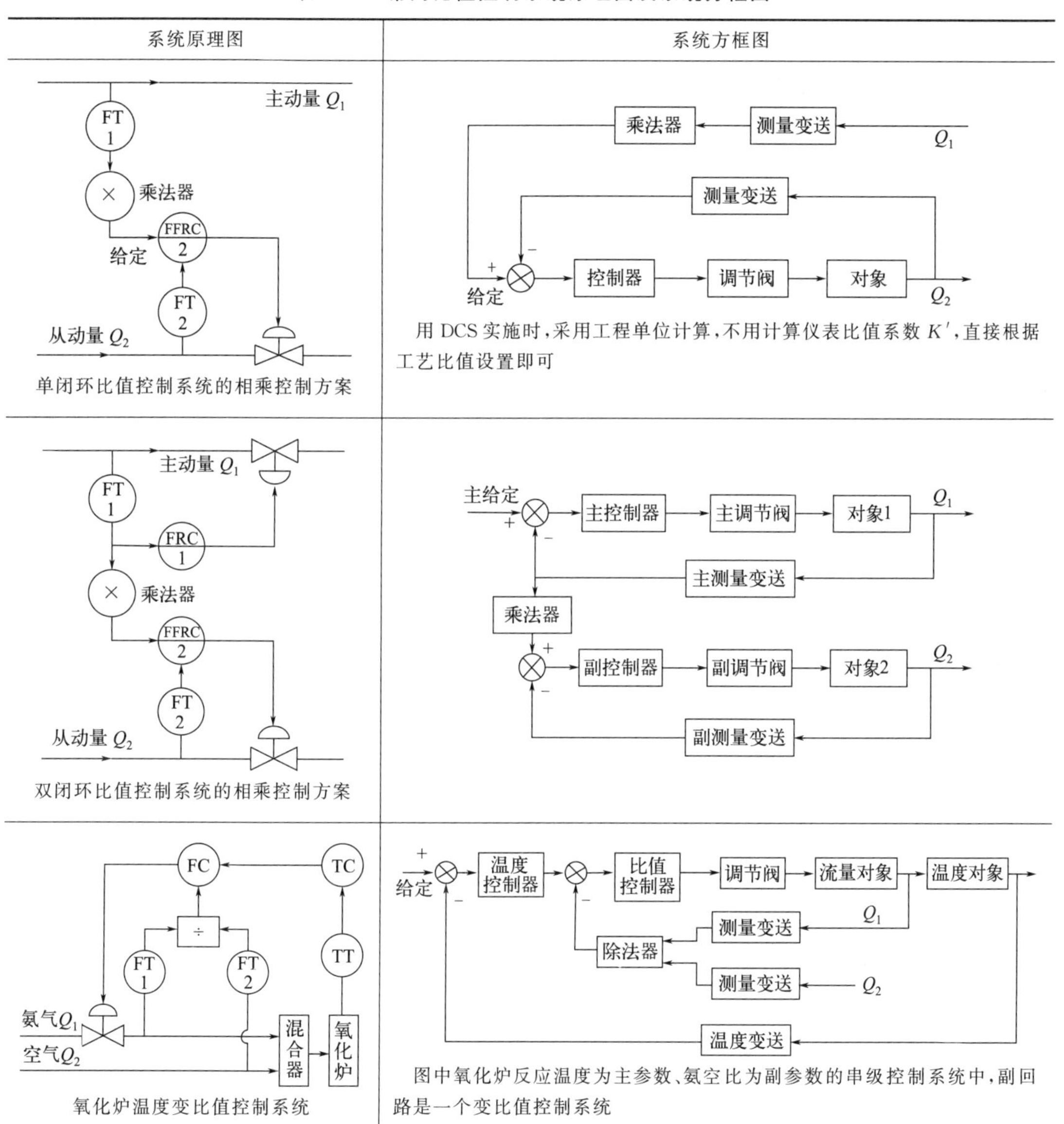

（2）比值控制系统的比值计算

工艺要求的比值系数 K 是指两种物料之间的体积流量或重量流量之比；而比值控制器中的比值系数 K'则是仪表的读数，它与实际物料的比值 K 并不相等。控制方案确定后，必须把工艺要求的比值系数 K 折算成比值控制器的比值系数 K'（相应的标准统一信号）。比值控制系统的比值计算公式见表 8-37。在 DCS 中，仪表信号都是用软件处理，通常都转换为 0～100％来对应相关变量的范围，不需要进行仪表比值系数的计算和仪表系数的转换。

表 8-37　比值控制系统的比值计算公式

<table>
<tr><th>工艺要求比值</th><th>线性变送器测流量</th><th>非线性变送器测流量</th><th>备注</th></tr>
<tr><td rowspan="5">$K=\frac{Q_2}{Q_1}$</td><td colspan="2">控制器的比值系数</td><td rowspan="5">K—工艺比值系数
K'—仪表比值系数
Q_1—主动量
Q_2—从动量
$Q_{1\max}$—主动量最大流量
$Q_{2\max}$—从动量最大流量</td></tr>
<tr><td>$K'=K\frac{Q_{1\max}}{Q_{2\max}}$
主、从物料流量对应的输出电流信号：
$I_1=\frac{Q_1}{Q_{1\max}}\times(20-4)+4$
$I_2=\frac{Q_2}{Q_{2\max}}\times(20-4)+4$</td><td>$K'=\left(K\frac{Q_{1\max}}{Q_{2\max}}\right)^2$
主、从物料流量对应的输出电流信号：
$I_1=\left(\frac{Q_1}{Q_{1\max}}\right)^2\times(20-4)+4$
$I_2=\left(\frac{Q_2}{Q_{2\max}}\right)^2\times(20-4)+4$</td></tr>
<tr><td colspan="2">乘法器输入的电流信号</td></tr>
<tr><td colspan="2">$I_b=K'(20-4)+4(\mathrm{mA})$</td></tr>
</table>

计算实例 8-10

有一比值控制系统，主物料流量变送器的最大量程为 $Q_{1\max}=15\mathrm{m}^3/\mathrm{h}$，从物料流量变送器的最大量程为 $Q_{2\max}=20\mathrm{m}^3/\mathrm{h}$，工艺要求比值 $K=1.2$。试求不开方及开方后的比值系数 K'。

解：① 开方时，变送器的输出信号与被测流量成线性关系，根据表 8-37 中的线性变送器测流量公式进行计算，则比值系数为：

$$K'=K\frac{Q_{1\max}}{Q_{2\max}}=1.2\times\frac{15}{20}=0.9$$

② 不开方时，变送器的输出信号与被测流量成平方关系，根据表 8-37 中的非线性变送器测流量公式进行计算，则比值系数为：

$$K'=\left(K\frac{Q_{1\max}}{Q_{2\max}}\right)^2=\left(1.2\times\frac{15}{20}\right)^2=0.81$$

计算实例 8-11

有一转化炉，工艺要求天然气、蒸汽、空气维持 1∶3∶1.4 的比值来保证转化率，确定该比值控制系统以蒸汽 Q_1 为主动量，其他两个量天然气 Q_2、空气 Q_3 为从动量。不加开方器时，试计算蒸汽对天然气和蒸汽对空气的比值系数。

解：已知 $Q_{1\max}=32000\mathrm{m}^3/\mathrm{h}$、$Q_{2\max}=12500\mathrm{m}^3/\mathrm{h}$、$Q_{3\max}=16000\mathrm{m}^3/\mathrm{h}$。根据表 8-37 中的非线性变送器测流量公式进行计算。

工艺要求蒸汽对天然气的比值为 $K_1=\frac{Q_2}{Q_1}=\frac{1}{3}$，则蒸汽对天然气的比值系数为：

$$K_1'=\frac{1^2}{3^2}\times\frac{Q_{1\max}^2}{Q_{2\max}^2}=\frac{32000^2}{3^2\times12500^2}=0.7282$$

工艺要求蒸汽对空气的比值为 $K_3=\dfrac{Q_3}{Q_1}=\dfrac{1.4}{3}$，则蒸汽对空气的比值系数为：

$$K_3'=\frac{1.4^2}{3^2}\times\frac{Q_{1\max}^2}{Q_{3\max}^2}=\frac{1.4^2\times 32000^2}{3^2\times 16000^2}=0.8711$$

（3）比值控制系统的参数整定

① 根据主从物料的正常流量和变送器的量程，计算比值系数 K'，并将系统投入运行。

② 将从动回路控制器积分时间置于最大，由大到小逐渐减小比例度，使系统处于振荡与不振荡的临界状态。

③ 在适当放宽比例度的前提下，将从动回路控制器的积分时间减小，求取既无余差，超调量又不大的无周期过程。根据运行过程，适当调整控制器参数，以满足生产的要求。

比值控制系统参数整定顺口溜：

> **顺口溜**
>
> 比值整定不复杂，反应迅速为最佳，比值系数先设好，从调减 P 看变化；
> 比较曲线求灵敏，由大而小把 I 加，一波就回给定值，观察运行勤检查。

8.4.5　分程控制系统的分程组合及计算

分程控制系统的特点：系统中有两个以上的调节阀，更主要的是每个调节阀在控制器输出的某段信号范围内进行全程动作。

分程控制系统根据调节阀的气开、气关形式和分程信号区段不同，可以划分为调节阀同向分程和异向分程两类。分程控制系统的分程组合示意图见表 8-38。

表 8-38　分程控制系统的分程组合示意图

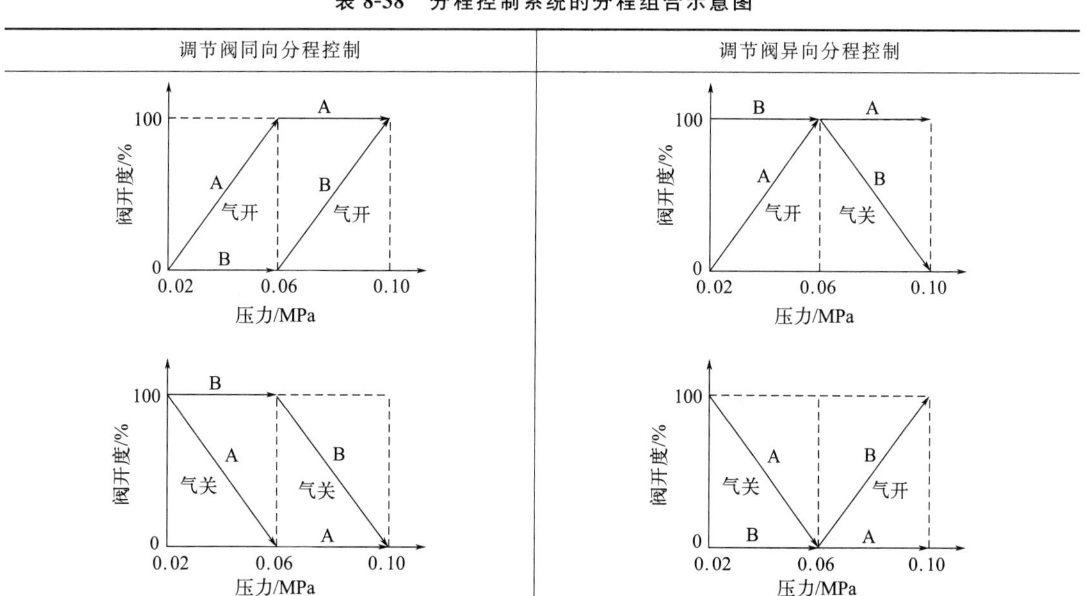

采用分程控制，将流通能力不同，可调范围相同的两个调节阀当作一个调节阀来使用，

可以扩大其可调范围，以满足工艺的要求。

计算实例 8-12

设在分程控制系统中使用两个口径不同的调节阀，其流通能力分别为 $C_{1\max}=4$，$C_{2\max}=100$，可调范围 $R_1=R_2=30$。若将这两个调节阀作为一个调节阀使用，计算可调范围。

解：因为 $R=\dfrac{C_{\max}}{C_{\min}}$，所以这两个调节阀的最小流通能力分别为：

$$C_{1\min}=\frac{C_{1\max}}{R_1}=\frac{4}{30}=0.133$$

$$C_{2\min}=\frac{C_{2\max}}{R_2}=\frac{100}{30}=3.333$$

构成分程控制系统时，分程控制系统中的最小流通能力就是 0.133，最大流通能力则为 100＋4，所以，其可调范围为：

$$R_f=\frac{100+4}{0.133}=780$$

与单个调节阀相比，分程后的可调范围为单个调节阀的 26 倍。

8.4.6 选择性控制系统及参数整定

（1）选择性控制系统的常见类型

选择性控制系统就是有两个控制器（或两个以上的变送器），通过高、低值选择器来选出能适应生产安全状况的控制信号，对生产过程进行自动控制的系统。按选择器在系统中的位置，可分为以下两种：

① 选择器位于控制器的输出端，对控制器输出信号进行选择的系统，如图 8-9 所示。

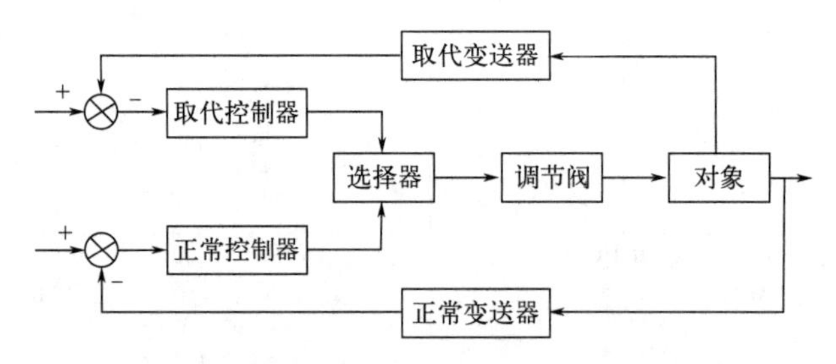

图 8-9　自选控制器输出信号的选择性控制系统

② 选择器位于控制器之前，对变送器输出信号进行选择的系统，如图 8-10 所示。

（2）选择性控制系统的控制规律及参数整定

对于正常控制器应选择 PI 或 PID 控制规律，对于取代控制器一般选择 P 控制规律，以实现对系统的快速保护。

进行控制器的参数整定时，因为两个控制器是分别工作的，所以可按单回路控制系统的参数整定方法进行整定。但取代控制器的比例度应设置得小一些，使其有较强的控制信号，

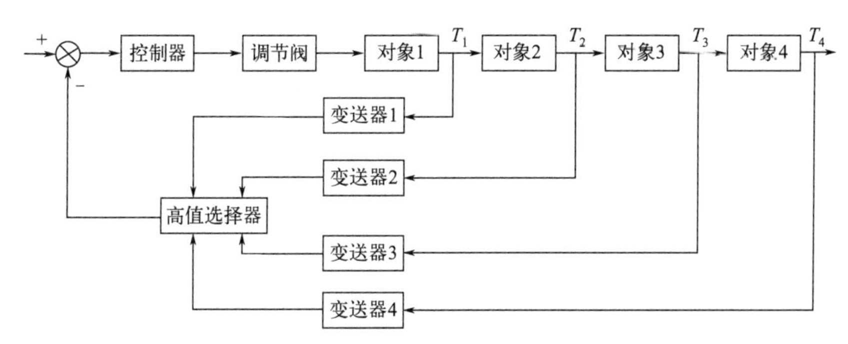

图 8-10 自选变送器输出信号的峰值温度选择性控制系统

以产生及时的自动保护动作；而积分时间则应设置得长一些，使积分作用弱一些。

使用选择性控制系统一定要解决好“积分饱和”问题。常用的解决方法有以下三种。

① 外反馈法。即控制器在开环状态下不选用控制器自身的输出作反馈，而是用其他相应的信号作反馈以限制其积分作用，其原理如图 8-11 所示。图中两台控制器的输出分别为 P_1、P_2。选择器选中信号之一送至调节阀，同时又反馈到两台 PI 控制器的输入端，以实现外反馈。

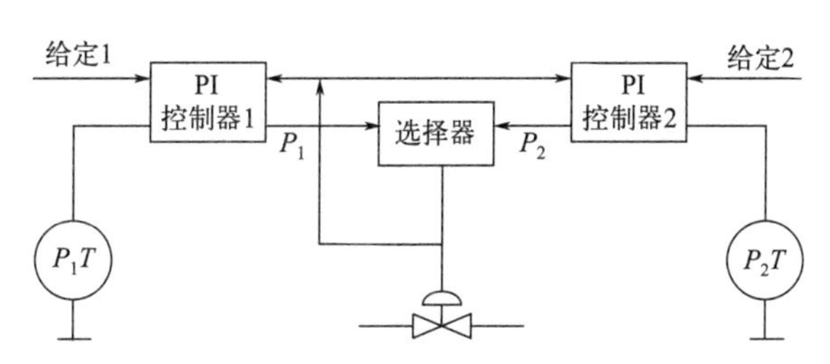

图 8-11 积分外反馈原理示意图

② 积分切除法。使控制器具有 PI-P 控制作用：当控制器被选中时，采用 PI 控制；处于开环状态时，立即切除积分功能，只采用 P 控制。

③ 限幅法。利用高值或低值选择器，确定选择器类型时，应根据调节阀是气开、气关形式，确定控制器的正、反作用，之后根据取代控制器的输出信号来确定选择器的类型。如果取代控制器的输出信号为高值，则选用高值选择器；取代控制器的输出信号为低值，则选用低值选择器。

8.4.7 多冲量控制系统及参数整定

锅炉的多冲量汽包水位控制系统，如表 8-39 所示。多冲量控制系统参数整定的原则：弄清楚多冲量控制系统的作用，辅助参数及其相互的关系，分清是单回路还是多回路。单回路按简单控制系统的方法整定，多回路可参考串级控制系统的整定方法，即按先副后主的规律进行整定。

多冲量控制系统中，加法器是决定各量关系的重要部件，先弄清各量之间的关系，通过调整加法器的系数值，达到克服“虚假水位”现象，迅速消除各种干扰的目的。

观察系统运行，特别是在负荷变化的情况下，各参数信号对动态过程的补偿情况如何，能否迅速达到汽、水平衡，将水位稳定在工艺指标的数值上，否则，应根据情况继续进行调整。

表 8-39　锅炉汽包水位控制系统

<table>
<tr><th>锅炉两冲量汽包水位控制系统原理图</th><th>锅炉三冲量汽包水位控制系统原理图</th></tr>
<tr><td>
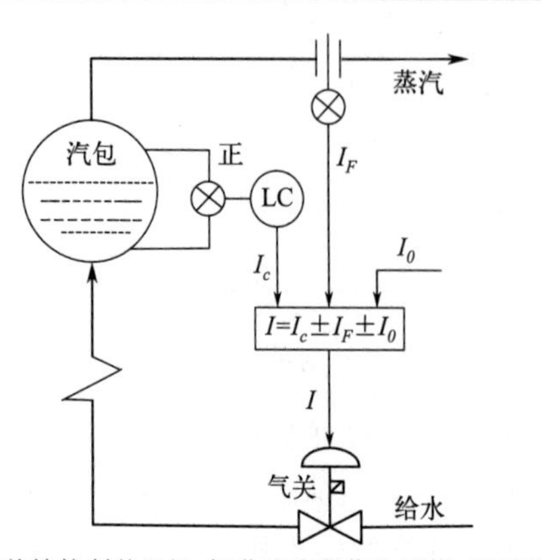

根据前馈控制的思想，把蒸汽流量作为干扰，以干扰量的变化来控制给水量，构成前馈控制
</td><td>
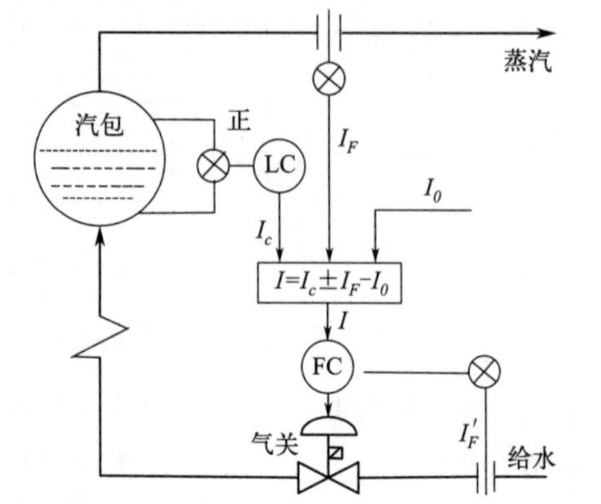

蒸汽流量作为前馈信号控制给水流量，使之等于送出的蒸汽流量。给水流量信号作为提前反映控制效果的反馈信号输入给水流量控制器
</td></tr>
</table>

（1）两冲量控制系统的参数整定

① 用反应曲线法或经验法整定控制器参数，而用经验法整定参数时，应切除蒸汽流量前馈信号。

② 控制器整定结束后，接入蒸汽流量前馈信号，投给水调节前可将分流系数置于较小数值，然后在进行蒸汽流量扰动后，观察水位调节的过程曲线，观察第二个波的幅度，逐渐增大分流系数，直到第二个波的幅度比第一个波的幅度有明显降低，并控制在水位的允许范围内为止。

（2）三冲量控制系统的参数整定

① 单级三冲量控制系统的参数整定。可改变的参数有：比例度 K_p、积分时间 T_i、给水流量信号分流系数 α_W。用经验法整定给水控制器，整定时选择一个 α_W 数值，整定时应切除水位信号和蒸汽流量信号，通常选择 $T_i=6\text{s}$，K_p 置于较大数值，然后用给水调节阀造成给水流量的扰动，在自动状态下观察调节过程，并对参数作调整，使其能迅速消除自发性内部扰动又不振荡。在此基础上调整 α_W 值，使给水控制过程最佳，当 α_W 确定后，调整 K_p 使 $\alpha_W \times K_p$ 的乘积不变，整定中要选择和设定好蒸汽流量信号分流系数 α_D，因为蒸汽流量作为前馈信号引入系统，对减小或消除"虚假水位"现象具有重要作用。

② 串级三冲量控制系统的参数整定。先对副回路给水流量控制器进行整定，其整定方法与单级三冲量控制系统中的给水控制器整定方法完全一样。而主回路整定就是整定主控制器的比例度 K_p 和积分时间 T_i，可用经验法或反应曲线法进行整定。

多冲量控制系统的参数整定顺口溜：

顺口溜

冲量系统好整定，冲量作用先弄清。一个回路按单环，两个回路分主从；
关键在于加法器，按照干扰来调整，反复试验细观察，确保各量都平衡。

8.4.8 部分控制系统的比较

前馈控制与反馈控制的比较见表8-40，防喘振控制与旁路控制的区别见表8-41。

表8-40 前馈控制与反馈控制的比较

比较内容	反馈控制	前馈控制
控制的依据	被控变量的偏差	干扰量的波动
检测的信号	被控变量	干扰量
控制作用发生的时间	偏差出现后	偏差出现前,扰动发生时
系统结构	闭环控制	开环控制
控制质量	动态有差控制	无差控制(理想状态)
控制器	常规PID控制器	专用控制器
经济性	一种系统可克服多种干扰	每一种都要有一个专用控制系统

表8-41 防喘振控制与旁路控制的区别

项目	旁路流量控制	固定极限流量防喘振控制
检测点位置	来自管网或送管网的流量	压缩机的入口流量
控制方法	控制出口流量,流量过大时开旁路阀	控制入口流量,流量过小时,开旁路阀
正常时阀的开度	正常时,调节阀有一定开度	正常时,调节阀关闭
积分饱和	正常时,偏差不会长期存在,无积分饱和	偏差长期存在,存在积分饱和问题

参考文献

[1] 孙优贤. 控制工程手册：上册 [M]. 北京：化学工业出版社，2016.
[2] 黄步余，范宗海，马睿. 石油化工自动控制设计手册 [M]. 4版. 北京：化学工业出版社，2020.
[3] 王树青，乐嘉谦. 自动化与仪表工程师手册 [M]. 北京：化学工业出版社，2010.
[4] 周人，何衍庆. 流量测量和控制实用手册 [M]. 北京：化学工业出版社，2013.
[5] 焦小澄，朱张青. 工业过程控制 [M]. 北京：清华大学出版社，2011.
[6] 何衍庆，黎冰，黄海燕. 工业生产过程控制 [M]. 2版. 北京：化学工业出版社，2010.
[7] 袁德成. 过程控制工程 [M]. 北京：机械工业出版社，2013.
[8] 郭一楠，常俊林，赵峻，等. 过程控制系统 [M]. 北京：机械工业出版社，2009.
[9] 俞金寿，顾幸生. 过程控制工程 [M]. 4版. 北京：高等教育出版社，2012.
[10] 朱北恒. 火电厂热工自动化系统试验 [M]. 北京：中国电力出版社，2005.
[11] 赵鹤芹，吴俊河. PID控制参数的快速经验整定法 [J]. 化工自动化及仪表，1997（4）：5.
[12] 朱炳兴. PID调节器使用参数的现场调查 [J]. 自动化仪表，1994，15（4）：6.

第9章

集散控制系统（DCS）和可编程控制器（PLC）

9.1 数制与编码及计算

十六进制数、十进制数、二进制数的对应关系见表9-1，ASCII代码表见表9-2。

表 9-1 十六进制数、十进制数、二进制数的对应关系

十六进制数 H	十进制数 D	二进制数 B	十六进制数 H	十进制数 D	二进制数 B
0	0	0000	8	8	1000
1	1	0001	9	9	1001
2	2	0010	A	10	1010
3	3	0011	B	11	1011
4	4	0100	C	12	1100
5	5	0101	D	13	1101
6	6	0110	E	14	1110
7	7	0111	F	15	1111

注：八进制数的标识字母为O或Q。

表 9-2 ASCII代码表

低四位		高四位							
		0000	0001	0010	0011	0100	0101	0110	0111
		0	1	2	3	4	5	6	7
0000	0		DLE	SP	0	@	P		p
0001	1	SOH	DC1	!	1	A	Q	a	q
0010	2	STK	DC2	”	2	B	R	b	r
0011	3	EXT	DC3	#	3	C	S	c	s

续表

低四位		高四位							
		0000	0001	0010	0011	0100	0101	0110	0111
		0	1	2	3	4	5	6	7
0100	4	EOT	DC4	$	4	D	T	d	t
0101	5	ENQ	NAK	%	5	E	U	e	u
0110	6	ACK	SYN	&	6	F	V	f	v
0111	7	BEL	ETB	'	7	G	W	g	w
1000	8	BS	CAN	(	8	H	X	h	x
1001	9	HT	EM	)	9	I	Y	i	y
1010	A	LF	SUB	*	:	J	Z	j	z
1011	B	VT	ESC	+	;	K	[	k	{
1100	C	FF	FS	,	<	L	\	|	|
1101	D	CR	GS	—	=	M	]	m	}
1110	E	SO	RS	.	>	N	∧	n	~
1111	F	SI	US	/	?	O	—	o	DEL

① 查表方法：查表写出字母 D、数字 2 的 ASCII 码。

从表 9-2 知，表中行指示 ASCII 码的低四位状态，列指示高四位状态。查表得知字母 D 在 4 列 4 行的位置，所以字母 D 的 ASCII 码是 0100 0100B=44H。数字 2 在 3 列 2 行的位置，所以数字 2 的 ASCII 码是 0011 0010B=32H。

② ASCII 码值与十六进制的相互转换。当 ASCII 码值小于 40 时，该值减 30 就是其十六进制数（如 ASCII 码是 32H，32－30=2，十六进制数为 2）；当 ASCII 码值大于等于 40 时，该值减 31 就是其十六进制数的十进制形式（如 ASCII 码值是 45H，45－31=14，14 的十六进制数为 E）。

9.2 PLC 模拟量模块的数值表示

模拟量信号的设置包括零位和量程范围（起点和终点），虽然各型 PLC 的设置方法各不相同，但其零位、量程范围及数字量的对应关系是相似的，如图 9-1 所示，只是具体数值不同而已。

图 9-1(a)，数字量为 0～16000，输出电流为 0～20mA 时，数字量输出 x 对应的输出电流为 $4+x/1000$。A 线段表示，数字量输出的起点是 0，终点是 16000；输出电流的起点是 4mA，终点是 20mA。图 9-1(b)，数字量输出为 0～32000，输出电压为 0～10V 时，实际数字量输出 x 对应的输出电压是 $x/3200$。实际应用中采用的是整数除法，所以运算结果采取四舍五入。

有的 PLC 采用偏置和增益来设置参数，当数字量输出为 0～16000，输出电流为 4～20mA 时，偏置是 4，增益是 1/1000。

S7-400 系列 PLC 模拟量模块的模拟值表示见表 9-3 和表 9-4。

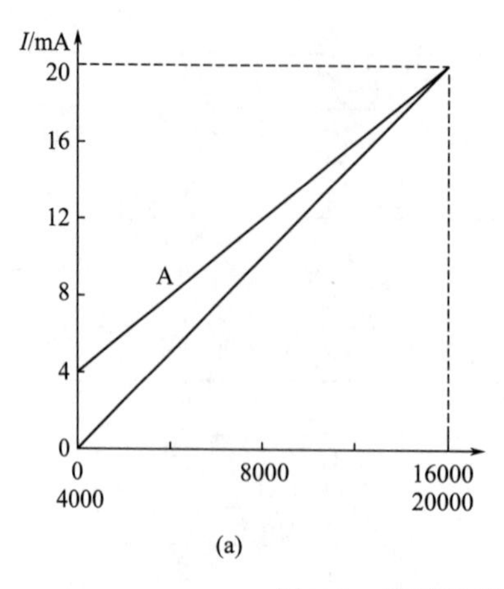

(a)

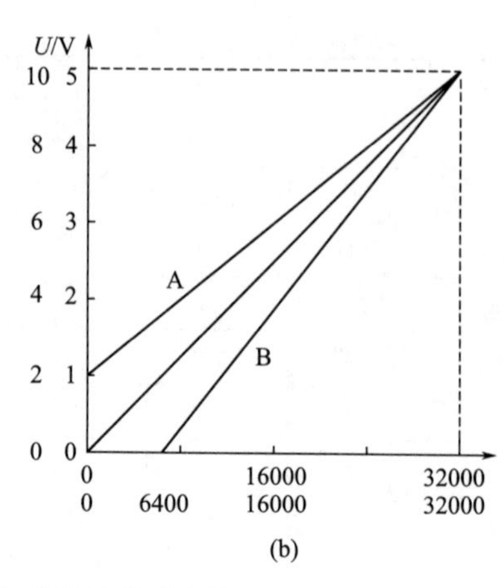

(b)

图 9-1　模拟量信号与数字量的对应关系

表 9-3　S7-400 模拟量模块在 1～5V 和 0～10V 电压测量范围内的模拟值表示

单极性			电压测量范围		
百分比	十进制	十六进制	1～5V	0～10V	范围
118.515%	32767	7FFF	5.741V	11.852V	上溢出
117.593%	32512	7F00			
117.589%	32511	7EFF	5.704V	11.759V	超出范围
	27649	6C01			
100.000%	27648	6C00	5V	10V	正常范围
75%	20736	5100	3.75V	7.5V	
0.003617%	1	1	1V+144.7μV	0V+361.7μV	
0%	0	0	1V	0V	
	−1	FFFF			低于范围
−17.593%	−4864	ED00	0.296V	不支持负值	
					断线
≤−17.596%	32767	7FFF			

表 9-4　S7-400 模拟量模块在 4～20mA 电流测量范围内的模拟值表示

单极性			电流测量范围		
百分比	十进制	十六进制	4～20mA	0～20mA	范围
118.515%	32767	7FFF	22.96mA	23.70mA	上溢出
117.593%	32512	7F00			
117.589%	32511	7EFF	22.81mA	23.52mA	超出范围
	27649	6C01			正常范围
100.000%	27648	6C00	20mA	20mA	
75%	20736	5100	16mA	15mA	
0.003617%	1	1	4mA+578.7nA	723.4nA	
0%	0	0	4mA	0mA	

续表

单极性			电流测量范围		
	−1	FFFF			低于范围
−17.593%	−4846	ED00	1.185mA	−3.52mA	
	−4865	ECFF			0～20mA 下溢出
≤−17.596%	−32768	8000			
≤−17.596%	32767	7FFF			4～20mA 断线

9.3 线性工程量、模拟量、数字量的转换计算

DCS 或 PLC 的模数转换过程是对模拟信号进行采样，然后量化编码为二进制数字信号，也就是将工程量转换成具有一定精度的数字量，量化公式见表 9-5。通常把变送器的输入（如 0～40kPa）称为工程量；把变送器的输出（如 4～20mA）称为模拟量；把模数转换器的输出（如十进制数 4096）称为数字量。线性工程量、模拟量、数字量三者的转换计算公式见表 9-6。

表 9-5　数模转换的量化公式

计算公式	备注
$y_D=\dfrac{y'-K_2}{K_1q}$ $y'=K_1qy_D+K_2$ $q=\dfrac{M}{2^N}$	y_D—数字信号(数字量) y'—保持信号(工程量) K_1—变送器的输出输入量程范围比 K_2—零点压缩 q—量化单位 M—模拟信号(模拟量)的全量程 N—寄存器位数

计算实例 9-1

某温度变送器量程为 100～500℃，模数转换精度是 12 位，计算温度为 350℃时模数转换的输出数字量是多少？

解： 已知温度变送器的输出量程范围为 4～20mA，故 $M=20-4=16$。根据表 9-5 中的公式得：

$$q=\frac{M}{2^N}=\frac{16}{4096}=0.00390625$$

$$K_1=\frac{500-100}{20-4}=25 \qquad K_2=100(℃)$$

且

$$y'=350(℃)$$

则数字量：$y_D=\dfrac{y'-K_2}{K_1q}=\dfrac{350-100}{25\times0.00390625}=2560$

表 9-6　线性工程量、模拟量、数字量的转换计算公式

计算公式	备注
模拟量和工程量转换为数字量的公式(公式一)： $D_X=D_L+(D_H-D_L)\times\frac{A_X-A_L}{A_H-A_L}$　和　$D_X=D_L+(D_H-D_L)\times\frac{G_X-G_L}{G_H-G_L}$ 数字量和工程量转换为模拟量的公式(公式二)： $A_X=A_L+(A_H-A_L)\times\frac{D_X-D_L}{D_H-D_L}$　和　$A_X=A_L+(A_H-A_L)\times\frac{G_X-G_L}{G_H-G_L}$ 数字量和模拟量转换为工程量的公式(公式三)： $G_X=G_L+(G_H-G_L)\times\frac{D_X-D_L}{D_H-D_L}$　和　$G_X=G_L+(G_H-G_L)\times\frac{A_X-A_L}{A_H-A_L}$	D_X—任意数字量 D_H—数字量上限 D_L—数字量下限 A_X—任意模拟量 A_H—模拟量上限 A_L—模拟量下限 G_X—任意工程量 G_H—工程量上限 G_L—工程量下限

计算实例 9-2

计算输入电流（模拟量）对应的数字量。

已知：输入电流为 4～20mA，转换数字量为 600～3000。试计算 10mA 对应的数字量 D_X 是多少？

解：根据表 9-6 的公式一：

$$D_X=D_L+(D_H-D_L)\times\frac{A_X-A_L}{A_H-A_L}=600+(3000-600)\times\frac{10-4}{20-4}=1500$$

计算实例 9-3

PLC 测量锅炉的炉膛负压值的计算。

已知：某压力变送器的量程为－100～100Pa，输出信号为 4～20mA，模拟量输入模块将 0～20mA 转换为数字量 0～27648。当数字量为 9955 时，被测负压是多少？对应的输出电流是多少？

解：模拟量输入模块将 0～20mA 转换为数字量 0～27648，当接收信号为 4～20mA，则转换后的数字量为：5530～27648。(4mA 对应数字量的计算：$\frac{27648}{20}\times4=5529.6\approx5530$)

根据表 9-6 的公式三：$G_X=G_L+(G_H-G_L)\times\frac{D_X-D_L}{D_H-D_L}$

被测负压：$G_X=-100+[100-(-100)]\times\frac{9955-5530}{27648-5530}=-60(\text{Pa})$

对应的输出电流：$A_X=4+(20-4)\times\frac{9955-5530}{27648-5530}=7.2(\text{mA})$

计算实例 9-4

模拟量、数字量、工程量三者转换的计算说明。

已知：某称重仪表的量程为0～400kg，输出信号为0～10V，模拟量输入0～10V对应的数字量为0～32000。试说明：数字量（D）与工程量（kg）的对应关系；工程量（kg）与模拟量（V）的对应关系；模拟量（V）与数字量（D）的对应关系。

解：这三种对应关系计算用的是二点式直线方程：$y=kx+b$。表9-6中的公式也是基于这一方法，只是表中公式显得更直观，更适合初学者使用。

① 数字量（D）与工程量（kg）的对应关系计算：

$y=400$kg时，$x=32000$，$b=0$，所以$k=\frac{400}{32000}=0.0125$

任意实际重量$y=0.0125x$（x是称重仪表的任意电压信号值对应的数字量）

假设数字量$x=16000$，则重量$y=0.0125\times16000=200$(kg)

② 工程量（kg）与模拟量（V）的对应关系计算：

$y=10$V时，$x=400$kg，$b=0$，所以$k=\frac{10}{400}=0.025$

任意重量对应的电压$y=0.025x$（x是称重仪表的任意重量显示值）

假设显示值$x=200$kg，则输入电压$y=0.025\times200=5$(V)

③ 模拟量（V）与数字量（D）的相互转换计算（x是输入PLC模块的电压值）：

a. $y=32000$时，$x=10$V，$b=0$，所以$k=\frac{32000}{10}=3200$

假设输入电压值$x=5$V，则PLC模块转换为数字量$y=3200\times5=16000$

b. $y=10$V时，$x=32000$，$b=0$，所以$k=\frac{10}{32000}=0.0003125$

假设PLC模块的输出数字量$x=12000$，则输入至PLC模块的电压值$y=12000\times0.0003125=3.75$(V)

9.4 DCS、PLC安装及维护中需要用到的一些数据

DCS、PLC安装及维护中需要用到的一些数据见表9-7～表9-13。

表9-7 部分DCS、PLC控制系统对接地的要求

系统名称	接地电阻值/Ω	接地体设置
CENTUM	<10	独立设置接地体
TDC-3000	主参考地<1；安全地<1	设2个独立的地系统：主参考地；安全地
PROVOX	1～3	可与厂区地合用
I/A	<5；电厂<1	独立设置接地体
TELEPERM	<5	独立设置接地体，与保护地分开
MACS	<4	独立设置接地体，与保护地分开
AB-PLC5/40	主参考地<5；安全地<100	设2个独立的接地体：主参考地；安全地
S7-400	主参考地<5；安全地<100	设2个独立的接地体：主参考地；安全地

表 9-8　DCS 输入模件通道的精度

信号类型	新安装的输入模件		中小修后的输入模件	
	基本误差	回程误差	基本误差	回程误差
电流/mA	±0.1%	0.05%	±0.2%	0.1%
直流电压/0～1V				
低电压直流电压/V	±0.2%	0.1%	±0.3%	0.15%
脉冲/Hz	±0.1%	0.05%	±0.2%	0.1%
热电偶/mV	±0.2%	0.1%	±0.3%	0.15%
热电阻/Ω				

表 9-9　DCS 输出模件通道的精度

信号类型	新安装的输出模件		中小修后的输出模件	
	基本误差	回程误差	基本误差	回程误差
电流/mA	±0.25%	0.125%	±0.3%	0.15%
电压/V				
脉冲/Hz				

表 9-10　计算机信号的分类及电缆选型

信号分类	信号范围	电缆选型
低电平输入信号	0～±100mV 模拟信号	对绞铜带屏蔽或对绞铝箔屏蔽计算机用电缆
	热电偶信号	对绞铜带屏蔽或对绞铝箔屏蔽补偿导线
	±100mV～±1V 信号	对绞铝箔屏蔽计算机用电缆
高电平输入信号	1～10V，0～10mA， 4～20mA，0～50mA 模拟量输入/输出信号	对绞铜网屏蔽计算机用电缆
脉冲信号		对绞铜网屏蔽电缆
开关量输入、输出信号	<60V 且<0.2A	一般控制电缆 DCS 的开关量，可选用对绞铜网屏蔽电缆

表 9-11　用于 DCS（PLC）信号屏蔽电缆的屏蔽形式选择

电缆芯数	连接信号	分屏蔽	对绞	总屏蔽
2 芯	模拟/数字信号		√	√
多芯	模拟/数字信号		√	√
2 芯	热电偶补偿导线			√
多芯	热电偶补偿导线	√		√
3 芯	热电阻		√	√
多芯	热电阻		√	√

注：√ 表示需要。

表 9-12 部分 DCS 和 SIS 点检期间硬件更换周期

设备名称	横河 DCS	霍尼韦尔 DCS	浙江中控 DCS	康吉森 CCS	黑马 SIS
CPU 后备电池	3 年	4 年	3 年	5 年	5 年
过滤网	2 年	检修周期	检修周期	检修周期	检修周期
控制器风扇	4 年	检修周期	3 年	5 年	5 年
系统机柜风扇	4 年	检修周期	3 年	5 年	5 年
辅助机柜风扇	4 年	检修周期	3 年	5 年	5 年
电源卡	8 年	8 年	8 年	8 年	10 年
I/O 卡件保险丝				5 年	5 年
SIL3 安全继电器					5 年

表 9-13 PLC 晶体管输出与继电器输出的区别

项目	晶体管输出	继电器输出
负载电压、电流	只能带直流负载	可以带直流或交流负载
	负载电流为 0.2～0.3A	负载电流为 2A
	只能接 24～30V 的直流电源	可以接 24V 的直流电源或 220V 的交流电源
负载能力	带负载能力小于继电器输出，只有增加附件才能带大负载	带负载能力大于晶体管输出
过载能力	过载能力小于继电器输出，如果是冲击电流较大的场合，需要降额使用	过载能力大于晶体管输出
响应时间	响应时间快，约 0.2ms 或者更小，用于高速输出，如伺服/步进等	响应时间慢，约 10ms
寿命	没有动作次数限制，只有老化	每分钟动作次数有限制，有动作次数寿命
使用区别	由于可脉冲输出，常用于定位控制	不能用于定位控制

9.5 DCS 组态常用计算公式

9.5.1 模拟量三取二平均值的计算

模拟量三取二平均值的计算见表 9-14 和表 9-15。

表 9-14 模拟量三取二平均值计算模块及参数说明

三取二平均值计算模块	参数说明
模式 偏差 最大 最小 X_1,S_1 X_2,S_2 X_3,S_3 三取二平均值计算模块 Y 01～11 E	X_1、X_2、X_3—第 1、第 2、第 3 个输入值 S_1、S_2、S_3—第 1、第 2、第 3 个输入值的误差状态(1=正常，0=故障) 01～11—状态信息的多种输出，即可用的 3 取 2 平均值 E—误差状态输出，即“E”：误差(3 取 2 平均值)1 个或多个信号故障(1=正常) 模式—最小/最大/平均值/二进制 偏差—在 3 取 2 平均值的公差范围内，是测量范围的 5%(0.05) Y—3 个输出信号的中间值，见以下说明

续表

模式Y的说明及计算	
当所有输入信号都正常(没有误差,在公差范围内),取3个输入信号的平均值作为输出	$Y=\frac{X_1+X_2+X_3}{3}$
当1个输入信号检测故障(有误差或公差),取剩余2个输入信号的计算结果作为输出	$Y=\frac{X_1+X_2}{2}$
当2个输入信号检测故障,取剩余1个输入信号作为输出	
当所有输入信号都检测故障,根据模式,取输入信号范围作为输出,此时,模式=平均值	$Y=\frac{\text{最大范围}+\text{最小范围}}{2}$

表9-15 模拟量三取二平均值计算模块举例

序号	明确的信号检测故障	对比检测信号的故障误差	计算模块的输出值	举例(偏差5%)	结果/(报警/跳车)
1	A信号正常	A信号与B信号之间的偏差小于允许的最大偏差值	A、B、C的平均值	A:=50%	结果:=52% 无报警/无跳车
	B信号正常	A信号与C信号之间的偏差小于允许的最大偏差值		B:=52%	
	C信号正常	B信号与C信号之间的偏差小于允许的最大偏差值		C:=54%	
2	A信号检测故障	B信号与C信号之间的偏差小于允许的最大偏差值(如果偏差大于允许的最大偏差值将产生跳车)	B、C的平均值	A:=故障	结果:=51% 有报警/无跳车
	B信号正常			B:=50%	
	C信号正常			C:=52%	
3	A信号正常	A信号与C信号之间的偏差小于允许的最大偏差值(如果偏差大于允许的最大偏差值将产生跳车)	A、C的平均值	A:=48%	结果:=50% 有报警/无跳车
	B信号检测故障			B:=故障	
	C信号正常			C:=52%	
4	A信号正常	A信号与B信号之间的偏差小于允许的最大偏差值(如果偏差大于允许的最大偏差值将产生跳车)	A、B的平均值	A:=50%	结果:=51% 有报警/无跳车
	B信号正常			B:=52%	
	C信号检测故障			C:=故障	
5	A信号正常	A信号与B信号之间的偏差大于允许的最大偏差值	A、B、C的平均值	A:=48%	结果:=50.67% 无报警/无跳车
	B信号正常	A信号与C信号之间的偏差小于允许的最大偏差值		B:=54%	
	C信号正常	B信号与C信号之间的偏差小于允许的最大偏差值		C:=50%	
6	A信号正常	A信号与B信号之间的偏差小于允许的最大偏差值	A、B、C的平均值	A:=48%	结果:=50.67% 无报警/无跳车
	B信号正常	A信号与C信号之间的偏差大于允许的最大偏差值		B:=50%	
	C信号正常	B信号与C信号之间的偏差小于允许的最大偏差值		C:=54%	
7	A信号正常	A信号与B信号之间的偏差小于允许的最大偏差值	A、B、C的平均值	A:=50%	结果:=50.67% 无报警/无跳车
	B信号正常	A信号与C信号之间的偏差小于允许的最大偏差值		B:=48%	
	C信号正常	B信号与C信号之间的偏差大于允许的最大偏差值		C:=54%	
8	A信号正常	A信号与B信号之间的偏差大于允许的最大偏差值	B、C的平均值	A:=50%	结果:=57% 有报警/无跳车
	B信号正常	A信号与C信号之间的偏差大于允许的最大偏差值		B:=56%	
	C信号正常	B信号与C信号之间的偏差小于允许的最大偏差值		C:=58%	
9	A信号正常	A信号与B信号之间的偏差小于允许的最大偏差值	A、B的平均值	A:=50%	结果:=50.5% 有报警/无跳车
	B信号正常	A信号与C信号之间的偏差大于允许的最大偏差值		B:=51%	
	C信号正常	B信号与C信号之间的偏差大于允许的最大偏差值		C:=58%	

续表

序号	明确的信号检测故障	对比检测信号的故障误差	计算模块的输出值	举例（偏差 5%）	结果/（报警/跳车）
10	A 信号正常	A 信号与 B 信号之间的偏差大于允许的最大偏差值	A、C 的平均值	A：=50%	结果：=50.5% 有报警/无跳车
	B 信号正常	A 信号与 C 信号之间的偏差小于允许的最大偏差值		B：=58%	
	C 信号正常	B 信号与 C 信号之间的偏差大于允许的最大偏差值		C：=51%	
11	A 信号正常	A 信号与 B 信号之间的偏差大于允许的最大偏差值	A、B、C 的平均值	A：=45%	结果：=55% 有报警/有跳车
	B 信号正常	A 信号与 C 信号之间的偏差大于允许的最大偏差值		B：=55%	
	C 信号正常	B 信号与 C 信号之间的偏差大于允许的最大偏差值		C：=65%	
12	A 信号正常	无对比	取 A 值	A：=50%	结果：=50% 有报警/有跳车
	B 信号检测故障			B：=故障	
	C 信号检测故障			C：=故障	
13	A 信号检测故障	无对比	取 B 值	A：=故障	结果：=50% 有报警/有跳车
	B 信号正常			B：=50%	
	C 信号检测故障			C：=故障	
14	A 信号检测故障	无对比	取 C 值	A：=故障	结果：=50% 有报警/有跳车
	B 信号检测故障			B：=故障	
	C 信号正常			C：=50%	

9.5.2 DCS 常用流量测量的温度压力补偿模块及校正公式

部分 DCS 采用的流量测量温度压力补偿模块及计算公式，见表 9-16、表 9-17。

表 9-16　流量测量的温度压力补偿校正公式一

测量类型	补偿校正公式	备注
线性流量计测量气体流量	$FI_c=FI_{uc}\dfrac{(p+0.10332)/p_{ref}}{(T+273.15)/T_{ref}}$	FI_c—补偿校正后的流量 FI_{uc}—补偿校正前的流量 p—实际操作压力 p_{ref}—设计压力 T—实际操作温度 T_{ref}—设计温度 ρ—实际操作密度 ρ_{ref}—设计密度 $M_{01}=\dfrac{273.15+T}{100}$ $M_{02}=10(p+0.10332)$ $M_{03}=0.4706$ $M_{04}=-0.9172$ $M_{05}=-1.3088\times10^4$ $M_{06}=4.38\times10^{15}$
线性流量计测量蒸汽流量	$FI_c=FI_{uc}\dfrac{\rho}{\rho_{ref}}$ 式中： $\rho=\dfrac{1}{\dfrac{M_{03}M_{01}}{M_{02}}+\dfrac{M_{04}}{M_{01}^{2.82}}+\dfrac{M_{05}M_{02}^2}{M_{01}^{14}}+\dfrac{M_{06}}{M_{01}^{31.6}}}$	
差压或浮子流量计测量气体流量	$FI_c=FI_{uc}\sqrt{\dfrac{(p+0.10332)/p_{ref}}{(T+273.15)/T_{ref}}}$	
差压流量计测量蒸汽流量	$FI_c=FI_{uc}\dfrac{\rho}{\rho_{ref}}$ 式中： $\rho_{ref}=\sqrt{\dfrac{1}{\dfrac{M_{03}M_{01}}{M_{02}}+\dfrac{M_{04}}{M_{01}^{2.82}}+\dfrac{M_{05}M_{02}^2}{M_{01}^{14}}+\dfrac{M_{06}}{M_{01}^{31.6}}}}$	

表 9-17　流量测量的温度压力补偿校正公式二

测量类型		补偿校正公式	备注
测量蒸汽流量	差压流量计	$q_{mW}=q_{mD}\times\sqrt{\frac{\rho_w}{\rho_D}}$	q_{mW}—补偿校正后流量 q_{mD}—补偿校正前的流量 ρ_w—实际工况下的密度 ρ_D—设计密度 Δp—差压值
	变送器差压信号	$q_{mW}=\left(\frac{\rho_w}{\rho_D}\times\Delta p\right)^2$	
	涡街流量计	$q_{mW}=q_{mD}\times\frac{\rho_w}{\rho_D}$	
测量气体流量	玻璃浮子流量计	$q_V=49.00q_{Vf}\sqrt{\frac{\rho_n p_f}{T_f}}$ 如果被测气体近似等于空气，上式可近似等于 $q_V=53.79q_{Vf}\sqrt{\frac{p_f}{T_f}}$	q_V—实际体积流量 q_{Vf}—仪表测量值 ρ_n—被测气体在标准状态下的密度 T_f、p_f—气体在工作状态下的绝对温度、绝对压力
	变送器差压信号	$q_V=49.00\sqrt{\frac{\rho_n p_f}{T_f}\times\Delta p_{Vf}}$ 如果被测气体近似等于空气，上式可近似等于 $q_V=53.79\sqrt{\frac{p_f}{T_f}\times\Delta p_{Vf}}$	q_V—实际体积流量 Δp_{Vf}—仪表测量的差压值 ρ_n—被测气体在标准状态下的密度 T_f、p_f—气体在工作状态下的绝对温度、绝对压力
	涡街流量计	$q_V=q_{Vf}\times\frac{p_f T_n}{T_f p_n}$	q_V—实际体积流量 q_{Vf}—仪表测量值 T_n、p_n—被测气体在标准状态下的绝对温度、绝对压力 T_f、p_f—气体在工作状态下的绝对温度、绝对压力

9.5.3 ECS系统流量测量用温度压力补偿模块及计算公式

ECS系统流量测量用温度压力补偿模块及计算公式见表9-18～表9-20。

表 9-18　ECS 系统蒸汽流量的温度压力补偿模块及计算公式

<table>
<tr><th>补偿模块及各种补偿模式的计算公式</th><th>备注</th></tr>
<tr><td>
STMCOMP
计算输入值 → IN　　OUT → 计算输出值
工作压力/MPa → PRESS1　　ERR → 模块报警
工作温度/℃ → TMPRT1　　STA → 模块报警状态
p0104　　4#

根据实际压力和实际温度，通过查表法得到焓值与比容 μ，而其密度 $\rho=1/\mu$。
当处理流量信号时，公式为：
$$FLOW=\sqrt{\frac{\rho_1}{\rho_0}}\times SIGNAL \quad (式1)$$
当处理差压信号时，公式为：
$$FLOW=\sqrt{\frac{\rho_1}{\rho_0}\times SIGNAL} \quad (式2)$$
当处理线性化的孔板或流量与密度成线性的流量计，公式为：
$$FLOW=\frac{\rho_1}{\rho_0}\times SIGNAL \quad (式3)$$
</td><td>
$SIGNAL$—输入
$FLOW$—输出
ρ_0—设计密度

本模块处理的过热蒸汽最大范围(边界不规则)为：
温度 100～800℃
压力−0.001325～29.898675MPa
处理饱和蒸汽范围为：
温度 0～373.946℃
压力−0.100325～21.962675MPa

本模块支持10种补偿模式，见以下说明
</td></tr>
</table>

续表

本模块支持的 10 种补偿模式说明
MODE＝0 模式：对输入信号为差压的过热蒸汽流量进行补偿 MODE＝3 模式：对输入信号为差压的饱和蒸汽流量按压力进行补偿 MODE＝6 模式：对输入信号为差压的饱和蒸汽流量按温度进行补偿 MODE＝9(温度为主)和 MODE＝10(压力为主) 以上模式都是采用表中的式 1 MODE＝0,3,6 时采用相同的处理公式，但查三张不同的表 MODE＝2 模式：对线性孔板所测的差压信号或流量信号的过热蒸汽流量进行补偿，或对流量与密度成正比的过热蒸汽流量进行补偿 MODE＝5 模式：对线性差压或流量信号的饱和蒸汽按压力进行补偿，或对流量与密度成正比的饱和蒸汽流量进行补偿 MODE＝8 模式：对线性孔板所测的差压信号或流量信号的饱和蒸汽按压力温度进行补偿，或对流量与密度成正比的过热蒸汽流量进行补偿 MODE＝11(温度为主)和 MODE＝12(压力为主) 以上模式都是采用表中的式 3 MODE＝2,5,8 时采用相同的处理公式，但查三张不同的表

表 9-19　ECS 系统理想气体补偿模块及计算公式

补偿模块及各种补偿模式的计算公式	备注
计算输入值 → IN；工作压力/MPa → PRESS；工作温度/℃ → TMPRT；PTCOMP；p0105　5#；OUT → 计算输出值；ERR → 模块报警；STA → 模块报警状态 该功能块遵循理想气体平衡方程式： $$\frac{P_1V_1}{T_1}=\frac{P_0V_0}{T_0}$$	本模块可对近似于理想气体进行补偿，将其换算到标准大气压条件下(压力 0.1013223MPa，温度 20℃)
本模块支持的 2 种补偿模式及计算公式	
模式 1(MODE＝0)：适用于(但不仅限于)采用体积流量计测量体积流量时，将气体的体积流量换算到标准条件下。输出值如下： $$OUT=\frac{IN\times(PRESS+0.1013223)\times 293.15}{(TMPRT+273.15)\times 0.1013223}$$	模块报警： 若温度或压力不在要求范围内，则 STA＝1，ERR＝ON 若温度和压力在要求范围内，MODE 也在合理范围内，如果 IN＜0.0，那么输出 OUT＝0.0，ERR＝ON，STA＝4
模式 2(MODE＝1)：适用于(但不仅限于)采用差压流量计测量体积流量时，将气体的体积流量换算到标准条件下。输出值如下： $$OUT=IN\times\sqrt{\frac{(PRESS+0.1013223)\times 293.15}{(TMPRT+273.15)\times 0.1013223}}$$	

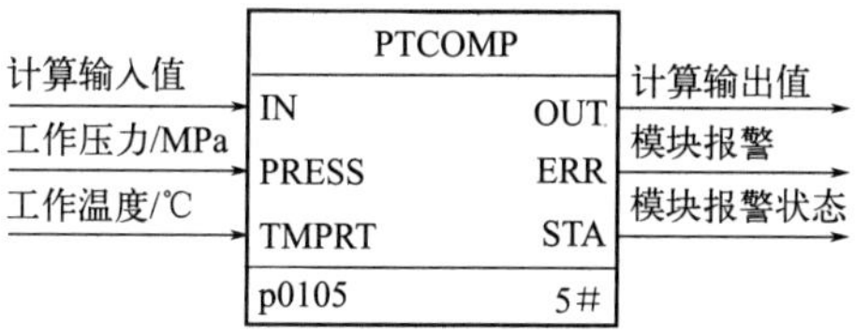

表 9-20　ECS 系统扩展理想气体补偿模块及计算公式

<table>
<tr><th>补偿模块及各种补偿模式的计算公式</th><th>备注</th></tr>
<tr><td> 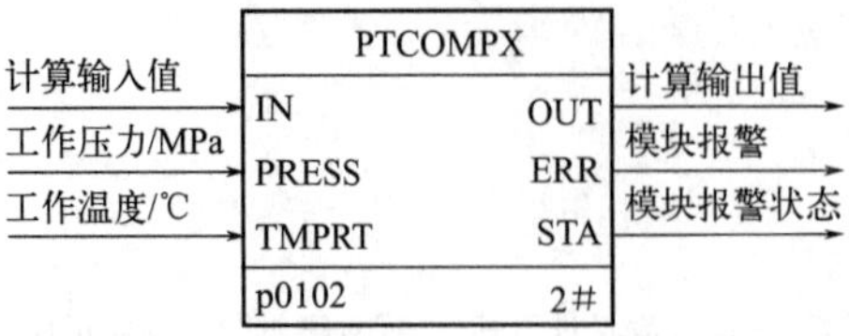PTCOMPX
计算输入值 → IN　　OUT → 计算输出值
工作压力/MPa → PRESS　　ERR → 模块报警
工作温度/℃ → TMPRT　　STA → 模块报警状态
p0102　　2#

该功能块遵循理想气体平衡方程式：
$$\frac{P_1V_1}{T_1}=\frac{P_0V_0}{T_0}$$</td><td>本模块可对近似于理想气体进行补偿，将其换算到设定工作下</td></tr>
<tr><td colspan="2">本模块支持的 3 种补偿模式及计算公式</td></tr>
<tr><td>模式 1(MODE＝0)：适用于(但不仅限于)采用体积流量计测量体积流量时，将气体的体积流量换算到设计条件下。输出值如下：
$$OUT=\frac{IN\times(PRESS+0.101325)\times(TMPRT0+273.15)}{(TMPRT+273.15)\times(PRESS0+0.101325)}$$</td><td rowspan="3">模块报警：
若温度或压力不在要求范围内或 MODE＞2，ERR＝ON
若温度或压力不在要求范围内，则 STA＝1，若 MODE＞2，则 STA＝2
如果温度或压力不在要求范围内且 MODE＞2，则 STA＝3
若温度和压力在要求范围内，MODE 也在合理范围内，如果 IN＜0.0，那么输出 OUT＝0.0，ERR＝ON，且 STA＝4</td></tr>
<tr><td>模式 2(MODE＝1)：适用于(但不仅限于)采用差压流量计测量体积流量时，将气体的体积流量换算到设计条件下。当上送的信号为流量信号时采用本模式，输出值如下：
$$OUT=IN\times\sqrt{\frac{(PRESS+0.101325)\times(TMPRT0+273.15)}{(TMPRT+273.15)\times(PRESS0+0.101325)}}$$</td></tr>
<tr><td>模式 3(MODE＝2)：适用于(但不仅限于)采用差压式流量计测量体积流量时，将气体的体积流量换算到设计条件下。当上送的信号为差压信号时采用本模式，输出值如下：
$$OUT=\sqrt{\frac{IN\times(PRESS+0.101325)\times(TMPRT0+273.15)}{(TMPRT+273.15)\times(PRESS0+0.101325)}}$$</td></tr>
</table>

9.5.4　MACS 系统流量测量用温度压力补偿模块、计算公式及组态实例

MACS 系统流量测量用温度压力补偿模块及计算公式见表 9-21。

表 9-21　MACS 系统流量测量用温度压力补偿模块及计算公式

<table>
<tr><th rowspan="2">蒸汽流量补偿模块</th><th colspan="2">计算公式</th></tr>
<tr><th>质量流量</th><th>体积流量</th></tr>
<tr><td> STEAMCOMP
输入流量 → IN:REAL　　OUT:REAL → 补偿后流量
实际温度/℃ → T:REAL
实际压力/MPa → P:REAL

根据蒸汽工作压力和工作温度计算出工作密度，再结合设定密度，计算出补偿后的质量流量</td><td>$OUT=IN\times\sqrt{\frac{\rho_{实}}{\rho_{设}}}$</td><td>$OUT=IN\times\rho_{实}$</td></tr>
</table>

续表

理想气体体积流量补偿模块	计算公式
TPCOMP 输入流量 → IN:REAL　OUT:REAL → 补偿后流量 设计温度/℃ → TSP:REAL 设计压力/MPa → PSP:REAL 实际温度/℃ → TCOMP:REAL 实际压力/MPa → PCOMP:REAL	根据不同的流量计，通过设置“流量类型”参数（FLOWTP）来选择不同的计算公式 差压式流量计： $OUT=IN\times\sqrt{\dfrac{TSP+273.15}{PSP\times10+LPSP}\times\dfrac{PCOMP\times10+LPSP}{TCOMP+273.15}}$ 非压差式流量计，如电磁、涡街、涡轮流量计等： $OUT=IN\times\dfrac{TSP+273.15}{PSP\times10+LPSP}\times\dfrac{PCOMP\times10+LPSP}{TCOMP+273.15}$ 将表压转化为绝对压力时，固定叠加变量 $LPSP$（标准大气压，默认值为 0.101325MPa）

组态实例 9-1

MACS 系统饱和蒸汽流量密度补偿的组态。

某饱和蒸汽流量测量系统，安装有温度变送器，以进行饱和蒸汽的流量补偿。由于现场安装的是温度变送器，因此需借助 T-P 功能块，通过工作温度计算出饱和蒸汽的工作密度，再计算出补偿后的质量流量，如图 9-2 所示。

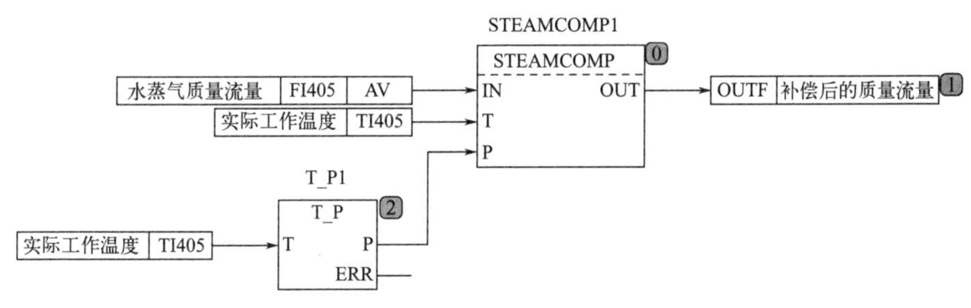

图 9-2　饱和蒸汽流量的补偿组态图

组态实例 9-2

MACS 系统差压式气体流量测量的温压补偿组态。

某差压式流量计测量气体的体积流量，安装有温度变送器和压力变送器，以进行温压补偿。由于接收的是差压信号，因此应先进行开方处理，并乘以系数 K，将得到的值作为体积流量再连接到补偿功能块的输入 IN，计算后得到补偿后的质量流量，如图 9-3 所示。

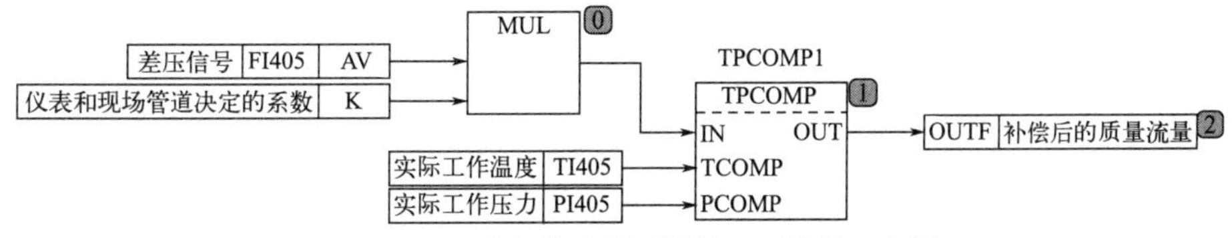

图 9-3　差压式气体流量测量的温压补偿组态图

9.5.5 TPS系统流量测量用温度压力补偿模块及计算公式

TPS系统流量测量用温度压力补偿模块及计算公式见表9-22。

表9-22 TPS系统流量测量用温度压力补偿模块及计算公式

<table>
<tr><th>类型</th><th>补偿模块及各种补偿形式的计算公式</th><th>备注</th></tr>
<tr><td>补偿模块</td><td> 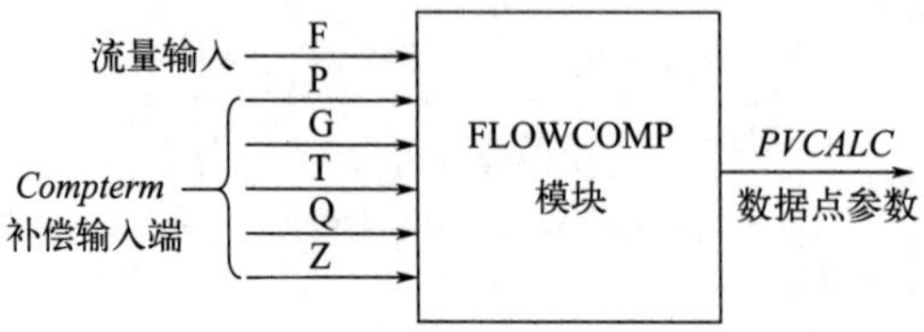流量输入 F
Compterm 补偿输入端 P、G、T、Q、Z
FLOWCOMP 模块
PVCALC 数据点参数
补偿的基本公式
$$PVCALC=C\frac{C_1}{C_2}FCompterm$$
简化算式
$$PVCALC=F\times Compterm$$</td><td>F—未补偿校正前的流量
$PVCALC$—补偿输出
C—刻度，缺省值＝1.0
C_1，C_2—假定条件修正值，缺省值＝1.0
$Compterm$—补偿值
$Compterm$ 取决于它的补偿形式：A、B、C、D、E</td></tr>
<tr><td colspan="3">$Compterm$ 的5种补偿形式计算式</td></tr>
<tr><td>A补偿形式</td><td>主要用于液体质量流量或体积流量的补偿
$$Compterm=\sqrt{\frac{G}{G_R}}$$</td><td rowspan="5">G—测量或计算的比密度或相对分子质量
p—实际压力测量值(表压)
T—实际温度测量值
X—实际蒸汽压缩比测量值
Q—实际蒸汽的质量系数

下列变量由工艺设定：
G_R—设计比密度或参考相对分子质量
p_R— 设计压力
Q_R— 设计蒸汽的质量系数
T_R— 设计温度
p_0— 大气压，101.325kPa
T_0—温度，K
X_R— 参考蒸汽压缩比</td></tr>
<tr><td>B补偿形式</td><td>主要用于气体或蒸汽流量的质量流量补偿。用实际的绝对温度和绝对压力来进行补偿
$$Compterm=\sqrt{\frac{p+p_0}{p_R}\times\frac{T_R}{T+T_0}}$$</td></tr>
<tr><td>C补偿形式</td><td>主要用于气体或蒸汽流量的质量流量补偿。作为补偿输入的是实际的比密度(测量值或计算值)、绝对温度和绝对压力
$$Compterm=\sqrt{\frac{p+p_0}{p_R}\times\frac{T_R}{T+T_0}\times\frac{G}{G_R}}$$</td></tr>
<tr><td>D补偿形式</td><td>主要用于气体或蒸汽流量的质量流量补偿。作为补偿输入的是实际的绝对温度、绝对压力和相对分子质量，相对分子质量可由程序计算获得
$$Compterm=\sqrt{\frac{p+p_0}{p_R}\times\frac{T_R}{T+T_0}\times\frac{G_R}{G}}$$</td></tr>
<tr><td>E补偿形式</td><td>主要用于工业蒸汽流量的质量流量补偿。作为补偿输入的是实际的温度、压力、比密度、蒸汽压缩性和蒸汽特性。此形式也可用于气体和液体
$$Compterm=\sqrt{\frac{p+p_0}{p_R}\times\frac{T_R}{T+T_0}\times\frac{XQ_R}{X_RQ}}$$</td></tr>
</table>

9.5.6　CS3000 系统流量测量用温度压力补偿模块、计算公式及组态实例

CS3000 系统流量测量用温度压力补偿模块及计算公式见表 9-23。

表 9-23　CS3000 系统流量测量用温度压力补偿模块及计算公式

类型	补偿模块及计算公式	备注
差压流量测量补偿公式	$q_{实}=\alpha\sqrt{\dfrac{p_{实}T_{设}}{p_{设}T_{实}}}q_{设}$	$q_{实}$—实际流量 $q_{设}$—设计流量 $p_{实}$—实际压力 $p_{设}$—设计压力 $T_{实}$—实际温度 $T_{设}$—设计温度 F_0—补偿后流量 F_i—测量流量 p—测量压力 T—测量温度 $GAIN$—增益(或称比例系数)
温压补正块 TPCFL	被测流量 IN → 输入处理 → RV；被测温度 Q01 → TMP；被测压力 Q02 → PRS；RV、TMP、PRS → 换算运算 → CPV → OUT 运算输出；(CPV, DCPV) → SUB 辅助输出 运算输出值 $CPV=GAIN\times F_0$ 当压力单位为 MPa 时，其温度压力补偿计算公式为 $F_0=\sqrt{\dfrac{p+0.101325}{p_{设}+0.101325}\times\dfrac{T_{设}+273.15}{T+273.15}}\times F_i$ 如果只进行温度或压力单一补偿时，只需要使用公式中的温度或压力部分即可	
线性流量测量补偿公式	$q_{实}=\dfrac{p_{实}T_0}{p_0T_{实}}q_{测}$	$q_{实}$—标准状态下的体积流量 $q_{测}$—测量流量 p_0—标况压力 $p_{实}$—实际压力 $T_{实}$—实际温度 T_0—标况温度
通用运算块 CALCU	运算输入 IN、Q01…第n运算输入 Q07 → 输入处理 → RV、RV1…RV7；P01…P08 运算参数；用户定义数值.逻辑运算处理 → CPV、CPV1…CPV3 → 输出处理 → OUT 运算输出、J01…第n运算输出 J03；(CPV, DCPV) → SUB 辅助输出 当压力单位为 MPa 时，其计算公式为 $q_{实}=\dfrac{273.15\times(p_{实}+0.101325)}{0.101325\times(T_{实}+273.15)}q_{测}$	

组态实例 9-3

CS3000 系统差压流量测量的温度压力补偿组态。

温度压力补偿组态如图 9-4 所示，实现温度压力补偿只需要调用 TPCFL 模块即可，模

块已内置了表9-23中的温度压力补偿计算公式。在TPCFL功能块细目内需要设置相关的参数，如温度、压力的单位和量程，开方或小信号切除等参数，在修正计算中选择温度和压力的修正。然后在模块的调整画面里，输入设计温度、设计压力、GAIN值，还可根据显示与实际流量大小，扩大或缩小GAIN值，使仪表显示准确。

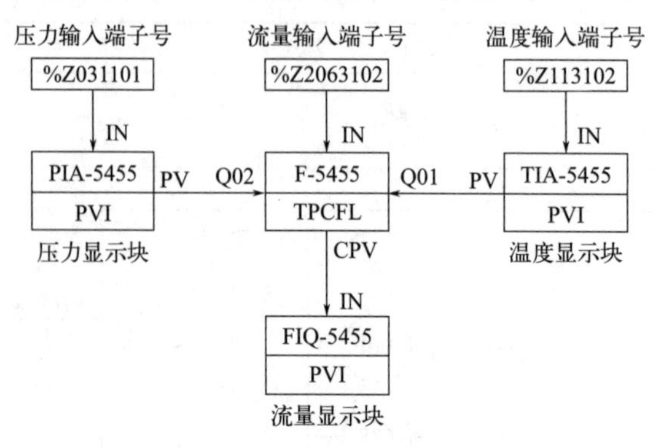

图9-4　温度压力补偿组态图

组态实例9-4

流量总量的组态。

利用CALCU模块来实现实时监测装置总耗气量，组态如图9-5所示，在CALUC中编制的计算程序为：CPV＝RV1＋RV2＋RV3。

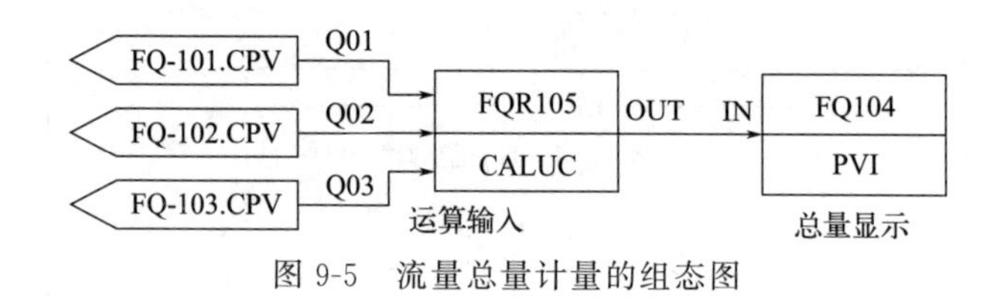

图9-5　流量总量计量的组态图

9.6 DCS的调试、维护及故障处理

9.6.1 DCS控制器的PID相关参数

DCS控制器的PID相关参数见表9-24、表9-25。

表9-24　部分DCS系统PID相关参数

DCS厂家	比例作用	积分时间	微分时间
HONEYWELL	K:增益0.0～240	T1:0～1440min	T2:0～1440min
DELTAV	GAIN:增益	RESET:min	RATE:min
FOXBORO	PBAND:比例度	INT:min	DERIN:min
YOKOGAWA	P:比例度0.0～1000%	I:0.1～10000s	D:0.1～10000s
中控SUPCON	PB:比例度(%)	TI:积分时间(s)	TD:微分时间(s)

续表

DCS 厂家	比例作用	积分时间	微分时间
和利时	PT：比例带（%） 初始值：100%	TI：积分时间 初始值：30s	TD：微分时间 初始值：0.00s KD：微分增益 初始值：1.0

注：比例度与比例放大倍数互为倒数关系，放大倍数就称为增益。

表 9-25　DCS 调节回路控制器的 PID 参数经验设定值

控制类型	PID 运算法则	比例带 PBAND	积分时间 INT	超前/滞后系数 SPLLAG	设定值跟踪 STRKOPT	控制器状态 MBADOP
温度控制	PIDA	100	15	0.2	0（切断）	1（手动）
液体压力控制	PID	300	0.5		1（切入）	1
气体压力控制	PIDA	50	5	0.2	0	1
流量控制	PID	300	0.5		1	1
液位控制	PIDA	50	15	0.2	0	1
pH 控制	PIDA	100	15	0.2	0	1

注：控制器状态（MBADOP=1）是指当输入信号不好时，将控制器切换到手动状态。

9.6.2　DCS 的调试维护及故障检查判断方法

（1）　DCS 的现场调试步骤

DCS 的现场调试步骤如图 9-6 所示，简要说明见表 9-26。

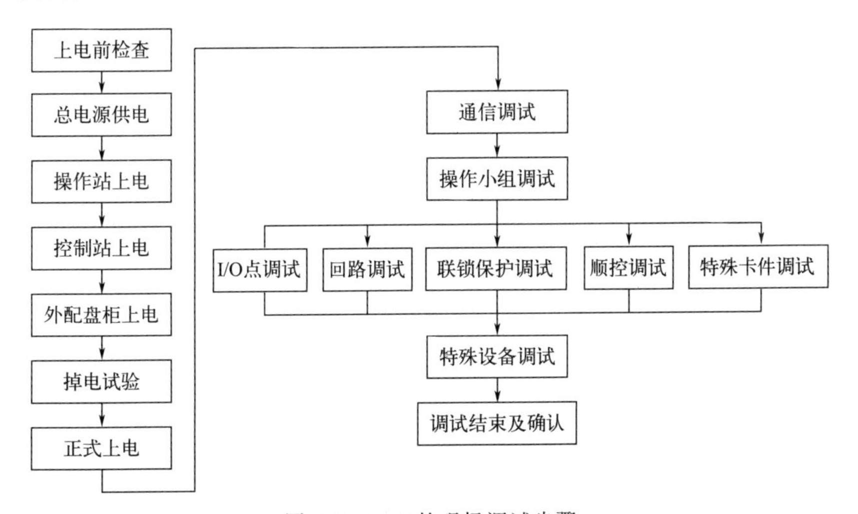

图 9-6　DCS 的现场调试步骤

表 9-26　DCS 的现场调试简要说明

调试项目	操作说明
上电检查及调试	DCS 通电前应检查供电设备、电源接线、接地是否都合乎要求。分工段一个设备一路供电地进行上电，并应测试用电设备输入端的电压值，测试正常后即可进行所有设备的上电测试，按图 9-6 中的上电顺序进行

续表

调试项目	操作说明
掉电测试	所有电源测试完成后，可进行总电源掉电测试。合上A、B两路电源后，先断开B电源，观察整个控制系统电源的工作情况，检查此时双电源切换装置，UPS供电设备工作是否正常，系统能否正常工作，网络通信及下载是否正常，A路测试正常后，合上B路电源，1min后断开A路电源，检查方法和步骤同上
通信调试	进行通信测试前，必须保证硬件连接正确 先进行PING命令及掉电测试。然后进行网络冗余测试，应采用每台计算机单网卡测试下载，下载后观察数据显示。切断控制网，采用拷贝文件方式进行操作网的测试。进行单控制器单网络线下载测试，下载后观察数据显示。网络测试不正常的原因有主控制器跳线重复、网线断、网线口插错、计算机设置有误等，对症进行检查来排除故障
调试控制器等系统卡件	进行单控制器运行，数据显示正常后，插上备用控制器，监控软件的历史趋势数据不应出现跳动。在控制器备份完成后，取出运行控制器，切到备用控制器，备用控制器程序运行正常，监控软件的历史趋势数据不应出现跳动。重复进行另一块控制器的测试 取出所有控制器，等待1min后，插上单卡，单卡程序运行正常，监控软件的实时数据正常。重复进行另一块控制器的测试。如不正常应检查后备电池工作情况。所有控制器冗余测试后，插上所有I/O卡件，通过监控软件的故障分析画面观察所有的控制站，检查控制器及I/O卡件是否全正常。I/O卡件有故障时，可采用端子板及卡件分别测试的方法来查找问题
操作小组的调试	在每台计算机上进行操作小组的切换，在不同操作小组测试时，数据显示、数据的动态特性应正常，并符合工艺及运行的要求 口令管理要正常，根据口令的权限能进行正常的操作 操作小组测试时必须在操作员的权限下进行调试，且工艺人员要对流程图、报表、重要参数的趋势曲线等操作界面进行确认
I/O卡件调试	I/O卡件调试的各种操作、数据观察必须在操作员权限状态下的监控画面中进行。通过I/O通道测试，确认系统在现场能否离线正常运行，确认系统组态配置正确与否，确认I/O通道输入输出是否正常 对于与显示不相符合的信号，应分别检查现场仪表、接线、I/O卡件、组态等环节。若现场仪表和接线无误，对显示错位应检查组态来进行改正 所有AO、DO、特殊的I/O卡件必须逐点进行调试
控制回路的调试	回路调试前应先保证手动操作正常 调试控制回路时，先确认AO输出的类型(气开或气闭)，必须与现场的设备类型一致。在控制回路调整画面中，根据工艺要求设置正反作用，然后将I作用放到0.1，手动调节到50%。投入自动状态，修改设定值，观察回路的输出动作方向是否符合现场工艺要求。控制回路的输出动作方向正常后，修改PID参数到工艺需要的值上。可输入经验参数：压力(P：60%；I：1～2min)；流量(P：80%；I：3～4min)；液位(P：80%；I：3～4min)；温度(P：30%～50%；I：1～2min；D：1～2min)。为防止控制回路在投运时出现振荡，可以适当放弱控制参数。如果是串级控制回路，先调试内环，再进行外环的调试，最终使整个回路在手/自动时输出全部正常
联锁保护调试	根据确认的联锁框图、联锁说明及SAMA图进行调试。必须进行联锁条件的逐一测试。在联锁调试中，一般必须要有联锁投切开关 调试中如发现联锁实现的功能与工艺要求不一致时，应进行完善，修改后必须重新调试
顺控调试	根据确认的顺控框图进行调试。必须进行顺控所有条件的逐一测试，顺控必须保证在手动时能正常运行
特殊卡件或特殊软件的调试	部分特殊卡件，常规信号可能无法模拟或无法测量，需要其他非系统设备配合才能进行调试 部分特殊软件可能无法模拟或无法测量，需要其他非系统设备进行配合，应参考相应的说明书进行调试

续表

调试项目	操作说明
系统联调	通过对模拟信号进行联调，来确认接线和显示是否正常 对各调节回路进行联动调试，确认阀门动作是否正常、气开气关是否正确、正反作用是否满足工艺要求 通过联调确认 DO 信号控制现场设备的动作是否正常，DI 信号显示是否正常；确认控制方案动作、联锁动作是否正常，使其满足工艺开车的需要
系统投运	系统投运过程较复杂，应根据现场实际进行。但一定要在系统联调完成，各测点显示正常，各阀门或电机动作正常，已确认 DCS 正常，已进行投料试车或生产时才能进行系统投运 控制回路投运要遵守“先手动，后自动”的原则，在手动调节运行稳定的状态下，才能试投入自动，通常是先在现场手动操作，待工况稳定后，转至手动遥控操作，并把控制器的比例度、积分时间或微分时间置于经验数值或某一数值上，等工况稳定后，待被控变量等于或接近给定值时，就从手动切换到自动控制，然后观察被控变量的变化，若变量波动剧烈，则切换到手动，重复上述步骤。如果波动不大，可通过整定 PID 参数使被控变量慢慢趋于稳定在给定值上。PID 参数的整定详见本书“8.3 PID 控制器的参数整定”一节

（2） DCS 的维护（表 9-27）

表 9-27 DCS 维护的简要说明

维护项目	维护内容
操作站	检查主机、显示器、鼠标、键盘等硬件是否完好；检查数据刷新、鼠标和键盘操作各功能画面是否正常；查看故障诊断画面，是否有故障提示 定期清洗操作站主机的滤网；主机机箱背面的电压选择开关不能拨动，否则会烧主板 严禁在通电情况下进行连接、拆除或移动操作站主机。拆除或连接显示器时，要确定主机电源开关处于“关”状态，以避免出现人员伤害和设备损坏事故 操作站主机电源接地线应与系统的工作地相连，以减少干扰
控制站	检查模块是否工作正常，有无故障显示(Fault 灯亮)。检查直流电源模块是否工作正常。确认模块有故障后要及时更换 检查接地线连接是否牢固。定期使用防静电刷子、吹风机清扫控制站
系统断电前的检查	对系统的运行状况进行仔细检查，做好异常情况记录，以备有针对性地进行检修 中控室的温度、湿度，应符合规范要求；检查现场总线和远程 I/O 机柜的环境条件，检查冷却风扇的运转情况，记录有问题的冷却风扇 检查系统供电电压、UPS 供电电压和控制站机柜内直流电源电压，各类打印记录，部件状态指示和出错信息，各操作员站和服务器站的运行状况，通信网络的运行状况，等等 做好软件和数据的备份工作，做好系统设置参数的记录工作。检查系统运行日志，对异常记录重点关注，检查日常维护记录，记录好需要停机检修的项目 检查系统报警记录，是否存在系统异常记录，如冗余失去、异常切换、重要信号丢失、数据溢出、总线频繁切换等。启动故障诊断软件，记录系统诊断结果，检查是否有异常
系统断电步骤	每个操作站依次退出实时监控及操作系统后，关闭操作站主机及显示器电源，逐个关闭控制站电源箱电源，关闭各个支路的电源开关，关闭不间断电源(UPS)的电源开关，关闭总电源开关

（3） DCS 的故障检查判断方法

DCS 出现故障可能会涉及电源、硬件、软件、网络、人为等因素。DCS 故障绝大多数发生在现场仪表、安全栅、连接线路、执行器、电源等部件。DCS 出现异常时要结合实际工况，分析测量控制参数是否处于正常状态，以判断是工艺问题还是DCS故障。检查DCS故障时，要综合考虑，从点到面地进行思考、分析、判断。

DCS具有历史趋势记录、操作记录、报警值记录、报警时间记录、故障诊断等功能，历史趋势记录、操作记录真实地记录了历史上各参数的数值和操作人员所做的工作。而故障诊断是DCS对所有模拟、数字的I/O信息进行监控，通过它可测试和判断问题所在，再结合趋势、操作、报警等记录，可帮助我们迅速找出故障点。

电源出现故障，将直接影响DCS的正常工作。电源模块使用时间长后，电子元器件失效导致电源模块发生故障的概率较高。不能忽视电源线连接的故障，如接线头松动、螺栓连接点松动、锈蚀引起的接触不良故障。

硬件故障可分别从人机接口和过程通道两方面来判断。人机接口故障处理起来要容易些，因为多个工作站只会有其中的一个发生故障，只要处理及时一般不会影响系统的监控操作。过程通道故障则应先检查现场仪表，如变送器、热电偶、热电阻等，继电器和各种开关也是容易出现故障的元件，触点易打火或氧化导致出现接触不良或烧毁故障。

软件故障在正常运行时出现得不多，主要出现在调试期间和修改组态后。在判断系统故障时，应先从硬件着手，尤其是现场仪表、传感部件及执行器的检查。

网络通信出现故障，轻则掉线、脱网，重则死机、重启。网络通信出故障其影响面很大，但较容易发现和判断。

当出现DCS某些功能不能使用，或者某控制部分不能正常工作时，应先检查是否为操作人员不熟练或操作错误引起的，如设计、修改组态时出现错误，或者下装时操作有误，都有可能引发故障。

干扰问题也是检查、判断DCS故障时要考虑的因素之一。要使DCS之间实现信号传送，理想状态就是参与互传互递的DCS共有一个“地”，且它们之间的信号参考点的电位也应为零，但这在生产现场是不可能做到的。因为，各个“地”之间的接线电阻会产生压降，还有所处环境不同，这个“地”之间的差异也会引入干扰，这将会影响DCS的正确采样。

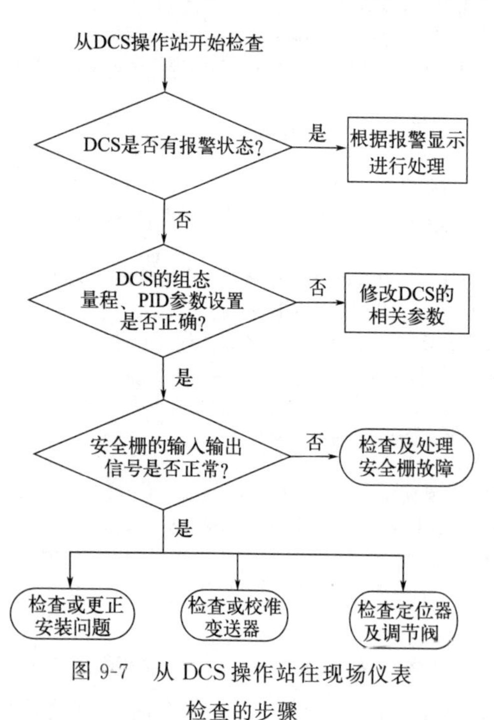

图9-7　从DCS操作站往现场仪表检查的步骤

（4）DCS显示不正常的检查

该故障大多是指DCS某个通道的数据不正常，需要判断故障点是在系统部分还是现场部分。通常做法是：

① 从DCS操作站往现场仪表检查。首先检查DCS是否故障，检查卡件、插槽或母板是否有问题，新投运的系统还应检查信号接线及卡件跳线是否正确。从DCS操作站往现场仪表检查的步骤如图9-7所示。

② 从现场仪表往DCS操作站检查。检查步骤如图9-8所示。

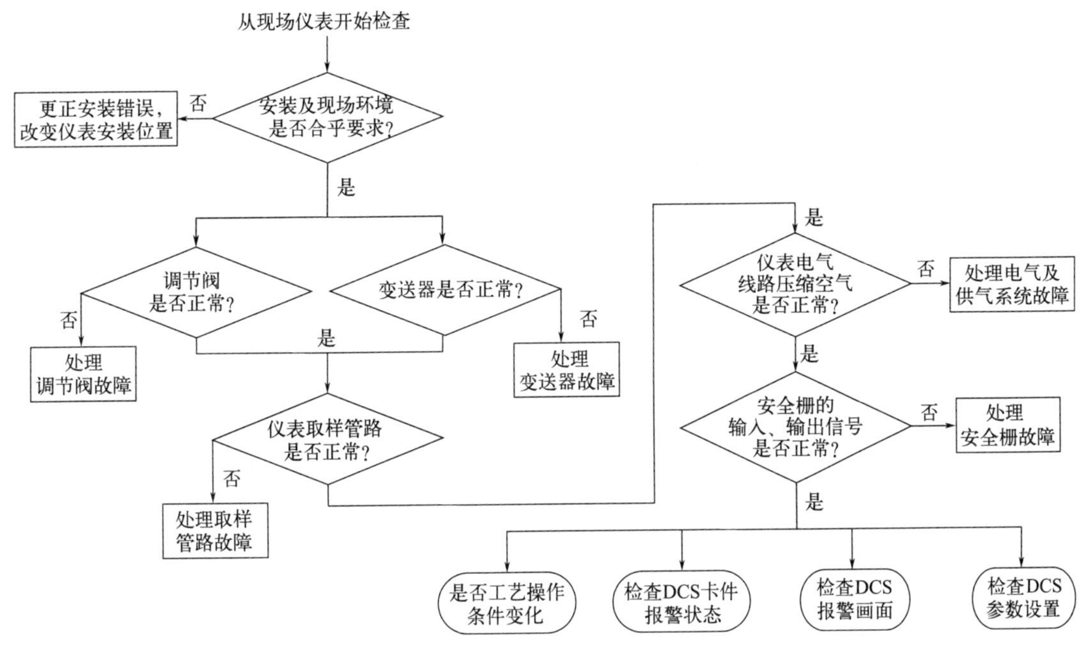

图 9-8　从现场仪表往 DCS 操作站检查的步骤

（5）DCS 显示有坏点的检查步骤

DCS 画面数据中有个别测点或几个测点显示坏点，应重点检查现场仪表，如变送器是否没有信号输出，或者热电偶、热电阻是否损坏，或者是否为现场仪表断电、信号线极性接反、接线松脱、开路、接地等。可按图 9-9 的步骤检查。

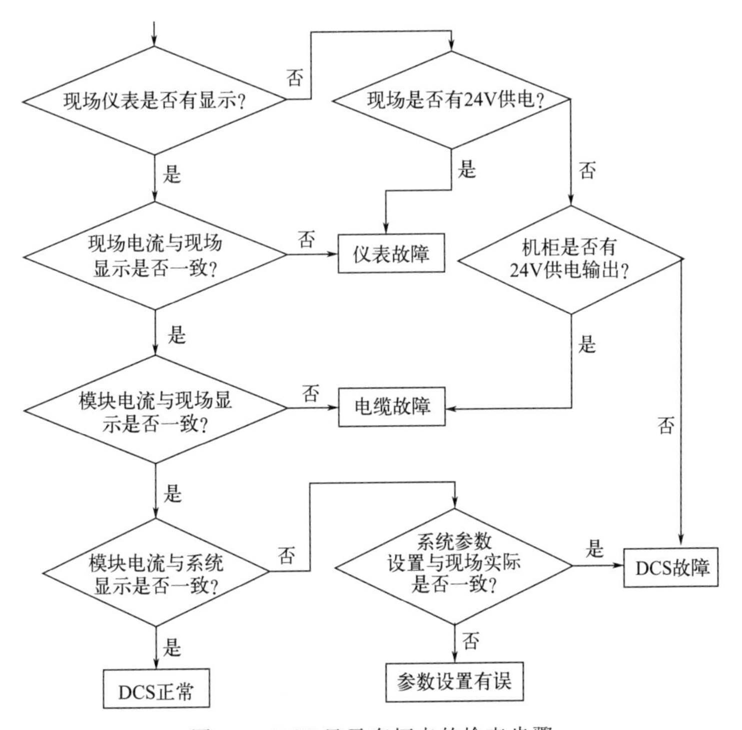

图 9-9　DCS 显示有坏点的检查步骤

(6)人机接口常见故障及处理方法(表9-28)

表9-28 人机接口常见故障及处理方法

故障现象	可能原因	处理方法
鼠标操作失灵	鼠标的接口接触不良	重插鼠标并紧固
	鼠标积尘过多或损坏	清洗或更换鼠标
键盘功能不正常	键盘插头插座接触不良	重新拔插一下键盘
	按键接触不良	清洁或更换键盘
控制操作失效	打开的过程窗口过多	按需打开适量过程窗口
	过程通道硬件有故障	检查过程通道
打印机不工作	打印机设置有错误	进行正确的设置
	缺墨	更换墨盒

9.6.3 CS3000系统FCS指示灯的状态指示

CS3000系统FCS的状态指示及外部接口单元状态指示见表9-29、表9-30。

表9-29 CS3000系统FCS指示灯的状态指示一览表

卡件或名称	灯	ON(亮)	OFF(不亮)	说明
电源单元	RDY	正常	不正常	指示单元状态
	HRDY			指示卡硬件状态
	RDY			指示卡状态
处理器板	CTRL	处于控制状态	处于备用状态	在双冗余FCU中,只有一个卡的灯亮
	COPY	程序复制状态	正常	只有程序复制正在处理时灯亮,正常状态时灯不亮
	HRDY	正常	不正常	指示卡硬件状态
RIO总线	RDY	正常	不正常	指示卡状态
接口板	CTRL	处于通信状态	处于备用状态	在双冗余FCU中,只有一个卡的灯亮
	RCV	处于接收状态	处于非接收状态	在正常通信状态时灯亮
V-net双单元	SND	正常(闪烁亮)	不正常	在正常通信状态时灯亮
	SND-L	处于通信状态	处于备用状态	任一灯亮表示通信状态正常
	SND-R			
	RCV	处于接收状态	处于非接收状态	在正常通信状态时灯亮
RIO总线	SND	正常(闪烁亮)	不正常	在正常通信状态时灯亮
冗余单元	SND-L	处于通信状态	处于备用状态	任一灯亮表示通信状态正常
	SND-R			

表 9-30　CS3000 系统外部接口单元指示灯状态指示

卡件或名称	灯	ON(亮)	OFF(不亮)	说明
风扇	N1	不正常	正常	当风扇发生转动报警时红灯亮
	N2			
外部接口单元	D1			
	D2			
	D3			
	D4			

9.6.4　JX-300XP 系统控制站相关卡件状态指示灯及含义

JX-300XP 系统控制站相关卡件状态指示灯及含义见表 9-31。

表 9-31　JX-300XP 系统控制站相关卡件状态指示灯及含义

SP313/322 冗余卡件正常状态灯指示		
指示灯名称	主卡灯状态	备卡灯状态
FAIL(红)	不亮	不亮
RUN(绿)	亮	闪亮
WORK(绿)		不亮
COM(绿)		亮
POWE(绿)		亮

SP233 数据转发卡件正常状态灯指示		
指示灯名称	主卡灯状态	备卡灯状态
FAIL(红)	不亮	不亮
RUN(绿)	亮	亮
WORK(绿)	亮	不亮
COM(绿)	闪亮	闪亮
STDBY(绿)	亮	亮

SP243X 主控卡正常状态灯指示		
指示灯名称	主卡灯状态	备卡灯状态
FAIL(红)	不亮	不亮
RUN(绿)	闪亮	亮
WORK(绿)	亮	不亮
STDBY(绿)	不亮	闪亮
LED-A(绿)	闪亮	闪亮
LED-B(绿)		
SLAVE		

SP221 电源卡正常状态灯指示	
指示灯名称	指示灯状态
FLISE(红)	不亮
+5V(绿)	亮
+24V(绿)	亮
OVLD(红)	不亮

SP363/SP362 卡件正常状态灯指示	
指示灯名称	指示灯状态
CH1/2、CH3/4	红绿橘黄
CH5/6、CH7/8	

9.6.5　MACS 系统 AI/AO 卡、DI/DO 卡、主控单元状态指示说明

MACS 系统 AI/AO 卡、SM620 卡和 DI/DO 卡状态指示见表 9-32 和表 9-33。主控单元状态指示说明见表 9-34。

表 9-32 MACS 系统 AI/AO 卡、SM620 卡状态指示说明

卡件	RUN 指示灯状态	COM 指示灯状态	说明(AO 卡通道非冗余)
AI/AO SM620	闪	灭	上电后等待初始化数据,通信未建立或通信故障
	灭	灭	未上电或模块坏
	亮	亮	正常运行

表 9-33 MACS 系统 DI/DO 卡状态指示说明

卡件	RUN 指示灯状态	COM 指示灯状态	BAK 指示灯状态	ERR 指示灯状态	说明(DO 卡通道冗余)
DI/DO	闪	灭			上电后等待初始化数据,通信未建立或通信故障
	灭	灭			未上电或模块坏
	亮	亮			正常运行
DO			灭		模块为主
			亮		模块为从
				灭	通道正常
				亮	通道有故障

表 9-34 MACS 系统主控单元状态指示说明

指示灯	说明
RUN(绿):运行灯	状态"亮"正常运行,状态"灭"停止运行
STDBY(黄):冗余灯	表示 AB 两个控制器的冗余状态。状态"闪",主控单元为单机;状态"灭",主控单元为主机;状态"亮",主控单元为从机
ERROR(红):故障灯	状态"闪",从机备份数据;状态"灭",正常运行;状态"亮",运行错误
CNET(绿):控制网	表示 DP 的工作状态。状态"闪",与模块未建立通信;状态"灭",DP 控制网故障;状态"亮",DP 控制网正常
CNETA(黄):控制网	表示 DP 的工作状态。状态"闪",DP 控制网 A 有断线;状态"灭",DP 控制网 A 故障;状态"亮",DP 控制网 A 正常
CNETB(黄):控制网	表示 DP 的工作状态。状态"闪",DP 控制网 B 有断线;状态"灭",DP 控制网 B 故障;状态"亮",DP 控制网 B 正常
SNET1(黄):系统网 1	状态"灭",系统网 1 未用;状态"亮",系统网 1 使用中
SNET2(黄):系统网 2	状态"灭",系统网 2 未用;状态"亮",系统网 2 使用中

9.6.6 TPS 系统相关卡件的状态指示说明

TPS 系统 GUS 操作站站群节点状态说明见表 9-35。LCN 和 UCN 网络状态说明见表 9-36～表 9-39。IOP 卡件状态指示说明见表 9-40。

表 9-35　TPS 系统 GUS 操作站站群节点状态说明

节点状态	说明
UNIVERSL	装载全局属性，区域显示
OK	装载操作员属性，区域显示
OFF	操作站断电或离线
PWR_ON	操作站上电但未装载
ISOLATED	操作站无法与该网络上其他设备通信

表 9-36　LCN 节点状态说明

节点状态	说明
OK	节点自检通过，已装载程序，运行正常
BACKUP	节点自检通过，是另一个网络节点的备份
OFF	节点不在 TPN 网络上或电源关闭
PWR_ON	电源上电，但还未自检通过或未装载程序
QUALIFY	自检测试已经完成
READY	节点已装入程序，在 OK 状态前完成系统通信
FAIL	电源上电，但节点故障

表 9-37　LCN 网各卡板指示灯状态及含义

板卡	指示灯状态	含义
主板	绿色	主板工作正常
	黄色	LCN 网络通信状态正常
EPNI 板	DS1 红色指示灯	EPNI 板自检不正常或工作时出现内部错误
	DS2 绿色指示灯	正常 ON 亮，EPNI 板自检工作正常
	DS3 红色指示灯	正常 OFF 灭，EPNI 板内部总线错误
	DS4 黄色指示灯	正常 ON 亮，UCN 网络通信工作状态正常
	RXB 黄色指示灯	正常 ON 亮，UCN 网络正在使用 B 缆通信
	TX 黄色指示灯	节点启动后正常 ON 亮，UCN 网络正在进行数据传送
LCNP4 板	自检灯绿色	自检通过
	TX 灯黄色	LCN 网络通信状态正常
SPC 板	2(CR2)红色指示灯	SPC 板自检不正常或工作时出现内部错误
	1(CR1)绿色指示灯	正常 ON 亮，SPC 板自检工作正常
	3(CR3)红色指示灯	正常 OFF 灭，SPC 板内部总线错误

表 9-38　UCN 节点状态说明

节点状态	说明
OK	运行正常
BACKUP	设备在备份上操作，运行正常
IOIDL	一个或多个 I/O 处理器在 IDLE 状态，没有故障

续表

节点状态	说明
IDLE	HPMM或LM处于IDLE状态
PARTFAIL	部分故障，HPMM有一个或多个软件故障
PF_IOIDL	有一个或多个部分故障和一个或多个I/O处理器在IDLE状态
PF_IDLE	HPMM或LM处于IDLE状态，有一个或多个部分故障
OFFNET	HPMM或LM不响应UCN网络(不存在，电源掉电状态或有硬件故障不能响应)
POWERON	HPMM或LMP响应UCN网络，但还未运行自检，这是发生在HPMM上电的短暂状态，处于自检完成之前
ALIVE	HPMM或LM响应UCN，但没有装载
LOADING	装载操作属性AND数据库到HPMM，装载数据库到空IOP
NOTCONFG	节点类型与UCN网络上该地址的设备类型不相符
NOSYNCH	备份HPMM正在运行，但它的数据库与主HPMM不同步
FAIL	HPMM严重故障，不能访问I/O处理器的数据。HPMM控制功能终止，整个HPMM故障
COMMFAIL	NIM不能与其他节点通信
UNKNOWN	当主NIM处于COMMFAIL状态时，在该UCN上的所有其他节点处于UNKNOWN状态，直到主NIM建立通信
PMMIDL	HPMM处于IDLE状态

表9-39　UCN网各卡件状态指示灯及含义

板卡	指示灯状态	说明
HPM Power电源指示灯	绿色	卡件内部+24V供电正常
Status工作状态指示灯		卡件工作状态正常
HPM UCN INTERFACE Transmit		UCN网络数据传输处于活动状态(active)
R_XA		UCN网络在使用A缆通信
R_XB		UCN网络在使用B缆通信

表9-40　IOP卡件状态指示灯及含义

指示灯名称	指示灯状态	说明
IOPPower电源指示灯	绿色	卡件内部+24V供电正常
Status工作状态指示灯	绿色	卡件工作状态正常
	黄色	卡件冗余，此卡处于备用状态
		卡件未被组态，或未被激活
	闪烁	未连接FTA
		输出开路
		输入信号故障
		组态不匹配或插错槽位了
		IOP卡件本身硬件故障

9.6.7 PKS系统相关卡件的状态指示说明

C300控制器面板上的指示灯含义及显示面板的指示含义见表9-41和表9-42。CF9的LED灯状态见表9-43。C系列直流电源LED指示灯状态见表9-44。

表9-41 C300控制器面板上的指示灯含义

<table>
<tr><th>指示灯名称</th><th>指示灯状态</th><th>说明</th></tr>
<tr><td>Power电源指示灯</td><td>绿色</td><td>24V供电正常</td></tr>
<tr><td rowspan="3">FTE A和B灯</td><td>红色</td><td>故障:未检测到网络信号或网线未接上</td></tr>
<tr><td>不亮</td><td>正常:没有流量</td></tr>
<tr><td>绿色闪烁</td><td>正常:有流量</td></tr>
<tr><td rowspan="6">Status
工作状态指示灯</td><td>绿色</td><td>控制器正常</td></tr>
<tr><td>绿色闪烁</td><td>主控制器有软故障但可以使用或控制器没有数据库</td></tr>
<tr><td>橙色</td><td>副控制器处于备用状态(跟主控制器进行同步)</td></tr>
<tr><td>橙色闪烁</td><td>处于备用状态但有软故障或跟主控制器没有同步)</td></tr>
<tr><td>灯灭</td><td>有硬件故障</td></tr>
<tr><td>红色</td><td>上电自检或自检故障(包括硬、软件)或硬件看门狗超时</td></tr>
<tr><td colspan="3">Status工作状态指示灯红色闪烁(1s一次)的含义说明</td></tr>
<tr><td colspan="3">1. 启动:
激活状态:启动固件;IP地址设定;主控制器地址被占用;应用软件没有下装;手动下装激活
备用状态:启动固件;IP地址设定;主控制器地址被占用</td></tr>
<tr><td colspan="3">2. 固件下载中</td></tr>
<tr><td colspan="2">显示alternates -bp-</td><td>没有设定IP地址,没有角色(主或备)</td></tr>
<tr><td colspan="2">显示alternates FAIL</td><td>交替失败</td></tr>
<tr><td colspan="2">无显示</td><td>看门狗超时</td></tr>
<tr><td colspan="2">显示屏停止</td><td>显示不可获得或软件有故障</td></tr>
<tr><td colspan="2">显示屏停止或闪烁</td><td>未知错误</td></tr>
</table>

表9-42 C300控制器的显示面板指示含义

面板显示	功能描述	控制器状态
(＃＃＃＃)	通信失败,具体内容看"Control Builder"和操作站里信息	离线
Tnnn	上电自检进度状态	自检
-BP-	控制器启动状态,等待获得IP地址	启动
-TS-	控制器尝试连接时钟服务器或时钟服务器不可用	启动
COMM	控制器无法跟其他网络节点通信	离线
TEST	工厂测试模式	测试

续表

面板显示	功能描述	控制器状态
FAIL	控制器模件故障	故障
ALIV	启动模式但没有应用文件，没有通信	激活
RDY	有应用文件的启动模式，没有通信	就绪
LOAD	进行固件下装	下装
PROG	进行固件刷新	下装
NODB	没有数据库但可以通信	末下装
NOEE	没有 CEE(控制执行环境)	没有 CEE
IDLE	数据库应用模式，CEE 都已经下载 OK，控制器处于闲置状态	闲置
OK	数据库应用模式，CEE 都已经下载 OK，控制器处于运行状态	运行
BKUP	数据库应用模式，CEE 都已经下载 OK，副控制器处于备用状态	备用
SF	控制器出现一个或多个软故障	软故障

表 9-43　CF9 的 LED 灯状态

LED	状态			
	灭	绿	红	绿色闪烁
Power	没电	已上电		
Status	没电或故障	正常	上电自检	软故障
Downlink (1～8 口)	没电或电缆没有连接	电缆已连接但没有通信		通信
Uplink 口灯				

表 9-44　C 系列直流电源 LED 指示灯状态

LED 灯-颜色	LED 状态		
	灭	亮	闪烁
220V 交流电指示(每台)			
AC IN—绿色	没上电或故障	已上电，正常	
Status—绿色	直流电输出电压超限	运行正常	风扇故障
	电流超限		
	电源温度超限		
主电池指示灯			
Status—绿色	没有电源输入	运行正常	风扇故障
	直流电输出电压超限		
	电流超限		
	电源温度超限		
	没有电池		
	温度传感器坏或没有连接		
Battery Charged—绿色	缺少主电池或正在放电	运行正常	

续表

LED灯-颜色	LED状态		
	灭	亮	闪烁
RAM电池指示灯			
Status—绿色	没有电源输入 直流电输出电压超限 电源温度超限 电流超限 没有电池	运行正常	
以下情况发生会报警：电池电压小于3.5V；输入的充电电压小于14V；没有电池组；电池处于充电状态（没有达到峰值）			

9.6.8 PKS系统常见故障的检查和处理

PKS系统常见故障的检查和处理见表9-45。

表9-45 PKS系统常见故障的检查和处理

故障现象	可能原因	判断及处理方法
操作站不能连接到服务器上	服务器名不正确	更改为正确的服务器名
	位置已被另一台操作站占用	判断在服务器上使用Rotary类型的操作站是否被占用（已没有位置） 稍后再连接或退出占用服务器的那台操作站
		判断在服务器上使用static类型的操作站是否被占用（已没有位置） 指定一个空的位置，如有必要，使用Quick Builder配置更多static类型的操作站
	在备用服务器上的操作站配置文件不正确	如果有冗余的服务器，检查备用服务器是否作为主服务在运行 重新设置这个文件
	ICMP通信被禁止，导致操作站无法连接服务器	PING服务器，检查系统管理员是否禁止了ICMP通信 重新设置station.ini文件
无法调出系统画面	检查存放系统画面文件夹路径是否在连接属性对话框的列表里（操作站连接配置）	增加存放流程图文件夹的路径 默认路径Program Files\Honeywell\Experion PKS\Client\System\R300
无法调出流程图		增加存放流程图文件夹的路径， 默认路径Program Files\Honeywell\Experion PKS\Client\Abstract
	区域，访问权限设置有误	换区，提高访问权限

续表

故障现象	可能原因	判断及处理方法
服务器不能启动	服务器名被修改，且没有按正确的方法来修改	按正确的方法进行修改
	密码被修改，修改方法有误	
	检查系统变量的文件是否损坏	文件默认路径 Program Files\Honeywell\Experion PKS\Server\Run
服务器运行缓慢	存储文件达到硬盘容量的85%	把旧文件移到另外一个盘里或刻录成DVD光盘，定期清理和备份这些文件，以解决硬盘容量不足的问题
	硬盘碎片过多	定期进行硬盘碎片整理工作
网络连接有问题	网络电缆连接不牢固，或损坏	重新拔插，或更换网络电缆
	双绞线选择有误	必须使用超5类或更高类的双绞线
	设备驱动程序出错或者协议不相同	重新安装驱动程序

注：在操作画面的状态条上显示红灯或黄灯，并伴随报警。红灯表示操作站跟服务器失去通信。黄灯表示跟服务器正在同步。

9.6.9 Delta V 系统硬件、软件的诊断及故障处理

（1） Delta V 系统的硬件诊断及故障处理

系统电源模块及相关卡件的电源LED指示灯状态见表9-46。

表 9-46 系统电源模块及相关卡件的电源LED指示灯状态

LED	正常状态	故障指示	可能的原因	处理方法
绿色—电源	亮	灭	电源没有供上，或电源接线问题	检查供电电源和接线
			内部故障	联系技术支持
红色—错误	灭	亮	输出超过允许范围	确认负载的计算
			输入电压超限，设备单元关机	检查输入电压
以下表9-47、表9-49、表9-51、表9-53和表9-54的卡件出现电源故障，LED的显示都是一样的，汇总如下，不再单独在各表中列出				
绿色—电源	亮	灭	系统电源没有供电，或电源接线问题	检查供电电源和接线
			内部故障	联系技术支持

MD、MD Plus、MX和MQ控制器及远程接口单元LED指示灯状态见表9-47。

表 9-47 MD、MD Plus、MX和MQ控制器及远程接口单元LED指示灯状态

LED	正常状态	故障指示	可能的原因	处理方法
红色—错误	灭	常亮	内部故障	联系厂商解决
		亮1s后，所有LED亮5s	遇到不可恢复的软件故障，设备重置(RESET)	联系厂商解决
		闪烁	控制器已停用	投用控制器
			远程接口单元已停用	投用远程接口单元

续表

LED	正常状态	故障指示	可能的原因	处理方法
绿色—活动	亮	灭	控制器为热备控制器	无—绿色热备灯亮
			未投用控制器	投用控制器
			未投用远程接口单元	投用远程接口单元
			内部故障	联系技术支持
		闪烁	控制器未组态	下装控制器组态
			未配置远程接口单元	下装配置
绿色—热备	灭	亮	控制器为热备控制器	
		闪烁	控制器未组态	下装控制器组态
黄色—主端口 CN	闪烁 尝试通信	灭 尝试通信，不闪烁	主控制网络连接的控制器（或远程接口单元）没有以太网通信	检查主网络电缆连接和集线器连接
黄色—副 CN			副控制网络连接的控制器（或远程接口单元）没有以太网通信	检查副网络电缆连接和集线器连接

模拟量输入（AI）8 通道、16 通道卡件和模拟量输出（AO）8 通道、16 通道卡件 LED 指示灯状态见表 9-48 和表 9-49。

表 9-48　AI、AO 8 通道卡件 LED 指示灯状态

LED	正常状态	故障指示	可能的原因	处理方法
绿色—电源 绿色—电源/活动	系列 2 之前—亮 系列 2 冗余 活动—亮 热备—闪烁 系列 2 单工—亮（AI）	灭	电源没有供上，或电源接线问题	检查供电电源和接线
			内部故障	更换卡件或联系技术支持
红色—错误	灭	系列 2 之前和系列 2 常亮	设备自检失败	联系技术支持
			控制器没有检测到卡件	检查控制器运行
			无总线供电（AI）	检查供电和线路
		系列 2 之前 闪烁	控制器没有检测到卡件	检查控制器运行
			地址冲突	用好的卡件更换怀疑的卡件，确认冲突源
		系列 2 冗余 闪烁	无总线供电	检查总线供电和连接。当问题解决后使用 DeltaV 诊断清除保存的错误信息命令
			控制器没有检测到卡件	检查控制器运行
			硬件故障	用同型号正常卡件替换原卡件
		系列 2 单工 闪烁	控制器没有检测到卡件	检查控制器运行

续表

LED	正常状态	故障指示	可能的原因	处理方法
黄色—通道1～8	亮	灭	AI超出输入范围，通道被禁用	检查输入信号源和连接
			AO无输出负载，通道被禁用	检查输出连接
			没有给设备供电	检查总线供电和连接
			内部故障	联系技术支持
		闪烁	AI超出输入范围，通道被禁用	检查输入信号源和连接
			AO无输出负载，通道使能	
			没有给设备供电	检查总线供电和连接
			通道组态为HART类型，但没有HART通信	检查HART输入信号源和连接
			通道组态为NAMUR信号范围，但输入信号已超出范围	检查输入电平，与NAMUR范围进行对比

表9-49　AI 16通道，系列2 Plus AO16通道卡件LED指示灯状态

LED	正常状态	故障指示	可能的原因	处理方法
红色—错误	灭	亮	无总线供电	检查电源和接线
			控制器没有检测到卡件	检查控制器运行
			卡件自检失败	联系技术支持
		闪烁	无总线供电	检查电源和接线
			控制器没有检测到卡件	检查控制器操作
			硬件故障	用好的卡件更换怀疑的卡件

数字量输入（DI）和数字量输出（DO）8通道卡件LED指示灯状态见表9-50，DO 32通道、24V DC卡件和事件序列卡件LED指示灯状态见表9-51，DI/DO高密度接线板LED指示灯状态见表9-52。

表9-50　DI、DO 8通道卡件LED指示灯状态

LED	正常状态	故障指示	可能的原因	处理方法
绿色—电源 绿色—电源/活动	系列2之前—亮 系列2冗余 活动—亮 热备—闪烁 系列2单工—亮	灭	电源没有供上，或电源接线问题	检查供电电源和接线
			内部故障	更换卡件或联系技术支持

续表

LED	正常状态	故障指示	可能的原因	处理方法
红色—错误	灭	系列2之前和系列2常亮	设备自检失败	联系技术支持
			控制器没有检测到卡件	检查控制器运行
		系列2之前闪烁	控制器没有检测到卡件	检查控制器运行
			地址冲突	用好的卡件更换怀疑的卡件，确认冲突源
		系列2冗余闪烁	硬件故障	用好的卡件更换怀疑的卡件，确认冲突源
			控制器没有检测到卡件	检查控制器运行

表9-51　DO 32通道、24V DC卡件和事件序列卡件LED指示灯状态

LED	正常状态	故障指示	可能的原因	处理方法
红色—错误	灭	常亮	通信错误	检查连接、电缆和外部设备
		闪烁	地址冲突	用好的卡件更换怀疑的卡件或联系技术支持

表9-52　数字量输入（DI）、数字量输出（DO）高密度接线板LED指示灯状态

数字量	LED	状态	含义
输入（DI）	绿色—电源	亮（绿色）	高密度接线板接通电源
		灭	高密度接线板未接通电源
	通道 系列2为黄色，系列2 Plus为橙色/棕色	开 系列2为黄色，系列2 Plus为橙色/棕色	通道信号可用
		灭	通道信号不可用
输出（DO）	绿色—电源	亮（绿色）	高密度接线板接通电源
		灭	高密度接线板未接通电源
	通道（黄色）	亮（黄色）	通道断开
		灭	通道闭合

RTD和欧姆、热电偶和mV、多功能卡、隔离输入卡LED指示灯状态见表9-53。

表9-53　RTD和欧姆、热电偶和mV、多功能卡、隔离输入卡LED指示灯状态

LED	正常状态	故障指示	可能的原因	处理方法
红色—错误	灭	常亮	控制器没有检测到卡件	检查控制器操作
			设备自检失败	联系技术支持
		闪烁	控制器没有检测到卡件	检查控制器操作
			地址冲突	用好的同型号卡件更换怀疑的卡件，确认冲突源

续表

<table>
<tr><th>LED</th><th>正常状态</th><th>故障指示</th><th>可能的原因</th><th>处理方法</th></tr>
<tr><td colspan="5">RTD和欧姆、热电偶和mV卡件LED出现黄色状态的信息</td></tr>
<tr><td rowspan="5">黄色—
通道1～8</td><td rowspan="5">亮</td><td rowspan="2">灭</td><td>通道没有组态</td><td>激活通道并下载卡件</td></tr>
<tr><td>内部故障</td><td>联系技术支持</td></tr>
<tr><td rowspan="3">闪烁</td><td>无效配置</td><td>检查配置</td></tr>
<tr><td>输入超出范围</td><td>检查输入信号和接线</td></tr>
<tr><td>内部故障</td><td>联系技术支持</td></tr>
</table>

Profibus DP，系列2 Profibus DP（单工模式）和系列2 Plus Profibus DP（单工和冗余模式），DeviceNet和系列2 DeviceNet卡件，ASi卡件LED指示灯状态见表9-54。转换器LED指示灯状态见表9-55。RS232/RS485串口的LED指示灯状态见表9-56。

表9-54 Profibus DP卡件和DeviceNet卡件、ASi卡件LED指示灯状态

<table>
<tr><th>LED</th><th>正常状态</th><th>故障指示</th><th>可能的原因</th><th>处理方法</th></tr>
<tr><td rowspan="4">红色—错误</td><td rowspan="4">灭</td><td rowspan="2">常亮</td><td>控制器没有检测到卡件</td><td>检查控制器操作</td></tr>
<tr><td>卡件自检失败</td><td>更换卡件</td></tr>
<tr><td rowspan="2">闪烁</td><td>控制器没有检测到卡件</td><td>检查控制器操作</td></tr>
<tr><td>地址冲突</td><td>用好的同型号卡件更换怀疑的卡件，确认冲突源</td></tr>
<tr><td rowspan="4">黄色—
端口1和
端口2</td><td rowspan="4">亮</td><td rowspan="3">灭</td><td>没有通信</td><td>检查连接、电缆和外接设备</td></tr>
<tr><td>端口禁用</td><td>设置端口</td></tr>
<tr><td>没有配置该端口</td><td>配置端口</td></tr>
<tr><td>闪烁</td><td>端口通信错误</td><td>检查连接、电缆和外接设备</td></tr>
</table>

表9-55 转换器LED指示灯状态

<table>
<tr><th>LED</th><th>正常状态</th><th>故障指示</th><th>可能的原因</th><th>处理方法</th></tr>
<tr><td>绿色—电源</td><td>亮</td><td>灭</td><td>没有给设备供电，电源接线问题</td><td>检查供电电源和接线</td></tr>
<tr><td>红色—错误</td><td>灭</td><td>亮</td><td>内部故障</td><td>联系技术服务</td></tr>
<tr><td>绿色—主F Lnk</td><td rowspan="2">亮</td><td rowspan="2">灭</td><td rowspan="2">光纤电缆连接错误</td><td rowspan="2">检查光纤电缆连接</td></tr>
<tr><td>绿色—副F Lnk</td></tr>
<tr><td>绿色—主C Lnk</td><td rowspan="2">亮</td><td rowspan="2">灭</td><td rowspan="2">双绞线连接错误</td><td rowspan="2">检查电缆接线</td></tr>
<tr><td>绿色—副C Lnk</td></tr>
</table>

表9-56 RS232/RS485串口的LED指示灯状态

<table>
<tr><th>LED</th><th>正常状态</th><th>故障指示</th><th>可能的原因</th><th>处理方法</th></tr>
<tr><td rowspan="2">绿色—电源
绿色—电源/活动</td><td rowspan="2">系列2之前—亮
系列2冗余
活动—亮
热备 闪烁
系列2单工—亮</td><td rowspan="2">灭</td><td>没有给设备供电，或电源接线问题</td><td>检查供电电源和接线</td></tr>
<tr><td>内部故障</td><td>联系技术支持</td></tr>
</table>

续表

LED	正常状态	故障指示	可能的原因	处理方法
红色—错误	灭	系列2之前和系列2常亮	设备自检失败	联系技术支持
			控制器没有检测到卡件	检查控制器运行
		系列2之前闪烁	控制器没有检测到卡件	检查控制器运行
			地址冲突	用好的卡件更换怀疑的卡件，确认冲突源
		系列2闪烁	硬件故障	用好的卡件更换怀疑的卡件，确认冲突源
			控制器没有检测到卡件	检查控制器运行
黄色—端口1和端口2(配置为主)	亮	灭	没有通信	检查电缆及连接和外部设备
		闪烁	端口通信错误	
黄色—端口1和端口2(配置为从)	亮—通信中 灭—无通信 闪烁—间歇通信			

现场总线H1和系列2总线H1卡件的LED指示灯状态见表9-57。

表9-57　现场总线H1和系列2总线H1卡件的LED指示灯状态

LED	正常状态	故障指示	可能的原因	处理方法
绿色—电源 绿色—电源/活动	系列2之前—亮 系列2冗余 活动—亮 热备—闪烁 系列2单工—亮	灭	电源没有供上，或电源接线问题	检查供电电源和接线
			内部故障	更换卡件或联系技术支持
		系列2之前和系列2闪烁 系列2红色 活动—闪烁 热备—闪烁	已配置卡件的接线端子错误	为系列2冗余卡件安装冗余接线端子，为单工模式和/或系列2之前的卡件安装单工模式接线端子
红色—错误	灭	系列2之前和系列2常亮	设备自检失败	联系技术支持
			控制器没有检测到卡件	检查控制器运行
		系列2之前闪烁	控制器没有检测到卡件	检查控制器运行
			地址冲突	用好的卡件更换怀疑的卡件，确认冲突源
		系列2闪烁	硬件故障	用好的卡件更换怀疑的卡件，确认冲突源
			控制器没有检测到卡件	检查控制器运行

续表

LED	正常状态	故障指示	可能的原因	处理方法
黄色—端口1和端口2	亮	灭	没有通信	检查电缆及连接
			端口没有使用	启动端口
			组态不匹配	更正组态错误
		闪烁	端口通信错误	检查通信电缆和连接
			没有配置端口	配置端口

（2） Delta V 系统的软件诊断及处理

软件诊断见表 9-58。控制器、操作站、节点的故障判断分别见表 9-59～表 9-61。

表 9-58　软件诊断表

图形符号	说明
×	表示节点没有通信，一般是在连接出现故障或者节点未上电或停用时出现该指示符号
!	表示诊断程序没有该节点上的全部信息。例如，如果取下还未进行组态的 I/O 卡件，会出现该指示符号
?	表示节点正在通信，但是存在完整性问题。完整性问题可在许多不同条件下出现，包括硬件或者连接问题、I/O 组态和安装的 I/O 不匹配，或者节点组态为冗余却又没有支持冗余的必要连接
▲（黄色）	表示节点已经丢失其组态，或组态未下装。如果节点失电或者复位，即会丢失节点的组态

表 9-59　控制器故障判断表

故障原因	处理方法
节点与集线器没有通信	检查控制器的 LED，检查控制器网线，确认集线器与控制器之间连接正确
控制网络网线不能正常工作	测试控制器与集线器之间的网线，如果网线不能正常工作，修理或更换之
节点与网络连接不正确	确认网线连接到正确的集线器口和控制器
与安装底座的连接不牢靠	将控制器从安装底座上移开至少 15s，再重新安装至底座，此时这个控制器将在 Decommissioned Controllers 项下显示
Delta V 系统的 Explorer 与运行数据库没有连接，或是 Delta V 系统的数据库服务器没有运行	退出 Delta V 系统的资源管理器（Explorer）并重新启动与运行数据库的连接
检查控制器的错误	通过选择 Delta V Explorer 控制器属性/控制器 /闪光灯（Controller Properties /Controller /Flash Lights）来确定是否为正确的控制器
主控制网络连接和副控制网络交叉连接	用 Delta V Explorer 节点属性/识别控制器（Node Properties/Identify Controller）使控制器的 LED 闪烁。如果 LED 闪烁，使用 Delta V Diagnostics 中的检查节点完整性（Check Node Integrity）功能并确定返回状态为未连接（Not Connected）
	确定主控制网络电缆连接到控制器、工作站和集线器的正确主端口上
	确定副控制网络电缆连接到控制器、工作站和集线器的正确副端口上

表 9-60　操作站故障判断表

故障原因	处理方法
操作站没有正确配置	确认操作站正常供电，通过检查控制面板/管理工具/服务(Control Panel/Administrative Tools/Services) 并确认 Delta V 服务正在运行
节点没有连接到集线器上	检查控制网络网线并确认已正确地与集线器和操作站相连接
控制网线没有正常工作	测试操作站与集线器之间的网线，如果网线不能正常工作，修理或更换之
操作站地址被设置为缺省值或不正确的地址	检查 IP 地址并确认地址与 Delta V Explorer 的节点地址相匹配，如果地址不正确，运行操作站组态
	用 3Com 安装盘中的应用程序来确认操作站控制网卡的即插即用功能已关闭
节点安装的信息不完整	点击带此显示的节点，点击鼠标右键，然后点击 Setup Data，将数据库中的数据传输到物理节点上，也可以上传操作站节点的安装信息，这样操作站就有了管理新节点的所有信息

表 9-61　节点故障判断表

故障原因	处理方法
节点正在通信但完整性存在问题	大多数完整性问题都是由硬件问题造成的，检查节点上的 LED 显示，并正确处理硬件问题
节点从来没有下载或是组态数据丢失	下载节点
安装节点(操作站)没有节点的全部信息	点击有指示灯的节点，点击鼠标右键，然后点击安装配置数据(Install Setup Data)。这会将配置数据从数据库传输到物理节点上。同时还可以更新安装操作站节点，以便操作站拥有所有需要用来管理新节点的信息

9.7 PLC 的调试及故障检查判断方法

9.7.1 PLC 的现场调试步骤及故障判断方法

(1) PLC 的现场调试

调试步骤如图 9-10 所示，简要操作说明见表 9-62。

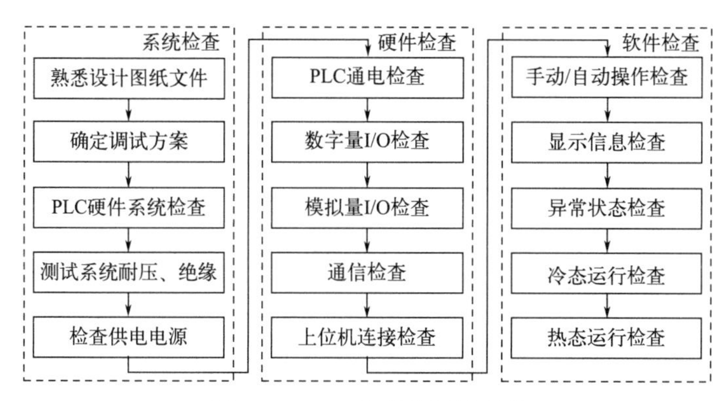

图 9-10　PLC 的现场调试步骤

表 9-62 PLC 的现场调试简要操作说明

调试项目	简要操作说明
系统检查	主要是对 PLC 本机、输入输出模块、通信模块、电源模块进行检查。检查安装接线是否正确，检查绝缘及接地是否合乎要求，检查供电电源和备用电源是否正常
通电检查	对 PLC 进行通电调试应在没有连接负载的状况下进行，对 PLC 送电后，系统会自动对硬件进行诊断，若某一模块出现自诊断错误，该模块的 ERR 灯会发亮
模拟调试（冷态调试）	PLC 通电正常后就可进行模拟调试，检查应用程序后下载到 PLC，模拟调试时不要连接 PLC 的输入元件和输出负载 数字量信号可用输入开关来模拟输入，而输出则通过输出端的 LED 灯来判断，模拟量信号可用信号发生器来模拟电压、电阻等的输入，模拟输出信号大多为直流电流或电压信号，可用万用表进行测量 模拟调试，一是检查应用程序是否符合工艺的要求，二是检查输入、输出的零位和量程范围是否正确。所以要对控制系统的流程图或功能图表的所有分支以及各种可能的流程进行调试，发现问题并进行控制程序的修正，使其完全符合控制要求
通信检查和调试	通信参数设置正确一般都能建立通信，如果不能通信应检查：是否有干扰，隔离和接地是否不良；对 RS-485 是否在远端没有并联 120Ω 终端电阻，如果泄漏电流大则增加 10kΩ 上拉电阻。最易忽视的是接线问题
联机调试（热态调试）	模拟调试完成后，即可进行联机调试，先用手动操作来运行和调试 按工艺流程要求启动生产过程。将应用程序投运，检查程序运行是否正常；顺序启动设备，检查设备运转是否正常。检查程序执行情况，如有不正常情况，要重新检查程序或接线，更正软、硬件方面的问题 待整个生产过程运行稳定，程序能够正常运转后，可根据工艺情况逐步试投自动，并结合实际进行参数调整，直到合乎工艺要求 系统调试完成后，为防止应用程序丢失和破坏，要进行程序的保存和固化

（2） PLC 的故障判断方法

① PLC 的初步检查。检查步骤如图 9-11 所示，确定了故障的大致范围后，可以着手进行详细的故障检查和处理。

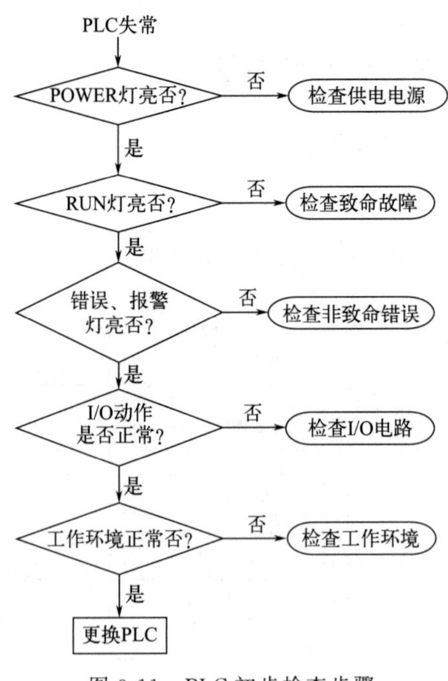

图 9-11 PLC 初步检查步骤

② PLC 系统的电源故障判断。根据电源灯的亮、灭状态，按图 9-12 的步骤进行检查。

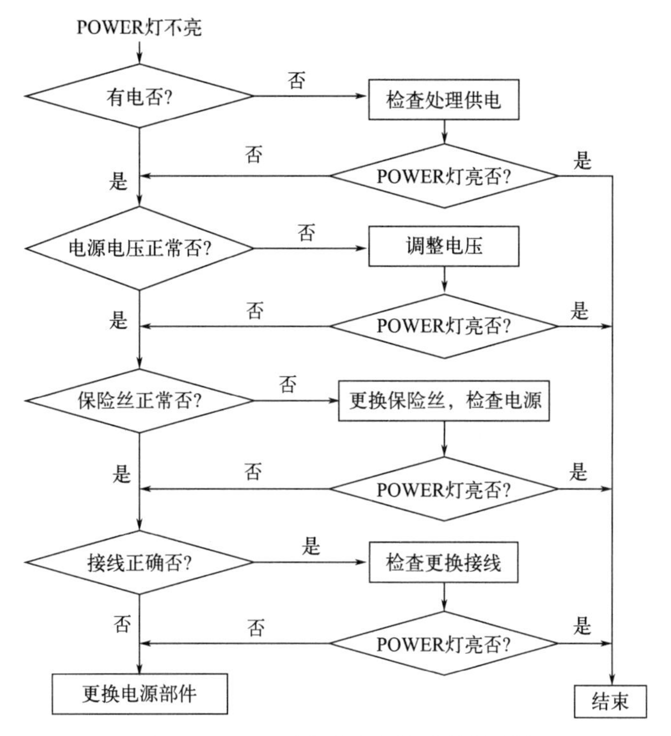

图 9-12　PLC 系统的电源故障判断步骤

③ PLC 系统运行是否正常的检查。电源正常，运行指示灯不亮，说明系统可能因某种异常原因而终止正常运行，可按图 9-13 的步骤，检查系统运行是否正常。

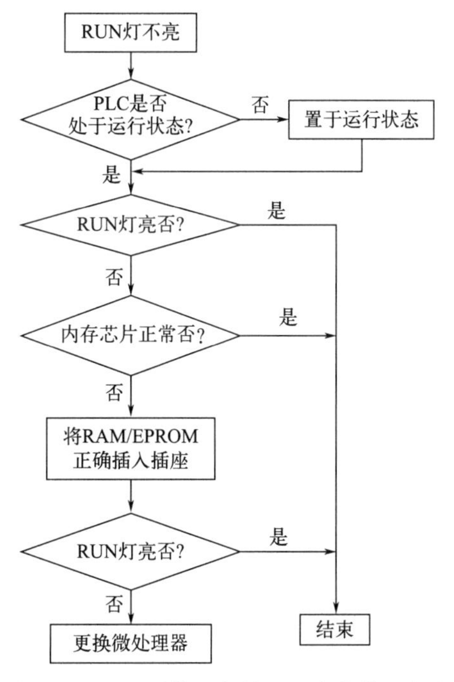

图 9-13　PLC 系统运行是否正常的检查步骤

④ PLC 输入、输出接口电路的检查。可按图 9-14 的步骤，对 PLC 的 I/O 通道进行检查。应重点检查连接导线、接线端子、保险丝等元件。

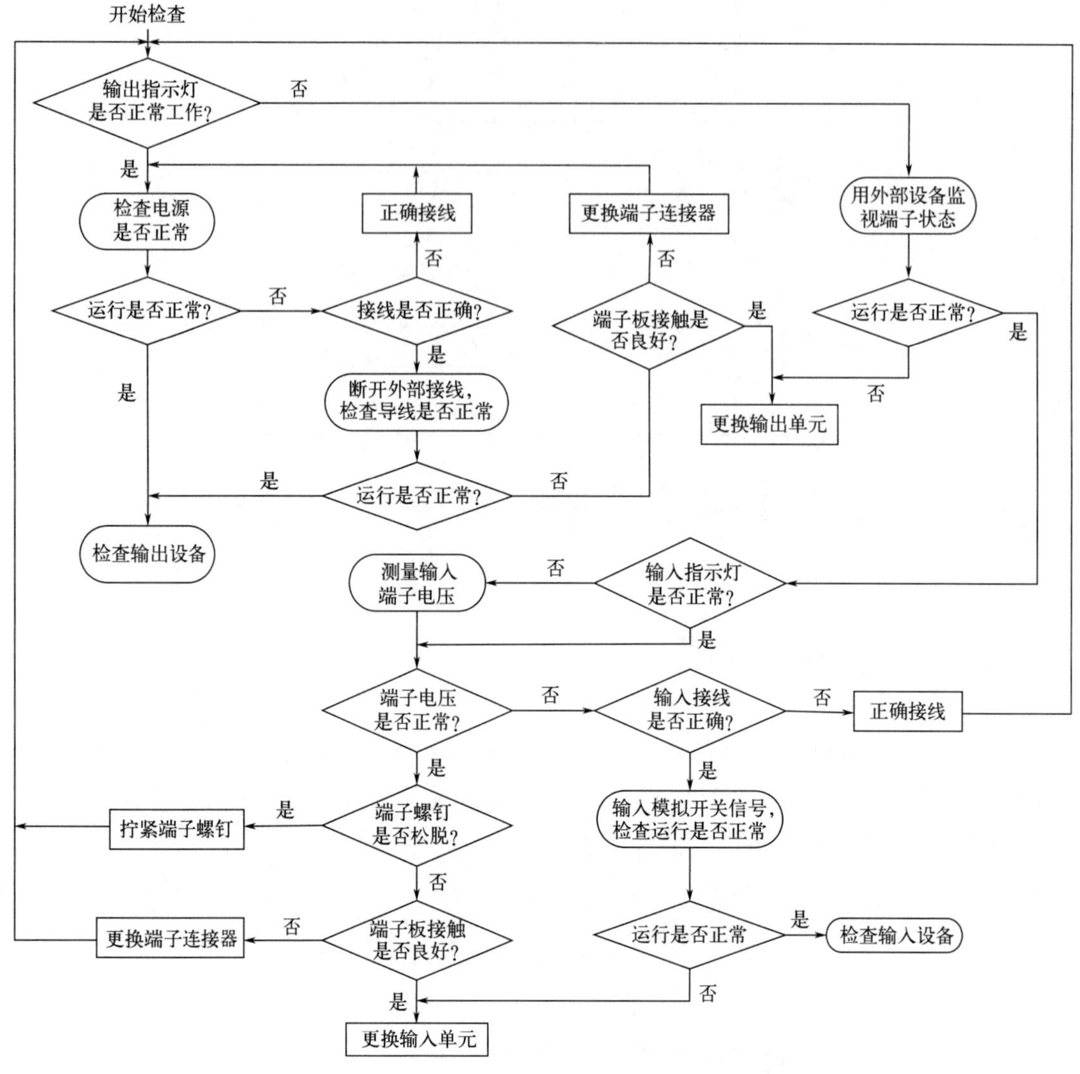

图 9-14 PLC 输入、输出接口电路的检查步骤

⑤ PLC 通信故障的检查及处理见表 9-63。

表 9-63 PLC 通信故障的检查及处理方法

故障现象	故障原因	处理方法
单一模块不通信	模块接插不到位	重新拔插并按紧
	模块损坏	更换模块
	组态有误	重新进行组态
从站不通信	分支通信电缆故障	重新拔插仍不通信，则更换
	通信处理器松动	重新拧紧
	通信处理器有故障	更换
	通信处理器地址开关有错	重新进行设置

续表

故障现象	故障原因	处理方法
主站不通信	通信电缆出现故障	检查或更换通信电缆
	通信处理器有故障	重启后仍不通信，更换
	调制解调器有故障	断电重启仍不通信，更换
通信正常，但通信故障灯亮	有模块插入或接触不良	插入并按紧
通信干扰大	没有连接终端电阻	两个远端并接120Ω电阻
	泄漏电流大	增加10kΩ上拉电阻
	有电磁干扰	检查干扰源，或选择合适的芯片
偶发通信中断	通信线安装不合理	对通信线进行屏蔽，单点接地，加装中继器，更换质量差的芯片
信号弱	连接点数过多，传输速率过高，传输距离过长	降低传输速率，增加中继器，多串口或485HUB等设备来改善
	通信线没有采用并联连接	更改为并联连接方式
	供电电压过低	提高供电电压

9.7.2 S7-300系列PLC上LED灯的状态判断故障

S7-300系列PLC上LED灯的状态判断故障见表9-64～表9-66。

表9-64 S7-300系列PLC上LED灯的状态、故障及处理方法

LED状态					故障及处理方法
SF	DC5V	FRCE	RUN	STOP	
LED灭	LED灭	LED灭	LED灭	LED灭	CPU电源故障。检查电压模块是否连接到总电源并打开；检查CPU是否连接到电源模块并打开
LED灭	LED亮	×	LED灭	LED亮	CPU处于“STOP”模式。启动CPU
LED亮	LED亮	×	LED灭	LED亮	由于故障，CPU处于“STOP”模式。检查“SF”LED，参照本书的表9-65
×	LED亮	×	LED灭	LED闪(0.5Hz)	CPU请求存储器复位
×	LED亮	×	LED灭	LED闪(2Hz)	CPU执行存储器复位
×	LED亮	×	LED闪(2Hz)	LED亮	CPU处于“Startup”模式
×	LED亮	×	LED闪(0.5Hz)	LED亮	CPU被一个编程的断点中断
LED亮	LED亮	×	×	×	硬件或软件错误。检查“SF”LED，参照本书的表9-65
×	×	LED亮	×	×	用户已激活强制功能

注：表中“×”表示该状态与CPU的功能无关。

表 9-65 “SF”LED 故障现象及处理方法

类型	可能错误	CPU 的响应	处理方法
软件故障	启用并触发 TOD 中断,但是,未装载匹配块(软件/组态错误)	调用 OB85,如果未装载 OB85,CPU 会切换到 STOP 模式	装载 OB10 或 OB11(OB 号可从诊断缓冲区中看到)
	已启用 TOD 中断的启动时间被跳过,例如通过将内部时钟提前	调用 OB80,如果未装载 OB80,CPU 会切换到 STOP 模式	利用 SFC29 设置时钟前,应暂停 TOD 中断
	由 SFC32 触发延迟中断,然而未装载匹配(软件/组态出错)	调用 OB85,如果未装载 OB85,CPU 会切换到 STOP 模式	装入 OB20 或 OB21(OB 号可从诊断缓冲区中看到)
	启用并触发 TOD 中断,但是,未装载匹配块(软件/组态出错)	调用 OB85,如果未装载 OB85,CPU 会切换到 STOP 模式	装入 OB40 或 OB41(OB 号可从诊断缓冲区中看到)
	产生状态报警,但没有调用 OB55	调用 OB55,如果未装载 OB55,CPU 会切换到 STOP 模式	调用 OB55
	产生新的报警,但没有调用 OB56	调用 OB56,如果未装载 OB56,CPU 会切换到 STOP 模式	调用 OB56
	产生用户规定的报警,但没有调用 OB57	调用 OB57,如果未装载 OB56,CPU 会切换到 STOP 模式	调用 OB57
	尝试访问一个未装的或有故障的模块(硬件或软件错误)	调用 OB85,如果未装载 OB85,循环时间超过 1s 而没有触发,CPU 会切换到 STOP 模式	生成 OB85,OB 的起始信息包括相应的模块地址。更换相应的模块或排除程序错误
	超过循环时间,同时调用的中断 OB 太多	调用 OB80,如果未装载 OB80 或调用两次,CPU 会切换到 STOP 模式	延长循环时间,改变程序结构。必要时,通过 SFC43 重新激活循环时间监测
	编程错误:未加载块、块编号错误、定时器/计数器编号错误、读写访问错误的区域等	调用 OB121,如果未装载 OB121,CPU 会切换到 STOP 模式	利用 STEP7 排除编程错误
	I/O 访问错误,访问模块数据时出现错误	调用 OB122,如果未装载 OB122,CPU 会切换到 STOP 模式	检查 HWConfig 中的模块寻址或模块 DP 从站是否有故障
	全局数据通信错误,例如对于全局数据通信来说,DB 的长度不够	调用 OB87,如果未装载 OB87,CPU 会切换到 STOP 模式	利用 STEP7 检查全局数据通信,如果需要的话修正 DB 大小
硬件故障	在运行过程中插拔模块	CPU 切换到 STOP 模式	紧固模块,重新启动 CPU
	具有诊断功能的模块报告一个诊断中断	调用 OB82,如果未装载 OB82,CPU 会切换到 STOP 模式	根据模块组态对诊断事件作出响应
	尝试访问一个未装的或有故障的模块,连接器松动(软件或硬件错误)	如果在过程映像升级过程中访问,调用 OB85,I/O 访问调用 OB122。如果未装载 OB85,CPU 会切换到 STOP 模式	生成 OB85,OB 的起始信息包括相应的模块地址。更换相应的模块,固定插头或排除程序错误
	存储卡故障	CPU 切换到 STOP 模式并请求存储器复位	更换存储卡,复位 CPU 存储器,再次传送程序,并设置 CPU 为 RUN 模式

表 9-66　数字量输入、输出模块的故障现象及处理方法

模块	故障现象	错误原因	处理方法
SM321 输入模块	无传感器电源	传感器电源过载	检查过载原因，对症进行排除
		传感器电源与 M 短路	检查并排除短路故障
	断线	到模块的 L+电源消失	检查断线原因，恢复对模块的供电
	模块参数不正确	非法参数传送到模块	重新组态模块参数
	硬件中断丢失	由于前一个中断没有被响应，所以不能继续发送中断，可能组态错误	改变 CPU 中的中断处理，重新设置模块参数
SM322 输出模块	与 L+短路	输出与电源模块的 L+短路	检查并排除短路故障
	与 M 短路	输出过载	检查过载原因，对症进行排除
		输出与 M 端短路	检查并排除短路故障
	断线	模块与执行器开路	检查并进行连线
		通道没有使用	在 STEP7 中通过设置"断线诊断"禁止该通道
	无负载电压	输出有故障	更换模块
输入输出 模块 共有故障	无外部辅助电源	模块的 L+上没有电压	检查断电原因，恢复对模块的供电
	无内部辅助电源	模块的熔断器故障	更换模块
	看门狗超时	暂时受高电磁干扰	检查并排除干扰
		模块故障	更换模块
	EPROM 错误 RAM 错误	暂时受高电磁干扰	排除干扰并开关 CPU 电源
		模块故障	更换模块
	熔断器熔断	模块的熔断器故障	

9.7.3　S7-400 系列 PLC 上 LED 灯的状态判断故障

S7-400 系列 PLC 电源模块上的 LED 状态、故障及处理方法见表 9-67。

表 9-67　S7-400 系列 PLC 电源模块上的 LED 状态、故障及处理方法

LED			故障原因	处理方法
INTF	DC5V	DC24V	待机开关在"⏻"位置上	将待机开关设置到"丨"位置
LED 灭	LED 灭	LED 灭	缺少线路电压	检查线路电压
			内部故障，电源模块故障	更换电源模块
			5V 输出端过电压或外部电源不符合规定导致电源切断	断开主电源，大约 3min 后再重新接通；根据需要撤除外部电源
			电源模块安装在错误插槽中	将电源模块安装到正确的插槽
			5V 输出端短路或过载	切断电源模块电源，排除短路点。约 3s 后可使用待机开关或通过电源系统接通电源模块
LED 灭	LED 亮	LED 灭	24V 输出端过电压	检查是否有外部电源，若没有则更换电源模块

续表

LED			故障原因	处理方法
LED亮	LED灭	LED灭	5V和24V输出端短路或过载且过热	检查电源模块的负载,根据需要移除模块。等待5min后,再次接通电源模块,若模块仍没有启动,则必须更换
LED亮	LED亮	LED灭	若待机开关设置在"⏻"位置,5V电压上的外部供电不合规定	取下所有模块,确定有故障的模块
			若待机开关设置在"|"位置,24V输出端短路或过载	检查电源模块的负载,根据需要移除模块
LED灭	LED闪	LED亮	5V输出端短路或过载后电压恢复期间出现故障	按下"FMR"按钮,由闪烁变为稳定发光状态
			5V输出端动态过载	检查电源模块的负载,移除一些模块
LED灭	LED闪	LED闪	5V和24V输出端短路或过载后电压恢复期间出现故障	按下"FMR"按钮,由闪烁变为稳定发光状态
			5V和24V输出端动态过载	检查电源模块的负载,移除一些模块

S7-400系列PLC的CPU模块面板上的"RUN"和"STOP"LED指示当前CPU的模式,而"INTF""EXTF"和"FRCE"LED用于指示用户程序运行期间的故障,见表9-68。(注:表9-68~表9-73中"×"表示与LED状态无关。)

表9-68　CPU上"INTF""EXTF"和"FRCE"LED状态及故障指示

LED			故障指示
INTF	EXTF	FRCE	
LED亮	×	×	检测到内部错误(编程或参数分配错误)或CPU正在执行CiR
×	LED亮	×	检测到外部错误,即错误原因不在CPU模块上
×	×	LED亮	强制请求处于激活状态
×	×	LED闪	节点闪烁测试功能

S7-400系列PLC的CPU模块面板上"BUS1F""BUS2F"和"BUS5F"LED指示与MPI/DP、PROFIBUS DP和PROFINET I/O接口关联的错误,见表9-69。

表9-69　CPU上"BUS1F""BUS2F"和"BUS5F"LED状态及故障指示

LED			故障指示	
BUS1F	BUS2F	BUS5F		
LED亮	×	×	在MPI/DP接口处检测到错误	
×	LED亮		在PROFINET I/O接口处检测到错误	
×	×	LED亮	在PROFINET I/O接口处检测到错误,组态了PROFINET I/O系统但没有进行连接	
×	×	LED闪	PROFIBUS-DP接口处的一个或多个设备无响应	
LED闪	×	×	CPU为DP主站	PROFIBUS-DP接口1上的一个或多个从站无响应
			CPU为DP从站	DP主站不对CPU寻址
×	LED闪	×	CPU为DP主站	PROFIBUS-DP接口2上的一个或多个从站无响应
			CPU为DP从站	DP主站不对CPU寻址

对于 CPU41X-3 和 CPU417-4，其面板的“IFM1F”和“IFM2F”LED 用于指示与存储器子模块接口相关的错误，见表 9-70。

表 9-70 “IFM1F”和“IFM2F”LED 状态及故障指示

LED		故障指示	
IFM1F	IFM2F		
LED 亮	×	在模块接口 1 上发现错误	
×	LED 亮	在模块接口 2 上发现错误	
×	LED 闪	PROFIBUS-DP 接口处的一个或多个设备无响应	
LED 闪	×	CPU 为 DP 主站	在插孔 1 中插入 PROFIBUS-DP 接口模块上一个或多个从站无响应
		CPU 为 DP 从站	DP 主站不对 CPU 寻址
×	LED 闪	CPU 为 DP 主站	在插孔 2 中插入 PROFIBUS-DP 接口模块上一个或多个从站无响应
		CPU 为 DP 从站	DP 主站不对 CPU 寻址

S7-400 系列 PLC 数字量模块“INTF”LED（内部故障指示）和“EXTF”LED（外部故障）亮时表示相应的故障，其故障诊断及处理方法见表 9-71。

表 9-71 数字量模块的故障诊断及处理方法

LED	诊断消息	故障原因	处理方法
INTF	内部电压故障	模块有故障	更换模块
INTF	EPROM 错误		
INTF	参数分配错误	传送给模块的参数不正确	为模块重新分配参数
EXTF	对 M 短路	输出过载	排除过载故障
		到 M 的输出短路	检查输出接线
EXTF	对 L+短路	输出对 L+短路	检查输出接线
EXTF	断线	线路中断	连接电缆
		无外部传感器电源	用 10～18kΩ 电阻连接传感器
		通道未连接	用导线连接通道
			在 STEP 7 中禁用该通道参数
INTF	熔断器熔断	模块上一个或多个熔断器熔断导致故障	取下并替换过载熔断器
EXTF	缺少传感器电源	传感器电源过载	排除过载故障
		传感器电源对 M 短路	排除短路故障
EXTF	缺少负载电压 L+	缺少模块电源 L+	提供电源电压 L+
		模块中的熔断器有故障	更换模块

S7-400 系列 PLC 模拟量输入模块的故障诊断及处理方法见表 9-72。数字量模块和模拟量输入模块共有的故障及处理方法见表 9-73。

9.7.4 欧姆龙 PLC 的 CPU 单元 LED 指示灯状态说明

欧姆龙 PLC 的 CPU 单元前面板上 LED 指示灯状态说明见表 9-74。

表 9-72　模拟量输入模块的故障诊断及处理方法

LED	诊断消息	故障原因	处理方法
INTF	量程卡不正确/缺失	一个或多个量程卡缺失或被错误地插入	在模块中插入适当的量程卡
INTF	RAM 错误	模块有故障	更换模块
INTF	EPROM 错误		
INTF	ADC/DAC 错误		
INTF	组态/编程错误	传送给模块的参数不正确	检查量程卡，或为模块重新分配参数
EXTF	对 M 短路	为两线传感器供电时出现对 M 电位短路	排除短路故障
EXTF	断线	传感器电路的电阻太高	使用其他类型的传感器或更换电缆
		模块与传感器之间的电路断开	连接电缆
		通道未连接	用导线连接通道
			在 STEP 7 中禁用该通道参数
EXTF	参考通道错误	例如，由于断线而导致连接到通道 0 的参考端出现故障	检查连接
		所传送的参考温度值不在范围内	重新分配参考温度参数
EXTF	下溢	输入值低于下限值	设置合适的测量范围
		传感器连线的极性接反	检查接线
EXTF	上溢	输入值超过上限范围	设置合适的测量范围
EXTF	运行时校准错误	校准期间在通道上出现了接线故障	排除接线故障

表 9-73　数字量模块和模拟量输入模块共有的故障及处理方法

LED	诊断消息	故障原因	处理方法
INTF/EXTF	模块错误	任何模块已经检测到一个错误	—
INTF	内部错误	模块已在自动化系统中检测到一个错误	
EXTF	外部错误		
INTF/EXTF	通道错误	指示只有某些通道有故障	
EXTF	缺少外部辅助电压	缺少运行模块或两线制传感器的供电	给模块供电或连接 L^+ 电源
INTF/EXTF	缺少前连接器	前连接器的连接 1 和 2 之间的跳线缺失	安装跳线
INTF	无模块参数	模块需要信息，以确定它应使用默认系统参数还是使用用户参数来运行	接通电源后，在 CPU 完成参数传输前对消息排队
INTF	错误参数	一个参数或者参数的组合不可靠	将参数重新分配给模块
INTF/EXTF	通道信息可用	通道错误，模块可以提供附加的通道信息	—
—	STOP 模式	尚未将参数分配给模块，且还未完成第一个模块周期	重启 CPU，复位该信息
INTF	硬件中断丢失	先前的中断未确认，模块无法发送中断	更改 CPU 中的中断处理

表 9-74　欧姆龙 PLC 的 CPU 单元前面板上 LED 指示灯状态说明

LED	颜色	状态	说明
RUN	绿	灯亮	PLC 在 MONITOR 或 RUN 状态下正常工作
		闪烁	系统选择模式出错或 DIP 开关设定出错
		灯灭	PLC 在 PROGRAM 模式下中止操作或因致命错误中止或正在从系统下载数据
ERR/ALM	红	灯亮	出现致命错误或出现硬件错误(看门狗定时器差错)。CPU 单元停止工作,所有输出单元转为关闭
		闪烁	出现非致命错误,CPU 单元继续工作
		灯灭	CPU 单元正常工作
INH	橙红	灯亮	输出 OFF 位(A50015)转为 ON,所有输出单元的输出转为关闭
		灯灭	输出 OFF 位(A50015)转为 OFF
BKUP	橙红	灯亮	用户程序和参数区数据正在备份到 CPU 单元中的闪存中恢复。当此指示灯亮时不要关闭 PLC 电源
		灯灭	未向内存卡写数据
PRPHL	橙红	闪烁	CPU 单元正在通过外设通信口进行通信(收发)
		灯灭	CPU 单元没有通过外设通信口进行通信
COMM	橙红	灯亮	正向内存卡供电
		闪烁	闪烁一次:简单备份读、写或正常备份。闪烁五次:简单备份写入故障。闪烁三次:简单备份读警告。不停闪烁:简单备份读取或校验故障
MCPWR	绿	闪烁	
		灯亮	正向内存卡供电
		灯灭	未向内存卡供电
BUSY	橙红	闪烁	正向内存卡存取数据
		灯灭	未向内存卡存取数据

参考文献

[1] 中国石油天然气集团公司人事部. 仪表维修技师培训教程：上册 [M]. 北京：石油工业出版社，2011.

[2] 赵峻松. 石油和化工企业仪表及运行管理手册 [M]. 北京：机械工业出版社，2018.

[3] 孙优贤. 控制工程手册：上册 [M]. 北京：化学工业出版社，2016.

[4] 冯洪玉，黄河. S7-300/400 系列 PLC 应用设计指南 [M]. 北京：机械工业出版社，2014.

[5] 朱北恒. 火电厂热工自动化系统试验 [M]. 北京：中国电力出版社，2005.

[6] 柳金海. 热工仪表与热力工程便携手册 [M]. 北京：机械工业出版社，2007.

[7] 黄海燕，余昭旭. 何衍庆. 集散控制系统原理及应用 [M]. 4 版. 北京：化学工业出版社，2020.

[8] 黄海燕. PLC 现场工程师工作指南 [M]. 北京：化学工业出版社，2012.

[9] 本书编写组. PLC 故障信息与维修代码速查手册 [M]. 北京：机械工业出版社，2014.

[10] 吴洁芸，程高峰，涂德慧. 几种常见的流量测量补偿在 DCS 中的实现 [J]. 工业控制计算机，2012，25 (009)：49-50，53.

[11] 覃德光. 横河 DCS 组态中温压补偿功能块的应用 [J]. 中国氯碱，2015 (1)：3.

[12] 钟洋. I/A DCS 系统的 PID 参数优化整定 [J]. 仪器仪表用户，2013 (6)：45-47.

[13] 符军. 在 DCS 中实现流量计量的温度压力补偿 [J]. 石油化工自动化，2005 (1)：3.

[14] 宋燕. DCS 组态过程中常用计算公式 [J]. 石油化工自动化，2007 (3)：3.

[15] 李文锋. 由仪表接地问题引发的系统故障及其排除方法 [J]. 石油化工自动化，2007 (4)：3.

第10章 安全和防爆

10.1 基本逻辑运算

基本逻辑运算和逻辑代数定律见表 10-1、表 10-2。

表 10-1 基本逻辑运算

逻辑关系			与	或	非
逻辑图符号			A, B → AND → L	A, B → OR → L	A — NOT — L
逻辑函数式			$L=A\cdot B$	$L=A+B$	$L=\overline{A}$
真值表	A	B	L	L	L
	0	0	0	0	1
	0	1	0	1	1
	1	0	0	1	0
	1	1	1	1	0

表 10-2 逻辑代数定律

1. 基本定律			2. 结合律	3. 交换律
加	乘	非		
$A+0=A$ $A+1=1$ $A+A=A$ $A+\overline{A}=1$	$A\cdot 0=0$ $A\cdot 1=A$ $A\cdot A=A$ $A\cdot\overline{A}=0$	$A+\overline{A}=1$ $A\cdot\overline{A}=0$ $\overline{\overline{A}}=A$	$(A+B)+C=A+(B+C)$ $(A\cdot B)\cdot C=A\cdot(B\cdot C)$	$A+B=B+A$ $A\cdot B=B\cdot A$
4. 分配律			5. 反演律	6. 吸收律
$A\cdot(B+C)=A\cdot B+A\cdot C$ $A+B\cdot C=(A+B)\cdot(A+C)$			$\overline{A\cdot B\cdot C\cdots}=\overline{A}+\overline{B}+\overline{C}+\cdots$ $\overline{A+B+C\cdots}=\overline{A}\cdot\overline{B}\cdot\overline{C}\cdots$	$A+A\cdot B=A$ $A\cdot(A+B)=A$ $A+\overline{A}\cdot B=A+B$ $(A+B)\cdot(A+C)=A+BC$

续表

7. 代入规则	8. 反演规则	9. 对偶规则
任何一个含有变量 A 的等式，如果将所有出现 A 的位置都代之以一个逻辑函数，则等式仍然成立	求一个逻辑函数 L 的非函数 $\overline{L}$ 时，可将 L 中的与(•)换成或(+)，或(+)换成与(•)，再将原变量换为非变量(如 A 换为$\overline{A}$)，非变量换为原变量，并将 1 换成 0，0 换成 1，那么所得的逻辑函数式就是$\overline{L}$	$\overline{L}$ 是一个逻辑函数式，如果将 L 中的与(•)换成或(+)，或(+)换成与(•)，并将 1 换成 0，0 换成 1，那么所得到的新逻辑函数式称为 L 的对偶式，记作 L'

10.2 正逻辑与负逻辑

《信号报警及联锁系统设计规范》（HG/T 20511—2014）规定：非安全联锁系统的逻辑设计可采用正逻辑（正逻辑是指联锁输入信号触发时为高电平或布尔量为“1”），安全联锁的逻辑设计可采用负逻辑（负逻辑是指联锁输入信号触发时为低电平或布尔量为“0”）。当传感器采用开关量仪表时，开关一般都选择常闭型，即正常时闭合，达到联锁设定点时断开(联锁输入信号触发时，布尔量为“0”)；当逻辑控制器处于初始状态或故障状态时，软件中的布尔量为“0”。故安全联锁系统的逻辑设计采用负逻辑。

《石油化工安全仪表系统设计规范》（GB/T 50770—2013）中规定：应用软件的逻辑功能应采用布尔逻辑及布尔代数运算规则，应用软件的逻辑设计宜采用正逻辑。

HG/T 20511—2014 中的安全联锁逻辑设计可为负逻辑，而 GB/T 50770—2013 中应用软件的逻辑设计宜采用正逻辑。出现这样的差异主要是对正逻辑、负逻辑的定义不同。HG/T 20511—2014 定义：输出 1 联锁的叫正逻辑，输出 0 联锁的叫负逻辑。而电子电路、逻辑门运算却有其自己的定义，即：把用高电平表示逻辑 1、低电平表示逻辑 0 的规定称为正逻辑；反之，把用高电平表示逻辑 0、低电平表示逻辑 1 的规定称为负逻辑。

与门的正、负逻辑画法及真值表见表 10-3。从表可见，正逻辑中当输入均为高电平时，输出为高电平。因负逻辑中高电平表示逻辑 0，故需取反后，再进行逻辑判断，从表可见负逻辑的与门等同于正逻辑的或门。

表 10-3　与门的正、负逻辑画法及真值表

正逻辑与门及其真值表					负逻辑与门及其真值表				
A, B — AND — L					A, B —○ AND ○— L				
A	高电平 1	高电平 1	低电平 0	低电平 0	A	高电平 0	高电平 0	低电平 1	低电平 1
B	高电平 1	低电平 0	高电平 1	低电平 0	B	高电平 0	低电平 1	高电平 0	低电平 1
L	高电平 1	低电平 0	低电平 0	低电平 0	L	高电平 0	低电平 1	低电平 1	低电平 1

从表 10-3 可见，负逻辑与高电平为 1 的思路相反，故绘制联锁逻辑图一般采用正逻辑。在组态时，传感器单元信号未触发联锁值时输出为 1，触发联锁值时输出为 0。软件内部逻辑运算也是如此，用输出 0 代表联锁触发。

10.3 逻辑表达符号

表 10-4 是《化工装置自控专业工程设计文件的编制规范 自控专业工程设计用图形符号和文字代号》（HG/T 20637.2—2017）第三项中规定的基本逻辑功能符号与电气符号。表中仅为基本逻辑符号，还有一些引申符号，读者需要使用时可查该标准。

表 10-4 基本逻辑功能符号与电气符号

符号	说明
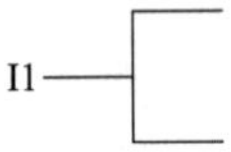 I1	输入端 至逻辑程序的输入信号。I 表示输入
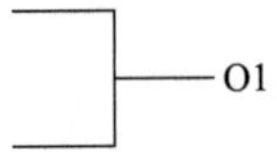 O1	输出端 至逻辑程序的输出信号。O 表示输出
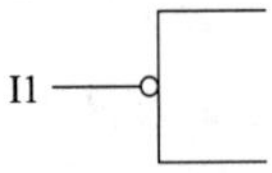 I1	输入端非门 只有当逻辑输入 I1 呈“1”状态时，内部逻辑输入才相反，呈“0”状态
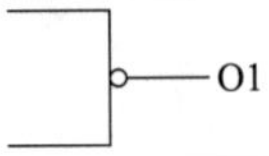 O1	输出端非门 只有当内部逻辑输出呈“1”状态时，外部逻辑输出才相反，呈“0”状态
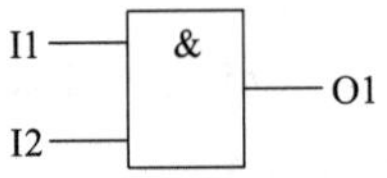 I1 I2 & O1	基本与门 只有当 I1 与 I2 逻辑输入全部呈“1”状态，逻辑输出 O1 才呈“1”状态
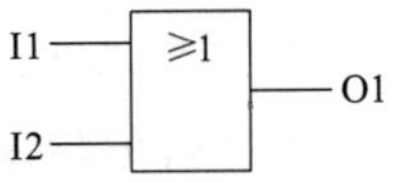 I1 I2 ≥1 O1	基本或门 只要 I1、I2 逻辑输入中的一个或两个呈“1”状态，逻辑输出 O1 便呈“1”状态
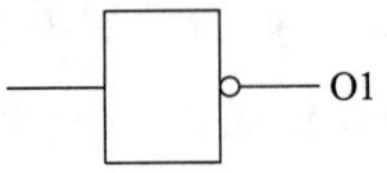 O1	基本非门 只有当逻辑输入 I1 呈“1”状态时，逻辑输出 O1 才呈“0”状态
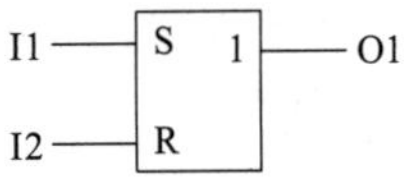 I1 S 1 O1 I2 R	基本双稳单元 当 I1 逻辑输入呈“1”状态，逻辑输出 O1 立即呈“1”状态，直到逻辑输入 I2 呈“1”状态时，逻辑输出 O1 才呈“0”状态，并继续保持“0”状态，除非输入 I1 再次呈“1”状态，输出 O1 才再次呈“1”状态 若输入 I1 和 I2 同时呈“1”状态，则 I1 取代 I2 使输出 O1 呈“1”状态
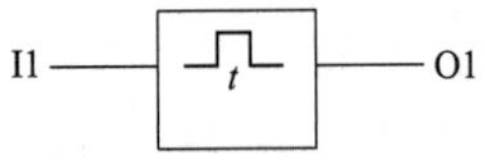 I1 t O1	可重复触发单稳单元 当逻辑输入 I1 呈“1”状态，逻辑输出 O1 立即呈“1”状态并保持，直到逻辑输入 I1 最后一次呈“1”状态开始，经过时间 t 后，逻辑输出 O1 才呈“0”状态 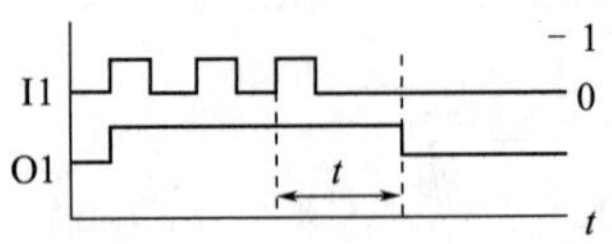 I1 O1 1 0 t t
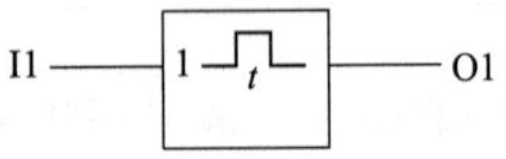 I1 1 t O1	单触发单稳单元 当逻辑输入首次 I1 呈“1”状态，逻辑输出 O1 立即呈“1”状态并保持，经过时间 t 后，逻辑输出 O1 呈“0”状态，而不考虑 I1 随后的状态变化 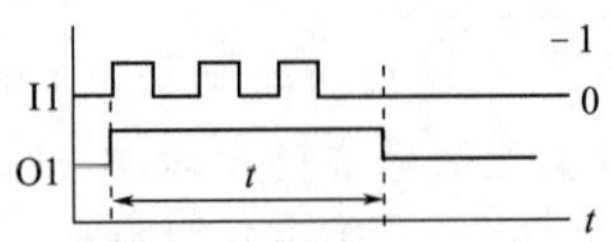 I1 O1 1 0 t t

续表

符号	说明
I1 t_1 t_2	时间延迟单元 A 输出端从"0"变到"1"状态，对输入端变为"1"状态的时刻延迟 t_1 时间；输出端从"1"变到"0"状态，对输入端变为"0"状态的时刻延迟 t_2 时间 t_1 t_2
I1 t_3	时间延迟单元 B 输入端变为"1"状态时，输出端立即变为"1"状态，延迟 t_3 时间后输出端从"1"变到"0"状态 t_3
	指示灯或报警灯(在仪表盘上)
	开关(在仪表盘上)
	按钮开关(在仪表盘上)
	二位转换开关(在仪表盘上)

开关量二选二、三选二表决逻辑见表 10-5。

表 10-5　开关量二选二、三选二表决逻辑

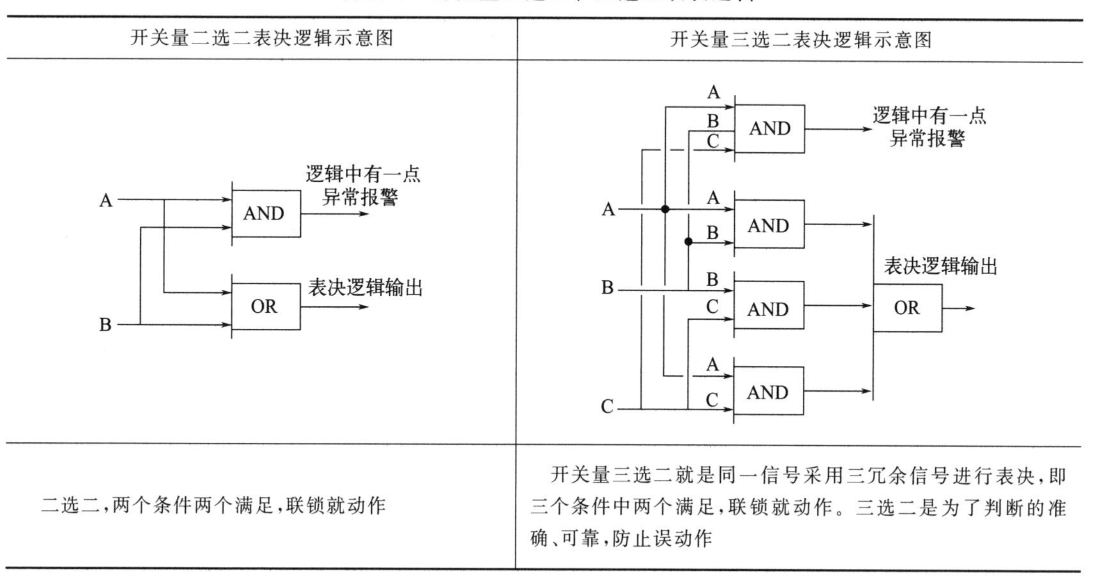

开关量二选二表决逻辑示意图	开关量三选二表决逻辑示意图
二选二，两个条件两个满足，联锁就动作	开关量三选二就是同一信号采用三冗余信号进行表决，即三个条件中两个满足，联锁就动作。三选二是为了判断的准确、可靠，防止误动作

10.4 安全仪表相关资料

10.4.1 安全等级及联锁系统性能要求

不同功能安全标准的安全等级对照见表 10-6。安全联锁系统的性能要求见表 10-7。

表 10-6 安全等级对照

DIN19250	ANSI/ISA84	IEC 61508	ISO 13849-1
AK1	—	—	CAT. B1
AK2/AK3	SIL 1	SIL 1	CAT. 2
AK4	SIL 2	SIL 2	CAT. 3
AK5/AK6	SIL 3	SIL 3	CAT. 4
AK7	—	SIL 4	—
AK8	—	—	—

石油化工企业或装置，安全完整性等级为 SIL 1～SIL 3。SIL 等级越高，安全仪表系统完成所要求的安全功能的概率就越高。SIL 等级的定性特征如下：

SIL 1 级：很少发生事故，如发生事故，对装置和产品有轻微的影响，不会立即造成环境污染和人员伤亡，经济损失不大。

SIL 2 级：偶尔发生事故，如发生事故，对装置和产品有较大的影响，并有可能造成环境污染和人员伤亡，经济损失较大。

SIL 3 级：经常发生事故，如发生事故，对装置和产品将造成严重的影响，并造成严重的环境污染和人员伤亡，经济损失严重。

表 10-7 安全联锁系统的性能要求

安全度等级		SIL 1	SIL 2	SIL 3
安全联锁系统性能要求	平均失效率	10^{-1}～10^{-2}	10^{-2}～10^{-3}	10^{-3}～10^{-4}
	可用度	0.9～0.99	0.99～0.999	0.999～0.9999

10.4.2 安全仪表的设置

安全仪表的设置原则、系统的响应时间、系统的逻辑结构选择和逻辑控制器结构选择见表 10-8～表 10-11。

表 10-8 安全仪表的设置原则

设置原则	SIL 1	SIL 2	SIL 3
测量仪表的独立设置原则	测量仪表可与基本过程控制系统共用	测量仪表宜与基本过程控制系统分开	测量仪表应与基本过程控制系统分开
测量仪表的冗余设置原则	可采用单一测量仪表	宜采用冗余测量仪表	应采用冗余测量仪表

续表

设置原则	SIL 1	SIL 2	SIL 3
测量仪表的冗余选择原则	当要求高安全性时，应采用“或”逻辑结构 当要求高可用性时，应采用“与”逻辑结构 当安全性和可用性均需保障时，宜采用三取二逻辑结构		
最终元件的独立设置原则	控制阀可与基本过程控制系统共用，确保安全仪表系统的动作优先，实际工程设计中仍建议与基本过程控制系统控制阀分开设置	控制阀宜与基本过程控制系统分开	控制阀应与基本过程控制系统分开
最终元件的冗余设置原则	可采用单一控制阀	宜采用冗余控制阀	应采用冗余控制阀
逻辑控制器的独立设置原则	逻辑控制器宜与基本过程控制系统分开	逻辑控制器应与基本过程控制系统分开	逻辑控制器必须与基本过程控制系统分开
逻辑控制器的冗余设置原则	宜采用冗余逻辑控制器	应采用冗余逻辑控制器	必须采用冗余逻辑控制器

表 10-9　安全仪表系统的响应时间

变送器	输入关联设备	逻辑控制器	输出关联设备	最终元件动作时间
0.1～5s	0.1s	0.1～1s	0.1～1s	0.2～30s

表 10-10　安全仪表系统的逻辑结构选择

逻辑单元结构	IEC 61508
基本安全联锁系统逻辑结构	SIL 1
带自诊断基本安全联锁系统逻辑结构	SIL 2
二取一安全联锁系统逻辑结构	SIL 2
带自诊断的二取一安全联锁系统逻辑结构	SIL 3
三取二带安全联锁系统逻辑结构	SIL 3
双重化二取一带自诊断安全联锁系统逻辑结构	SIL 3

表 10-11　安全仪表系统的逻辑控制器结构选择

逻辑控制器结构	IEC 61508	TUV AK	DIN V 19250
1oo1	SL. 1	AK2、AK3	AK1、AK2
1oo1D	SL. 2	AK4	AK3、AK4
1oo2	SL. 2	AK4	AK3、AK4
1oo2D	SL. 3	AK5、AK6	AK5、AK6
2oo3	SL. 3	AK5、AK6	AK5、AK6
2oo4D	SL. 3	AK5、AK6	AK5、AK6

10.4.3 各种冗余方式及结构失效状态判断

各种冗余方式及结构失效状态判断见表10-12～表10-14。各种冗余方式传感器的特点及应用建议见表10-15。

表10-12 二选一（1oo2）结构失效状态判断

设备A	设备B	系统状态
正常	正常	正常
安全失效	正常或失效	安全失效
正常或失效	安全失效	安全失效
危险失效	正常	正常
正常	危险失效	正常
危险失效	危险失效	危险失效

表10-13 二选二（2oo2）结构状态判断

设备A	设备B	系统状态
正常	正常	正常
安全失效	正常	正常
正常	安全失效	正常
安全失效	安全失效	安全失效
危险失效	正常或失效	危险失效
正常或失效	危险失效	危险失效

表10-14 三选二（2oo3）结构状态判断

设备A	设备B	设备C	系统状态
正常	正常	正常	正常
失效	正常	正常	正常
正常	失效	正常	正常
正常	正常	失效	正常
安全失效	安全失效	正常或失效	安全失效
安全失效	正常或失效	安全失效	安全失效
正常或失效	安全失效	安全失效	安全失效
危险失效	危险失效	正常或失效	危险失效
危险失效	正常或失效	危险失效	危险失效
正常或失效	危险失效	危险失效	危险失效

表10-15 各种冗余方式传感器的特点及应用建议

冗余方式	安全等级	可靠性	应用建议
二选一	增强	降低	系统要求高安全性时，应采用此冗余方式
二选二	降低	增强	系统要求高可用性时，应采用此冗余方式
三选二	增强	增强	系统的安全性和可用性均需保障时，宜采用此冗余方式

10.4.4　安全仪表常用英文缩略语

安全仪表常用英文缩略语见表10-16。

表10-16　安全仪表常用英文缩略语

缩略语	英文	中文
CCF	Common Cause Failure	共因失效
DC_D	Diagnostic Coverage of Danerous Failure	危险失效诊断覆盖率
DC_S	Diagnostic Coverage of Safe Failure	安全失效诊断覆盖率
DD	Dangerous Detected	检测出的危险失效
DDC	Dangerous Detected Common	检测到的共因危险失效
DU	Dangerous Un-detected	未检测出的危险失效
DUC	Dangerous Un-detected Common	未检测到的共因危险失效
DUN	Dangerous Un-detected Non-common	未检测到的非共因危险失效
DN	Dangerous Non-common	非共因危险失效
EMI	Electro Magnetic Interference	电磁干扰
F&GS	Fire Alarmrm and Gas Detector System	火灾报警及气体检测系统
Fit	Failures in Time	菲特(单位)
FMEDA	Failure Mode,Effect and Diagnostic Analysis	失效模式、影响与诊断分析
FSA	Functional Safety Assessment	功能安全评估
FSM	Function Safety Management	功能安全管理
FC	Fail to Close Position	故障关
FLC	Fail at Last Position Drift to Close	故障保持(趋向关)
FLO	Fail at Last Position Drift to Open	故障保持(趋向开)
FDD	Failure of Dangerous Detected	检测出的危险失效
FDU	Failure of Dangerous UN-detected	未检测出的危险失效
FSU	Failure of Safe UN-detected	未检测出的安全失效
FD	Failure Dangerous	危险失效
FS	Failure Safe	安全失效
FTA	Failure Tree Analysis	故障树分析法
FAT	Factory Acceptance Testing	工厂测试验收
IE	Initial Event	初始事件
IPL	Independent Protection Layer	独立保护层
LOPA	Layer of Protection Analysis	保护层分析
LT	Life Time	有效使用寿命
MTBF	Mean Time Between Failure	平均故障间隔时间
$MTTF_D$	Mean Time to Dangerous Failure	平均无危险失效故障时间
$MTTF_S$	Mean Time to Safe Failure	平均无安全失效故障时间

续表

缩略语	英文	中文
MooN	M out of N	N中选取M
MSDS	Material Safety Data Sheet	化学品安全技术说明书
PFD	Probaility of Dangerous Failure on Demand	要求时危险失效概率
PFD_{avg}	Average Probability of Dangerous Failure on Demand	要求时危险失效平均概率
PFS	Probability of Fail Safe Per Year	年误动率
PST	Process Safety Time	过程安全时间
PSSR	Pre-Startup Safety Review	启动前安全检查
RRF	Risk Reduction Factor	风险降低因子
QMR	Quadruple Modular Redundancy	四重化冗余
RFI	RF Interference	射频干扰
SA	Safety Avaliability	安全有效性
SC	Systematic Capability	系统性能力
SD	The Time Required to Restart The Process After a Shut Down	平均重启时间
STL	Spurious Trip Level	误停车等级
SRS	Safety Requirement Specification	安全要求规格书
SD	Safe Detected	检测出的安全失效
SU	Safe Un-detected	未检测出的安全失效
SFF	Safe Failure Fraction	安全失效分数
SDC	Safe Detected Common	检测到的共因安全失效
SUC	Safe Un-detected Common	未检测到的共因安全失效
SDN	Safe Detected Non-common	检测到的非共因安全失效
SUN	Safe Un-detected Non-common	未检测到的非共因安全失效
TI	Test Interval	检验测试时间间隔
TMR	Triple Modular Redundant	三重化模块冗余

10.5 安全仪表功能测试

安全仪表功能测试的简要说明见表10-17。

表10-17 安全仪表功能测试的简要说明

测试对象	离线测试	在线测试
传感器(包括变送器、检测元件、开关、接线、逻辑控制器的输入模块等)	利用信号源模拟传感器的输入和输出,来测试传感器以及相关的接线。对每一个部件和传感器都应进行检查和测试,对每一条接线建议采用拉动的方式来检查接线是否稳固	在线测试时对被测器件要有冗余,即在测试一个传感器时,另一个仍然能够正常进行运行。必要时可考虑使用旁路以利于测试。生产对可靠性要求高时,应使用2oo2或2oo3表决型传感器。测试时应采取合适的预防措施,以保证生产安全

续表

测试对象	离线测试	在线测试
逻辑控制器	可使用安全仪表特定的功能测试程序，如逻辑框图、控制电路图、电气控制图表和检查表。人为制造故障条件来测试每个安全仪表功能，观察最终控制单元的动作来验证其是否正常 对逻辑功能进行逐项测试。通过改变信号源的输入、输出值来测试量程范围。要验证安全仪表系统获得的测量值经换算是否与检测仪的测量值一致，两者的差值不能超过测量范围的 1% 使用安全仪表系统工程师站对逻辑控制器中逻辑程序跟主机内程序进行比较，以确定是否正常 安全仪表系统逻辑的任何改动都需要进行功能性检查 安全仪表系统所有的停车操作、预警、联锁指示都要进行验证 所有的安全仪表系统点，都必须在完成测试任务后恢复，任何逻辑有变更都必须记录建档	生产过程处于运行状态时，不要对逻辑控制器进行在线测试 逻辑控制器内的逻辑发生更改时，应该在投入运行之前进行测试
终端控制单元（阀门、继电器等）	通过手动开关控制阀门，单独启动或停止电动机来检查阀门能否正确动作，手动控制阀门的动作，观测反馈值及行程时间是否合乎要求，必要时还要检查阀门是否有泄漏	终端控制单元的在线测试是安全仪表功能相关测试中最困难的，测试中稍有不慎都可能导致生产中断。测试时可采用旁路，或只测试阀门的全行程或部分行程来检查阀门的动作情况
人机交互界面（HMI）	对操作员站的显示、面板上的灯都应按变量逐个进行核实。测试过程中应对过程变量的正常范围、预报警及联锁点的设置以及其他变量信息进行验证和存档 如果 HMI 有安全仪表的启动、输出、人工停车功能，则应进行测试	HMI 的在线测试只有在对操作者提供的信息发生改变的情况下才需要进行
通信	对所有与其他系统（如 DCS 系统）的通信均应进行测试，以验证安全仪表系统的数据和信息能否正确传输到其他系统。所有传输的信息除了与安全仪表功能上的信息相比外，还都应将所发送的信息与接收到的信息及系统中显示的信息进行比较	安全仪表系统与其他系统的通信应与逻辑控制器同时进行测试 安全仪表与其他任何系统的通信发生改变时，都应进行测试 当安全仪表还在给过程提供保护时不要对通信进行变动，变动会导致安全仪表系统程序错误或出现故障，导致安全功能出错

10.6 防爆相关资料

10.6.1 目前国际上普遍采用的防爆型式及其标准体系

目前国际上普遍采用的防爆型式及其标准体系见表 10-18。

表 10-18 国际上普遍采用的防爆型式及其标准体系

防爆型式	代号	中国	欧洲	IEC	技术措施
通用要求	—	GB/T 3836.1—2021	EN 60079-0	IEC 60079-0	—
隔爆型	d	GB/T 3836.2—2021	EN 60079-1	IEC 60079-1	隔离存在的点燃源
增安型	e	GB/T 3836.3—2021	EN 60079-7	IEC 60079-7	设法防止产生点燃源
本质安全型	ia,ib,ic	GB/T 3836.4—2021	EN 60079-11 EN 60079-25 EN 60079-27	IEC 60079-11 IEC 60079-25 IEC 60079-27	限制点燃源的能量
正压外壳型	p	GB/T 3836.5—2021	EN 60079-2	IEC 60079-2	将危险物质与点燃源隔开
油浸型	o	GB/T 3836.6—2017	EN 60079-6	IEC 60079-6	
充砂型	q	GB/T 3836.7—2017	EN 60079-5	IEC 60079-5	
n 型	nA,nC,nR	GB/T 3836.8—2021	EN 60079-15	IEC 60079-15	减少能量或防止产生点燃源
浇封型	ma,mb	GB/T 3836.9—2021	EN 60079-18	IEC 60079-18	把危险物质与点燃源隔开
粉尘防爆型	tD,mD,iaD,pD	GB/T 12476[①]	EN 61241-1-1	IEC 61241-1-1	外壳防护、限制点燃源能量及表面温度

① GB/T 12476 标准现已废止，被 GB/T 3836 替代。

10.6.2 使用环境温度和表面温度

防爆电气设备运行的环境温度通常为－20～＋40℃。表 10-19 为电气设备温度组别、允许最高表面温度与适用危险气体引燃温度的对应关系。表 10-20 为设备温度组别与允许的环境温度和介质温度的对应关系。

表 10-19 设备温度组别、允许最高表面温度与适用危险气体引燃温度的对应关系

电气设备温度组别	T1	T2	T3	T4	T5	T6
允许最高表面温度/℃	＜450	＜300	＜200	＜135	＜100	＜85
适用危险气体引燃温度/℃	≥450	≥300	≥200	≥135	≥100	≥85

表 10-20 设备温度组别与允许的环境温度和介质温度的对应关系

设备温度组别	允许环境温度/℃	允许介质温度/℃	设备温度组别	允许环境温度/℃	允许介质温度/℃
T1	60	430	T4	60	120
T2		280	T5		85
T3		185	T6		70

10.6.3 电气设备防爆型式及防爆标志

防爆型式、设备保护级别和防爆标志识读见表 10-21～表 10-24。气体或蒸气对应等级表见表 10-25。

表 10-21　防爆型式、设备保护级别与防爆区域的关系

防爆型式	代号	设备保护级别(EPL)	适用防爆区域
隔爆型	da	Ga/Ma	0 区、1 区、2 区
	db	Gb/Mb	1 区、2 区
	dc	Gc	2 区
增安型	eb	Gb/Mb	1 区、2 区
	ec	Gc	2 区
本安型	ia	Ga/Ma	0 区、1 区、2 区
	ib	Gb/Mb	1 区、2 区
	ic	Gc	2 区
正压型	pv	Gb/Gc	1 区、2 区
	pxb	Gb/Mb	1 区、2 区
	pyb	Gb	1 区、2 区
	pzc	Gc	2 区
液浸型	ob	Gb/Mb	1 区、2 区
	oc	Gc	2 区
充砂型	q	Gb/Mb	1 区、2 区
n 型	n	Gc	2 区
浇封型	ma	Ga/Ma	0 区、1 区、2 区
	mb	Gb/Mb	1 区、2 区
	mc	Gc	2 区

注：表中危险场所划分为 0 区、1 区、2 区三个区域，其中 0 区的危险性最大。0 区：在正常情况下，爆炸性气体混合物连续、频繁或长时间存在的场所。1 区：在正常情况下，爆炸性气体混合物有可能存在的场所。2 区：在正常情况下，爆炸性气体混合物不可能出现或偶尔、短时间存在的场所。

表 10-22　防爆电气设备按区域选型表

危险区域	设备保护级(EPL)	危险区域	设备保护级别(EPL)
0 区	Ga	20 区	Da
1 区	Ga 或 Gb	21 区	Da 或 Db
2 区	Ga 或 Gb 或 Gc	22 区	Da 或 Db 或 Dc

注：表中 Da、Db、Dc 保护级别系爆炸性粉尘环境用设备，需详细了解可参阅 GB/T 3836.1—2021 标准。

表 10-23　自动化仪表产品常用的气体防爆型式

仪表类别	常见的防爆型式
压力变送器，温度变送器，物位(液位)仪表，电气阀门定位器、转换器	本安型、隔爆型、限制能量型
流量传感器，可燃气体探测器	本安型、隔爆型
电磁流量计	隔爆/浇封/本安复合型
电动执行机构	隔爆型、增安型
电磁阀	浇封型、隔爆型、本安型、限制能量型

续表

仪表类别	常见的防爆型式
安全栅	本安型(关联设备)、隔爆/本安复合型
其他传感器(如速度传感器)	本安型、浇封型
仪表控制盘	正压型
记录仪	本安型(关联设备)、正压型
显示仪表	本安型、隔爆型、隔爆/本安复合型

表 10-24 电气设备防爆标志识读举例

<table>
<tr><th>防爆标志</th><th colspan="6">说明</th></tr>
<tr><td rowspan="2">Ex d ⅡB T3</td><td>Ex</td><td colspan="2">d</td><td>ⅡB</td><td colspan="2">T3</td></tr>
<tr><td rowspan="9">防爆性气体环境用电气设备标志</td><td colspan="2">隔爆型</td><td>适用于气体组别不高于Ⅱ类B级</td><td colspan="2">设备的最高表面温度不超过200℃</td></tr>
<tr><td rowspan="2">Ex ia ⅡC T4</td><td colspan="2">ia</td><td>ⅡC</td><td colspan="2">T4</td></tr>
<tr><td colspan="2">本安型</td><td>适用于气体组别不高于Ⅱ类C级</td><td colspan="2">设备的最高表面温度不超过135℃</td></tr>
<tr><td rowspan="2">Ex d ia ⅡC T6</td><td>d</td><td>ia</td><td>ⅡC</td><td colspan="2">T6</td></tr>
<tr><td>隔爆型</td><td>本安型</td><td>适用于气体组别不高于Ⅱ类C级</td><td colspan="2">设备的最高表面温度不超过85℃</td></tr>
<tr><td rowspan="2">Ex ib Ⅰ Mb</td><td colspan="2">ib</td><td>Ⅰ</td><td colspan="2">Mb</td></tr>
<tr><td colspan="2">本安型</td><td>煤矿煤气气体环境</td><td colspan="2">设备保护为Mb级,可用在1区</td></tr>
<tr><td rowspan="2">Ex db eb ⅡC T6 Gb</td><td>db</td><td>eb</td><td>ⅡC</td><td>T6</td><td>Gb</td></tr>
<tr><td>隔爆型</td><td>增安型</td><td>ⅡC气体及蒸气环境</td><td>设备的最高表面温度不超过85℃</td><td>设备保护为Gb级,可用在1区、2区</td></tr>
</table>

表 10-25 气体或蒸气对应等级表

组别		Ⅰ级 丙烷 120mA＜I	Ⅱ级 乙烯 70mA＜I≤120mA	Ⅲ级 氢(危险性最大) I≤70mA
a组	450℃＜T	甲烷、乙烷、丙烷丙酮、苯、甲醇、一氧化碳、苯乙烯乙酸、氯苯	丙烯酯、二甲醚环丙烷、市用煤油	氢
b组	300℃＜T≤450℃	乙醇、丁烷、乙酸丁酯、丁醇、乙酸	环氧丙烷、丁二烯、乙烯	
c组	200℃＜T≤300℃	环乙烷、乙烷、汽油		
d组	135℃＜T≤200℃	乙醛	乙醛	
e组	100℃＜T≤135℃			二硫化碳

注：T 为自燃温度；I 为最小引燃电流。

10.6.4 本安仪表和安全栅的配用

(1) 本安仪表和安全栅的配合原则

现场本安仪表的防爆标志级别不能高于安全栅的防爆标志级别。安全栅与现场本安仪表之间连接电缆长度的分部参数必须同时满足表10-26中的配合原则。

表10-26 本安仪表和安全栅的配合原则

本安仪表在故障状态下的	电缆参数	参数配合条件	安全栅在故障状态下的
最高输入电压 U_i		≥	最高开路电压 U_o
最大输入电流 I_i		≥	最大短路电流 I_o
最大输入功率 P_i		≥	最大功率 P_o
本安仪表的最大内部等效电容 C_i +	C_c	≤	允许的最大外部电容 C_o
本安仪表的最大内部等效电感 L_i +	L_c	≤	允许的最大外部电容 L_o

(2)安全栅常见故障及处理方法(表10-27)

表10-27 安全栅常见故障及处理方法

故障现象	故障原因	处理方法
无输出信号	电源输入端子或线路连接不可靠,接线端子松动	检查电源接线端子或线路是否接触良好,否则应进行紧固
	电源输入电压过低	检查输入电压是否低于规定的范围下限
	电源正负极性接反	检查电源正负极性是否接反,若接反则改正之
	输入电源电压过高,内部电源变换器损坏	检查输入电压是否高于规定的范围上限15%。电源变换器损坏只能返厂修理
	电源输入端、信号输入端可能存在雷击、浪涌或电压尖峰等,导致保险丝熔断	保险丝已烧断的安全栅应整体更换 在电源输入端或信号输入端加装浪涌保护器,或雷击浪涌保护器
	信号输入端子、信号输出端子的接线端子松动,或线路连接不可靠	检查输入、输出信号接线端子或线路是否接触良好,若接触不良应进行紧固
	实际输入信号类型与隔离栅/安全栅输入信号类型不一致	检查实际输入信号类型与隔离栅/安全栅输入信号类型是否一致,若不一致则更正之
	输出信号回路开路或短路	检查输出信号回路,对症进行处理
输出信号有误差	外接负载电阻过大或过小,如:电流输出的产品大于规定的电阻值;对电压输出的产品,小于规定的电阻值	检查负载电阻是否超出规定的要求,进行调整,使负载电阻值在规定的范围内,否则只能更换为满足要求的其他型号产品
	热电偶输入未接冷端温度补偿电阻	检查或接入冷端温度补偿电阻
	热电阻三线制的接线不正确	检查热电阻接线是否正确,若不正确则更正之
	电压过低,导致信号偏低	检查供电电压是否过低
输出信号波动	接线检查不良或输入信号不稳定	检查接线或输入信号,对症进行处理
	有电磁干扰	检查并找出干扰源,采取屏蔽措施,必要时改变安全栅的安装位置,远离变频器、磁场、电机等干扰源

10.6.5 仪表控制电缆、本安电缆最大敷设长度的计算

典型电缆的分布参数见表 10-28 和表 10-29。本安电缆最大敷设长度的计算公式见表 10-30。本安防爆的距离约束计算例见表 10-31。

表 10-28 典型普通连接电缆的分布参数

名称	规格		分布参数		
	截面积/mm^2	绝缘厚度/mm	C_K/(μF/km)	L_K/(mH/km)	R/(Ω/km)
铜芯聚氯乙烯绝缘及护套软线(RVV)	1.0	0.6	0.195	0.617	19.5
	1.5	0.6	0.207	0.577	13.5
	2.5	0.8	0.201	0.583	8.0
铜芯聚氯乙烯绝缘金属屏蔽及护套线(RVVP)	1.0	0.6	0.234	0.722	19.5
	1.5	0.6	0.248	0.655	13.5
	2.5	0.8	0.241	0.682	8.0

表 10-29 典型国产本安仪表用特殊电缆分布参数

聚乙烯绝缘双芯对绞屏蔽铜线		截面积/mm^2		
		1.0	1.5	2.5
20℃直流电阻 R /(Ω/km)	一般线芯	18.5	12.4	7.45
	多股软线芯	19	13.5	7.8
分布电容 C_K/(μF/km)		<0.094	<0.104	<0.115
分布电感 L_K /(mH/km)	一般线芯	0.46	0.31	0.19
	多股软线芯	0.48	0.34	0.20
400A/m 电磁干扰/mV		<200		
10kV 静电干扰/V		<1		

表 10-30 本安电缆最大敷设长度的计算公式

限制因素	计算公式	备注
分布电容的影响	$l_{C\max}=\dfrac{C_o-C_i}{C_K}$	C_o—关联设备允许的最大回路电容,μF C_i—本安仪表的等效电容,μF C_K—电缆的单位长度分布电容,μF L_o—关联设备允许的最大回路电感,mH L_i—本安仪表的等效电感,mH L_K—电缆的单位长度分布电感,mH S—电缆的截面积,mm^2 ρ—铜线的电阻系数,Ω·mm^2/m ΔU—供电线路的压损,(24V DC 供电≤0.24V) $I_{\max}$—最大电流,mA $L_{\max}$—本安电缆实际最大敷设长度,km
分布电感的影响	$l_{L\max}=\dfrac{L_o-L_i}{L_K}$	
线路压损的影响	$l_{\max}=\dfrac{S}{2\rho}\times\dfrac{\Delta U}{I_{\max}}$	
本安电缆实际最大敷设长度确定原则	$L_{\max}=\min(l_{C\max},l_{L\max},l_{\max})$	

表 10-31　本安防爆的距离约束计算例

现场仪表＋电缆参数	本安系统匹配条件	安全栅参数	理论计算最大电缆长度/km
① ABB 变送器		P＋F 的隔离栅	
$C_i+C_c=13\text{nF}+0.785\mu\text{F}$	≤	$C_o=0.798\mu\text{F}$	1.963
$L_i+L_c=0.22\text{mH}+10.78\text{mH}$	≤	$L_o=11\text{mH}$	10.96
② Fisher 智能阀门定位器		P＋F 的隔离栅	
$C_i+C_c=5\text{nF}+0.815\mu\text{F}$	≤	$C_o=0.82\mu\text{F}$	2.038
$L_i+L_c=0.55\text{mH}+17.17\text{mH}$	≤	$L_o=17.72\text{mH}$	17.45
③ ASCO 的本安电磁阀		P＋F 的隔离栅	
$C_i+C_c=0+650\text{nF}$	≤	$C_o=650\text{nF}$	1.625
$L_i+L_c=0+12\text{mH}$	≤	$L_o=12\text{mH}$	12.195

表中：C_o、L_o—关联设备在故障状态下允许的最大外部电容和最大外部电感
C_i、L_i—本安设备最大内部等效电容和最大内部等效电感
C_c、L_c—电缆最大允许分布电容和最大允许分布电感

注：计算采用的数据为：电缆 1.5mm^2，PVC 绝缘、PVC 护套，铜芯多股对绞屏蔽电缆，电阻 $R\leqslant12.3\Omega/\text{km}$；$C_K\leqslant250\text{pF/m}$（1kHz 导体之间），400pF/m（1kHz 导体与屏蔽层之间）；$L_K=40\mu\text{H}/\Omega$。

计算实例 10-1

对表 10-31 中第①项的电缆长度进行计算。

已知：现场仪表、电缆、安全栅的参数都已在表中注明，电缆的单位长度分布电容按 $C_K\leqslant400\text{pF/m}$ 计算。试计算电缆的理论最大长度及实际可使用的长度。

解：根据表 10-30 的计算公式，电缆的理论最大长度分别为：

$$l_{C\max}=\frac{C_o-C_i}{C_K}=\frac{0.798-0.013}{0.4}\approx1.963(\text{km})$$

$$l_{L\max}=\frac{L_o-L_i}{L_K}=\frac{11-0.22}{12.3\times2\times0.04}\approx10.96(\text{km})$$

其中，L_K 的计算式中“×2”是因为变送器使用的是一对电线。

变送器是 24V 供电，所以电缆的最大长度为：

$$l_{\max}=\frac{S}{2\rho}\times\frac{\Delta U}{I_{\max}}=\frac{1.5}{2\times0.0123}\times\frac{0.24}{0.022}\approx665(\text{m})$$

其中，$I_{\max}$ 取 0.022mA 是在变送器最大输出电流 0.02mA 的基础上再增加 10%的余量，以满足实际应用。

根据表 10-30 的本安电缆实际最大敷设长度确定原则：

$$L_{\max}=\min(l_{C\max},l_{L\max},l_{\max})=\min(1963,10960,665)$$

则电缆的实际最大敷设长度应为 665m。

参考文献

[1] 孙优贤. 控制工程手册：上册 [M]. 北京：化学工业出版社，2016.
[2] 黄步余，范宗海，马睿. 石油化工自动控制设计手册 [M]. 4版. 北京：化学工业出版社，2020.
[3] 朱东利. SIL定级与验证 [M]. 北京：中国石化出版社，2020.
[4] 朱北恒. 火电厂热工自动化系统试验 [M]. 北京：中国电力出版社，2005.
[5] 孙洪程，李大字. 过程控制工程设计 [M]. 3版. 北京：化学工业出版社，2020.
[6] 赵峻松. 石油和化工企业仪表及运行管理手册 [M]. 北京：机械工业出版社，2018.
[7] HG/T 20637.2—2017. 化工装置自控专业工程设计文件的编制规范 自控专业工程设计用图形符号和文字代号.
[8] 皮宇. 仪表信号远距离传输的解决方案 [J]. 石油化工自动化，2010，46 (01)：20-20，30.
[9] 杨永光，金常青，崔黎宁，等. 安全仪表系统中传感器冗余配置方式的分析 [J]. 石油化工自动化，2014，50 (01)：14-16，34.